핀란드 1학년 수학 교과서

______ 초등학교 ____ 학년 ____ 반

이름 __________

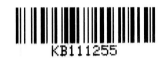

QR코드를 스캔하면 놀이 수학
동영상을 보실 수 있습니다.

핀란드 1학년 수학 교과서 1-1 1권

초판 8쇄 발행 2024년 1월 20일

지은이 마아리트 포슈박, 안네 칼리올라, 아르토 티카넨, 미이아-리이사 바네우스
그린이 마이사 라야마키-쿠코넨 **옮긴이** 이경희
펴낸이 정혜숙 **펴낸곳** 마음이음

책임편집 이금정 **디자인** 디자인서가
등록 2016년 4월 5일(제2018-000037호)
주소 03925 서울시 마포구 월드컵북로 402 9층 917A호(상암동 KGIT센터)
전화 070-7570-8869 **팩스** 0505-333-8869
전자우편 ieum2016@hanmail.net
블로그 https://blog.naver.com/ieum2018

ISBN 979-11-89010-38-6 64410
979-11-89010-37-9 (세트)

핀란드 1학년 수학 교과서

1-1 1권

글 마아리트 포슈박, 안네 칼리올라,
아르토 티카넨, 미이아-리이사 바네우스
그림 마이사 라야마키-쿠코넨
옮김 이경희(전 수학 교과서 집필진)

마음이음

핀란드 학생들이 수학도 잘하고 수학 흥미도가 높은 비결은?

우리나라 학생들이 수학 학업 성취도가 세계적으로 높은 것은 자랑거리이지만 수학을 공부하는 시간이 다른 나라에 비해 많은 데다, 사교육에 의존하고, 흥미도가 낮은 건 숨기고 싶은 불편한 진실입니다. 이러한 측면에서 사교육 없이 공교육만으로 국제학업성취도평가(PISA)에서 상위권을 놓치지 않는 핀란드의 교육 비결이 궁금하지 않을 수가 없습니다. 더군다나 핀란드에서는 숙제도, 순위를 매기는 시험도 없어 학교에서 배우는 수학 교과서 하나만으로 수학을 온전히 이해해야 하지요. 과연 어떤 점이 수학 교과서 하나만으로 수학 성적과 흥미도 두 마리 토끼를 잡게 한 걸까요?

– 핀란드 수학 교과서는 수학과 생활이 동떨어진 것이 아닌 친밀한 것으로 인식하게 합니다. 그래서 시간, 측정, 돈 등 학생들은 다양한 방식으로 수학을 사용하고 응용하면서 소비, 교통, 환경 등 자신의 생활과 관련지으며 수학을 어려워하지 않습니다.

- 교과서 국제 비교 연구에서도 교과서의 삽화가 학생들의 흥미도를 결정하는 데 중요한 역할을 한다고 했습니다. 핀란드 수학 교과서의 삽화는 수학적 개념과 문제를 직관적으로 쉽게 이해하도록 구성하여 학생들의 흥미를 자극하는 데 큰 역할을 하고 있습니다.

- 핀란드 수학 교과서는 또래 학습을 통해 서로 가르쳐 주고 배울 수 있도록 합니다. 교구를 활용한 놀이 수학, 조사하고 토론하는 탐구 과제는 수학적 의사소통 능력을 향상시키고 자기 주도적인 학습 능력을 길러 줍니다.

- 핀란드 수학 교과서는 창의성을 자극하는 문제를 풀게 합니다. 답이 여러 가지 형태로 나올 수 있는 문제, 스스로 문제 만들고 풀기를 통해 짧은 시간에 많은 문제를 푸는 것이 아닌 시간이 걸리더라도 사고하며 수학을 하도록 합니다.

- 핀란드 수학 교과서는 코딩 교육을 수학과 연계하여 컴퓨팅 사고와 문제 해결을 돕는 다양한 활동을 담고 있습니다. 코딩의 기초는 수학에서 가장 중요한 논리와 일맥상통하기 때문입니다.

핀란드는 국정 교과서가 아닌 자율 발행제로 학교마다 교과서를 자유롭게 선정합니다. 마음이음에서 출판한 『핀란드 수학 교과서』는 핀란드 초등학교 2190개 중 1320곳에서 채택하여 수학 교과서로 사용하고 있습니다. 또한 이웃한 나라 스웨덴에서도 출판되어 교과서 시장을 선도하고 있지요.

코로나로 인한 온라인 수업으로 학습 격차가 커지고 있습니다. 다행히 『핀란드 수학 교과서』는 우리나라 수학 교육 과정을 다 담고 있으며 부모님 가이드도 있어 가정 학습용으로 좋습니다. 자기 주도적인 학습이 가능한 『핀란드 수학 교과서』는 학업 성취와 흥미를 잡는 해결책이 될 수 있을 것으로 기대합니다.

이경희(전 수학 교과서 집필진)

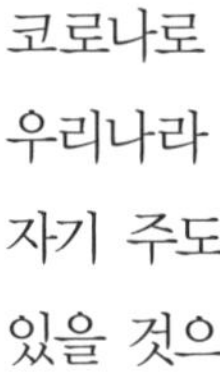

추천의 글

수학은 흥미를 끄는 다양한 경험과 스스로 공부하려는 학습 동기가 있어야 좋은 결과를 얻을 수 있습니다. 국내에 많은 문제집이 있지만 대부분 유형을 익히고 숙달하는 데 초점을 두고 있으며, 세분화된 단계로 복잡하고 심화된 문제들을 다룹니다. 이는 학생들이 수학에 흥미나 성취감을 갖는 데 도움이 되지 않습니다.

공부에 대한 스트레스 없이도 국제학업성취도평가에서 높은 성과를 내는 핀란드의 교육 제도는 국제 사회에서 큰 주목을 받아 왔습니다. 이번에 국내에 소개되는 『핀란드 수학 교과서』는 스스로 공부하는 학생을 위한 최적의 학습서입니다. 다양한 실생활 소재와 풍부한 삽화, 배운 내용을 반복하여 충분히 익힐 수 있도록 구성되어 학생이 흥미를 갖고 스스로 탐구하며 수학에 대한 재미를 느낄 수 있을 것으로 기대합니다.

전국수학교사모임

수학 학습을 접하는 시기는 점점 어려지고, 학습의 양과 속도는 점점 많아지고 빨라지는 추세지만 학생들을 지도하는 현장에서 경험하는 아이들의 수학 문제 해결력은 점점 하향화되는 추세입니다. 이는 학생들이 흥미와 호기심을 유지하며 수학 개념을 주도적으로 익히고 사고하는 경험과 습관을 형성하여 수학적 문제 해결력과 사고력을 신장하여야 할 중요한 시기에, 빠른 진도와 학습량을 늘리기 위해 수동적으로 설명을 듣고 유형 중심의 반복적 문제 해결에만 집중한 결과라고 생각합니다.

『핀란드 수학 교과서』를 통해 흥미와 호기심을 유지하며 수학 개념을 스스로 즐겁게 내재화하고, 이를 창의적으로 적용하고 활용하는 수학 학습 태도와 습관이 형성된다면 학생들이 수학에 쏟는 노력과 시간이 높은 수준의 창의적 문제 해결력이라는 성취로 이어질 것입니다.

손재호(KAGE영재교육학술원 동탄본원장)

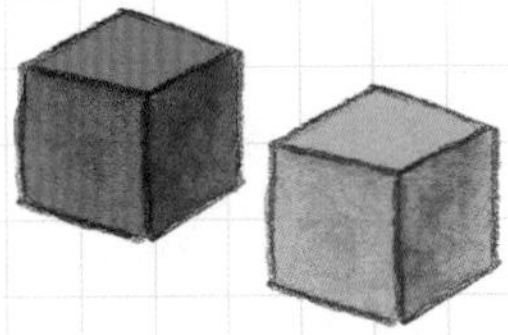

한국의 학생들에게

「핀란드 수학 교과서(Star Maths)」 시리즈를 펴낸 오타바(Otava) 출판사는 교재 전문 출판사로 120년이 넘는 역사를 지닌 명실상부한 핀란드의 대표 출판사입니다. 특히 「Star Maths」 시리즈는 핀란드 학교 현장의 수학 전문가들이 최신 핀란드 국립교육과정을 반영하여 함께 개발한 핀란드의 대표 수학 교과서입니다.

수 개념과 십진법을 이해하기 위한 탄탄한 기반을 제공하여 연산 능력을 키우고, 기본, 응용, 심화 문제 등 학생 개개인의 학습 차이를 다각도에서 고려하여 다양한 평가 문제를 실었습니다. 또한 친구 또는 부모님과 함께 놀이를 통해 문제 해결을 하며 수학적 즐거움을 발견하여 수학에 대한 긍정적인 태도를 갖도록 합니다.

한국의 학생들이 이 책과 함께 즐거운 수학 세계로 여행을 떠나길 바랍니다.

마아리트 포슈박, 안네 칼리올라, 아르토 티카넨,
미이아-리이사 바네우스(STAR MATHS 공동 저자)

이 책의 구성

핀란드 수학 교과서, 왜 특별할까?

수학과 연계하여 컴퓨팅 사고와 문제 해결력을 키워 줘요.

교구를 활용한 놀이 수학을 통해 수학 개념을 이해시켜요.

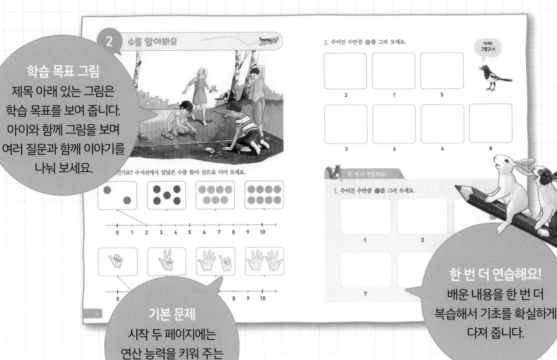

학습 목표 그림
제목 아래 있는 그림은 학습 목표를 보여 줍니다. 아이와 함께 그림을 보며 여러 질문과 함께 이야기를 나눠 보세요.

기본 문제
시작 두 페이지에는 연산 능력을 키워 주는 기본 문제들이 있습니다.

한 번 더 연습해요!
배운 내용을 한 번 더 복습해서 기초를 확실하게 다져 줍니다.

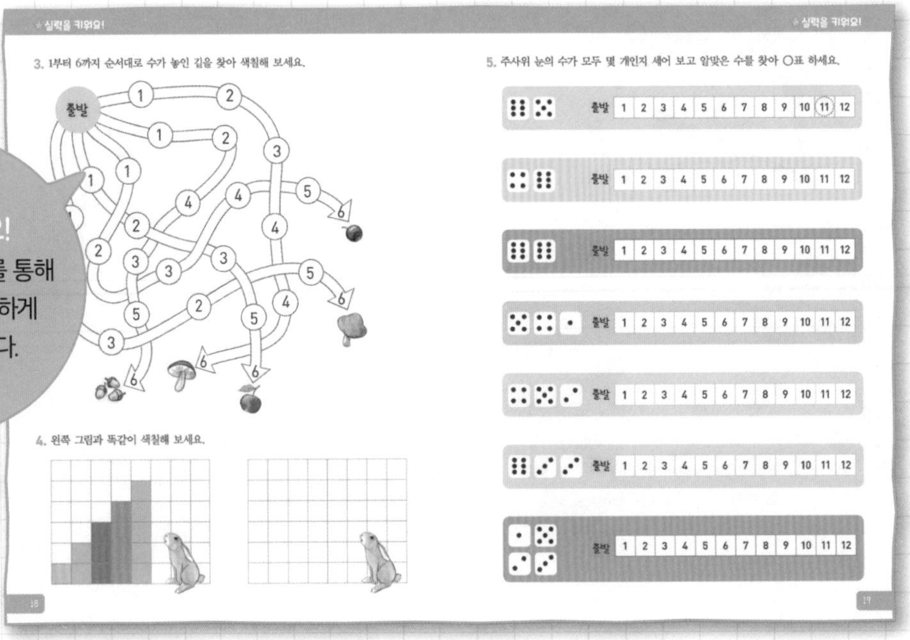

실력을 키워요!
좀 더 응용된 문제를 통해 배운 개념을 확실하게 익힐 수 있습니다.

수학적 이야기가 풍부한 그림으로 수학 학습에 영감을 불어넣어요.
수학적 구조를 발견하고 이해하게 하여 수학 공식을 암기할 필요 없어요.
연산, 서술형, 응용과 심화, 사고력 문제가 한 권에 모두 들어 있어요.

평가 문제
개념과 원리를 잘 이해했는지 스스로 점검해 볼 수 있습니다.

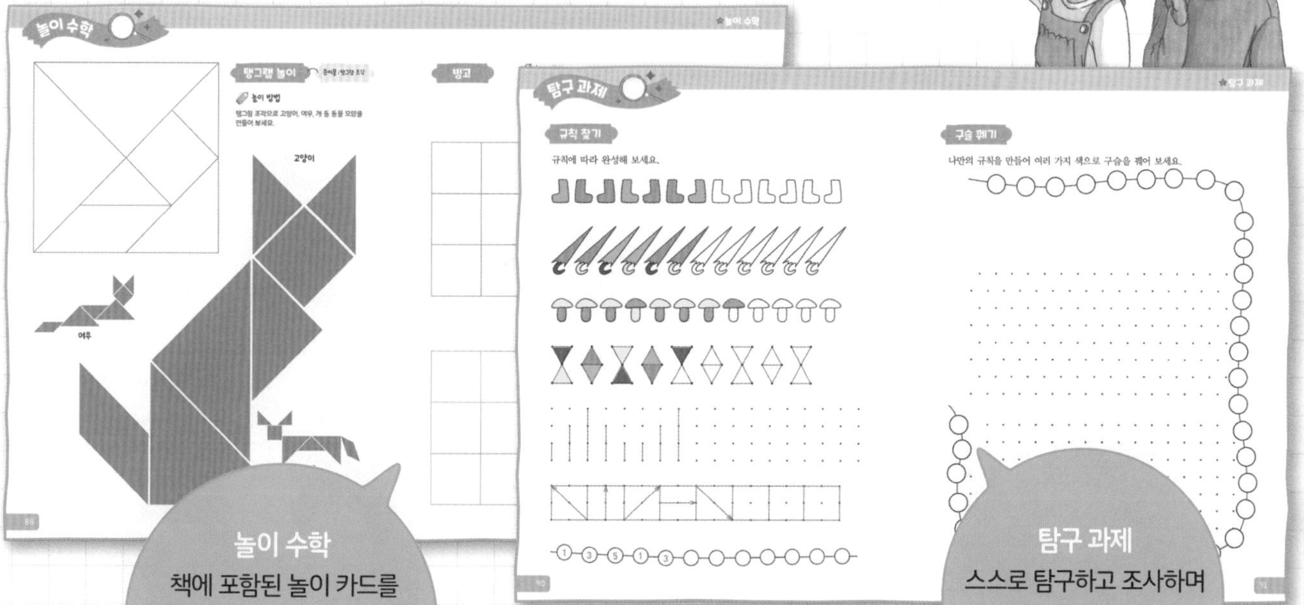

놀이 수학
책에 포함된 놀이 카드를 사용해 부모님 또는 친구와 함께 놀이를 하며 수학에 대한 흥미를 키울 수 있습니다.

탐구 과제
스스로 탐구하고 조사하며 수학 개념을 내 것으로 만들 수 있습니다.

차례

1 1부터 10까지의 수

1. 아래 그림을 몇 개나 찾을 수 있나요? 위 그림에서 찾아보고 개수에 해당하는 수에 ○표 하세요.

0 1 (2) 3 4 5 6 7 8 9 10

0 1 2 3 4 5 6 7 8 9 10

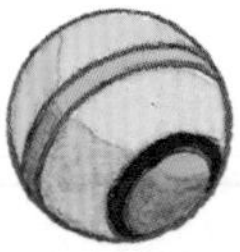

0 1 2 3 4 5 6 7 8 9 10

0 1 2 3 4 5 6 7 8 9 10

0 1 2 3 4 5 6 7 8 9 10

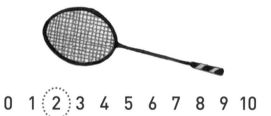

0 1 2 3 4 5 6 7 8 9 10

2. 주어진 수만큼 ●를 그려 보세요.

1 2 3 4

5 6 7

8 9 10

한 번 더 연습해요!

1. 표시된 수만큼 ●를 그려 보세요.

0 1 2 (3) 4 5 6 7 8 9 10

0 1 2 3 4 5 (6) 7 8 9 10

0 1 2 3 4 5 6 7 8 9 (10)

0 1 2 3 4 5 6 7 8 (9) 10

3. 보기처럼 선을 그려 보세요.

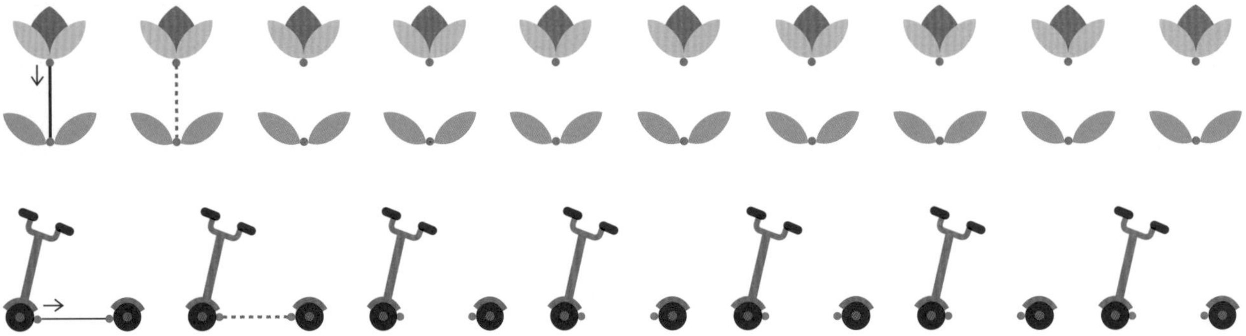

4. 숫자를 찾아 색칠해 보세요.

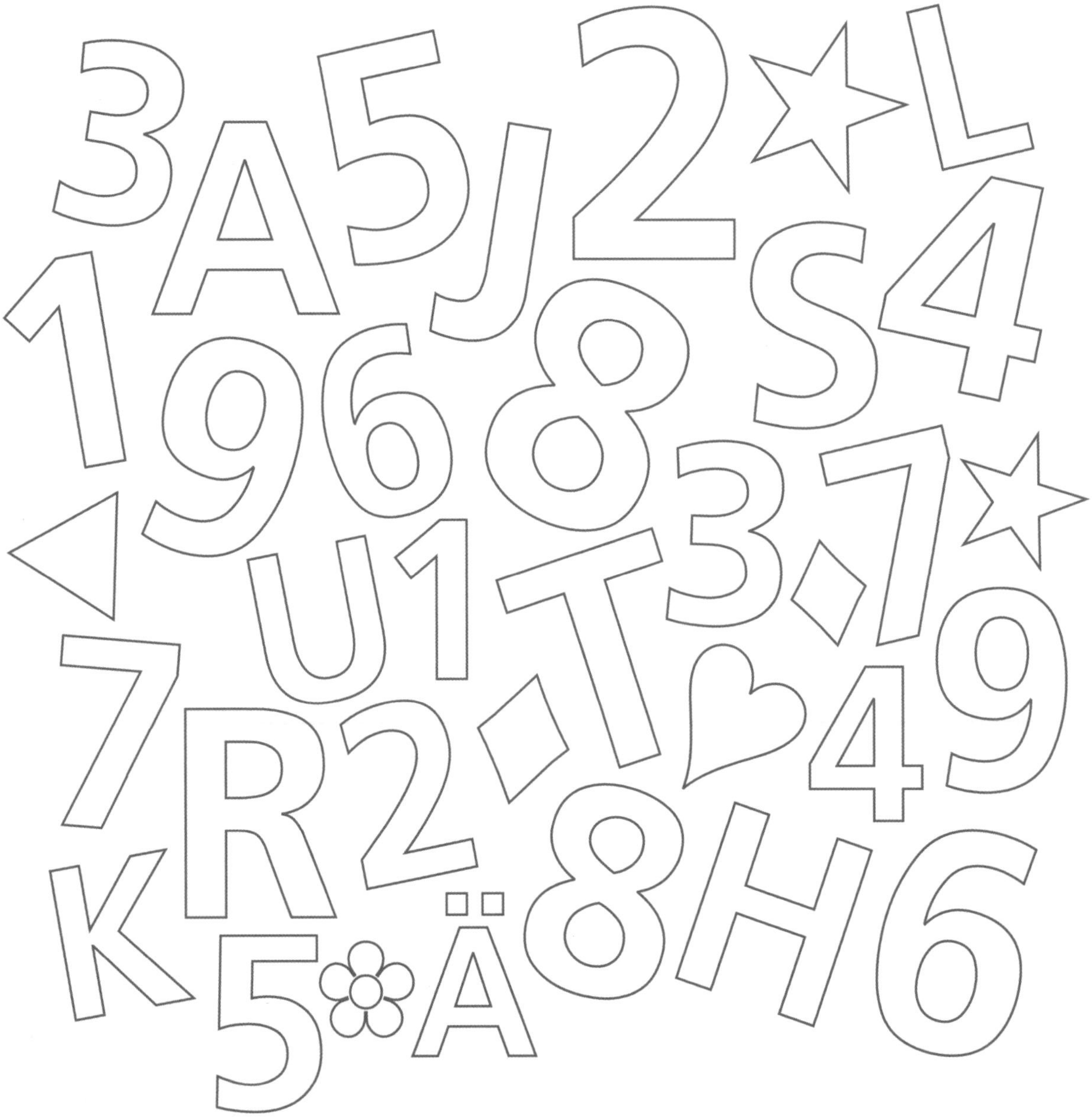

5. 몇 개인가요? 알맞은 수를 찾아 ○표 하세요.

0 1 2 3 4 5 6 7 8 9 10

0 1 2 3 4 5 6 7 8 9 10

0 1 2 3 4 5 6 7 8 9 10

0 1 2 3 4 5 6 7 8 9 10

0 1 2 3 4 5 6 7 8 9 10

0 1 2 3 4 5 6 7 8 9 10

6. 주어진 수만큼 색칠하세요.

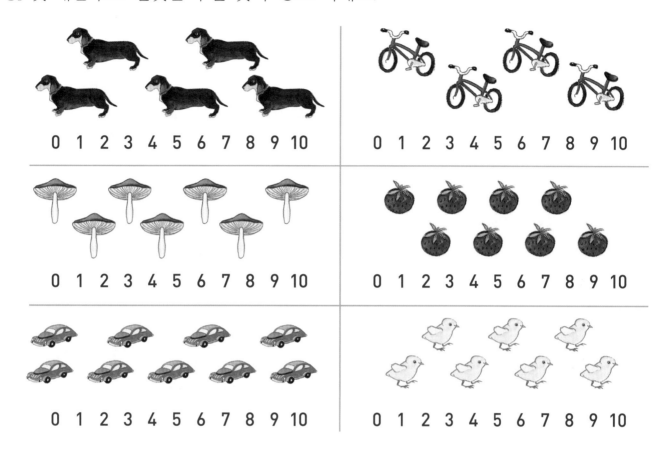

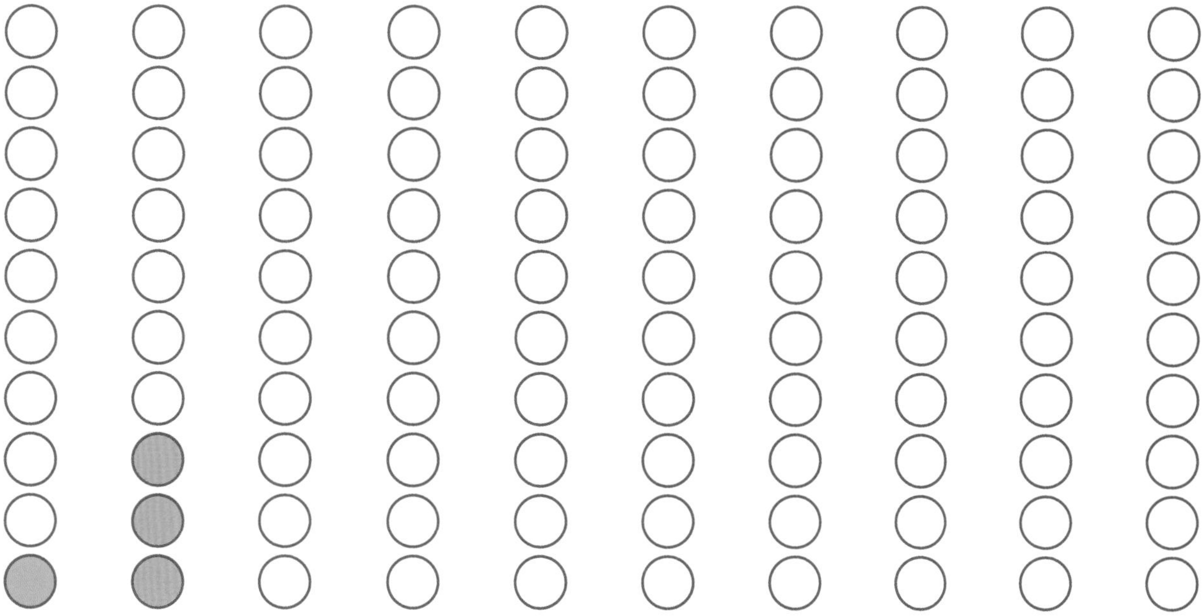

1 3 5 7 9 10 8 6 4 2

_____ 월 _____ 일 _____ 요일

2 수를 알아봐요

1. 몇 개인가요? 수직선에서 알맞은 수를 찾아 선으로 이어 보세요.

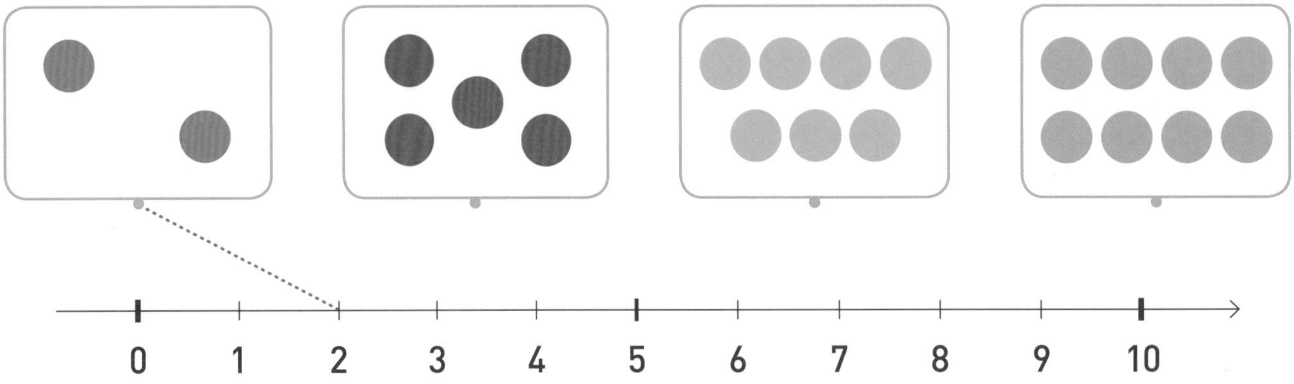

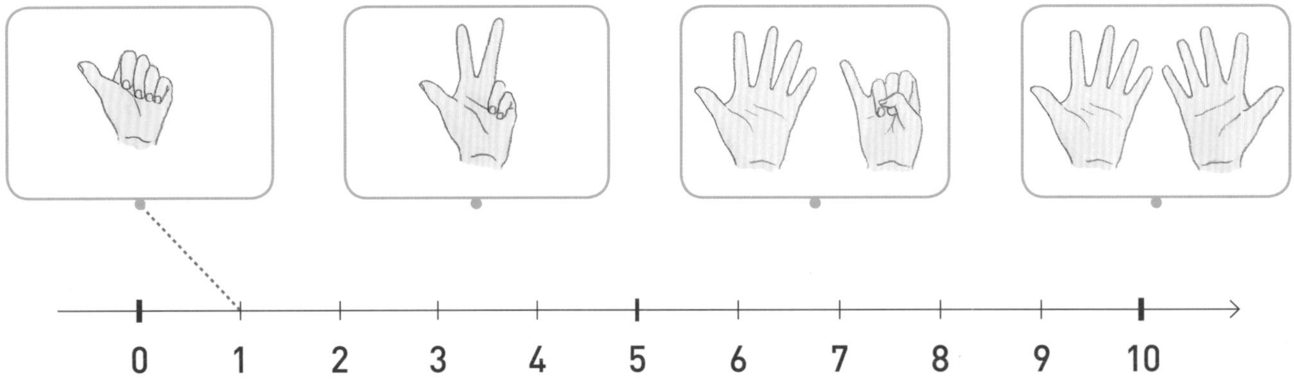

2. 주어진 수만큼 ●를 그려 보세요.

2	1	5	

3	6	4	8

한 번 더 연습해요!

1. 주어진 수만큼 ●를 그려 보세요.

1	3	5

7	9

3. 1부터 6까지 순서대로 수가 놓인 길을 찾아 색칠해 보세요.

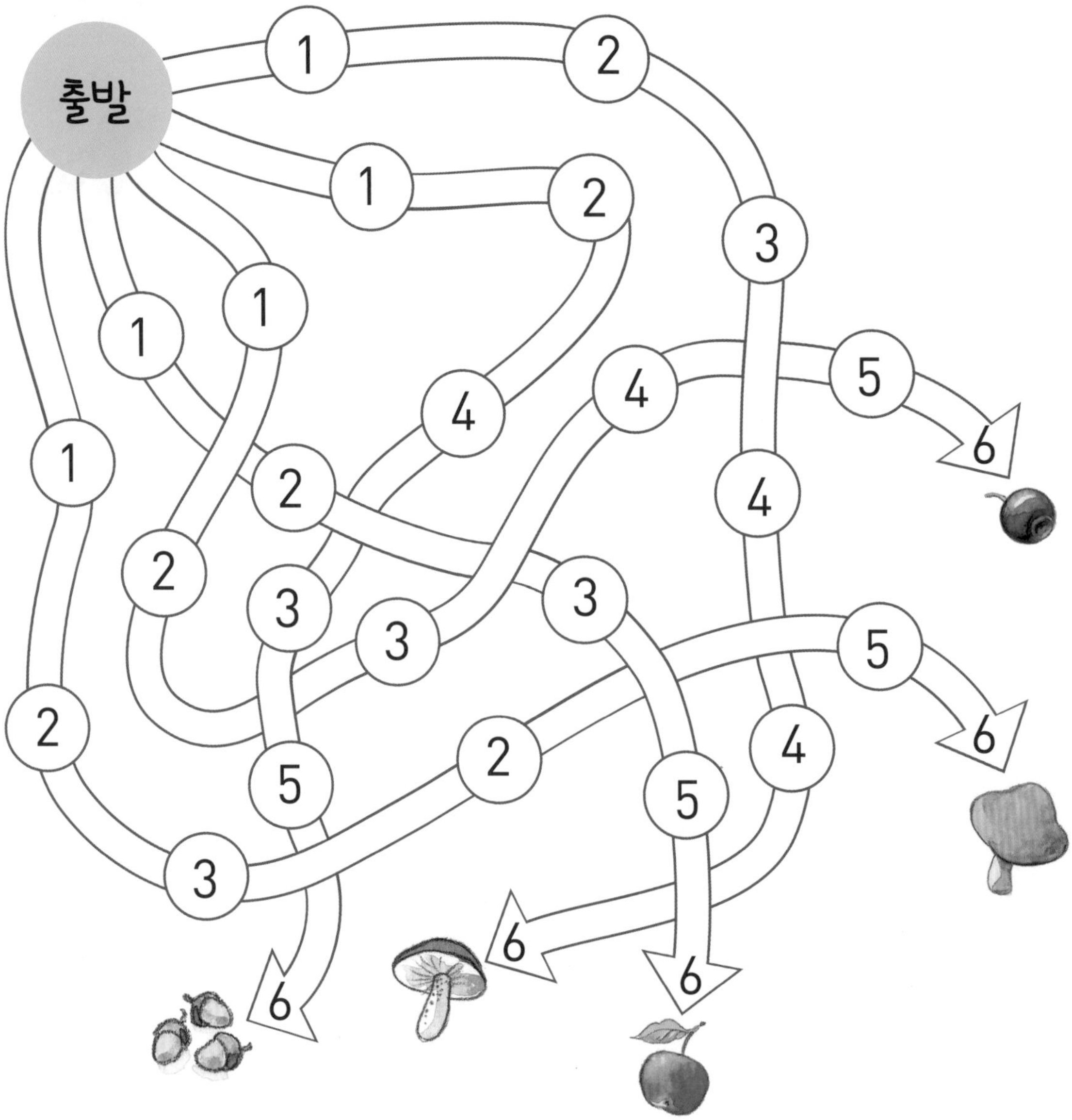

4. 왼쪽 그림과 똑같이 색칠해 보세요.

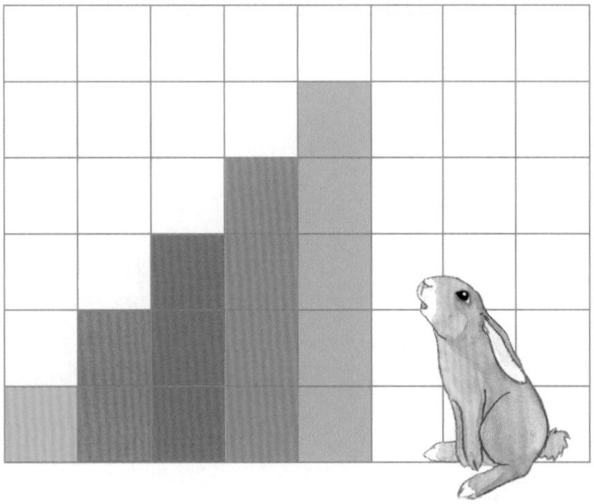

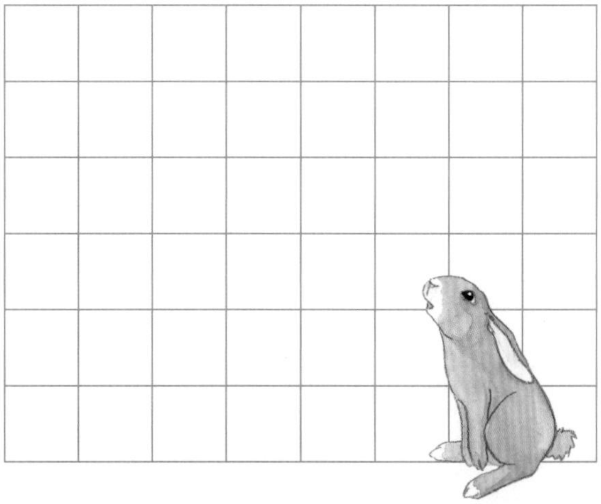

5. 주사위 눈의 수가 모두 몇 개인지 세어 보고 알맞은 수를 찾아 ○표 하세요.

출발	1	2	3	4	5	6	7	8	9	10	11	12

출발	1	2	3	4	5	6	7	8	9	10	11	12

출발	1	2	3	4	5	6	7	8	9	10	11	12

출발	1	2	3	4	5	6	7	8	9	10	11	12

출발	1	2	3	4	5	6	7	8	9	10	11	12

출발	1	2	3	4	5	6	7	8	9	10	11	12

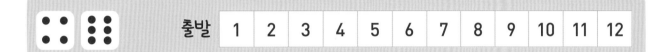

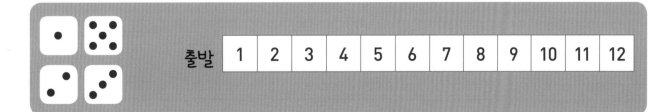

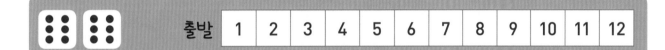

출발	1	2	3	4	5	6	7	8	9	10	11	12

3 1과 0을 알아봐요

1

하나

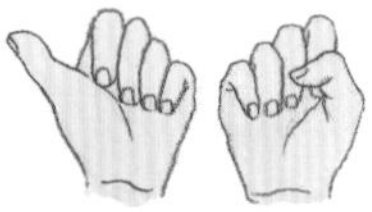

0	1	2	3	4	5	6	7	8	9	10
	●									

1	1	1	1	1	1	1	1
1	1	1	1	1	1	1	1

0

영

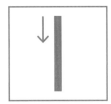

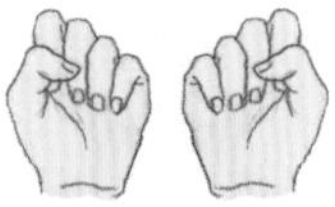

0	1	2	3	4	5	6	7	8	9	10

0	0	0	0	0	0	0	0
0	0	0	0	0	0	0	0

1. 아래 그림을 몇 개나 찾을 수 있나요? 왼쪽 그림에서 찾아보고 □ 안에 알맞은 수를 쓴 후 수직선과 바르게 이어 보세요.

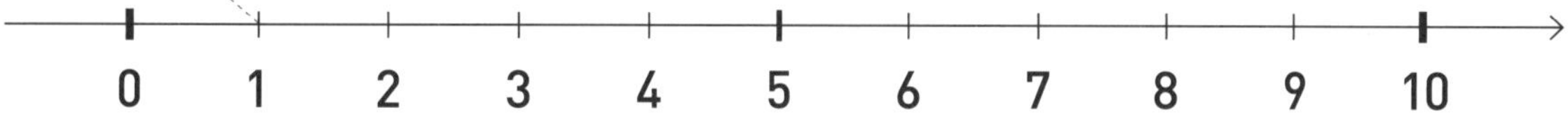

2. 몇 개인가요? □ 안에 알맞은 수를 써 보세요.

한 번 더 연습해요!

1. 똑같이 써 보세요.

1	1											1
0	0											0

2. 똑같이 그려 보세요.

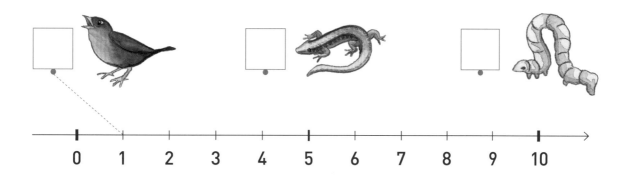

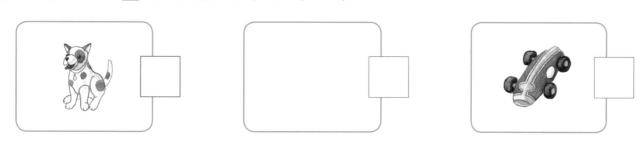

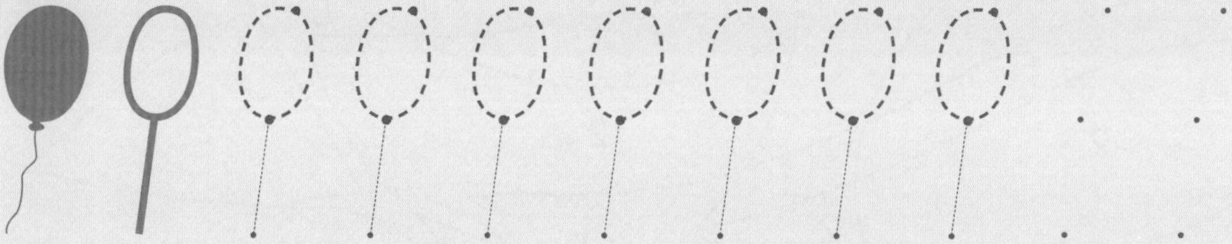

3. 똑같이 써 보세요.

0		0														0
1		1														1

0	1	0	1										

4. 주어진 수만큼 ●를 그려 보세요.

1	2	0	3

5. 주어진 수의 색에 따라 아래 그림을 색칠하세요.

0 ● 1 ● 2 ●

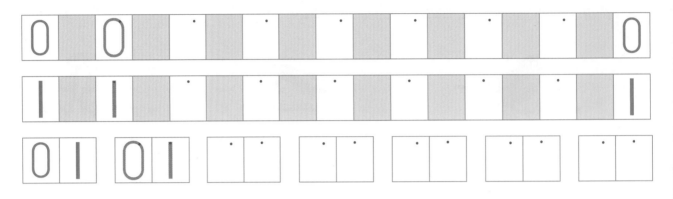

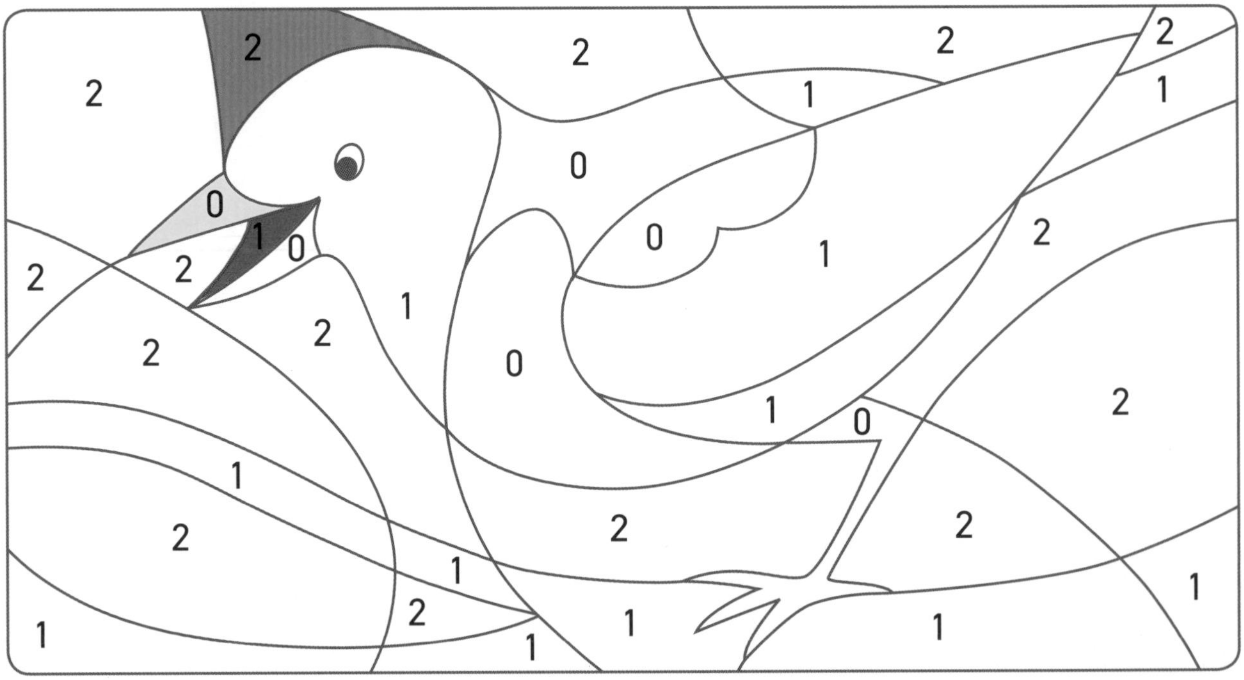

6. 규칙에 따라 빈칸에 들어갈 알맞은 그림을 그려 보세요.

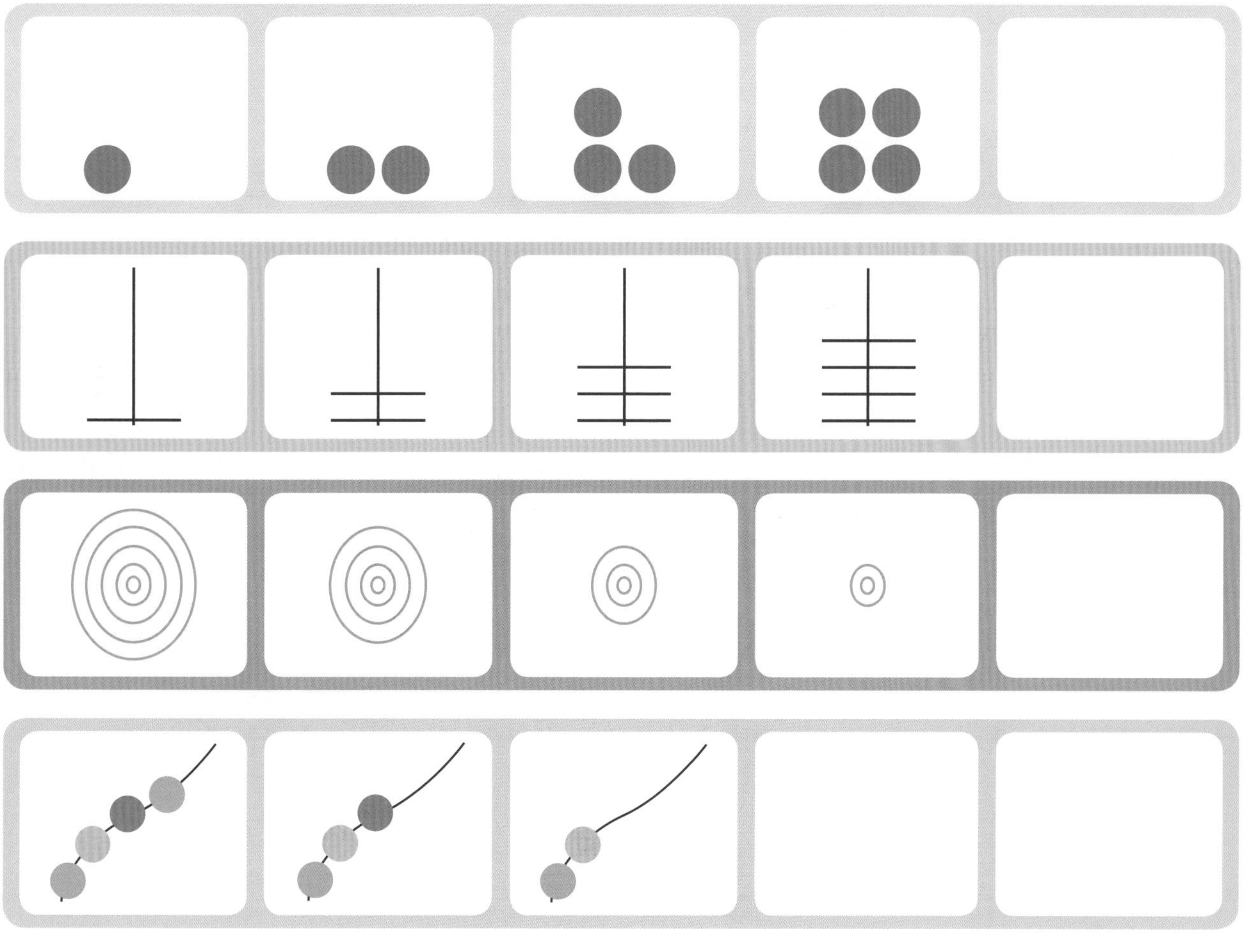

7. 점의 개수와 모양이 같은 것끼리 선으로 이어 보세요.

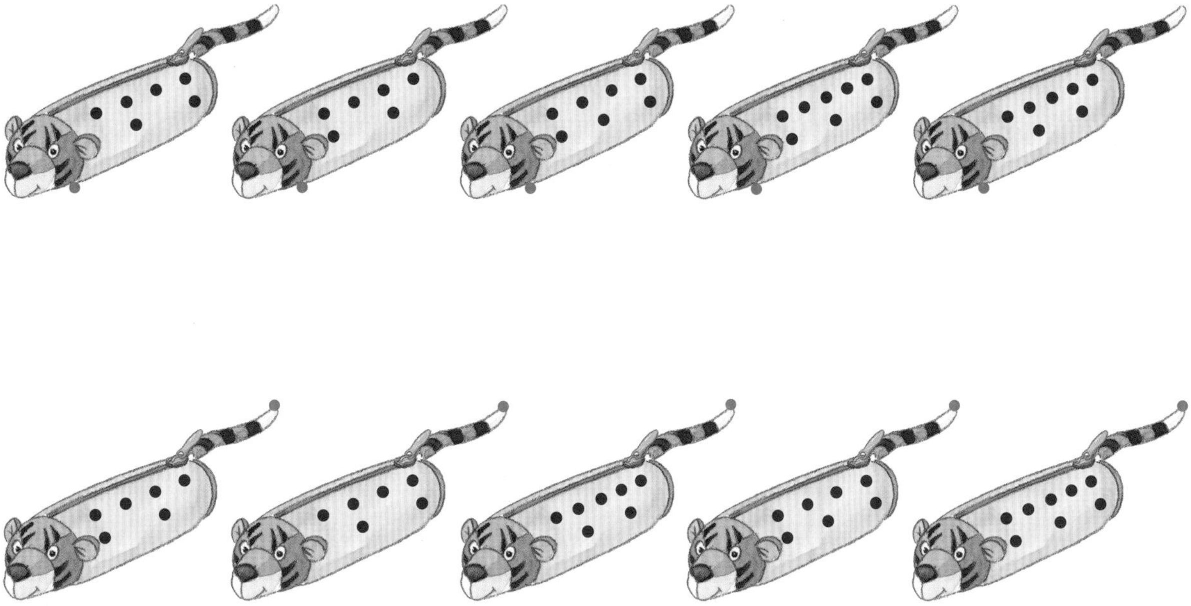

4 2를 알아봐요

2

0	1	2	3	4	5	6	7	8	9	10
	●	●								

2	2	2	2	2	2	2	2
2	2	2	2	2	2	2	2

둘

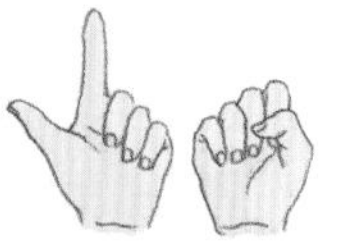

1. 아래 그림을 몇 개나 찾을 수 있나요?
위 그림에서 찾아보고 □ 안에 알맞은 수를 쓴 후 수직선과 바르게 이어 보세요.

0 

□ 

□ 

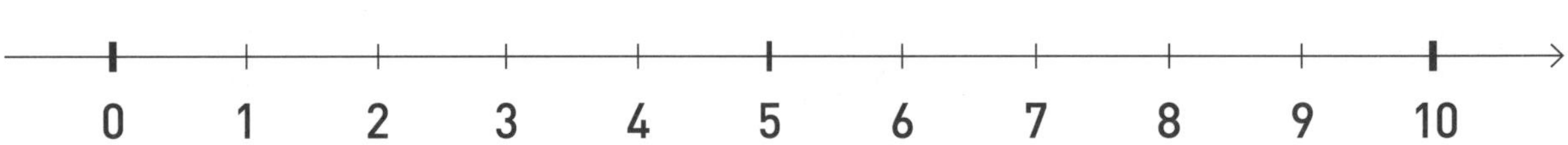

2. 2를 여러 가지 방법으로 가르기 하여 □ 안에 알맞은 수를 써 보세요.

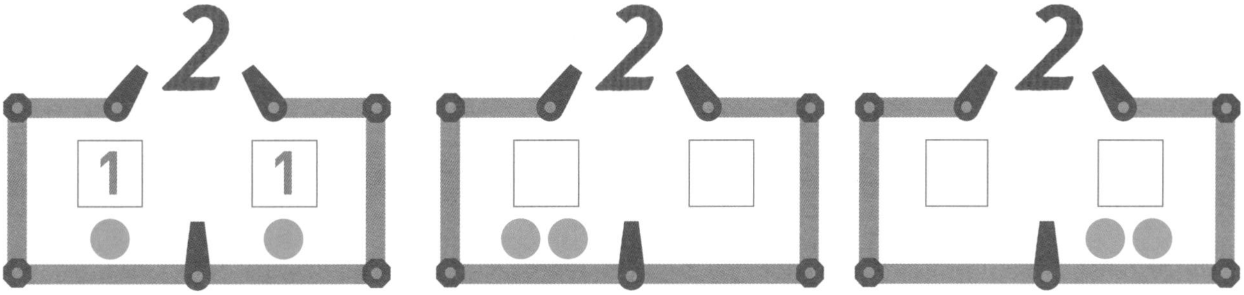

3. 몇 개인가요? □ 안에 알맞은 수를 써 보세요.

한 번 더 연습해요!

1. 똑같이 써 보세요.

2	2	·	·	·	·	·	·	·	·	·	·	·	·	2

2. 몇 개인가요? □ 안에 알맞은 수를 써 보세요.

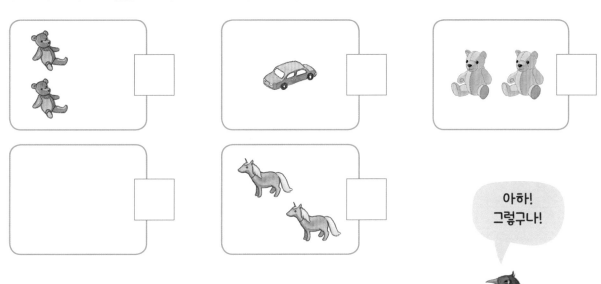

4. 똑같이 써 보세요.

2		2															2
2																	2

0	1	2	0	1	2									

5. 주어진 수만큼 ●를 그려 보세요.

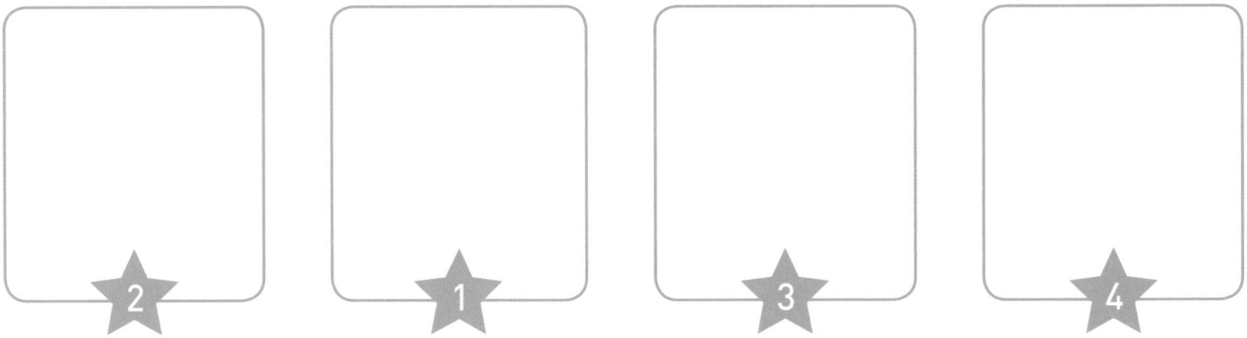

6. 왼쪽 그림과 똑같이 그려 보세요.

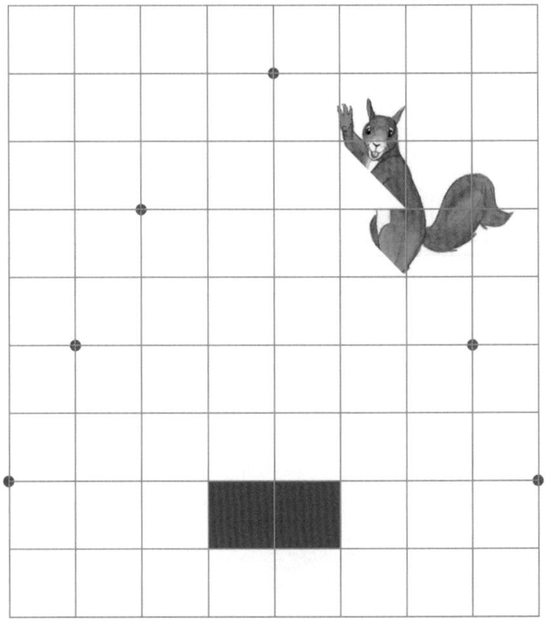

7. 규칙에 따라 마지막 빈칸에 들어갈 알맞은 그림을 그려 보세요.

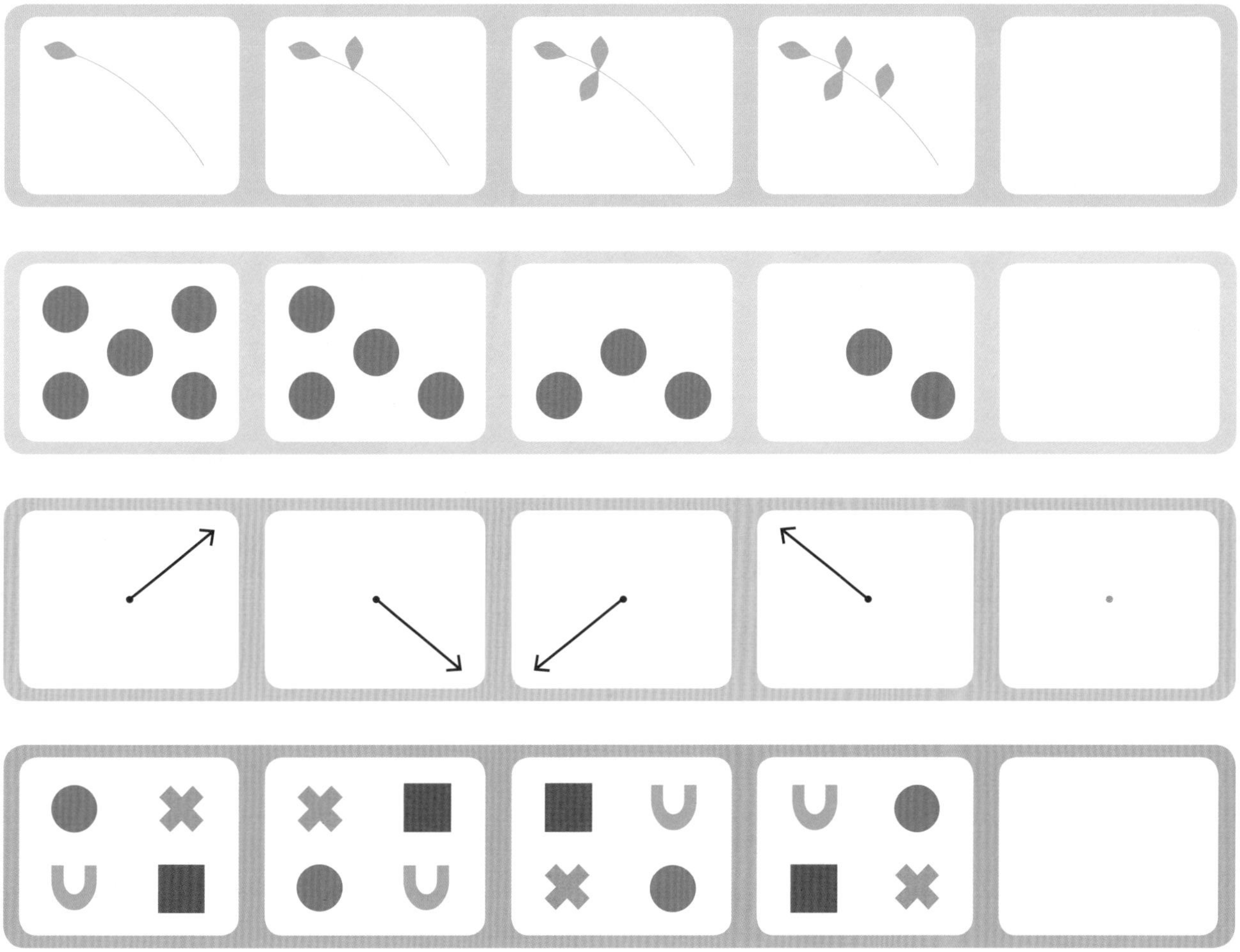

8. 같은 짝끼리 이은 후, 똑같이 색칠해 보세요.

5 3을 알아봐요

3

0	1	2	3	4	5	6	7	8	9	10
	●	●	●							

셋

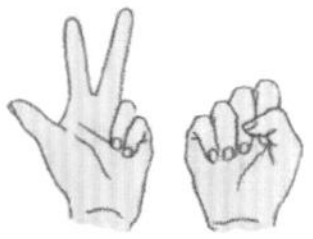

3	3	3	3	3	3	3	3
3	3	3	3	3	3	3	3

1. 아래 그림을 몇 개나 찾을 수 있나요?
위 그림에서 찾아보고 □ 안에 알맞은 수를 쓴 후 수직선과 바르게 이어 보세요.

[1] 　　[ ] 　　[ ] 

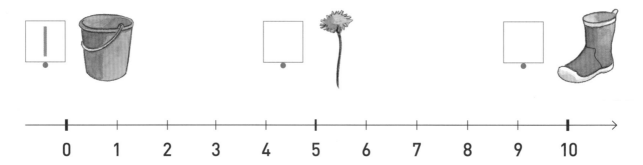

0　1　2　3　4　5　6　7　8　9　10

2. 3을 여러 가지 방법으로 가르기 하여 □ 안에 알맞은 수를 써 보세요.

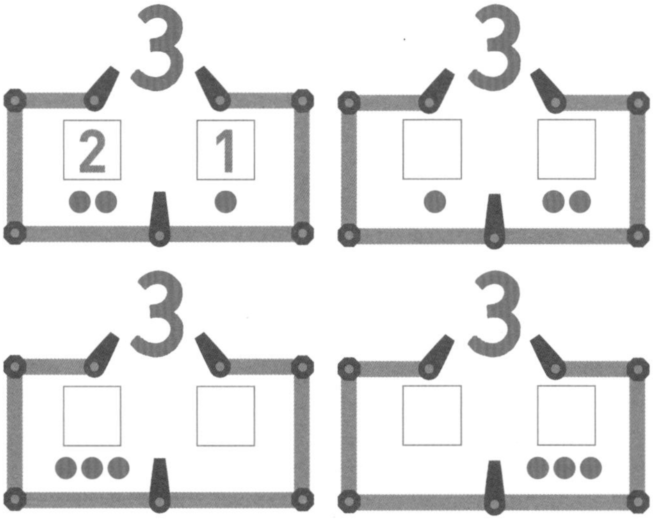

3. 몇 개인가요? □ 안에 알맞은 수를 써 보세요.

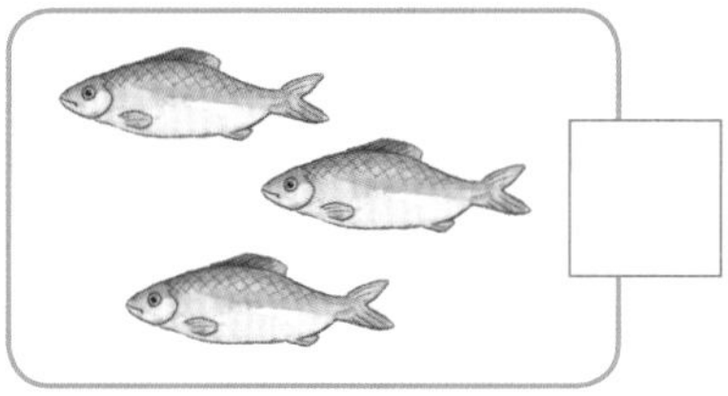

한 번 더 연습해요!

1. 똑같이 써 보세요.

3	3													3

2. 몇 개인가요? □ 안에 알맞은 수를 써 보세요.

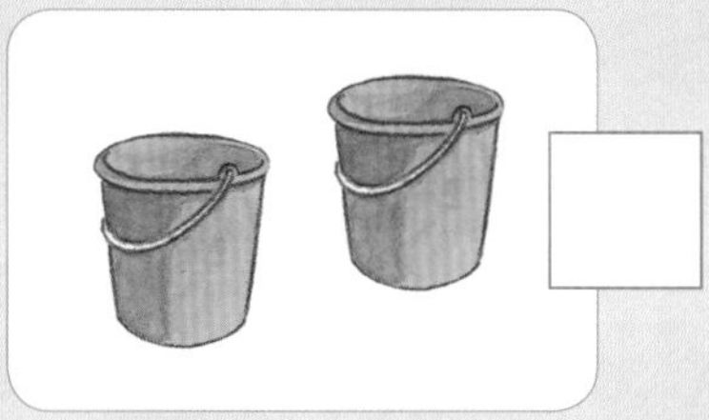

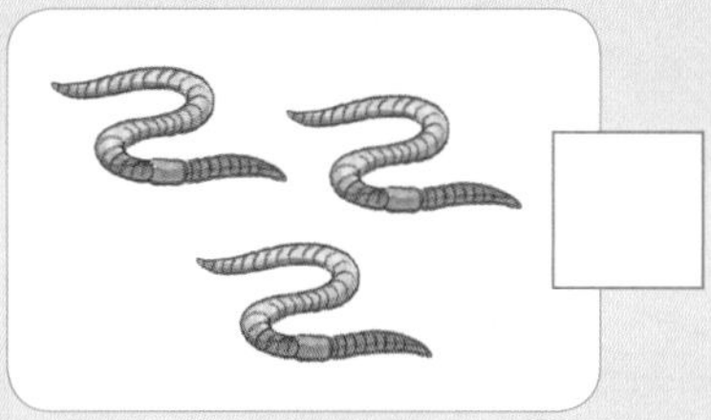

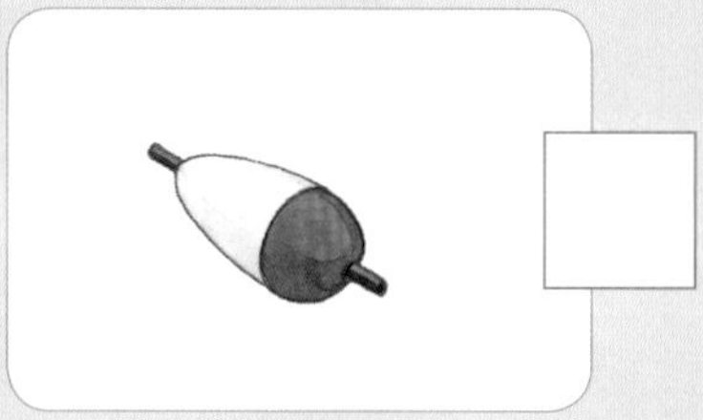

4. 똑같이 써 보세요.

3		3		·		·		·		·		·		·		3
3		·		·		·		·		·		·		·		3

0	1	2	3	0	1	2	3	·	·	·	·	·	·	·	·

5. 물고기 그림을 완성해 보세요.

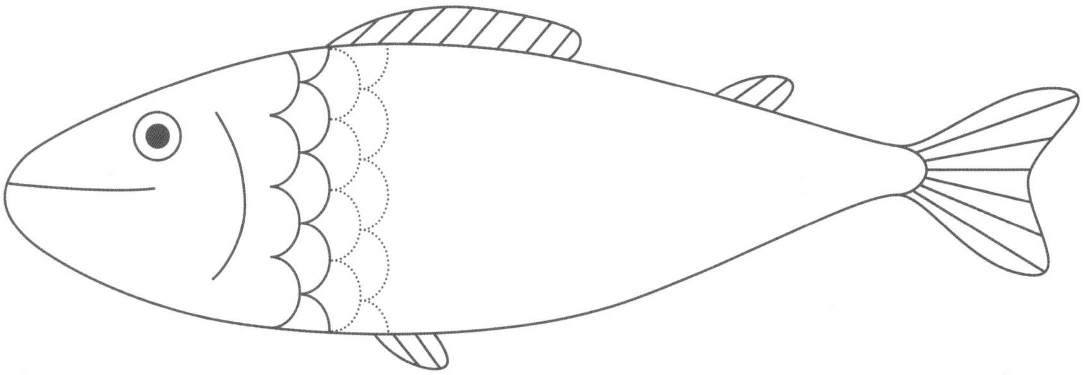

6. 점의 개수를 세어 보고 알맞은 색을 칠해 보세요.

0 ● 1 ● 2 ● 3 ●

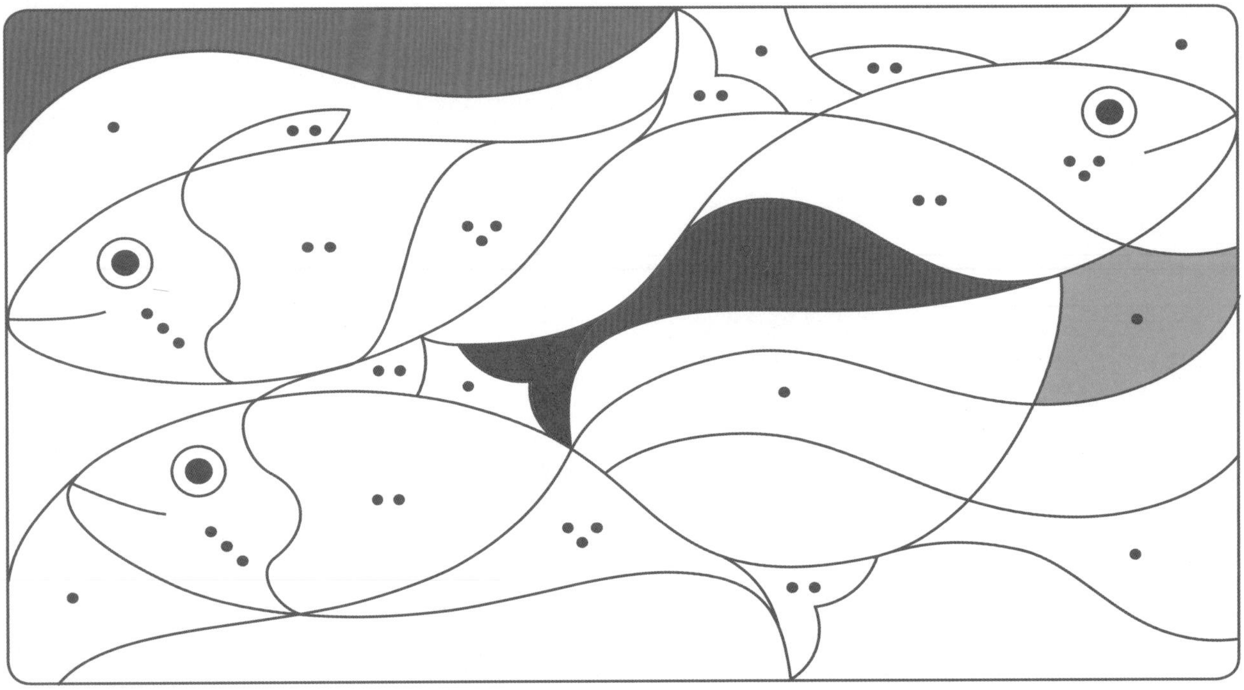

7. 규칙에 따라 마지막 빈칸에 들어갈 알맞은 그림을 그려 보세요.

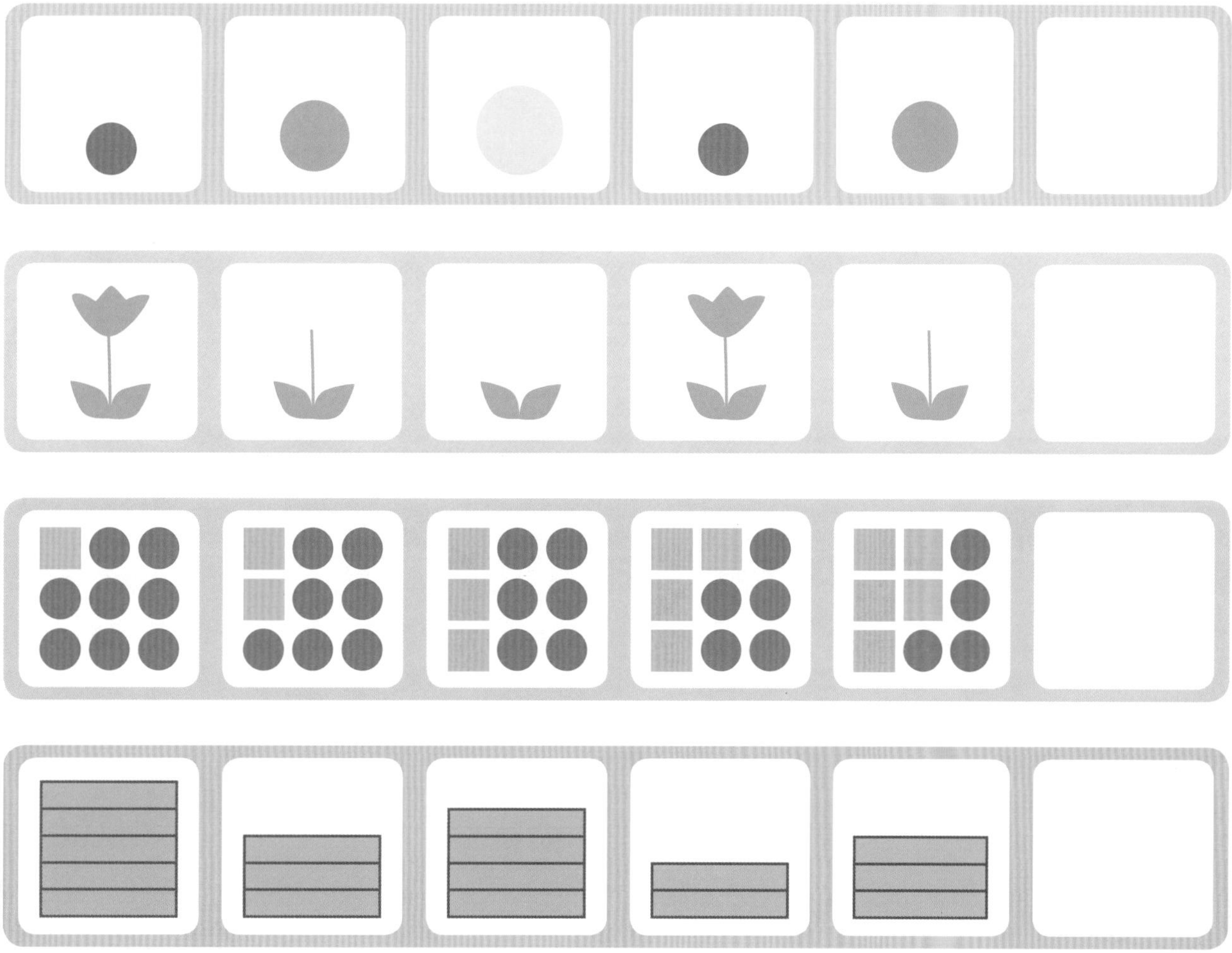

8. 1, 2, 3을 이용해서 돛의 번호가 모두 다르게 만들어 보세요.

____월 ____일 ____요일

6 수를 비교해 봐요

1. 짝을 맞춰 그림을 연결해 보세요. 그림의 수가 같으면 □ 안에 X표 하세요.

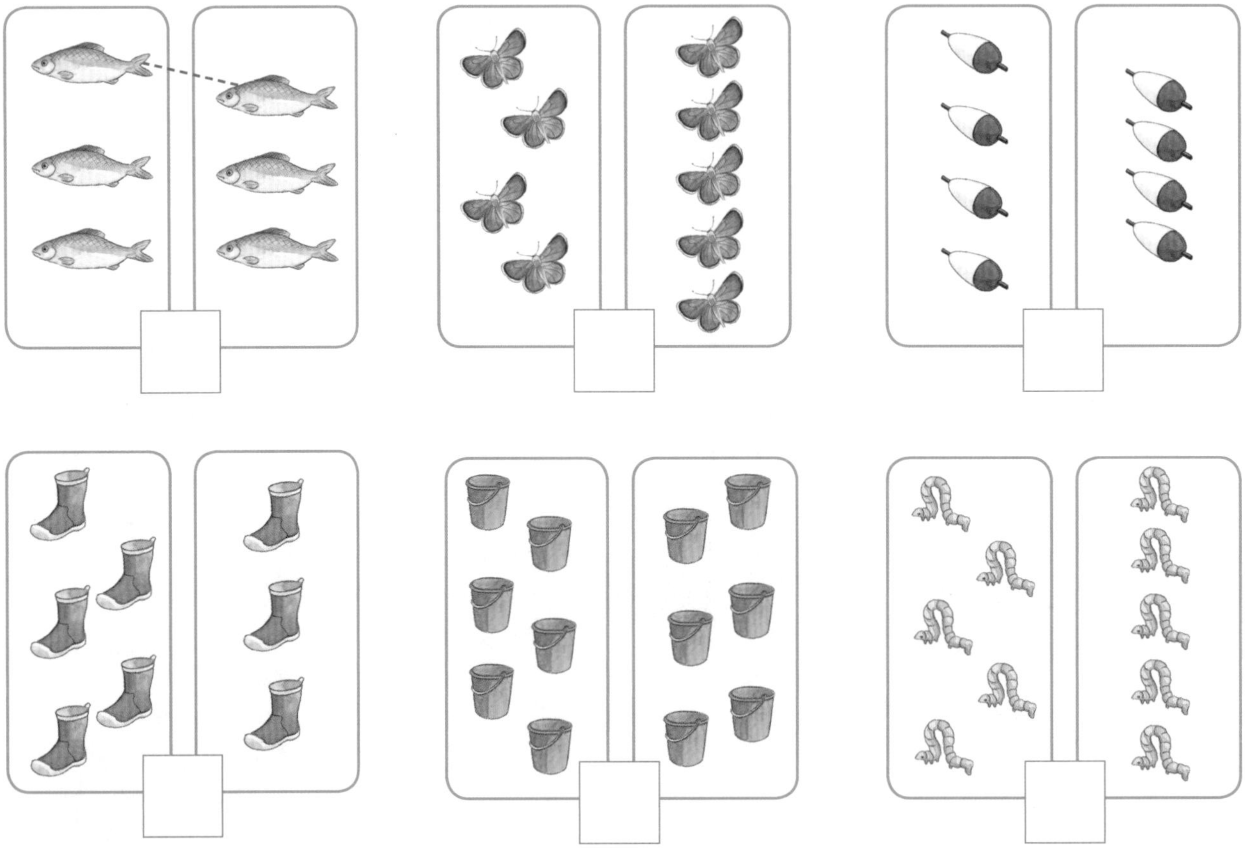

2. 왼쪽에는 1만큼 더 적게, 오른쪽에는 1만큼 더 많게 그림을 그려 넣으세요.

1 작은 수		1 큰 수
	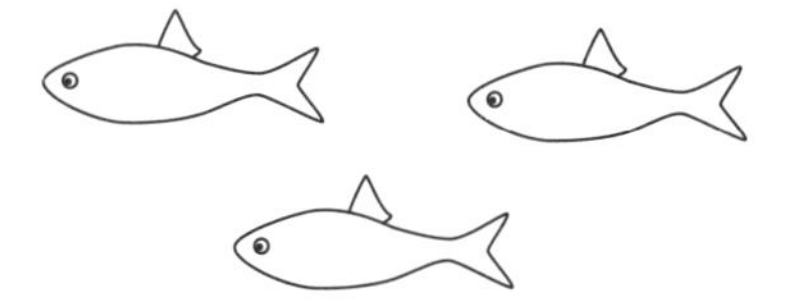	
	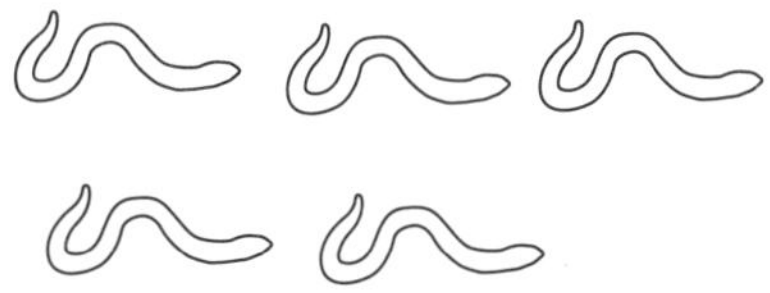	
	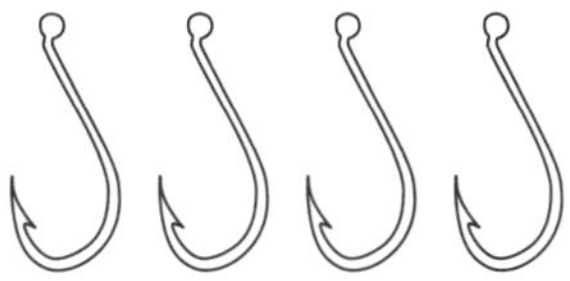	

한 번 더 연습해요!

0	0			
2	2			

1	1			
3	3			

1. 왼쪽에는 1만큼 더 적게, 오른쪽에는 1만큼 더 많게 그림을 그려 넣으세요.

	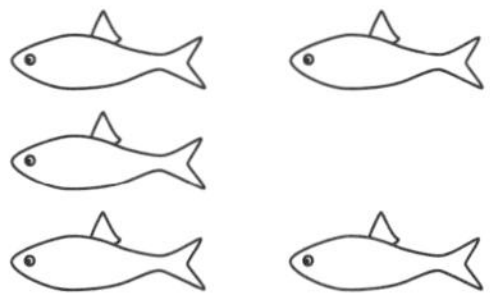	
	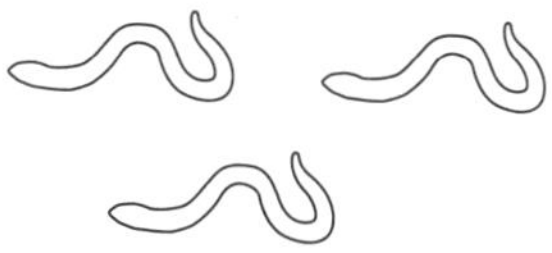	

3. 그림의 수를 세어 수직선과 연결한 후, 수가 더 많은 쪽의 그림을 색칠해 보세요.

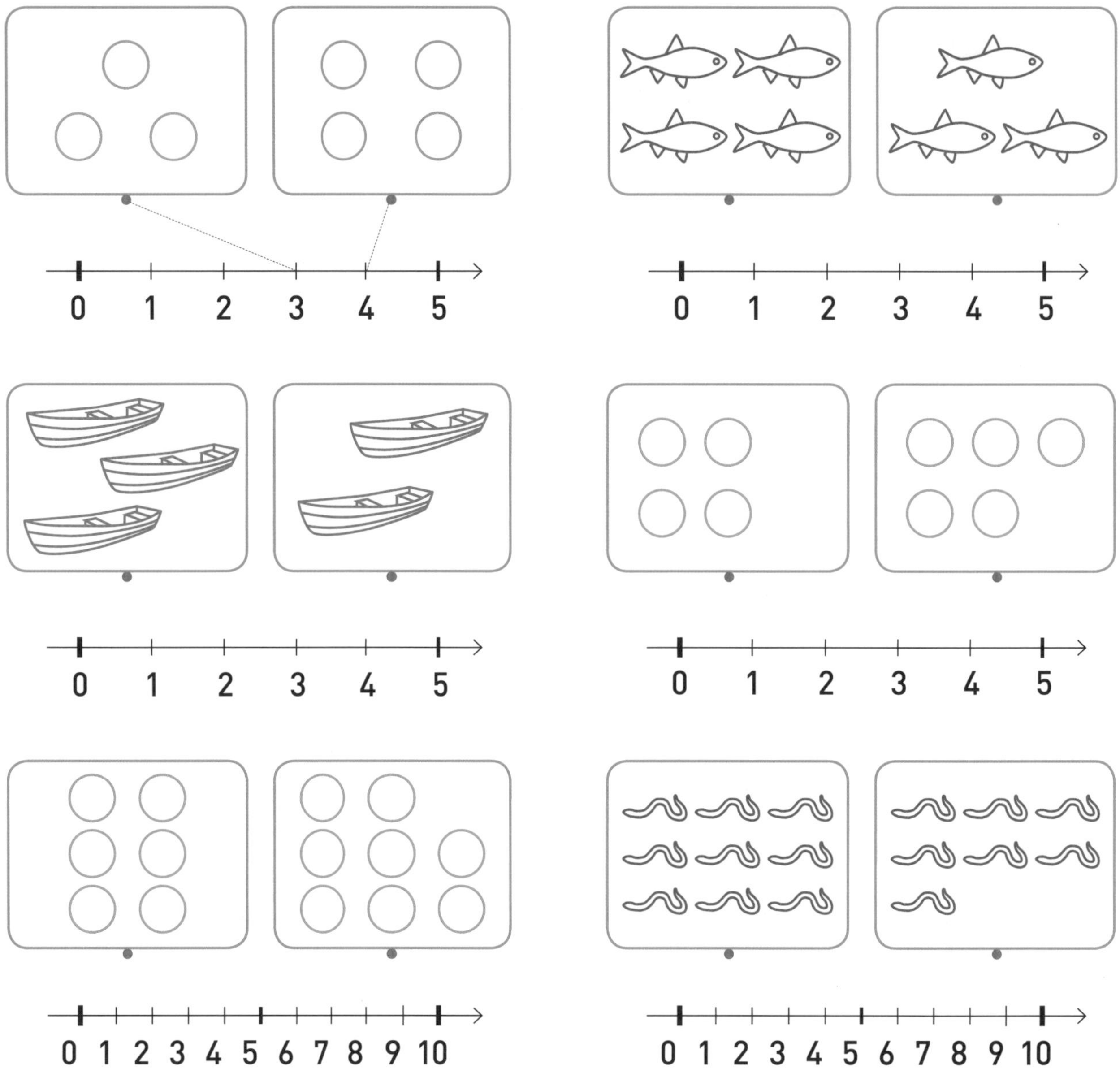

스스로 문제를 만들어 풀어 보세요.

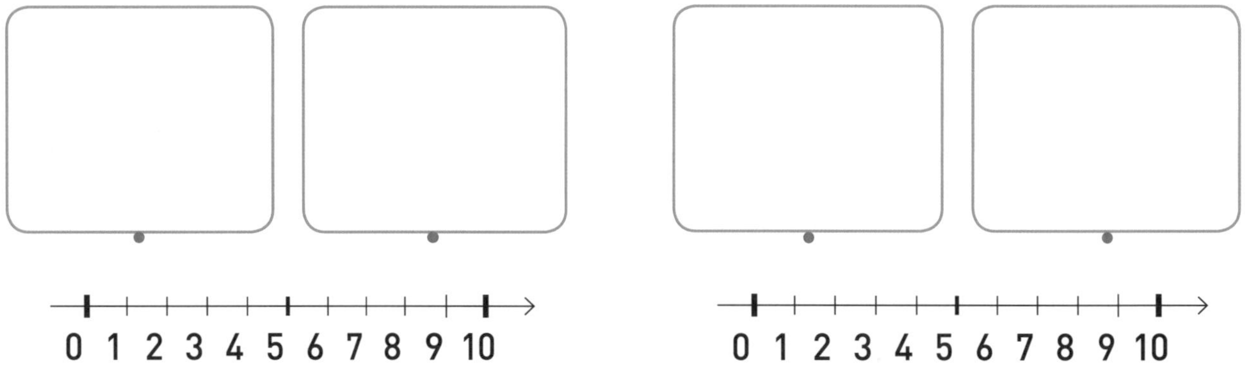

4. 같은 수의 구슬 그림을 찾아 선으로 이은 후 색칠해 보세요.

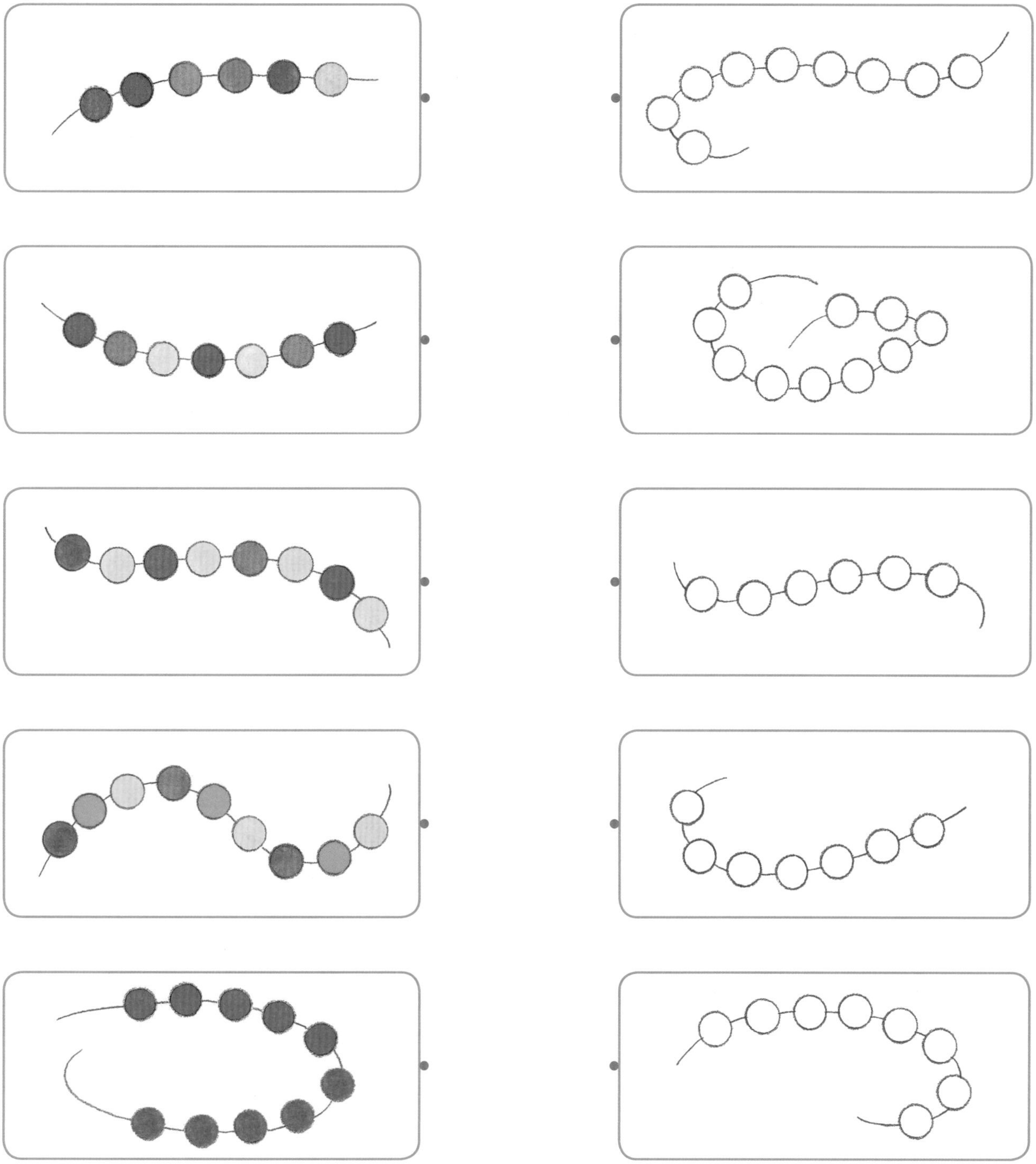

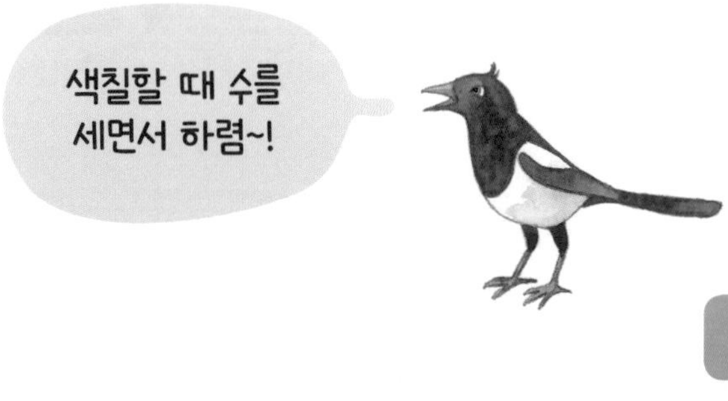
색칠할 때 수를
세면서 하렴~!

____월 ____일 ____요일

7 더 작은 수와 더 큰 수

1. 똑같이 그려 보세요.

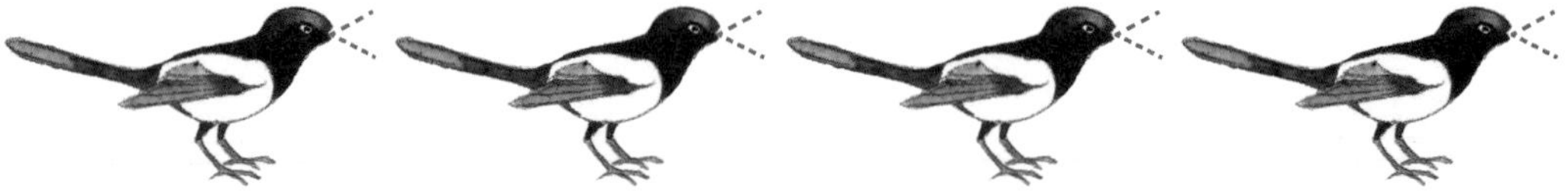

<	<	<	<	<													<

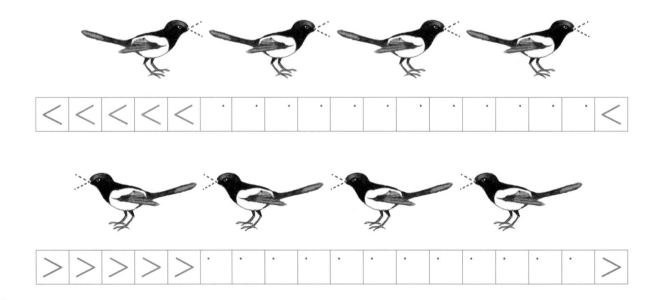

>	>	>	>	>													>

2. □ 안에 >, <를 알맞게 써넣어 보세요.

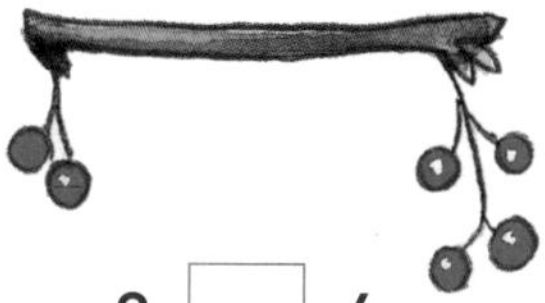
2 □ 4

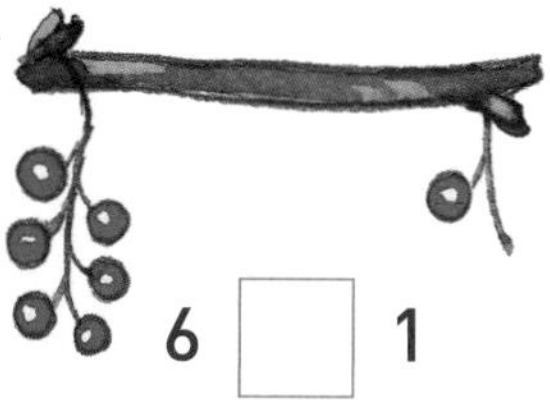
6 □ 1

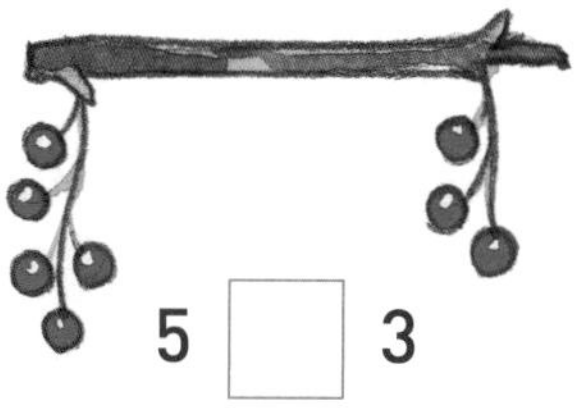
5 □ 3

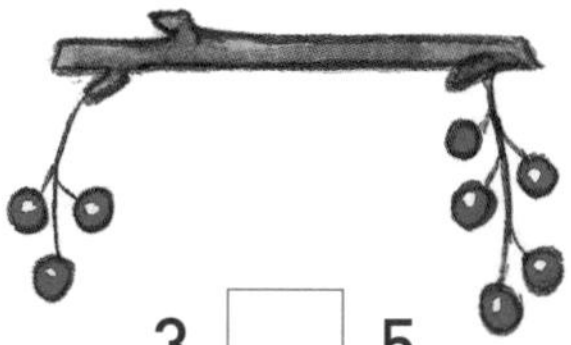
3 □ 5

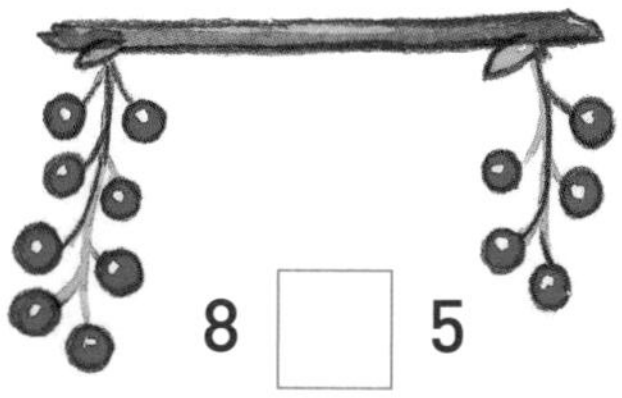
8 □ 5

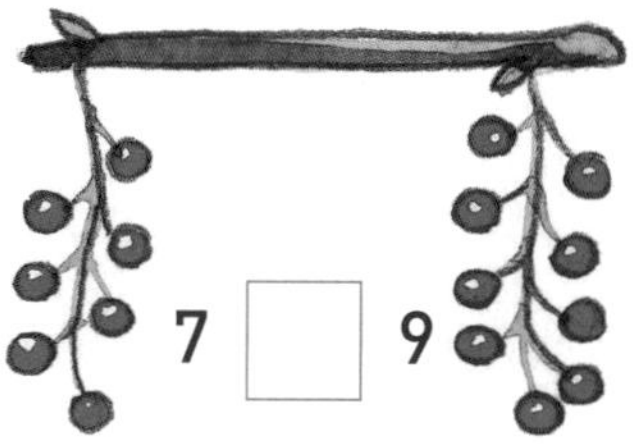
7 □ 9

3. □ 안에 >, <를 알맞게 써넣어 보세요.

1 □ 3	3 □ 2	2 □ 4
5 □ 2	6 □ 1	6 □ 5
4 □ 1	4 □ 5	5 □ 6

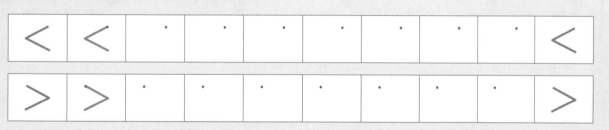

더 많이 먹고 싶으니까
더 큰 쪽으로 입을
벌려야지!

한 번 더 연습해요!

<	<								<
>	>								>

1. □ 안에 >, <를 알맞게 써넣어 보세요.

1 □ 2	3 □ 5	3 □ 4	6 □ 5
2 □ 1	5 □ 3	4 □ 3	6 □ 7
0 □ 2	7 □ 1	8 □ 2	3 □ 6

4. 짝을 맞춰 그림을 연결한 후, ☐ 안에 >, <를 알맞게 써넣어 보세요.

4 $<$ 5   4 ☐ 3   5 ☐ 3

6 ☐ 5   5 ☐ 4   7 ☐ 5

8 ☐ 9   8 ☐ 10   9 ☐ 8

스스로 문제를 만들어
풀어 보세요.

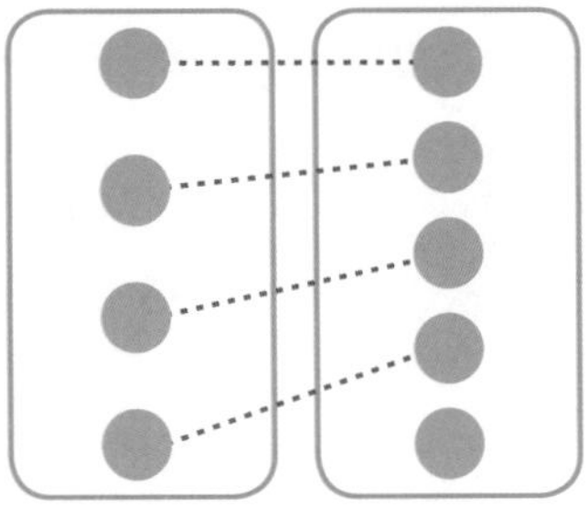

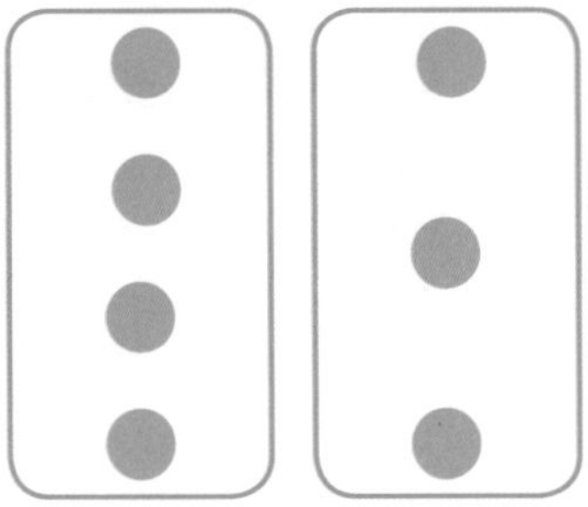

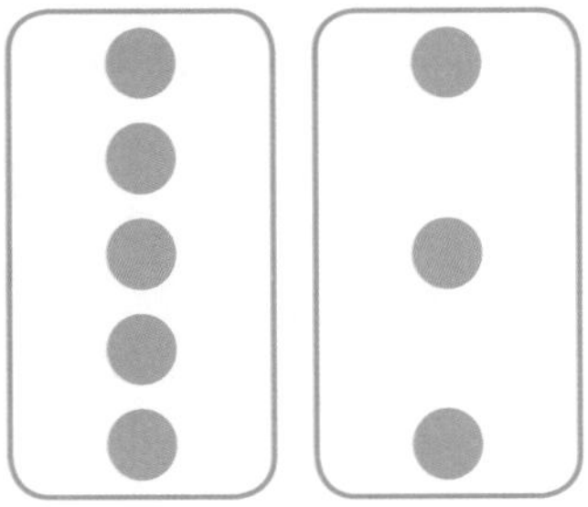

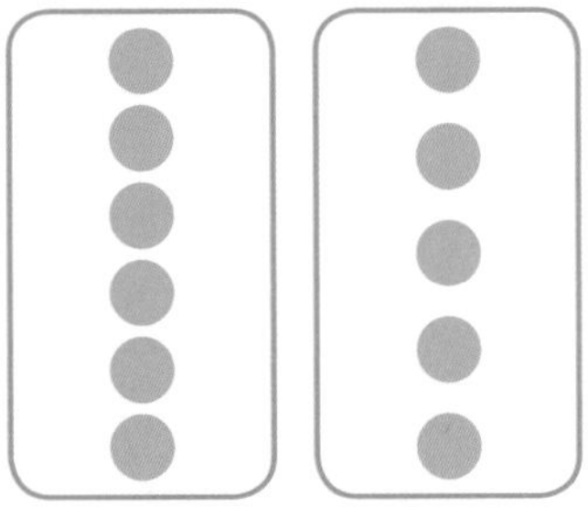

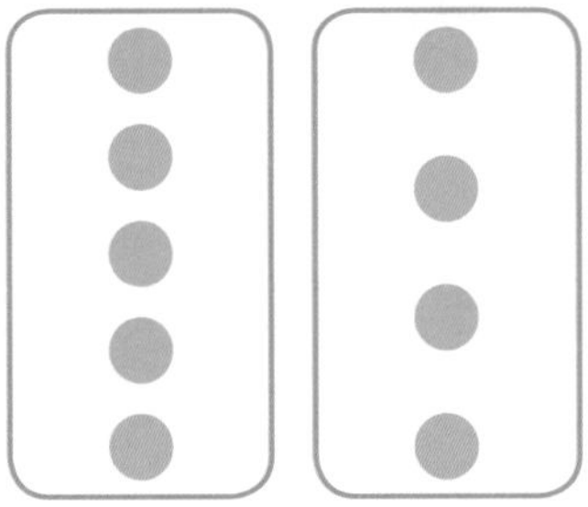

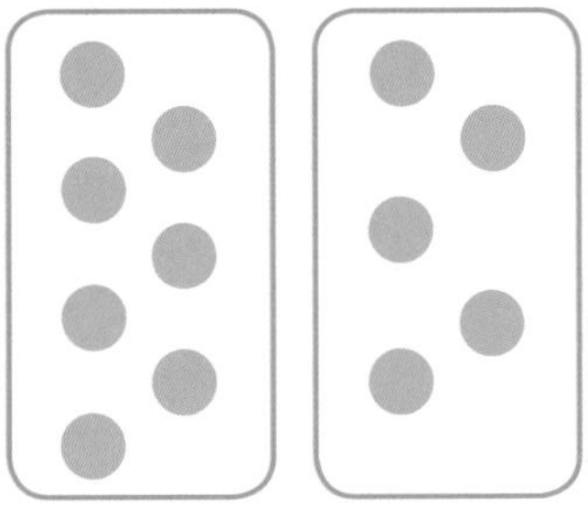

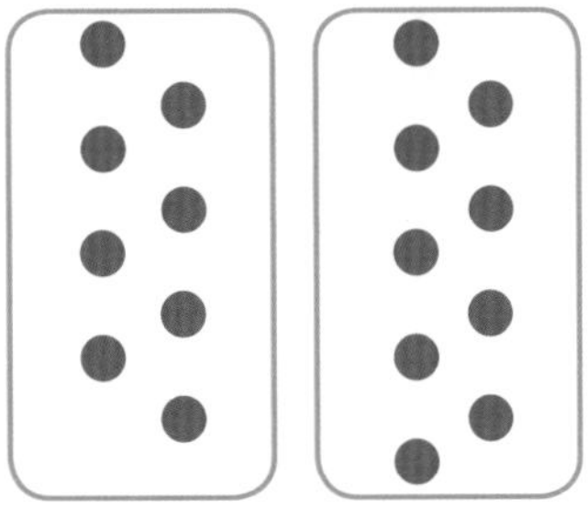

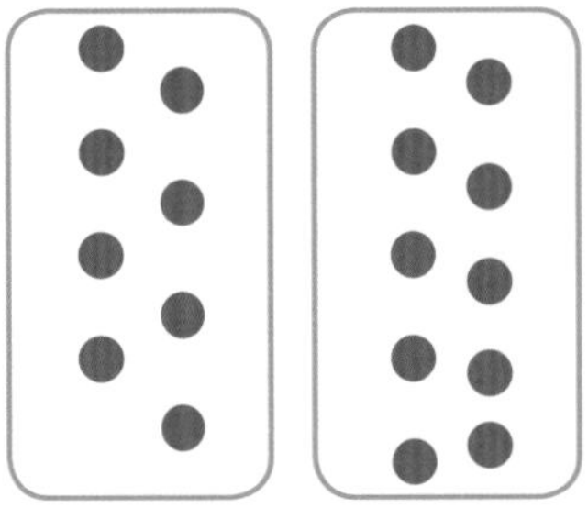

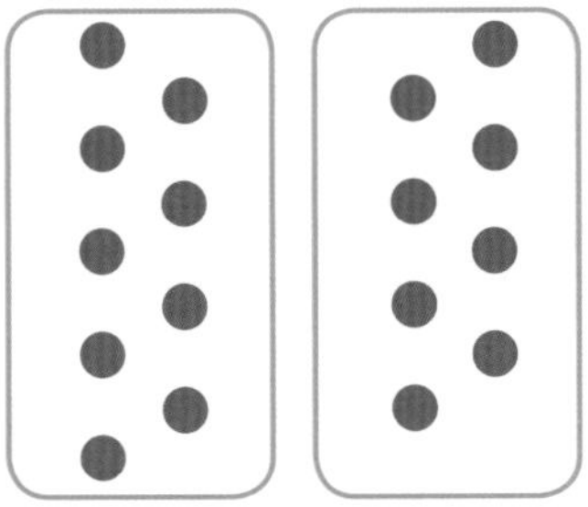

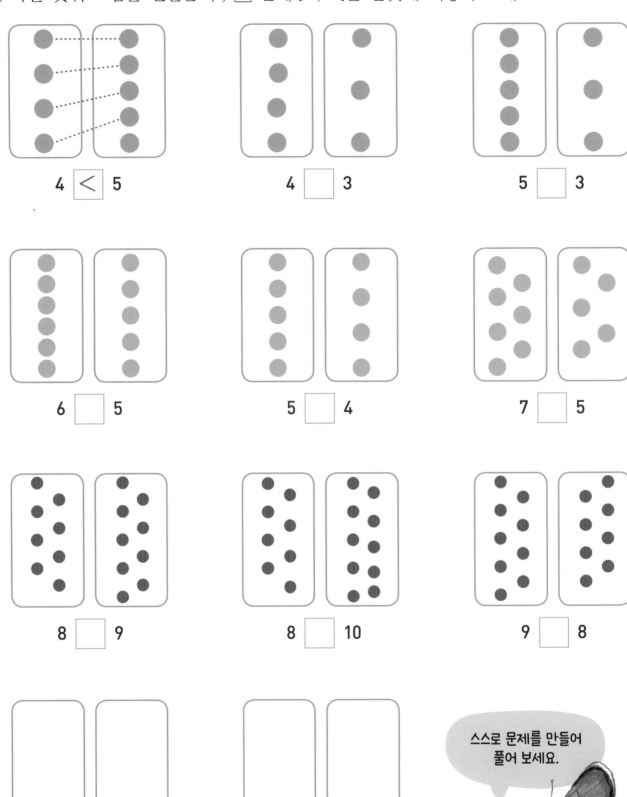

5. 주어진 수에 맞게 무당벌레에 점을 그려 보세요. 그리고 □ 안에 >, <를 알맞게 써넣어 보세요.

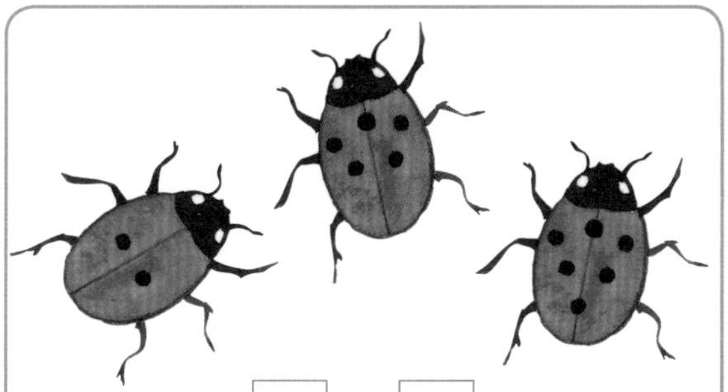

2 [<] 5 [<] 6

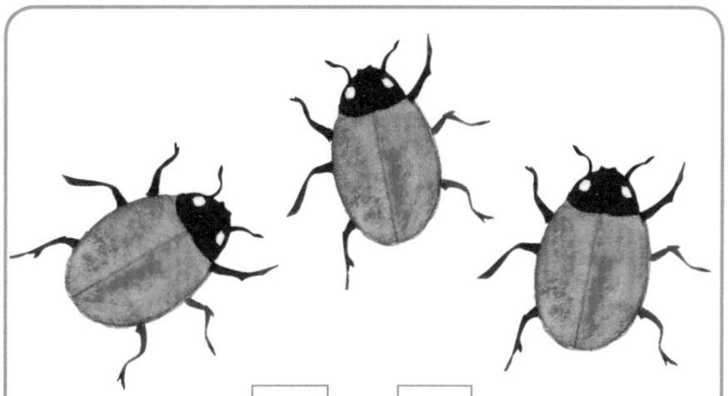

2 □ 3 □ 8

6 □ 5 □ 3

5 □ 2 □ 1

4 □ 1 □ 0

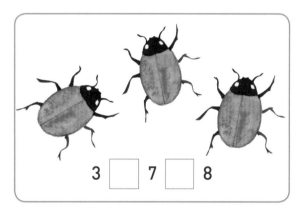

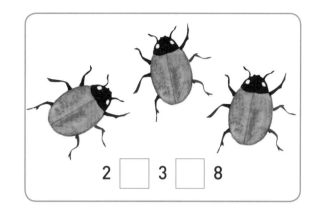

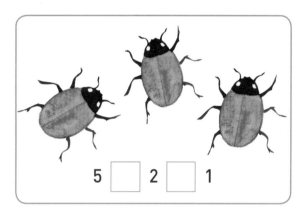

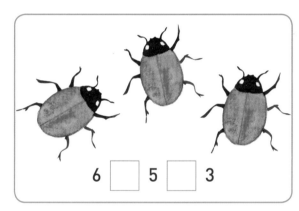

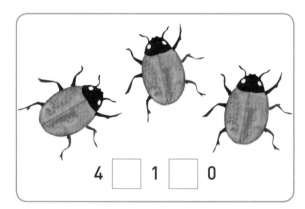

3 □ 7 □ 8

6. □ 안에 >, <를 알맞게 써넣어 보세요.

5 □ 4 □ 3

7 □ 6 □ 1

0 □ 2 □ 8

0 □ 1 □ 2

2 □ 4 □ 6

5 □ 3 □ 1

0 □ 5 □ 10

9 □ 8 □ 7

7 □ 9 □ 10

8 ~와 같습니다

4 = 4

4는 4와 같습니다.

1. 똑같이 그려 보세요.

=	=	=	=	=	:	:	:	:	:	:	:	:	:	:	=

2. 알맞은 수의 사과를 그려 넣어 보세요.

2 = 2

3 = 3

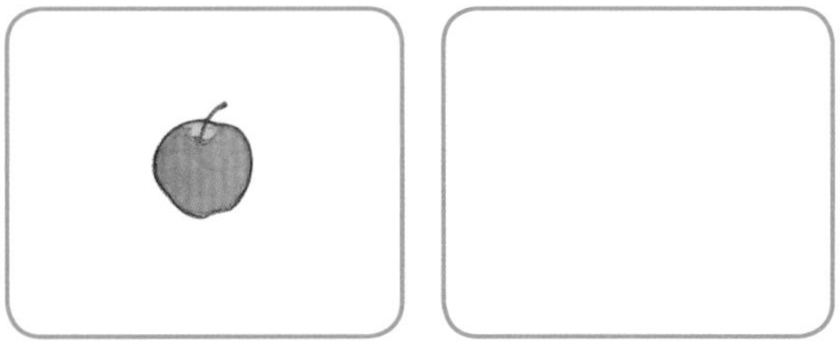

1 = 1

4 = 4

3. 알맞은 수의 사과를 그려 넣어 보세요.

4 = 4

5 = 5

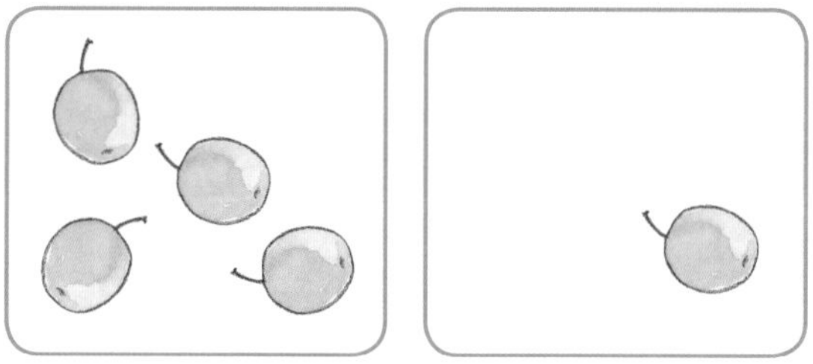

5 = 5

6 = 6

한 번 더 연습해요!

1. 알맞은 수의 사과를 그려 넣어 보세요.

1 = 1

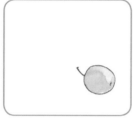

3 = 3

2. □ 안에 >, =, <를 알맞게 써넣어 보세요.

1 □ 3	2 □ 1	4 □ 4	5 □ 3
4 □ 1	5 □ 5	0 □ 1	4 □ 6
3 □ 5	4 □ 2	4 □ 5	6 □ 6

4. 짝을 맞춰 그림을 연결한 후 □ 안에 >, =, <를 알맞게 써넣어 보세요.

5 = 5   4 □ 3   6 □ 6

6 □ 5   4 □ 4   7 □ 8

5 □ 7   4 □ 6   8 □ 8

스스로 문제를 만들어
풀어 보세요.

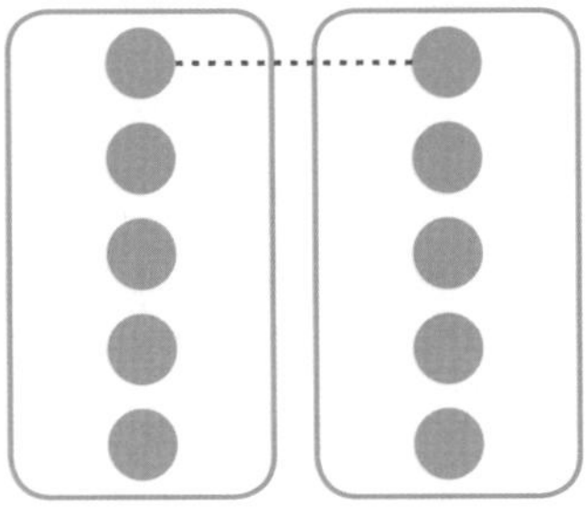

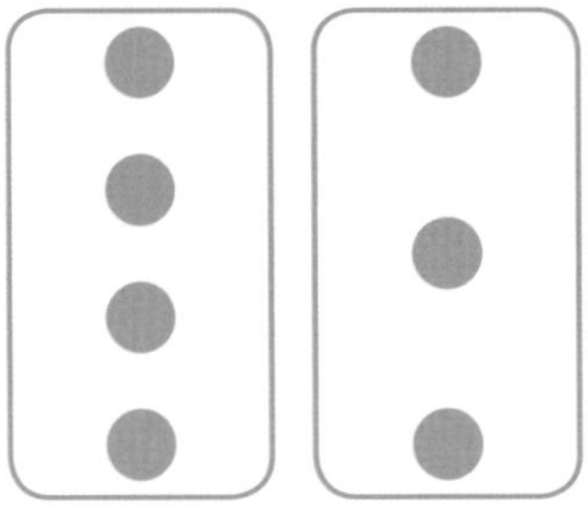

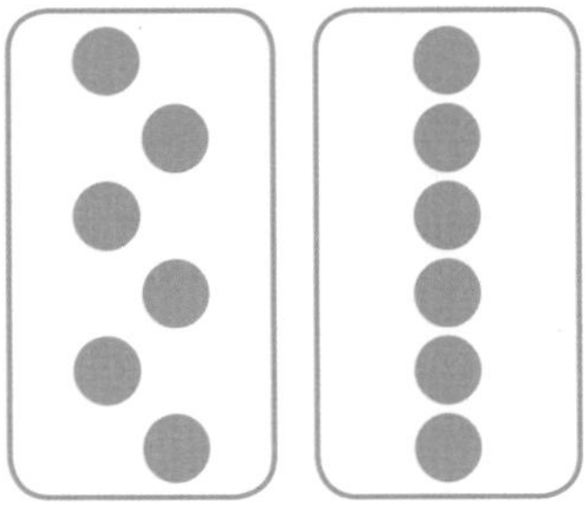

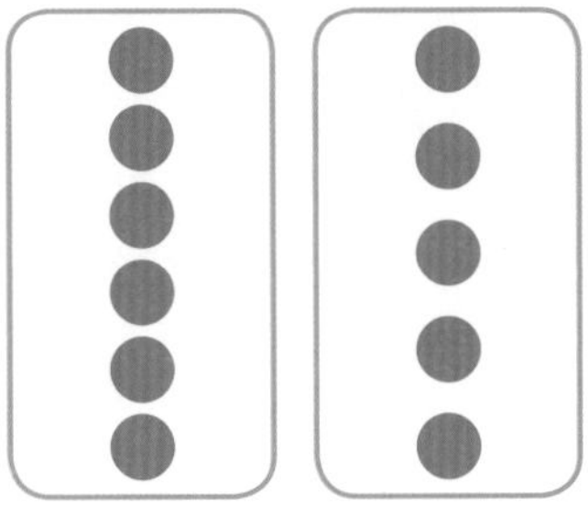

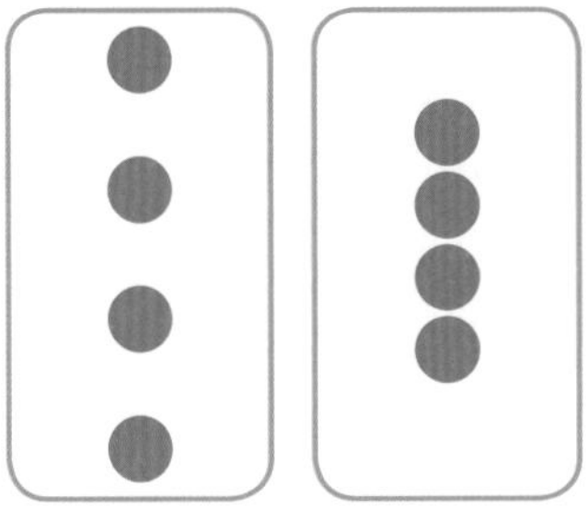

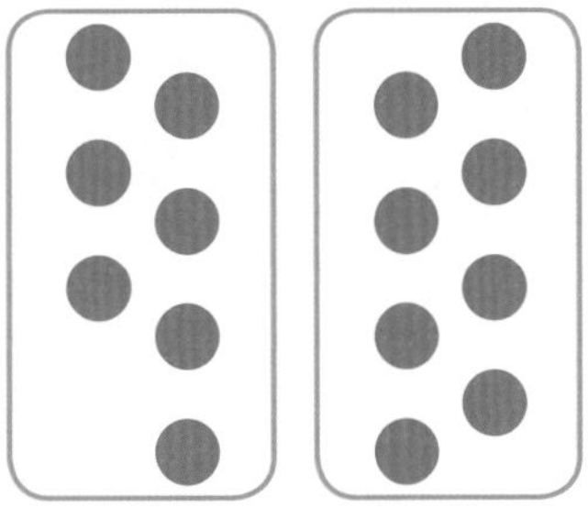

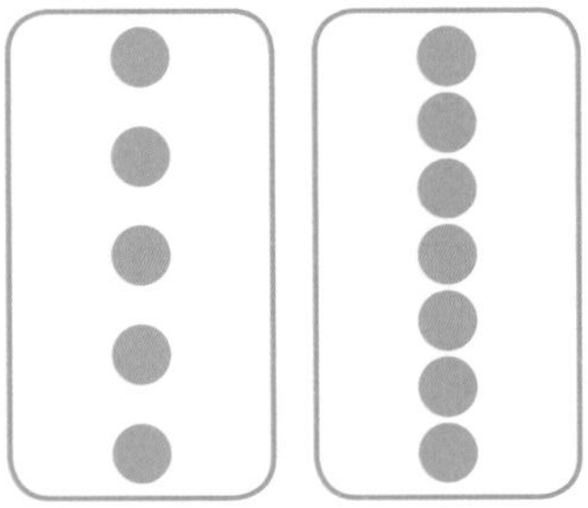

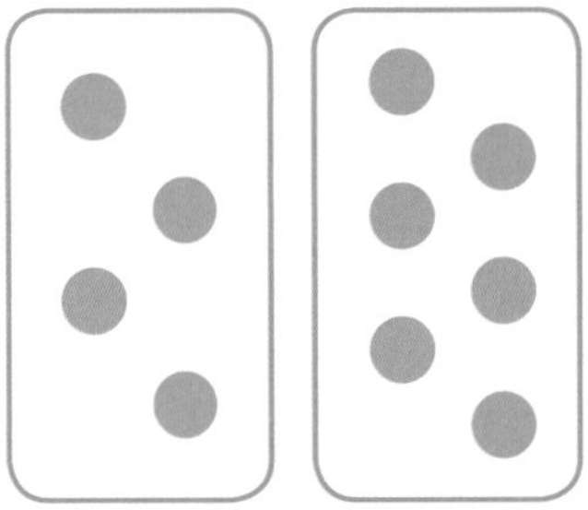

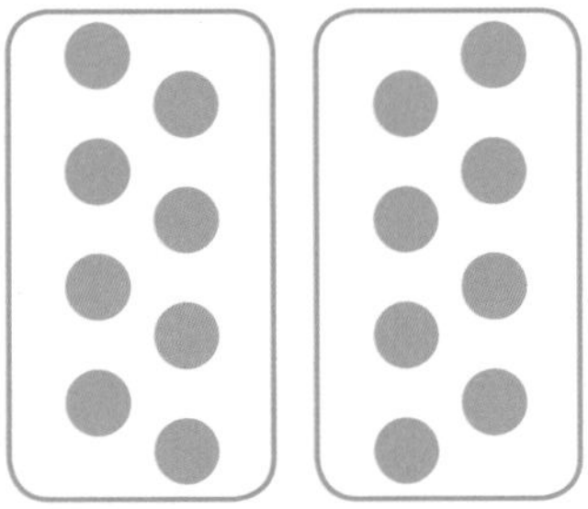

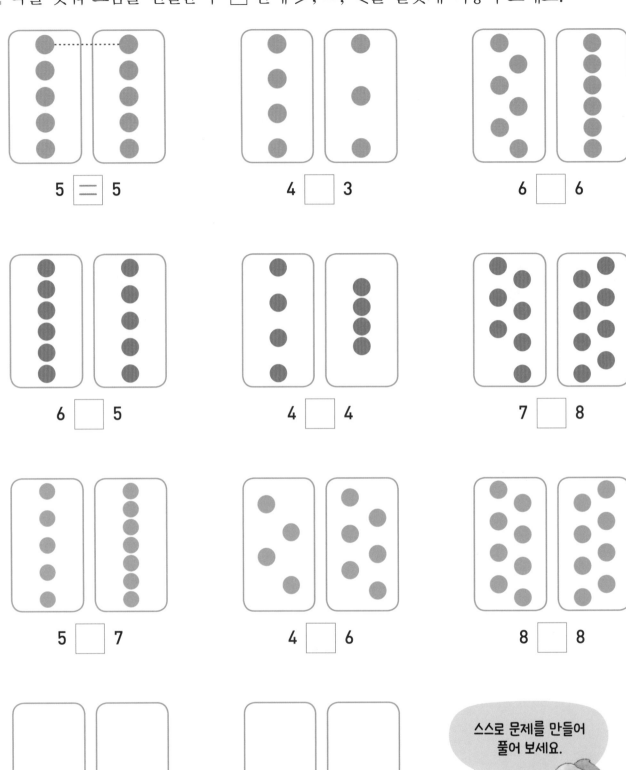

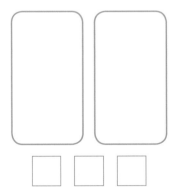

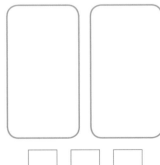

5. 머그잔에 주어진 수만큼 동그라미를 그린 후, □ 안에 >, =, <를 알맞게 써넣어 보세요.

4 [>] 3 [>] 1

1 □ 3 □ 5

2 □ 2 □ 2

5 □ 4 □ 1

4 □ 3 □ 0

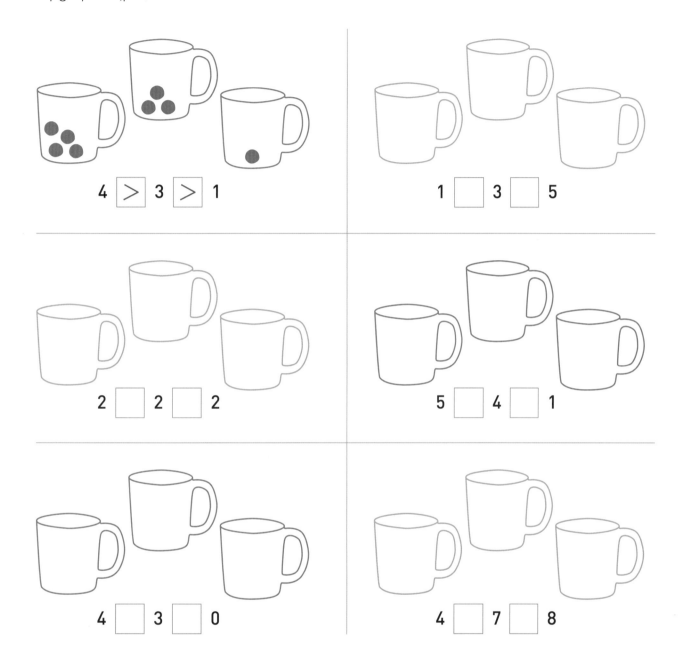

4 □ 7 □ 8

6. □ 안에 >, =, <를 알맞게 써넣어 보세요.

5 □ 7 □ 9

8 □ 4 □ 0

9 □ 6 □ 3

7 □ 5 □ 3

8 □ 7 □ 6

4 □ 5 □ 9

9 □ 8 + 1 □ 9

10 □ 6 + 2 □ 6

10 □ 7 + 3 □ 10

실력을 평가해 봐요!

____월 ____일 ____요일

1. 몇 개인가요? □ 안에 알맞은 수를 써 보세요.

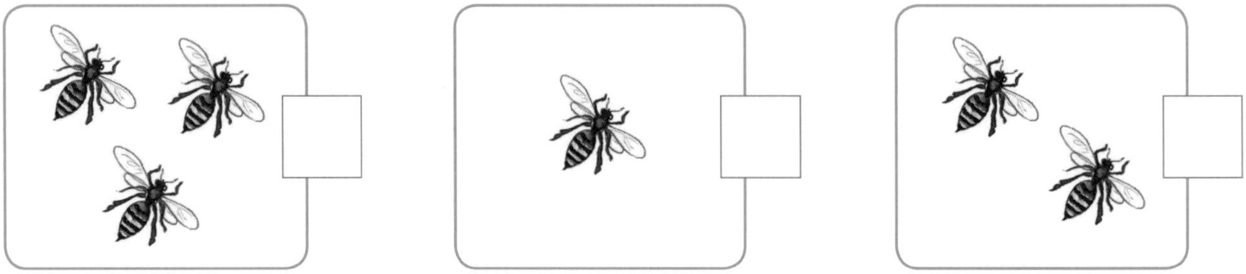

2. 연결된 수직선의 수만큼 ●를 그려 보세요.

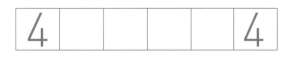

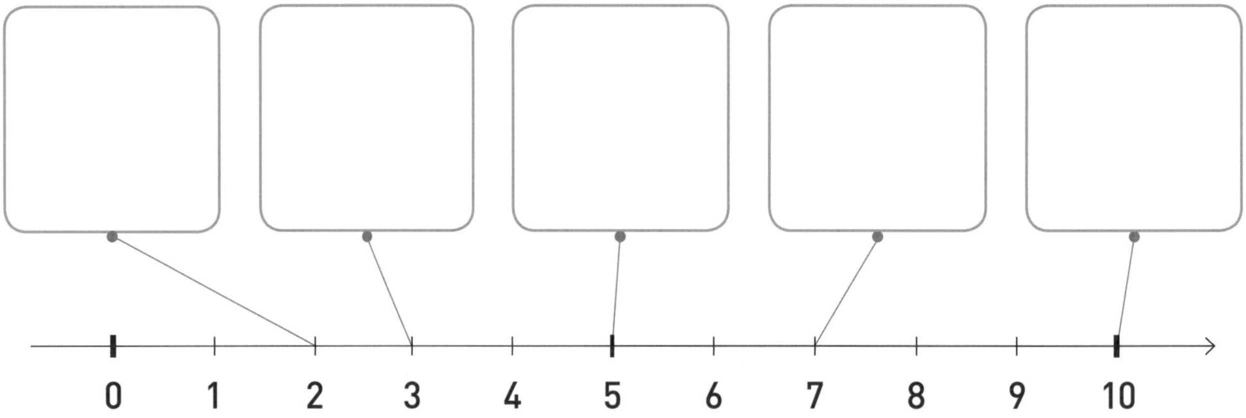

3. 똑같이 써 보세요.

0				0

1				1

2				2

3				3

4				4

5				5

<				<

=				=

4. 왼쪽에는 1만큼 더 적게, 오른쪽에는 1만큼 더 많게 그림을 그려 넣어 보세요.

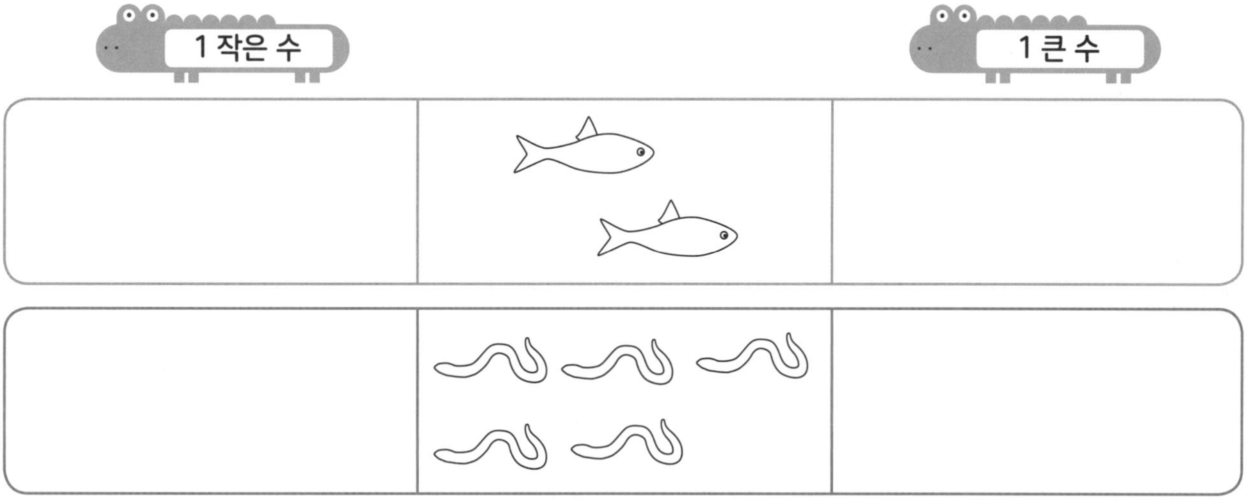

5. 알맞은 수의 사과를 그려 넣어 보세요.

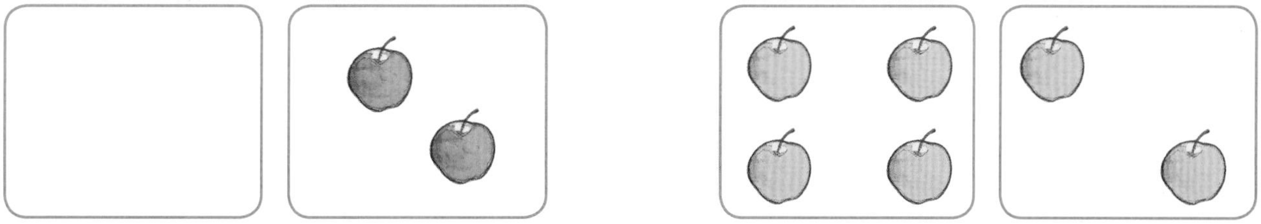

2 = 2　　　　5 = 5

3 = 3

6. □ 안에 >, =, <를 알맞게 써넣어 보세요.

3 □ 2　　2 □ 2

4 □ 5　　3 □ 1

4 □ 1　　3 □ 7

얼마나 잘했나요?

실력이 자란 만큼 별을 색칠하세요.

☆☆☆

★★★ 정말 잘했어요.

★★☆ 꽤 잘했어요.

★☆☆ 계속 노력할게요.

단원 평가

1 몇 개인가요? □ 안에 알맞은 수를 써 보세요.

2 점의 개수를 세어 보고 알맞은 색을 칠해 보세요.

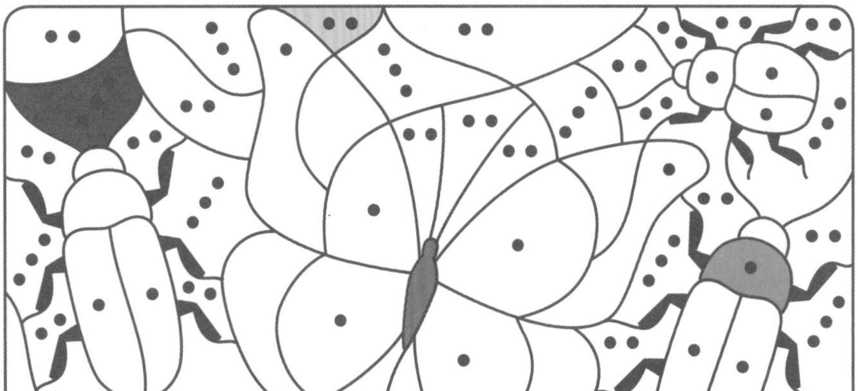

0 ● 1 ● 2 ● 3 ●

3 □ 안에 >, =, <를 알맞게 써넣어 보세요.

3 □ 1	7 □ 7	6 □ 8
4 □ 2	0 □ 5	9 □ 10
5 □ 6	4 □ 4	10 □ 10

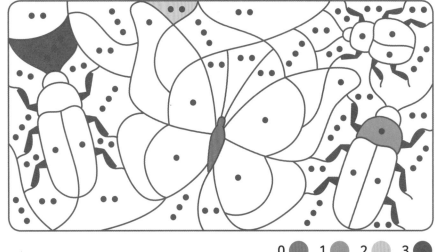

4

3을 여러 가지 방법으로 가르기 해 보세요. □ 안에 알맞은 수를 쓰고, 그 아래 동그라미를 그려 보세요.

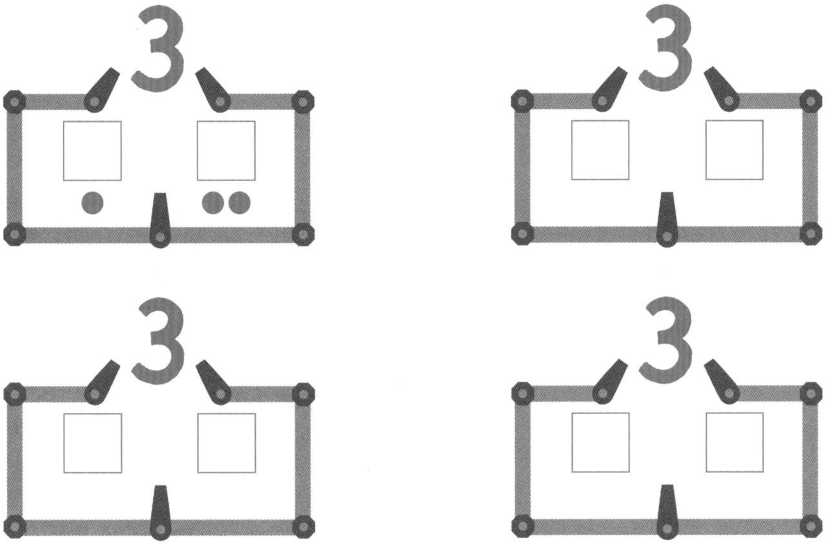

5 ★★★

>, =, <에 맞게 □ 안에 알맞은 수를 써넣은 후 바구니 안에 사과를 그려 보세요.

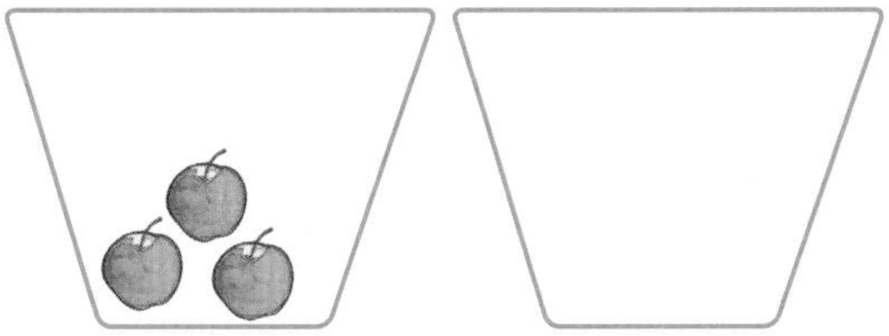

3 = □

4 > □

□ < 9

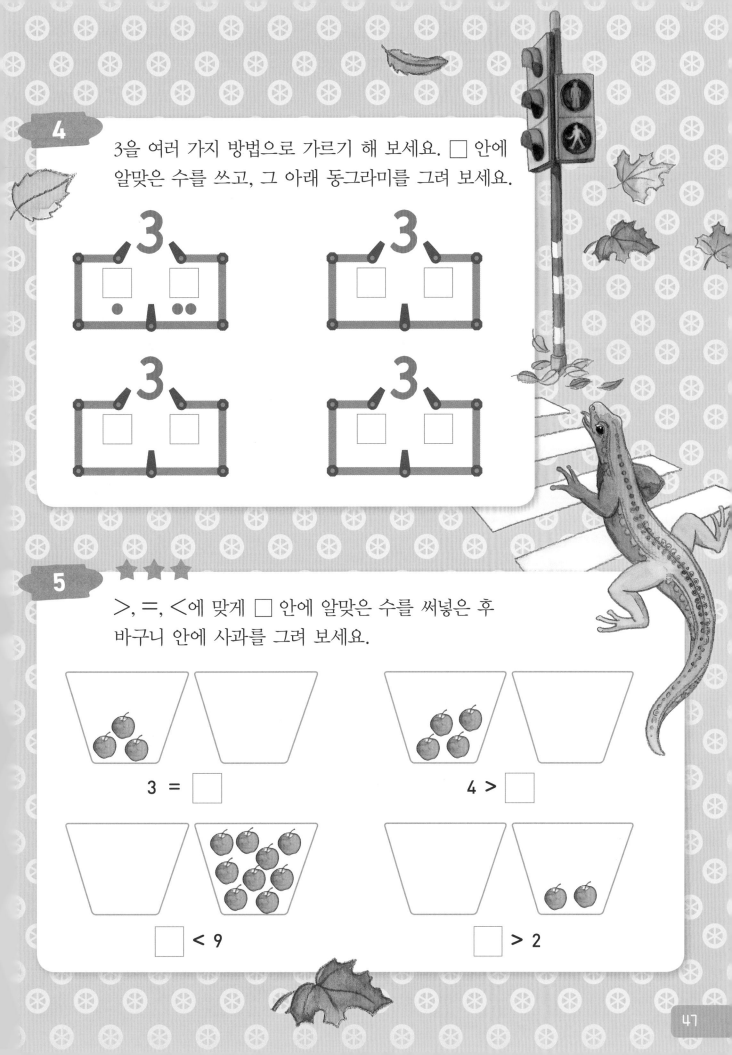

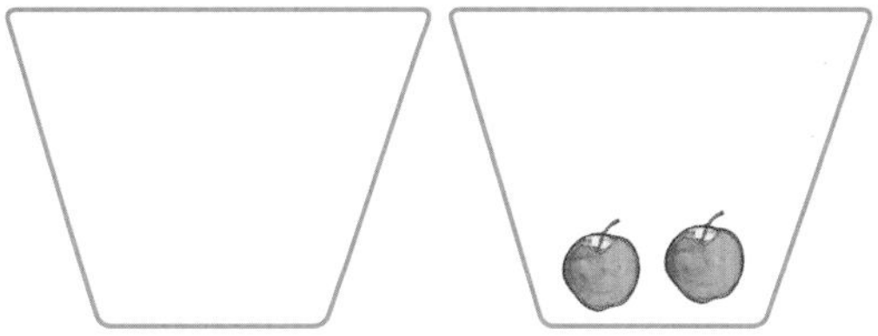

□ > 2

9 덧셈

1 + 2 = 3

1 더하기 2는 3과 같습니다.

+	+	+	+	+	·	·	·	·	+
=	=	=	=	=	:	:	:	:	=

1. 강아지는 모두 몇 마리인가요? 모두 더해 보세요.

2	+	1	=	

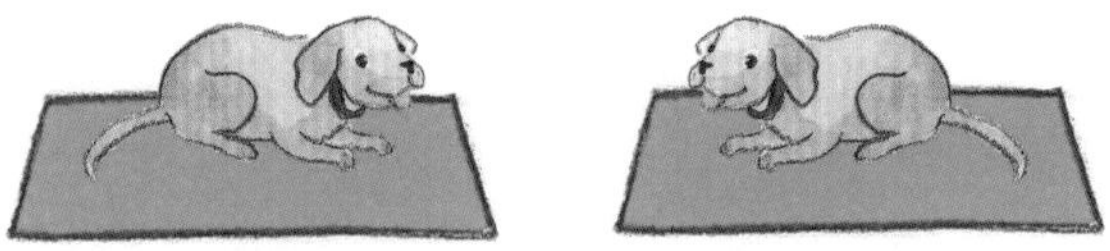

	+		=	

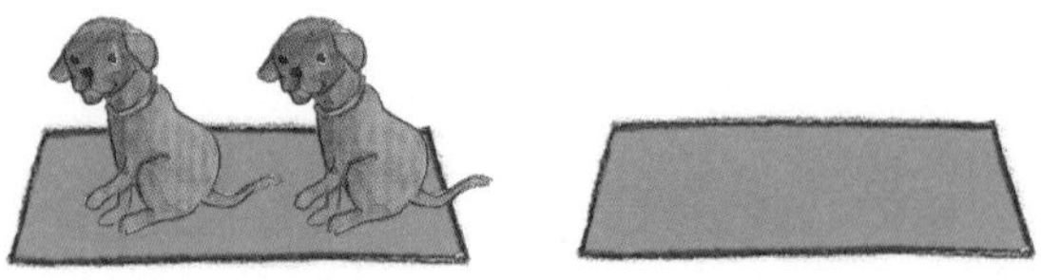

	+		=	

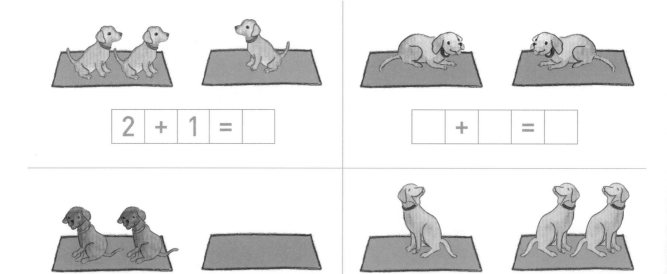

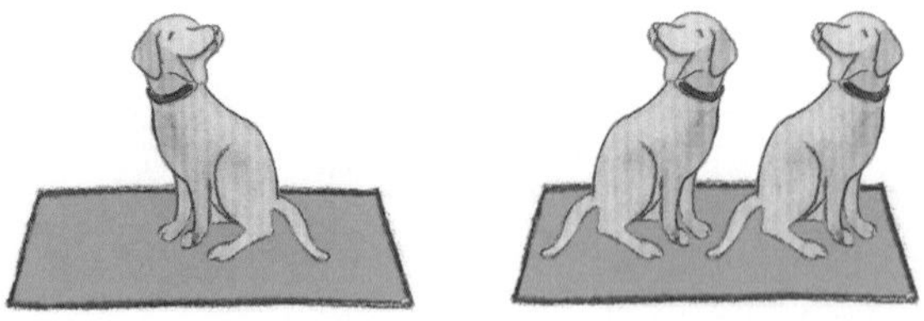

	+		=	

2. 강아지는 모두 몇 마리인가요? 모두 더해 보세요.

□□□□□

□□□□□

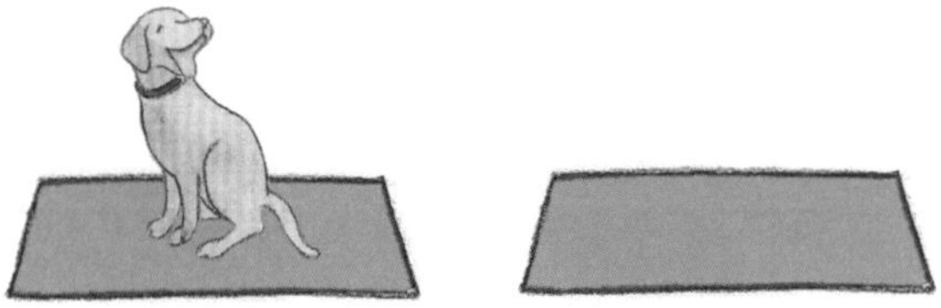

□□□□□

□□□□□

아무것도 없으면
0을 쓰렴.

한 번 더 연습해요!

1. 뼈다귀는 모두 몇 개인가요? 모두 더해 보세요.

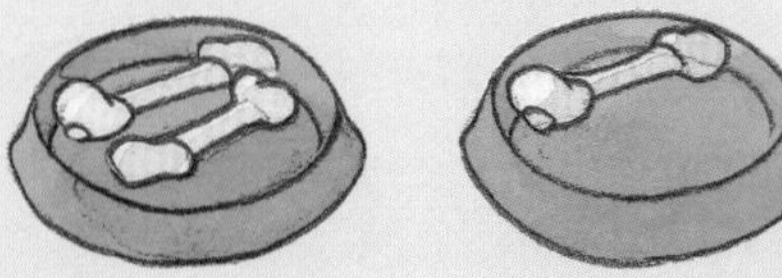

□□□□□

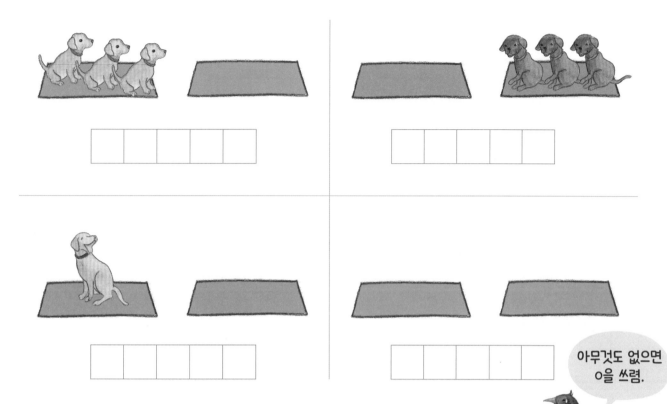

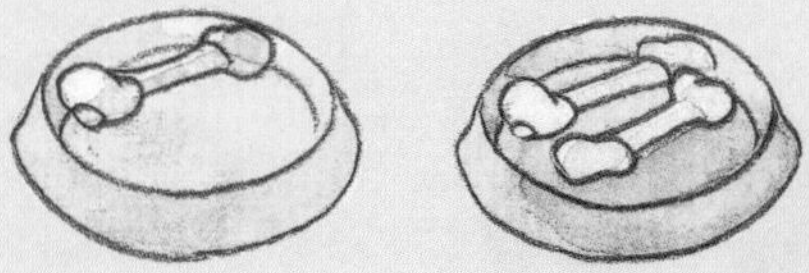

□□□□□

2. 덧셈을 해 보세요.

3 + 0 = □	2 + 1 = □	0 + 2 = □
2 + 0 = □	0 + 3 = □	1 + 1 = □
1 + 0 = □	0 + 0 = □	1 + 2 = □

3. 덧셈을 해 보세요.

1	+	1	=	

	+		=	

	+		=	

	+		=	

4. 덧셈을 한 후 정답에 해당하는 색을 칠해 보세요.

0 ● 1 ● 2 ● 3 ●

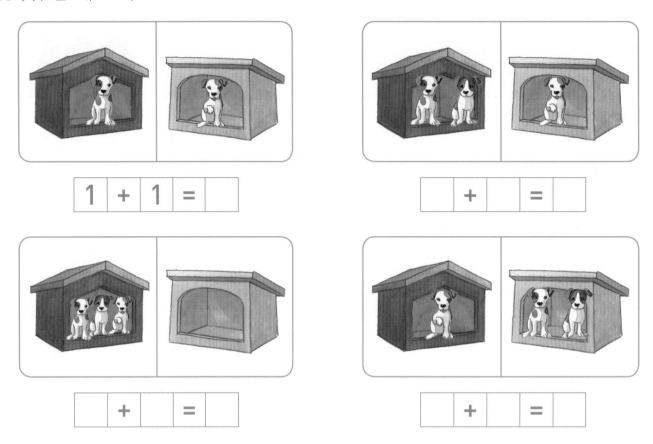

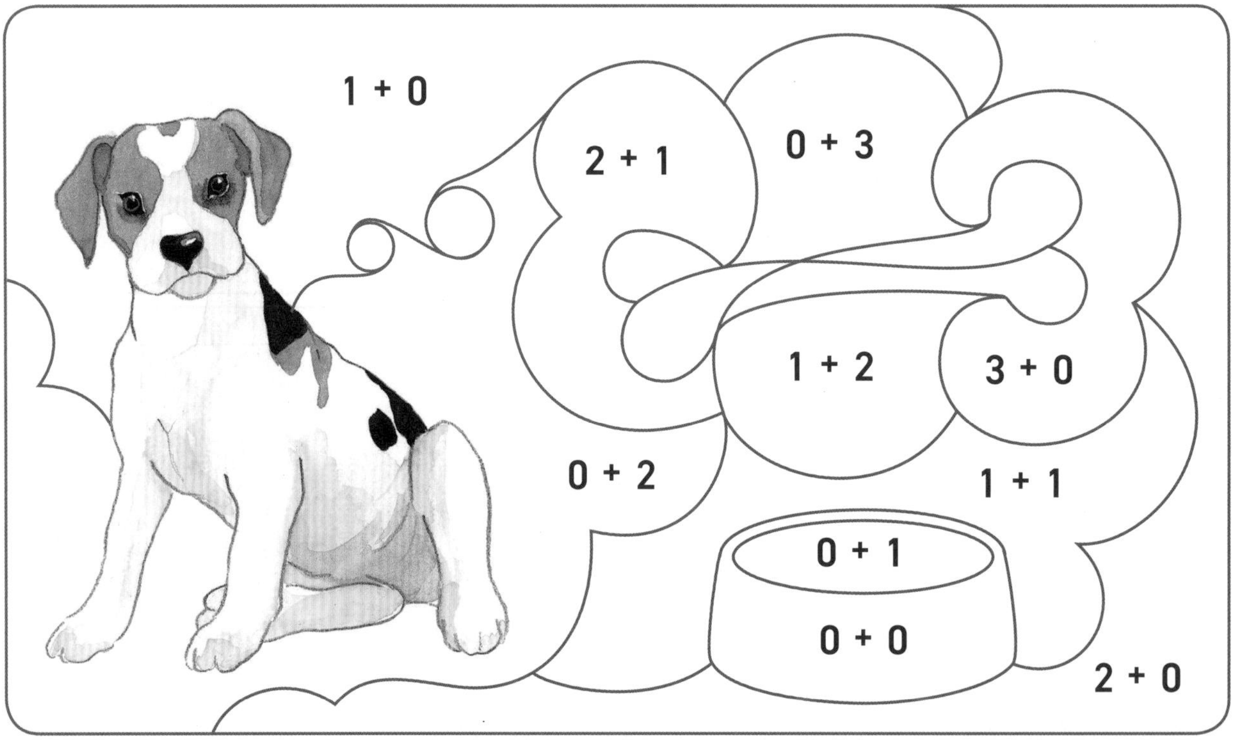

5. □ 안에 >, =, <를 알맞게 써넣어 보세요.

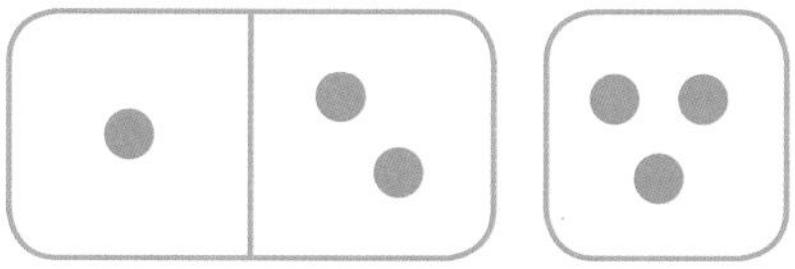

1 + 2 [=] 3

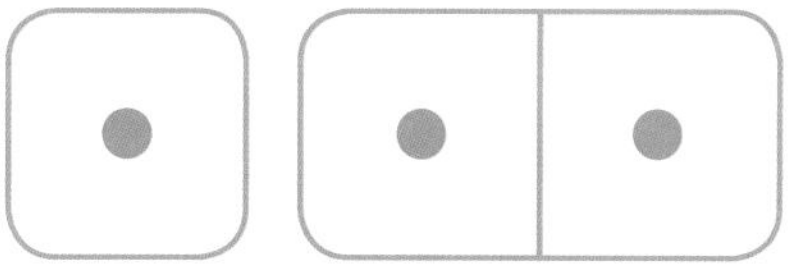

1 □ 1 + 1

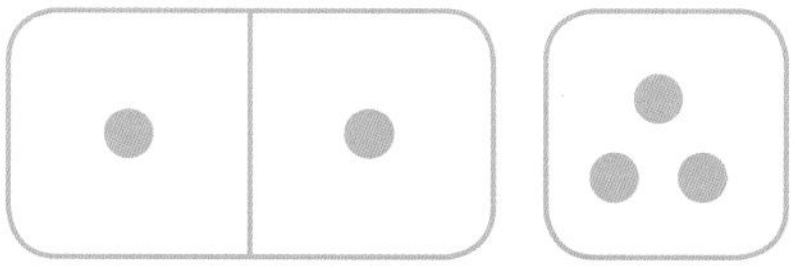

1 + 1 □ 3

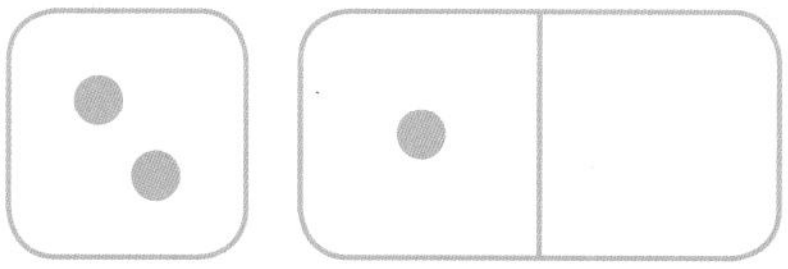

2 □ 1 + 0

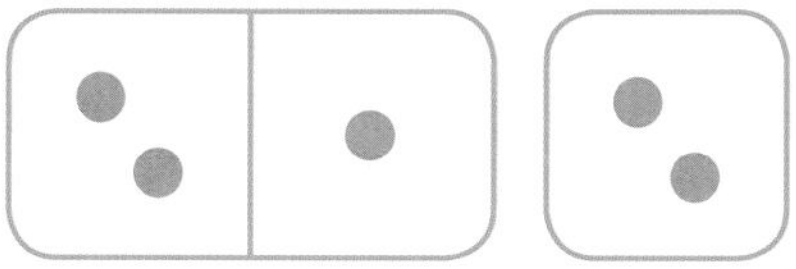

2 + 1 □ 2

3 □ 0 + 3

스스로 문제를 만들어 풀어 보세요.

□ + □ > □

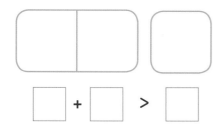

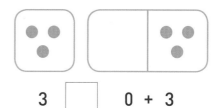

□ < □ + □

6. 개가 입은 옷에 0, 1, 2를 써넣으세요. 단, 번호가 모두 달라야 해요.

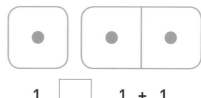

10 4를 알아봐요

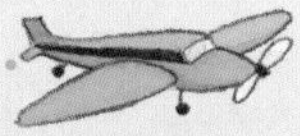

넷

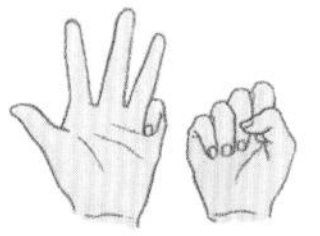

0	1	2	3	4	5	6	7	8	9	10
	●	●	●	●						

4	4	4	4	4	4	4	4
4	4	4	4	4	4	4	4

1. 아래 그림을 몇 개나 찾을 수 있나요?
위 그림에서 찾아보고 □ 안에 알맞은 수를 쓴 후 수직선과 바르게 이어 보세요.

□ 

□ 

□ 

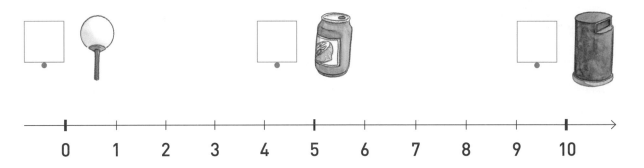

2. 4 가르기로 덧셈식을 완성해 보세요.

●|●●● 1 + 3 = □

●●|●● □ + □ = □

●●●|● □ + □ = □

●●●●| □ + □ = □

|●●●● □ + □ = □

3. □ 안에 알맞은 수를 구해 보세요.

4: 3 + □

4: 1 + □

4: 0 + □

4: 4 + □

4: □ + 2

4. 덧셈을 해 보세요.

1 + 3 = □ 2 + 2 = □ 2 + 1 = □ 1 + 1 = □

4 + 0 = □ 0 + 4 = □ 3 + 1 = □ 1 + 2 = □

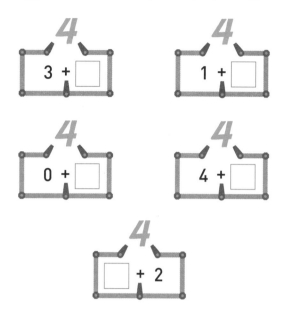

한 번 더 연습해요!

4	4												4
4	4												4

1. 덧셈을 해 보세요.

1 + 2 = □ 2 + 2 = □ 0 + 2 = □ 3 + 1 = □

1 + 3 = □ 2 + 0 = □ 2 + 1 = □ 4 + 0 = □

3 + 0 = □ 0 + 3 = □ 1 + 1 = □ 0 + 0 = □

5. 똑같이 써 보세요.

4		4														4
4																4

0	1	2	3	4	0	1	2	3	4					

6. 주어진 수에 맞게 버섯을 그려 보세요.

2	4	3	1

7. 계산값이 4가 나오는 길을 따라가 보세요.

0 + 4 = □	1 + 0 = □	3 + 1 = □	 1 + 3 = □
1 + 3 = □	4 + 0 = □	2 + 2 = □	
0 + 0 = □	2 + 1 = □	0 + 1 = □	1 + 2 = □
 3 + 0 = □	0 + 1 = □	2 + 0 = □	 1 + 3 = □

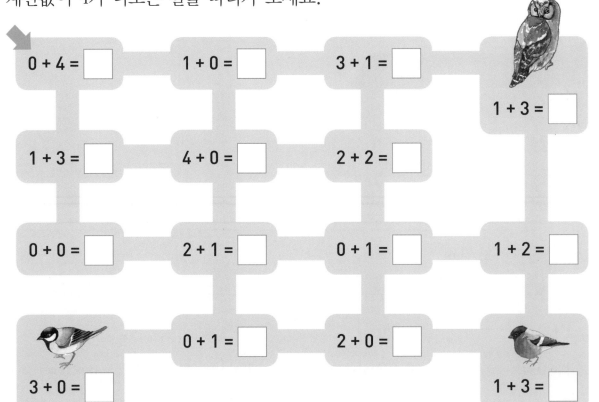

8. □ 안에 >, =, <를 알맞게 써넣어 보세요.

1 + 1 □ 2 + 1　　　　2 + 2 □ 1 + 3

1 + 2 □ 0 + 3　　　　3 + 1 □ 1 + 2

스스로 문제를 만들어 풀어 보세요.

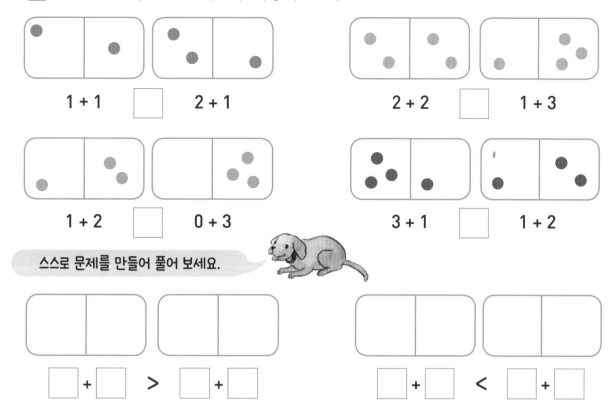

□ + □ > □ + □　　　　□ + □ < □ + □

9. 규칙에 따라 알맞은 색을 칠해 보세요.

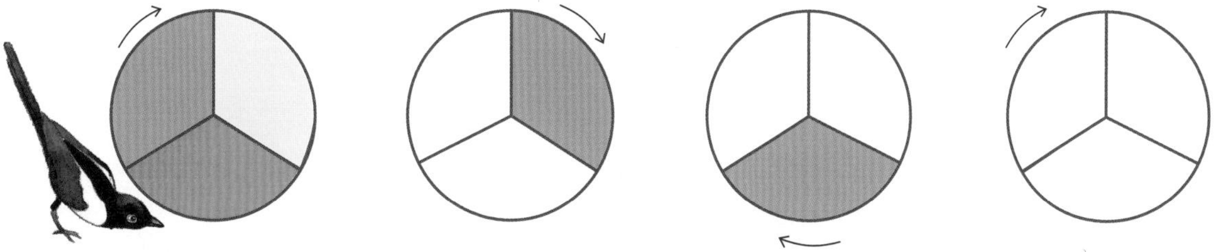

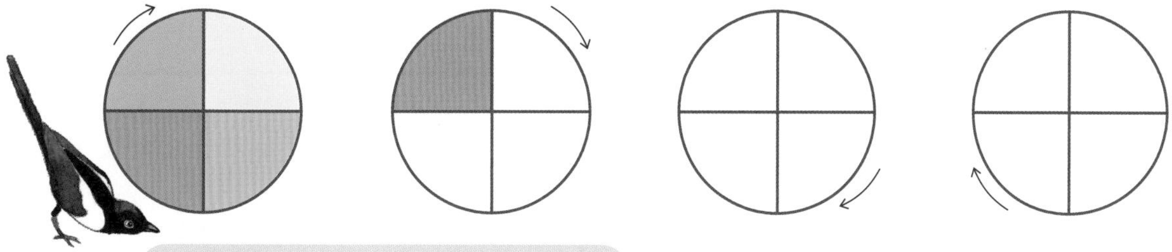

스스로 문제를 만들어 풀어 보세요.

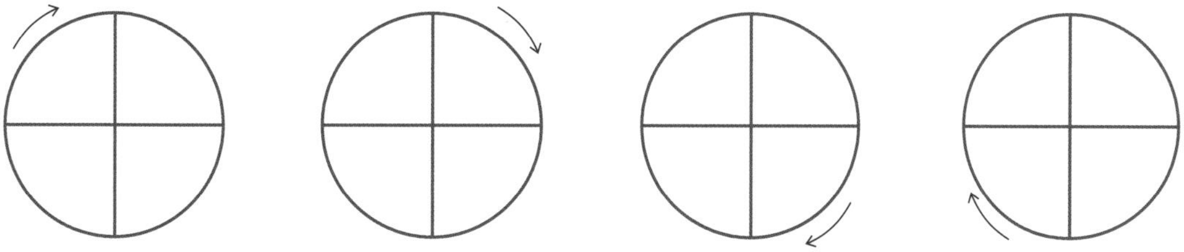

11 5를 알아봐요

5

다섯

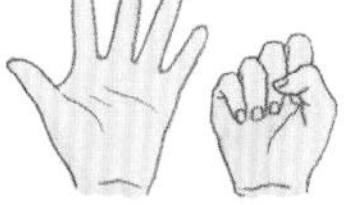

0	1	2	3	4	5	6	7	8	9	10
	●	●	●	●	●					

5	5	5	5	5	5	5	5
5	5	5	5	5	5	5	5

1. 아래 그림을 몇 개나 찾을 수 있나요?
위 그림에서 찾아보고 □ 안에 알맞은 수를 쓴 후 수직선과 바르게 이어 보세요.

□ 

□ 

□ 

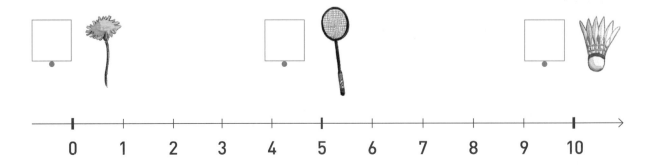

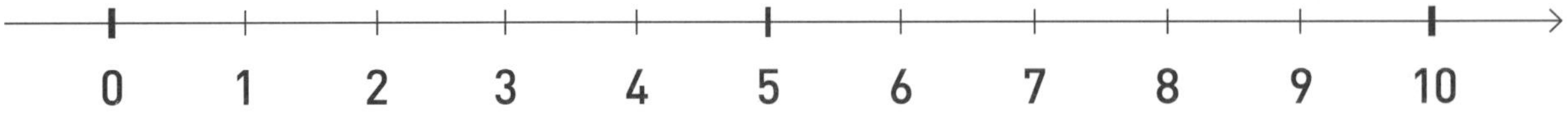

2. 5 가르기로 덧셈식을 완성해 보세요.

● | ● ● ● ●　　□ + □ = □

● ● | ● ● ●　　□ + □ = □

● ● ● | ● ●　　□ + □ = □

● ● ● ● | ●　　□ + □ = □

● ● ● ● ● |　　□ + □ = □

| ● ● ● ● ●　　□ + □ = □

3. □ 안에 알맞은 수를 구해 보세요.

5	5
1 + □	4 + □

5	5
□ + 3	□ + 2

5	5
5 + □	0 + □

4. 덧셈을 해 보세요.

4 + 1 = □	3 + 2 = □	2 + 2 = □	2 + 3 = □
0 + 5 = □	1 + 4 = □	1 + 2 = □	1 + 3 = □

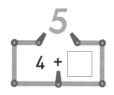

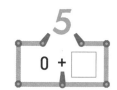

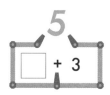

한 번 더 연습해요!

5	5											5
5	5											5

1. 덧셈을 해 보세요.

4 + 1 = □	5 + 0 = □	3 + 2 = □	1 + 1 = □
2 + 2 = □	2 + 3 = □	1 + 4 = □	1 + 3 = □
0 + 4 = □	0 + 5 = □	3 + 1 = □	0 + 3 = □

5. 똑같이 써 보세요.

5		5														5
5																5

0	1	2	3	4	5

5	4	3	2	1	0

6. 주어진 수에 맞게 ●를 그려 보세요.

3	5	4

7. 계산값이 5가 나오는 길을 따라가 보세요.

3 + 2 = □	5 + 0 = □	3 + 0 = □	1 + 4 = □
3 + 1 = □	4 + 1 = □	1 + 3 = □	1 + 2 = □
0 + 4 = □	2 + 3 = □	0 + 1 = □	
3 + 2 = □	0 + 5 = □	1 + 4 = □	2 + 2 = □

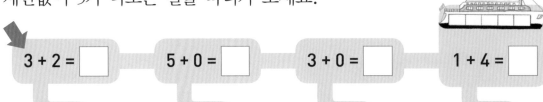

8. □ 안에 >, =, <를 알맞게 써넣어 보세요.

3 + 1 □ 4   1 □ 0 + 2   1 + 4 □ 3 + 2

1 + 2 □ 1   5 □ 2 + 1   4 + 1 □ 2 + 2

4 + 0 □ 5   5 □ 5 + 0   2 + 3 □ 3 + 1

9. □ 안에 알맞은 수를 구해 보세요.

3 + 1 = 2 + □   3 + 0 = 2 + □   1 + 1 = 2 + □

4 + 1 = □ + 3   1 + 3 = □ + 4   2 + 3 = □ + 1

10. 규칙에 따라 주사위에 알맞은 점을 그려 넣어 보세요.

스스로 문제를 만들어 풀어 보세요.

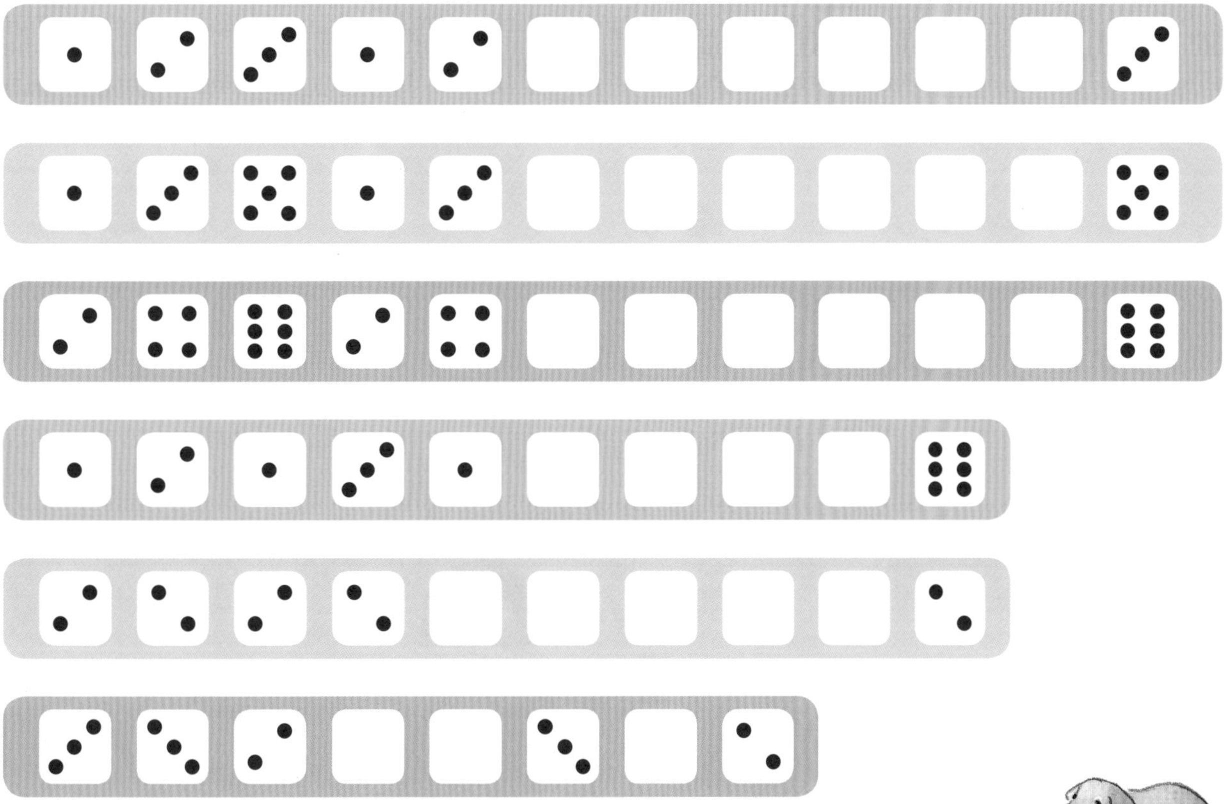

11. 그림을 보고 이야기를 만든 후 덧셈식을 만들어 보세요.

3	+	2	=	

	+		=	

	+		=	

12. 그림이 들어간 식을 보고 그림의 값을 구해 보세요.

2 +  = 3　　 = □

1 +  = 5　　 = □

 +  = 　　 = □

한 번 더 연습해요!

1. 그림을 보고 덧셈식을 만들어 보세요.

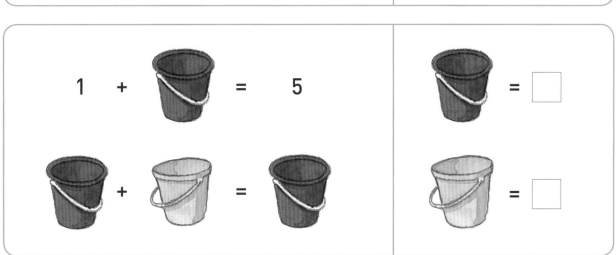

 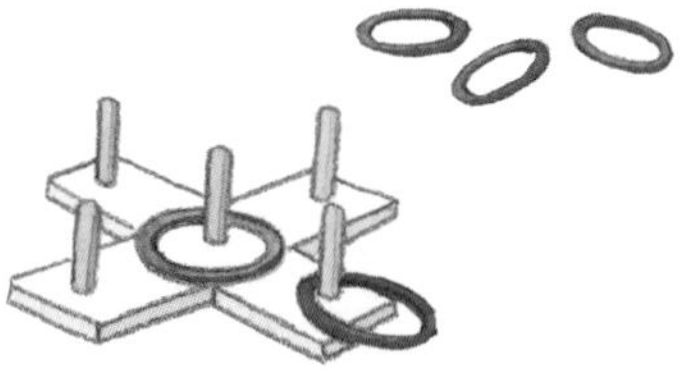 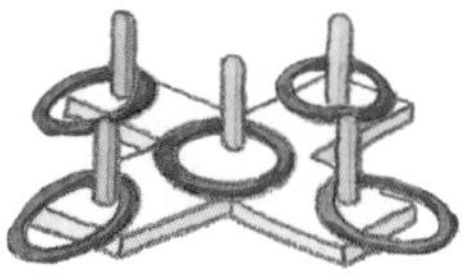

	+		=	

2. 덧셈을 해 보세요.

2 + 2 = □	3 + 1 = □	1 + 2 = □	2 + 3 = □
2 + 1 = □	1 + 4 = □	1 + 3 = □	3 + 2 = □

13. 주사위 눈의 수를 보고 덧셈식을 만들어 보세요.

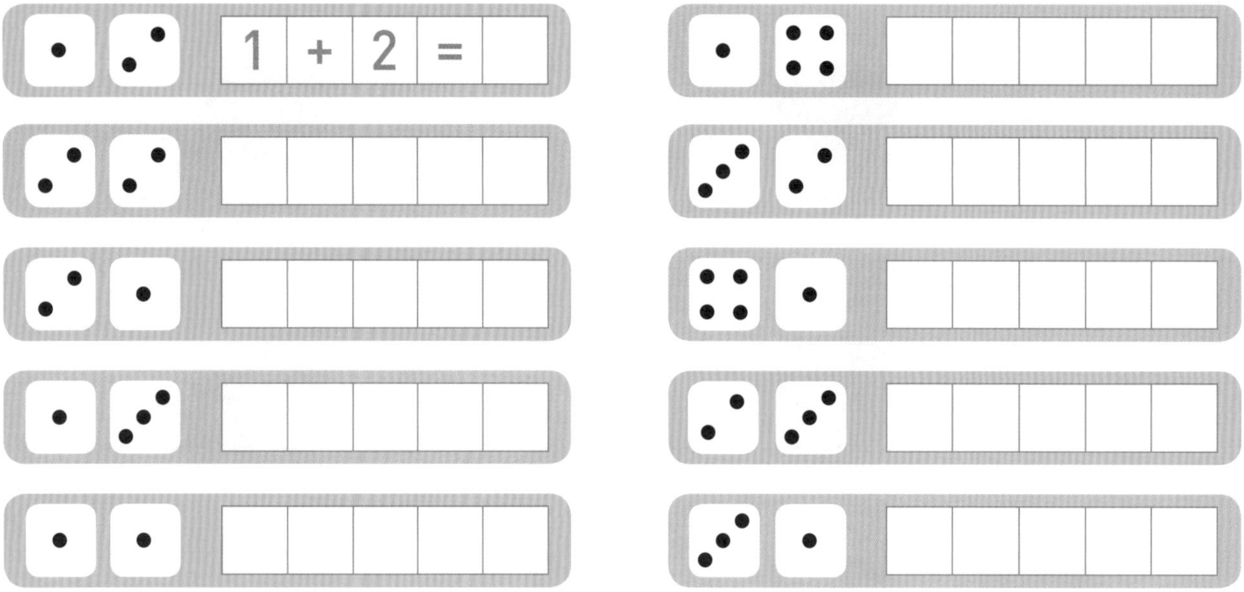

14. 덧셈을 해 보세요.

2 + 2 = □	1 + 4 = □	□ = 3 + 1	□ = 1 + 2
1 + 0 = □	2 + 3 = □	□ = 0 + 5	□ = 0 + 0
3 + 2 = □	1 + 3 = □	□ = 4 + 1	□ = 5 + 0

15. 규칙에 따라 색칠해 보세요.

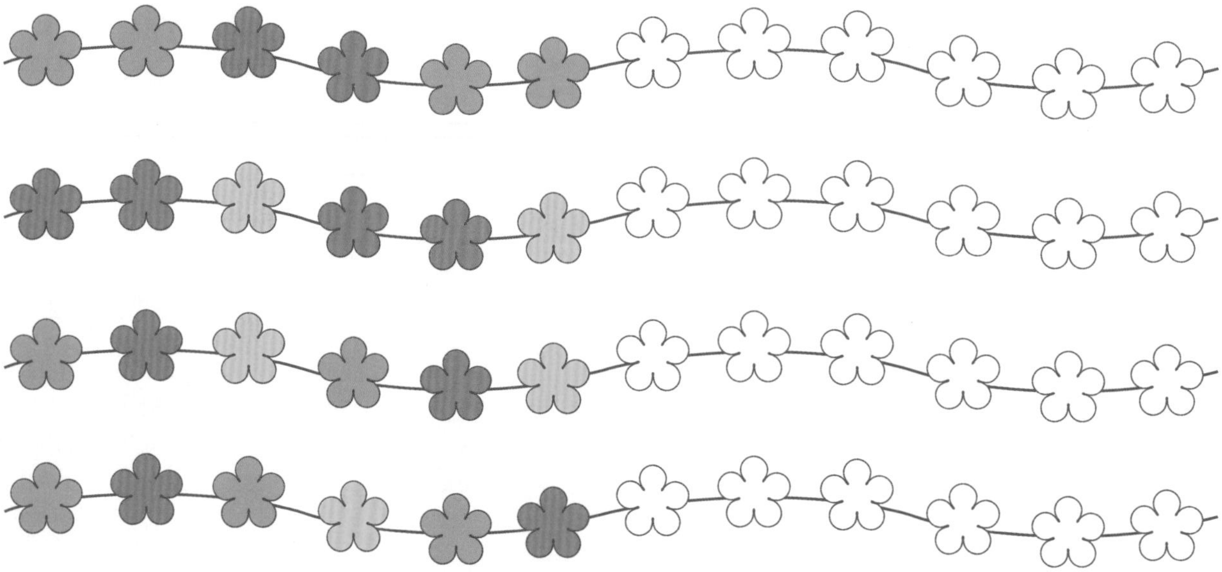

16. □ 안에 >, =, <를 알맞게 써넣어 보세요.

1 + 4 □ 3	3 □ 2 + 1	1 + 4 □ 2 + 3
5 + 0 □ 4	5 □ 2 + 2	3 + 2 □ 4 + 1
2 + 3 □ 5	5 □ 3 + 1	1 + 3 □ 5 + 0

17. 그림이 들어간 식을 보고 그림의 값을 구해 보세요.

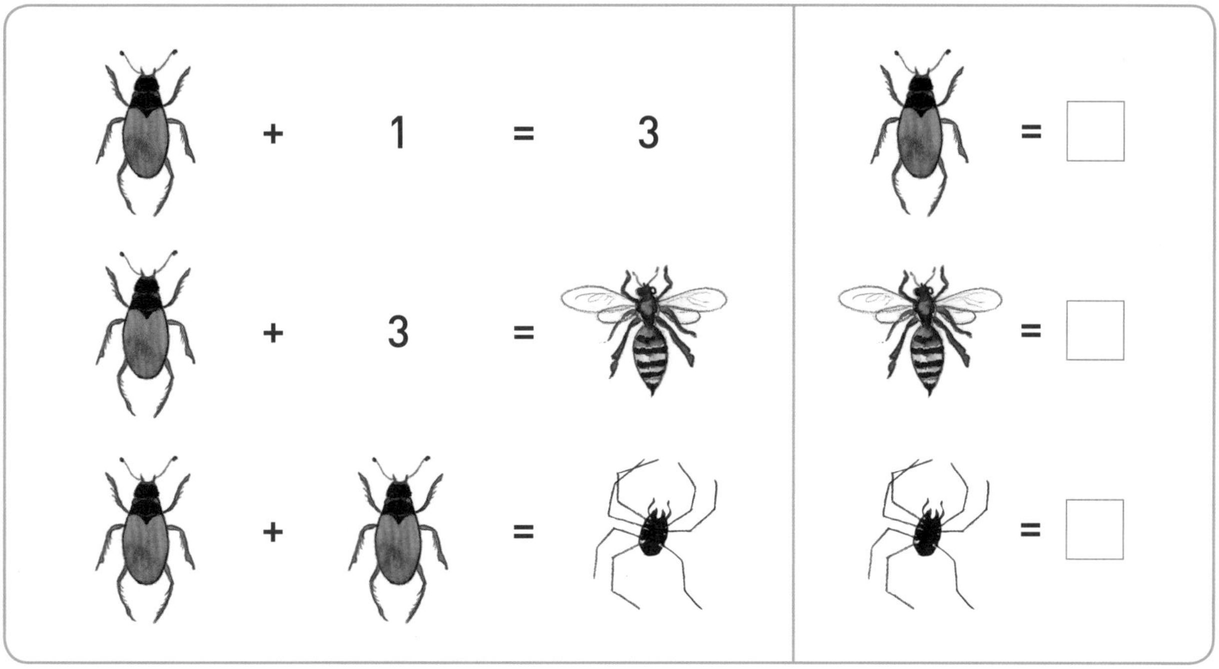

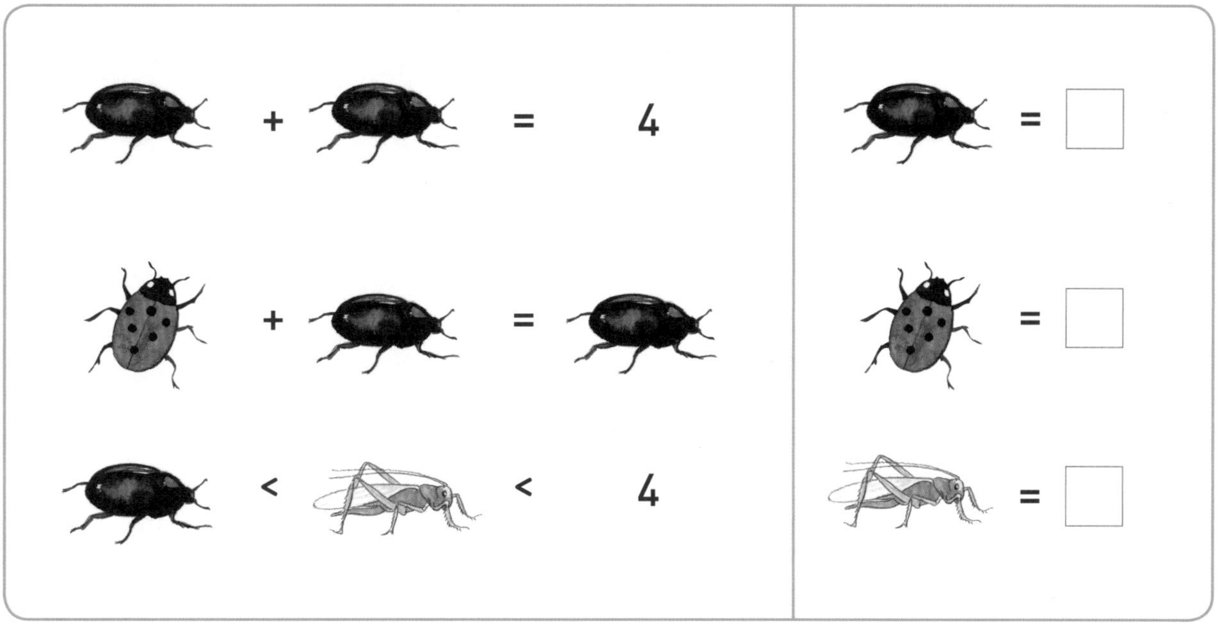

18. 계산한 값이 5가 나오는 칸을 색칠해 보세요.

1 + 3	2 + 3	0 + 4
5 + 0	2 + 2	3 + 2
3 + 2	4 + 1	4 + 1
5 + 0	4 + 0	1 + 4
2 + 3	1 + 3	3 + 2

1 + 4	2 + 3	0 + 5
5 + 0	2 + 2	2 + 1
3 + 2	4 + 1	2 + 3
5 + 0	4 + 0	1 + 3
2 + 3	1 + 4	3 + 2

19. 같은 숫자가 들어간 삼각형 2개를 찾아 색칠해 보세요.

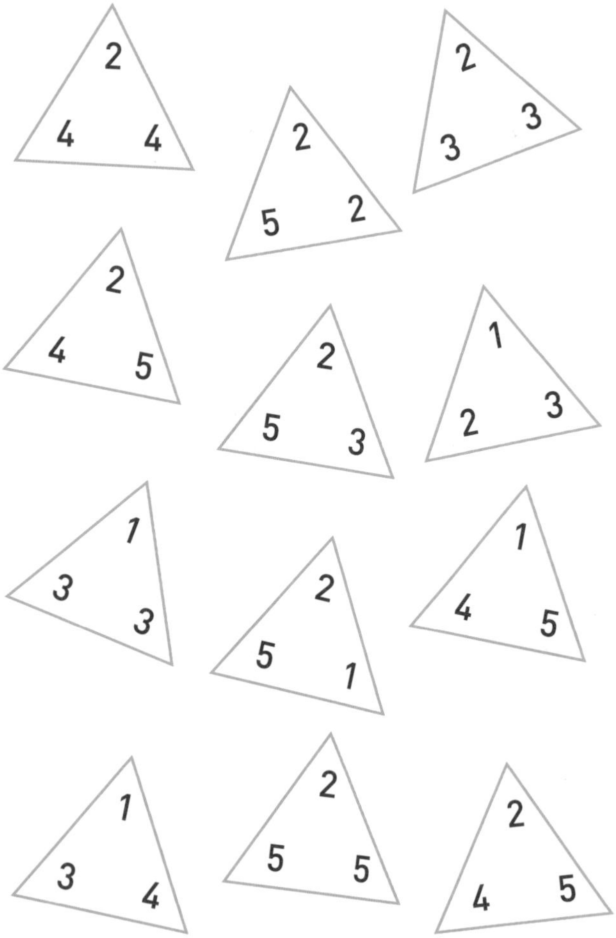

20. 더해서 나온 모양을 완성해 보세요.

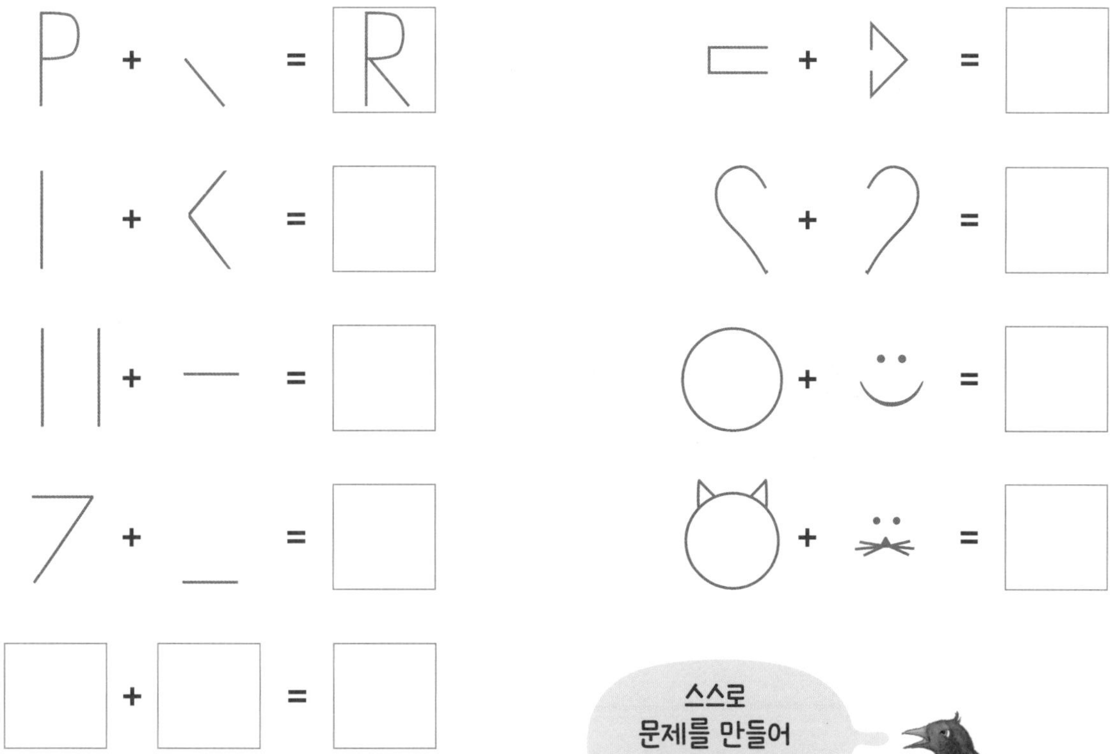

스스로
문제를 만들어
풀어 보세요.

21. 그림이 들어간 식을 보고 그림의 값을 구해 보세요.

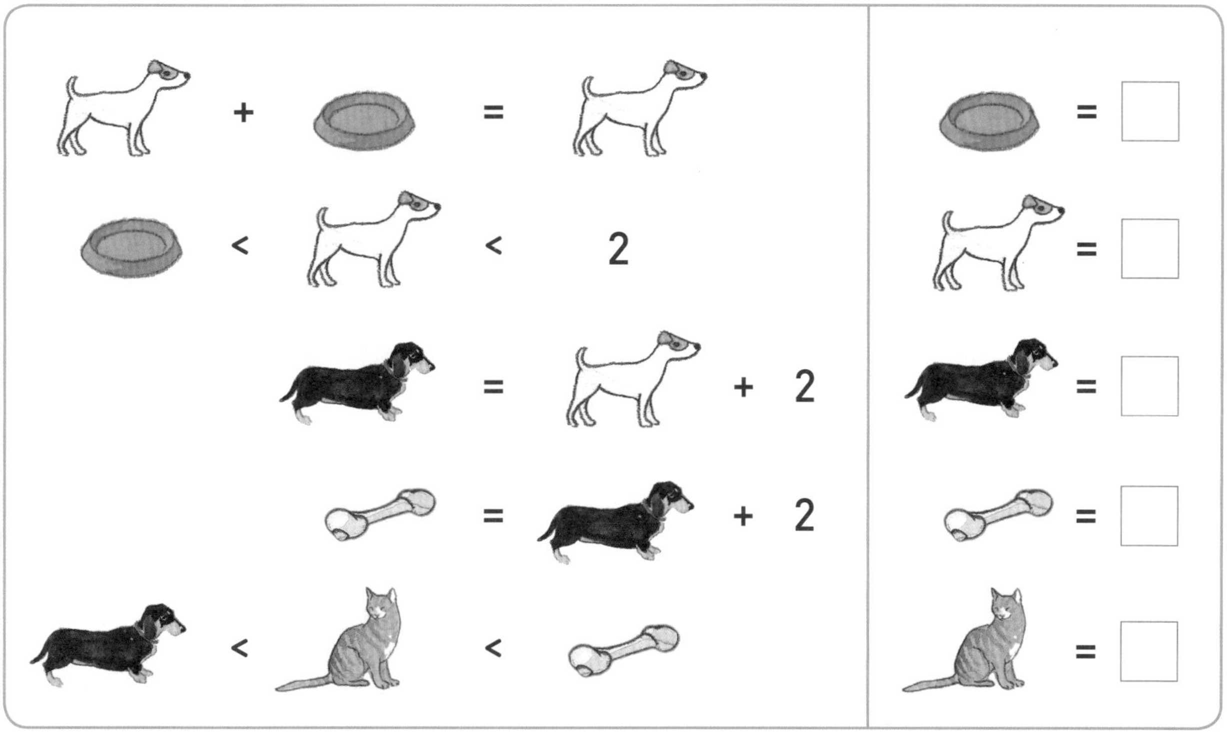

____월 ____일 ____요일

12 뺄셈

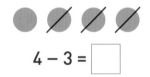

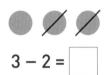

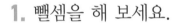

4 − 1 = 3

4 빼기 1은 3과 같습니다.

—	—	—	—	·	·	·	—

1. 뺄셈을 해 보세요.

3 − 2 = ☐

4 − 3 = ☐

4 − 2 = ☐

5 − 3 = ☐

5 − 1 = ☐

5 − 5 = ☐

2. 빼는 수를 선으로 그어 가며 뺄셈을 해 보세요.

2 − 1 = ☐　　2 − 2 = ☐

3 − 1 = ☐　　3 − 3 = ☐

4 − 2 = ☐　　4 − 1 = ☐

5 − 2 = ☐　　5 − 4 = ☐

3. 뺄셈을 해 보세요.

2 − 1 = ☐	3 − 1 = ☐	4 − 0 = ☐	5 − 4 = ☐
2 − 2 = ☐	3 − 2 = ☐	4 − 1 = ☐	5 − 3 = ☐
2 − 0 = ☐	3 − 3 = ☐	4 − 3 = ☐	5 − 1 = ☐

한 번 더 연습해요!

1. 동그라미를 그린 후 빼는 수에 선을 그어 가며 뺄셈을 해 보세요.

3 − 1 = ☐	3 − 2 = ☐
4 − 2 = ☐	4 − 0 = ☐
5 − 2 = ☐	5 − 3 = ☐
5 − 0 = ☐	5 − 5 = ☐

4. 0부터 5까지 규칙에 따라 수를 써넣어 보세요.

0				4	

	1		3		

5			2		

	4	3			

5. 계산값이 3과 같으면 색칠해 보세요.

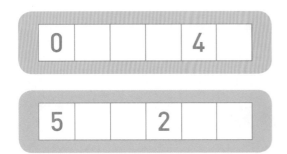

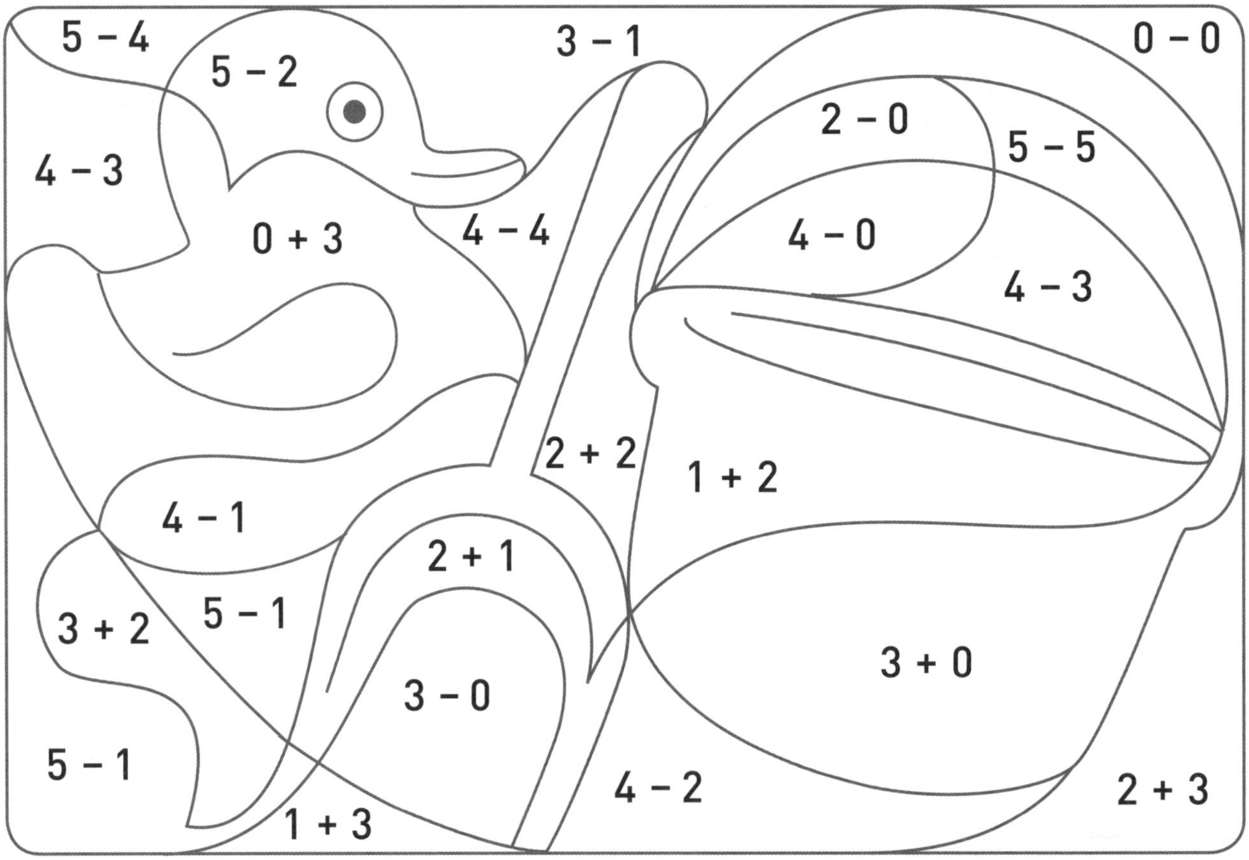

6. □ 안에 >, =, <를 알맞게 써넣어 보세요.

3 – 1	□	2	2 – 1	□	2 – 2	3 – 0	□	4 – 1
5 – 3	□	3	3 – 1	□	5 – 3	5 – 4	□	5 – 3
4 – 2	□	1	4 – 2	□	5 – 2	5 – 1	□	4 – 3

7. 빼서 나온 모양을 완성해 보세요.

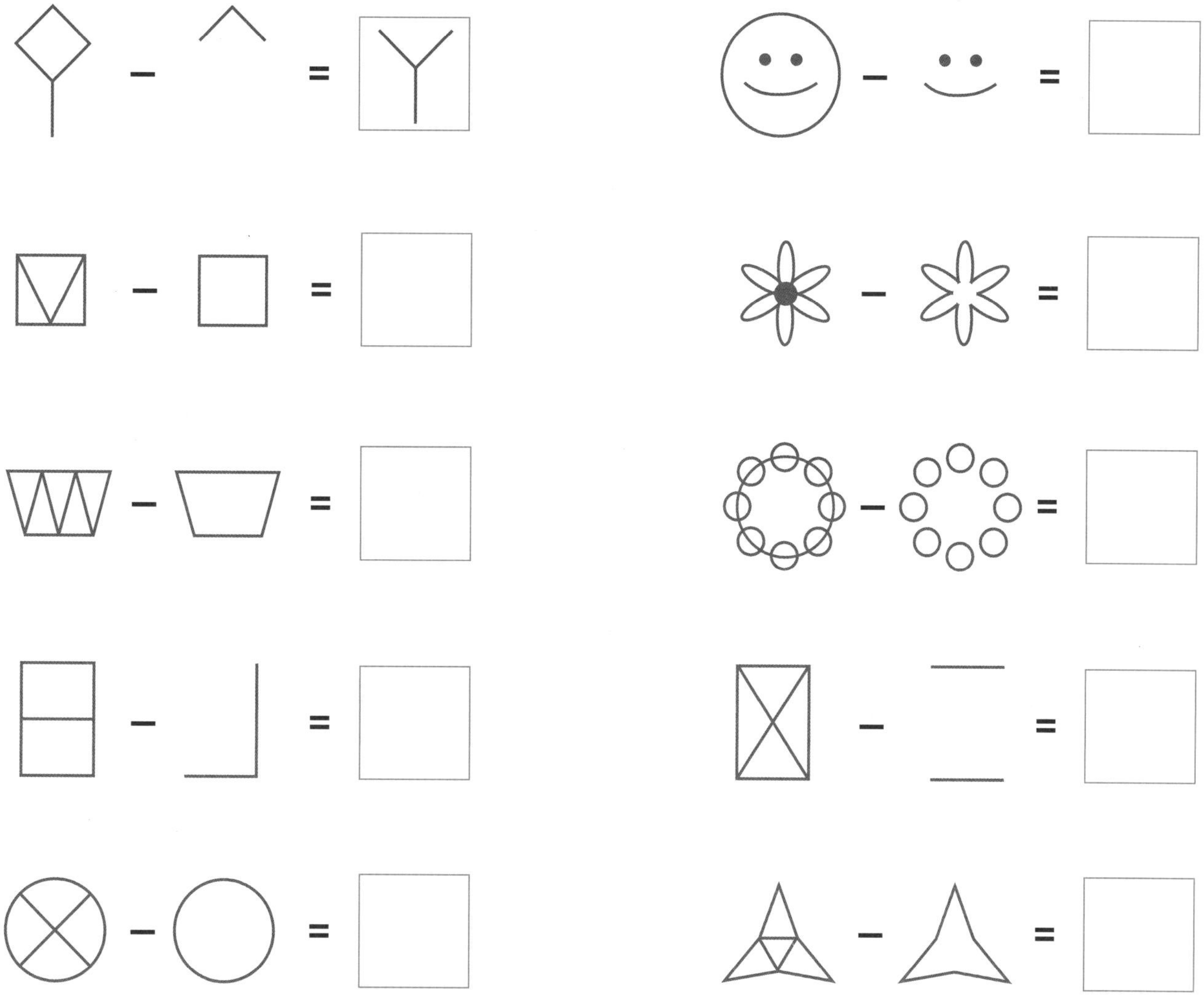

8. 계산한 후 정답에 해당하는 알파벳을 찾아 써 보세요.

1	2	3	4	5
E	L	B	S	F

5 − 2 = ☐ ______
4 − 3 = ☐ ______
5 − 4 = ☐ ______
1 + 3 = ☐ ______

5 − 2 = ☐ ______
3 − 2 = ☐ ______
1 + 0 = ☐ ______
4 + 1 = ☐ ______

1 + 2 = ☐ ______
2 − 1 = ☐ ______
5 − 3 = ☐ ______
1 + 1 = ☐ ______

9. 그림을 보고 뺄셈식을 완성해 보세요.

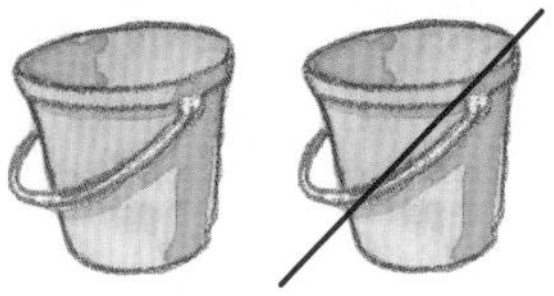

2	−	1	=	

	−		=	

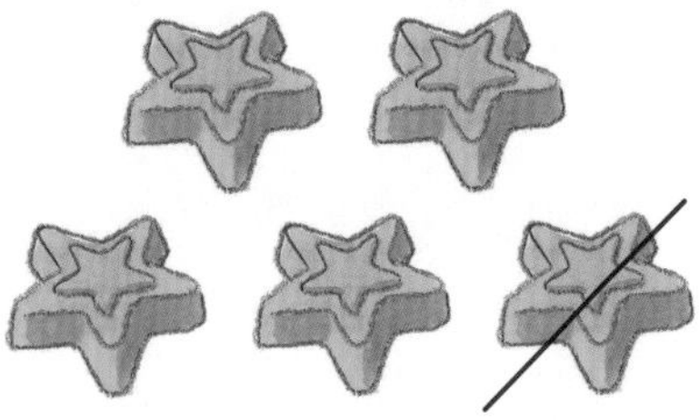

	−		=	

	−		=	

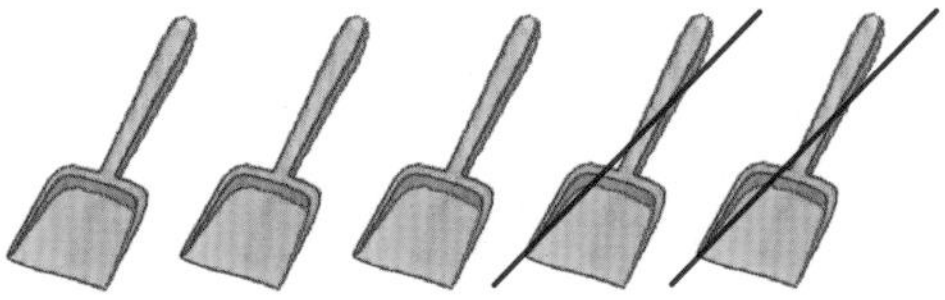

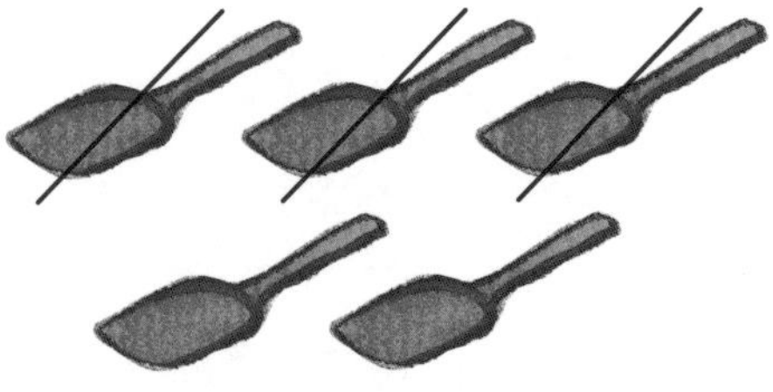

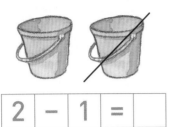

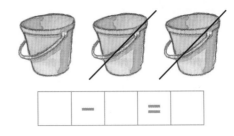

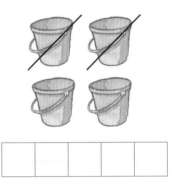

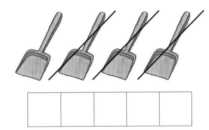

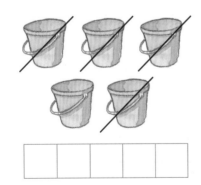

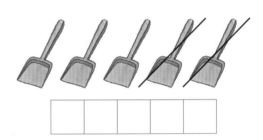

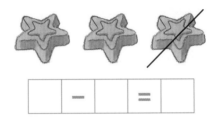

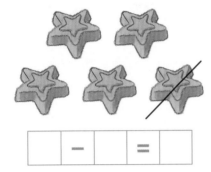

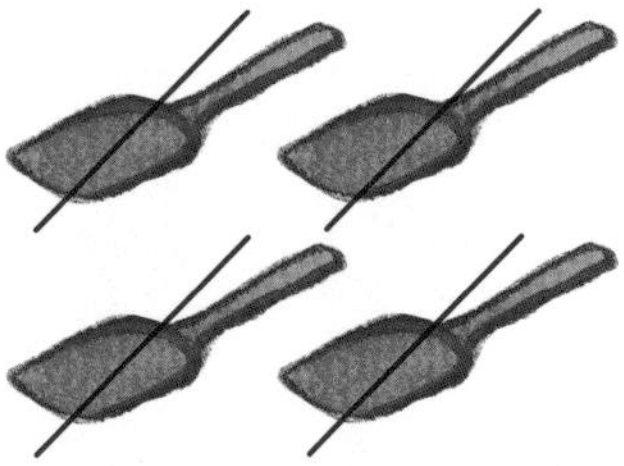

10. 계산해 보세요.

2 − 1 = ☐　　5 − 3 = ☐　　3 − 2 = ☐　　0 + 1 = ☐

3 − 1 = ☐　　4 − 2 = ☐　　5 − 4 = ☐　　1 + 4 = ☐

11. 그림이 들어간 식을 보고 그림의 값을 구해 보세요.

5 − 3 = 　　 = ☐

3 −  = 　　 = ☐

5 −  = 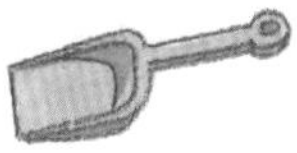　　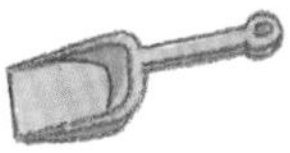 = ☐

한 번 더 연습해요!

1. 그림을 보고 뺄셈식을 완성해 보세요.

　　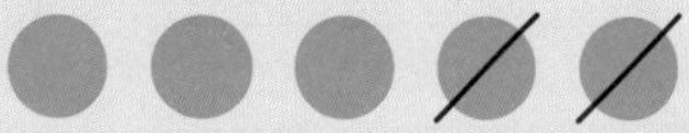

2. 계산해 보세요.

5 − 0 = ☐　　3 − 1 = ☐　　3 − 2 = ☐　　0 + 4 = ☐

0 − 0 = ☐　　5 − 3 = ☐　　5 − 4 = ☐　　1 + 2 = ☐

12. 길을 따라가며 문제를 풀어 □ 안을 채워 보세요.

13. 같은 숫자가 들어간 사각형 2개를 찾아 색칠해 보세요.

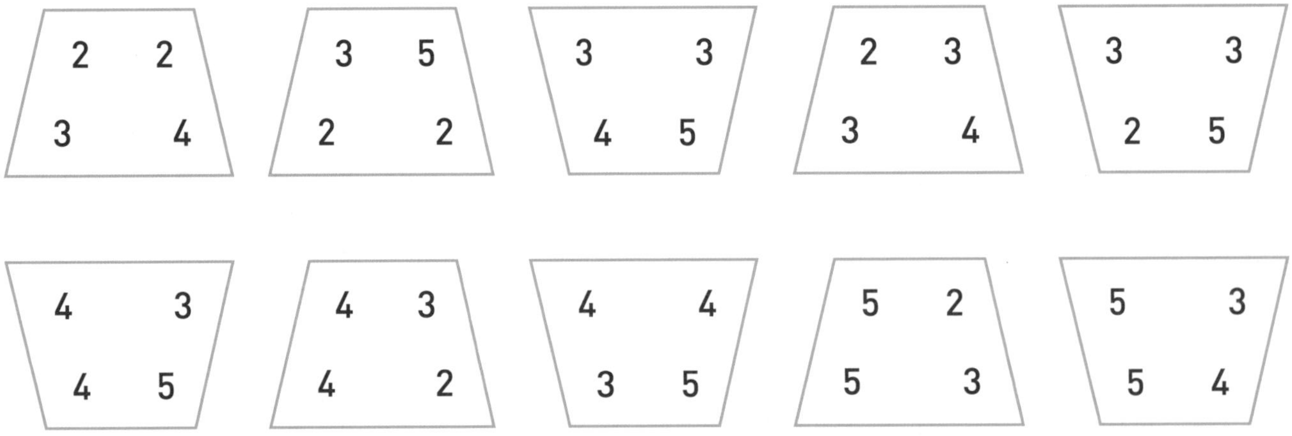

14. □ 안에 알맞은 수를 구해 보세요.

$3 - 1 = 4 - \square$ $4 - 2 = 5 - \square$ $5 - 1 = 4 - \square$

$3 - 2 = 5 - \square$ $4 - 1 = 5 - \square$ $4 - 4 = 3 - \square$

15. 그림이 들어간 식을 보고 그림의 값을 구해 보세요.

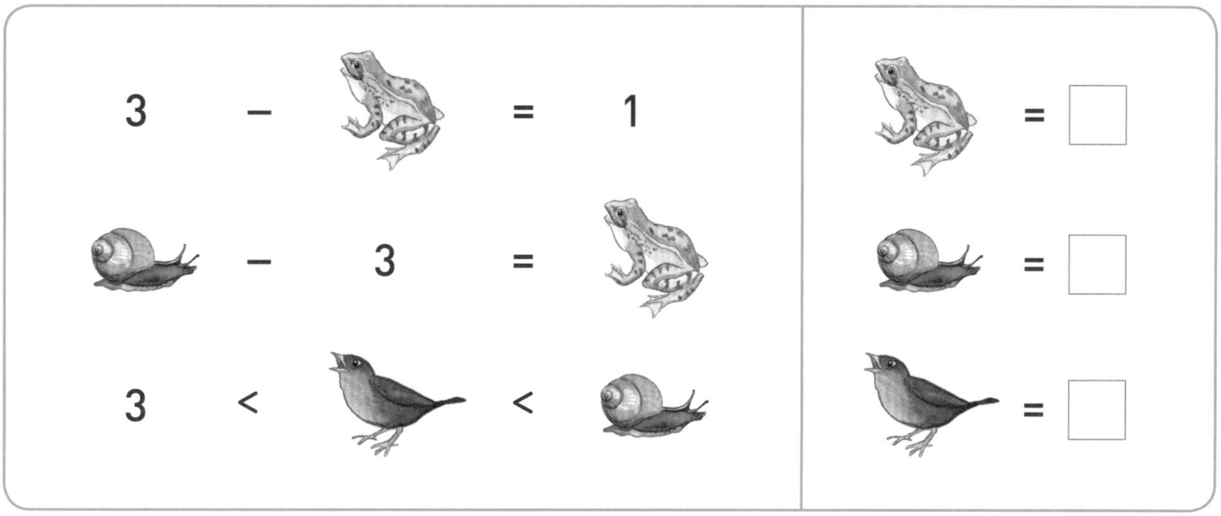

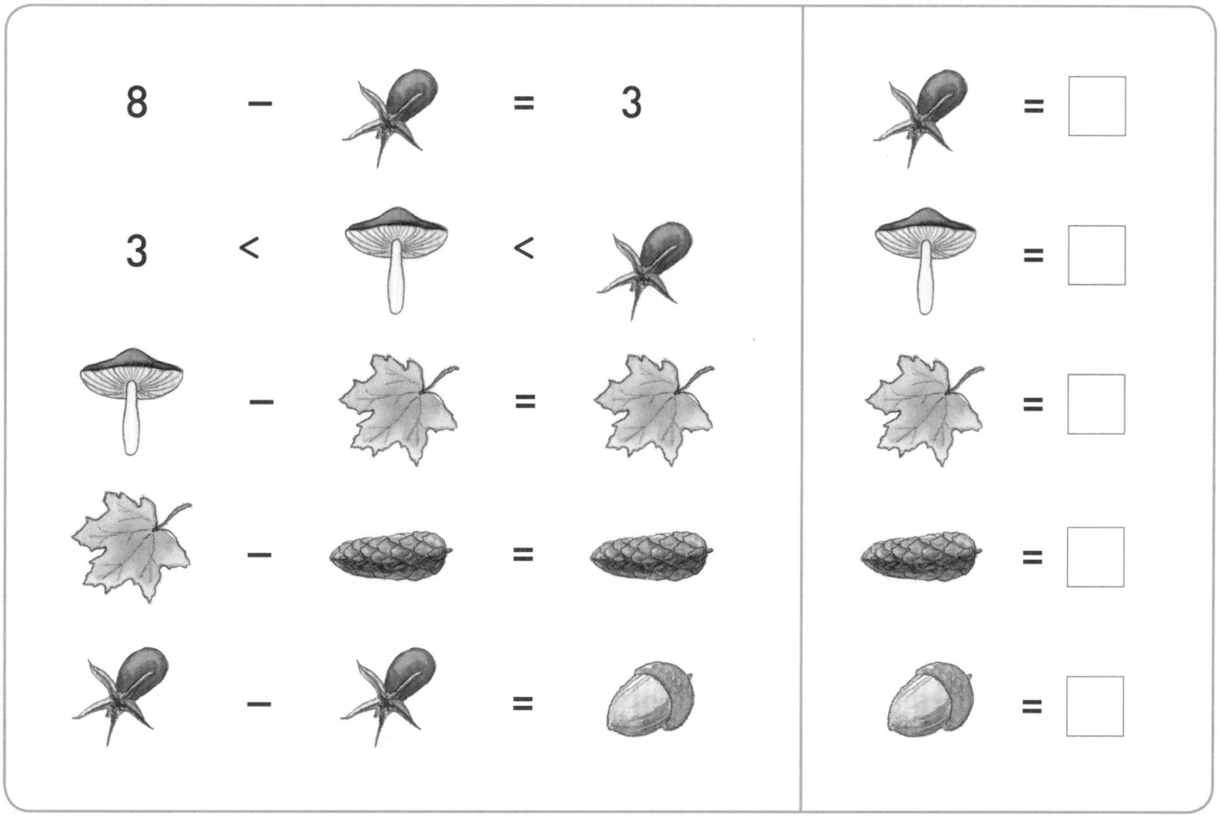

13 돈을 계산해요

100원 

500원 

1000원 

책 뒤에 있는 모형 돈을 활용하세요.

1. 지갑에 돈이 얼마나 들어 있나요? 알맞은 값과 이어 보세요.

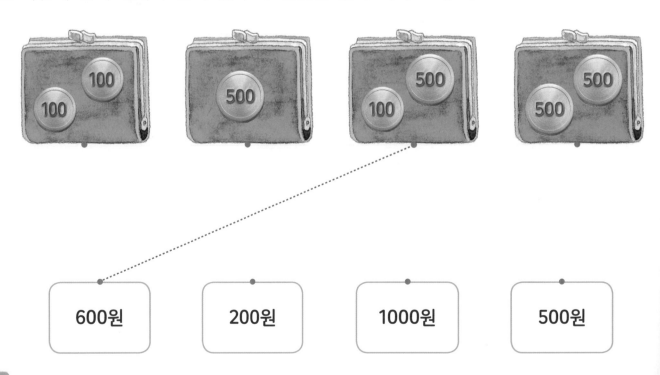

600원	200원	1000원	500원

2. 모두 얼마인지 더해 보세요.

_____원 + _____원 = _____원

_____원 + _____원 = _____원

_____원 + _____원 = _____원

_____원 + _____원 = _____원

_____원 + _____원 = _____원

_____원 + _____원 = _____원

한 번 더 연습해요!

1. 모두 얼마인지 더해 보세요.

_____원 + _____원 = _____원

2. 덧셈을 해 보세요.

500원 + 100원 = _____원

100원 + 300원 = _____원

200원 + 300원 = _____원

500원 + 500원 = _____원

100원 + 400원 = _____원

3. 돈을 계산한 후, □ 안에 >, =, <를 알맞게 써넣어 보세요.

_____원 [<] _____원

_____원 □ _____원

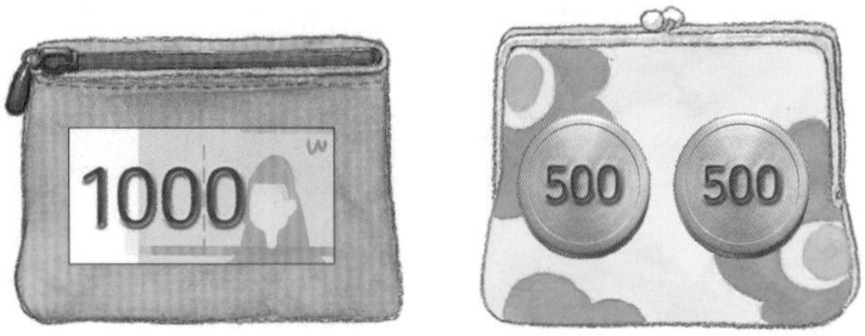

_____원 □ _____원

_____원 □ _____원

_____원 □ _____원

_____원 □ _____원

스스로 문제를 만들어 풀어 보세요.

4. 돈을 그리고 빈칸을 채워 보세요.

500원 > _____원

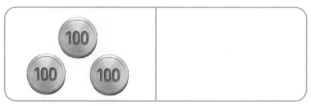

300원 < _____원

5. 1000원을 다양한 방법으로 만들어 그려 보세요.

6. 그림이 들어간 식을 보고 그림의 값이 얼마인지 구해 보세요. 단, 100원 단위여야 해요.

500원 -  = 100원 |  = ______원

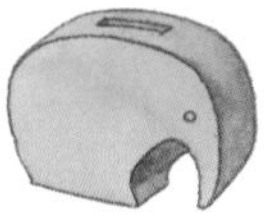 + 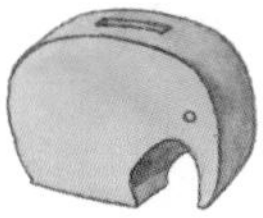 =  | 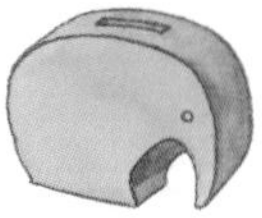 = ______원

500원 - 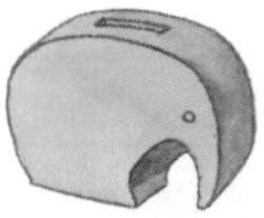 = 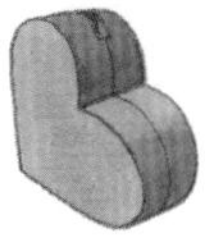 | 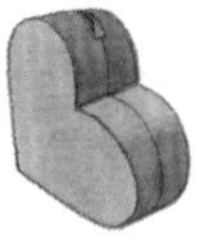 = ______원

400원 -  = 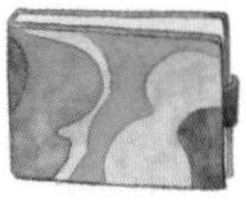 |  = ______원

 + 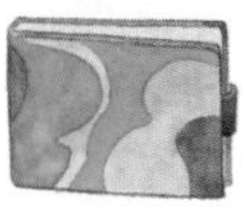 > 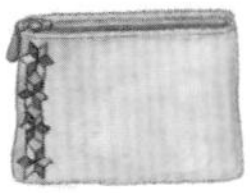 >  | 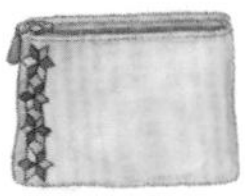 = ______원

600원 - 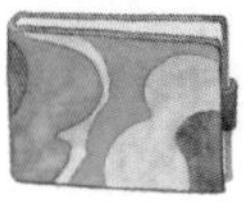 = 400원 -  |  = ______원

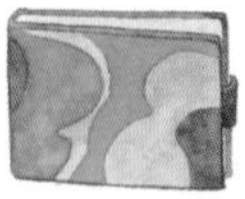 +  = 400원 -  |  = ______원

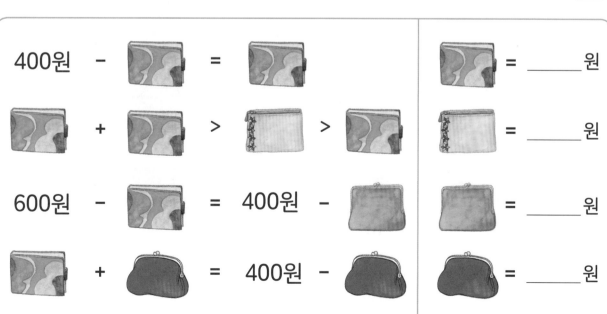

7. 물건을 사는 데 필요한 돈은 모두 얼마인지 식을 완성하여 구해 보세요.

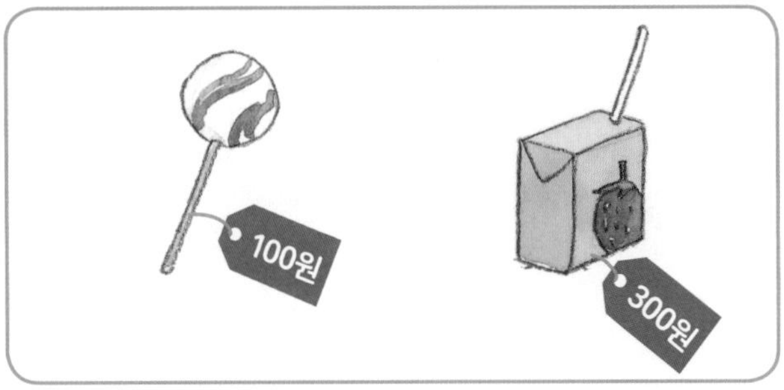

____원 + ____원 = ____원

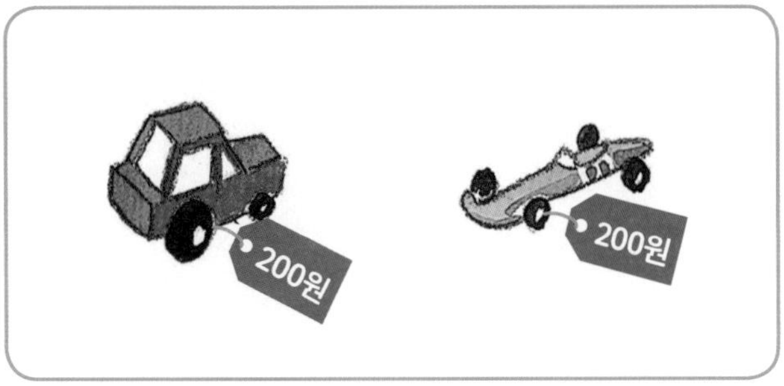

____원 + ____원 = ____원

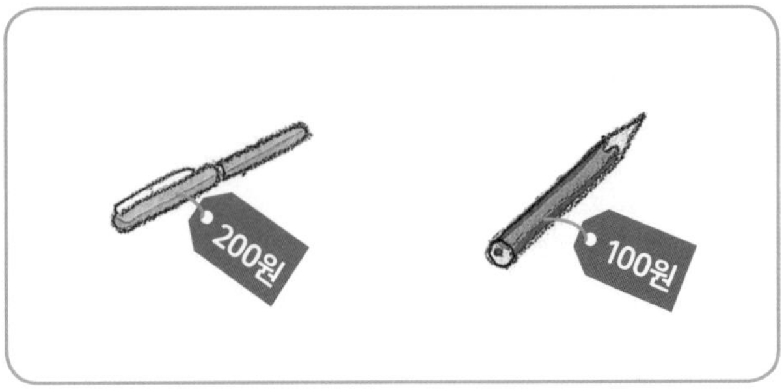

____원 + ____원 = ____원

____원 + ____원 = ____원

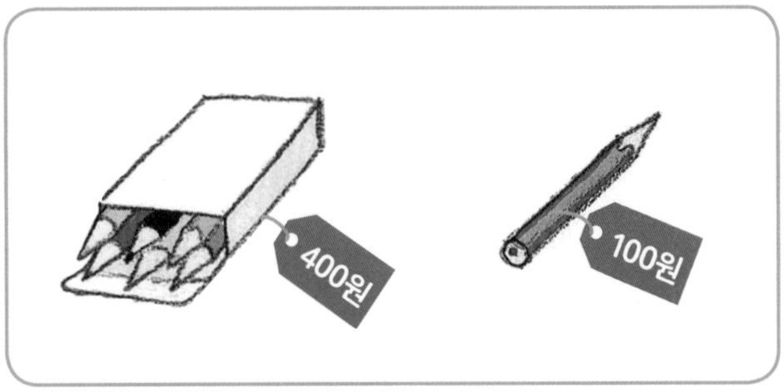

____원 + ____원 = ____원

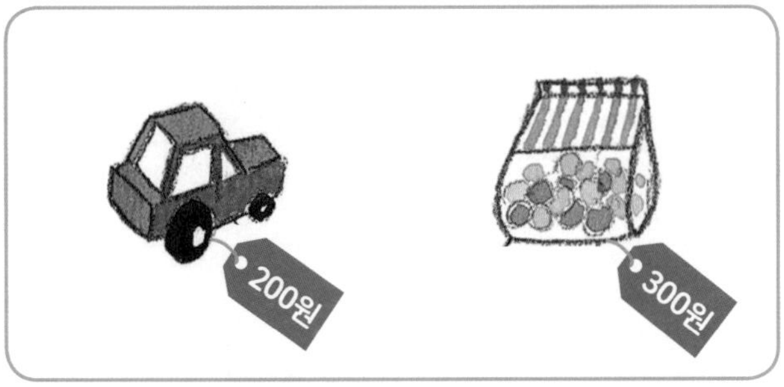

____원 + ____원 = ____원

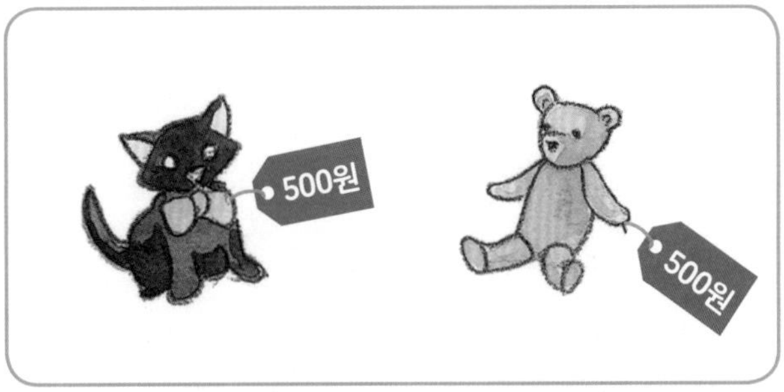

____원 + ____원 = ____원

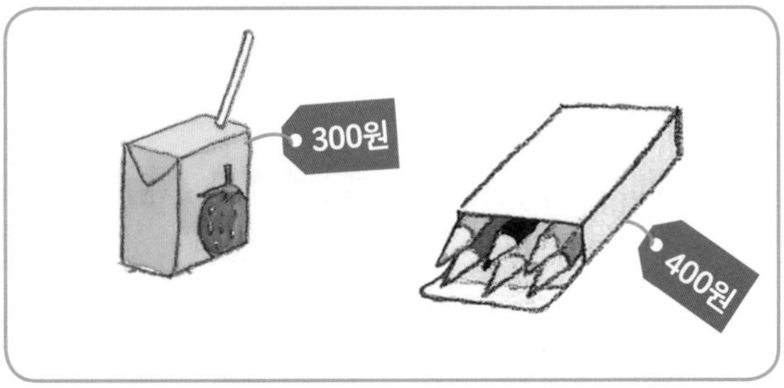

____원 + ____원 = ____원

8. 처음 돈에서 물건을 사고 나면 얼마가 남는지 식을 완성하여 구해 보세요.

_______원 - _______원 = _______원

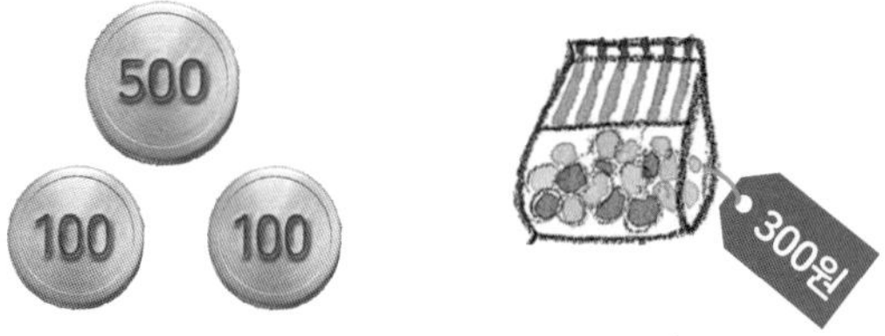

_______원 - _______원 = _______원

_______원 - _______원 = _______원

_______원 - _______원 = _______원

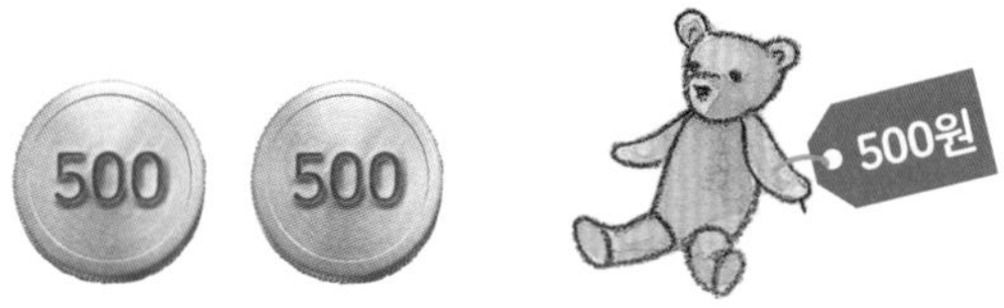

_______원 - _______원 = _______원

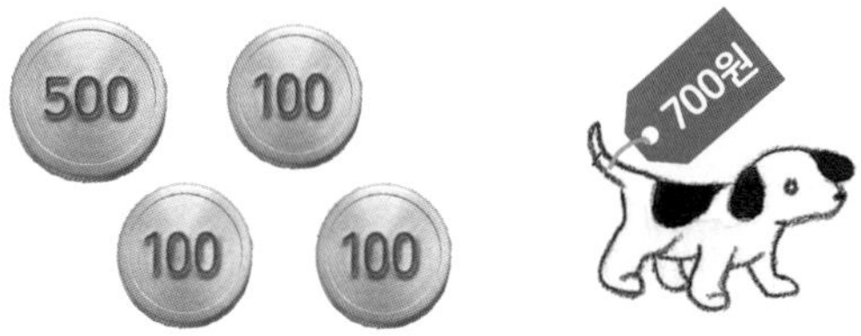

_______원 - _______원 = _______원

한 번 더 연습해요!

1. 처음 돈에서 물건을 사고 나면 얼마가 남는지 식을 완성하여 구해 보세요.

_______원 - _______원 = _______원

2. 계산해 보세요.

400원 + 300원 = _______원

200원 + 200원 = _______원

500원 - 100원 = _______원

500원 - 300원 = _______원

9. 0부터 5까지 규칙에 따라 수를 써넣어 보세요.

	1				5

5	4				

10. 계산값이 400원과 같으면 색칠해 보세요.

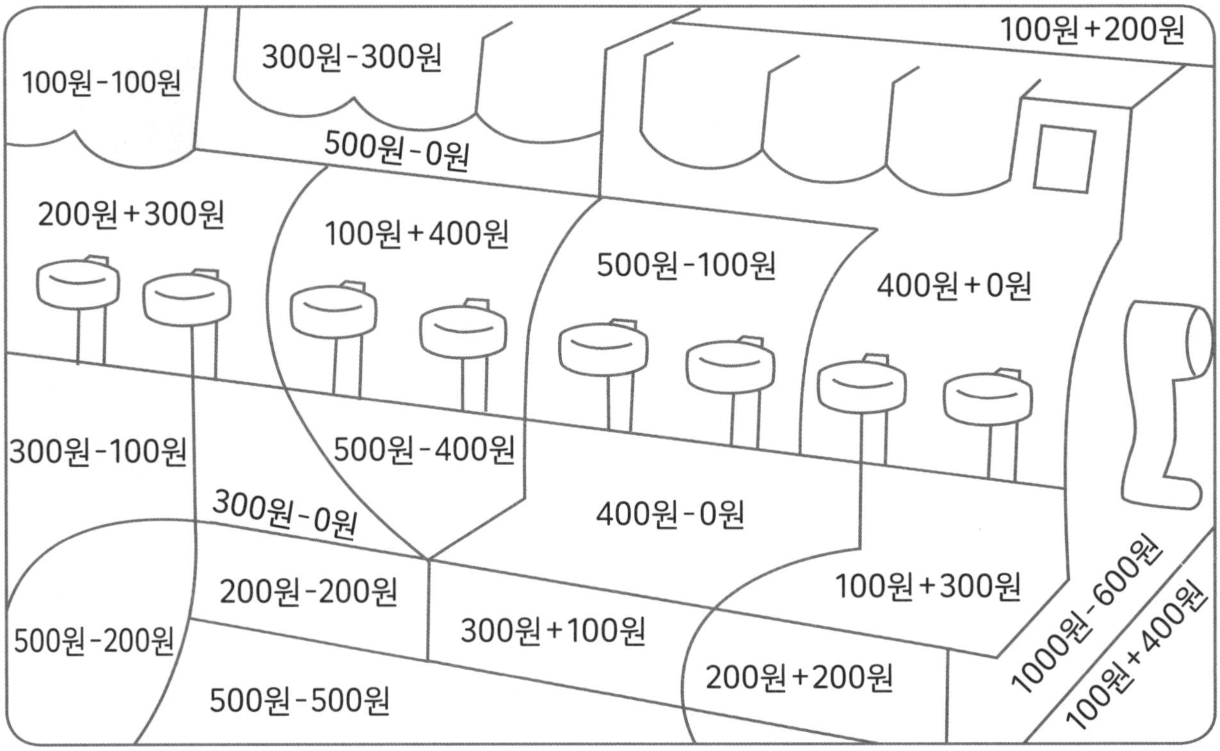

11. 똑같이 그린 후 색칠해 보세요.

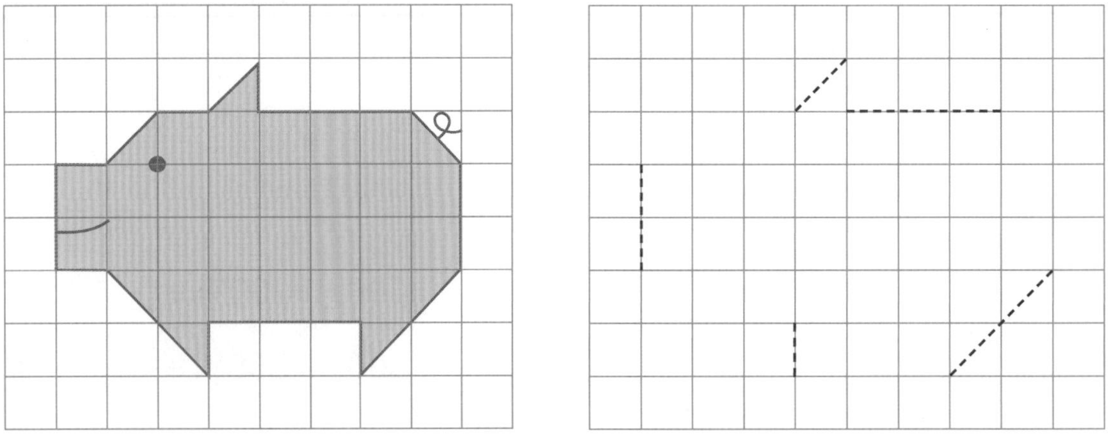

12. 물건을 사는 대신 저금을 하면 돈을 얼마나 모을 수 있나요? 저금통 안에 돈을 그림으로 그려 보세요.

물건 구입 | 저금

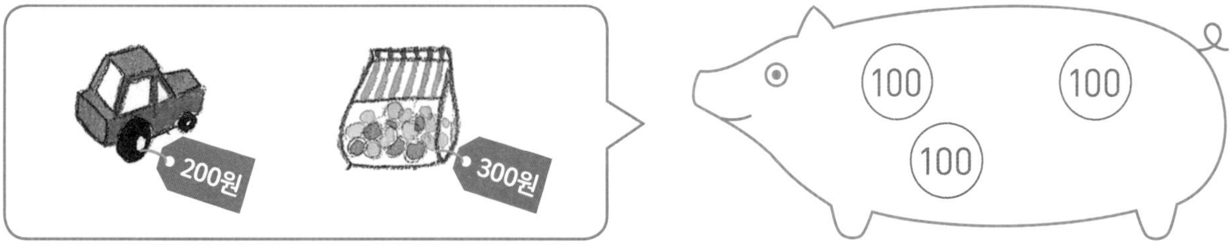

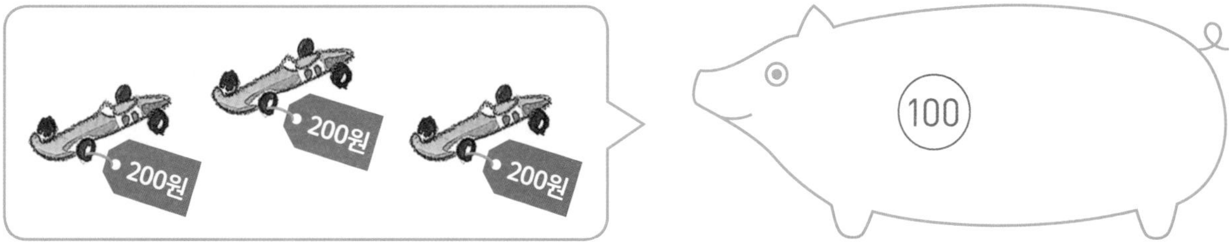

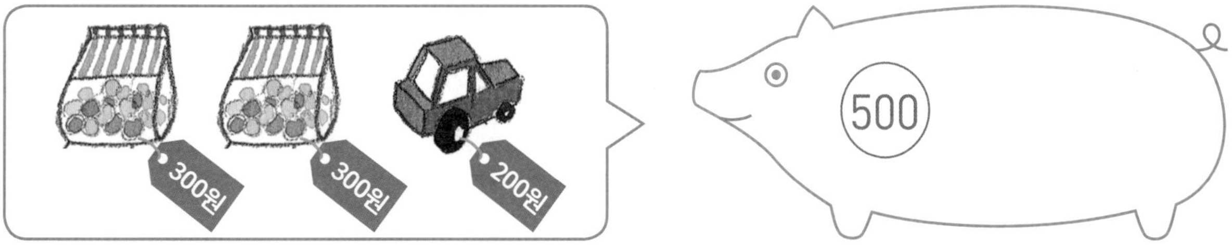

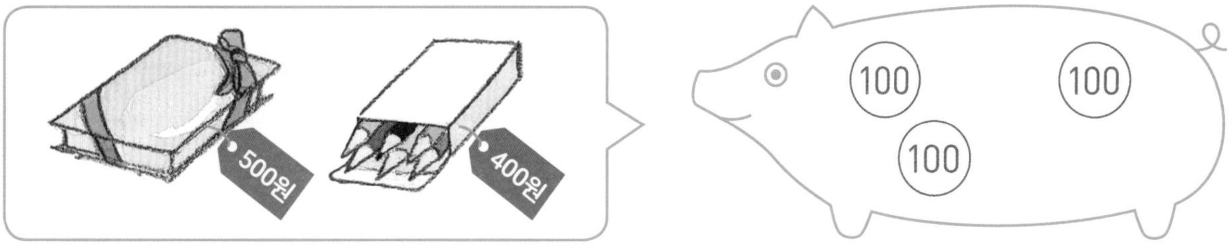

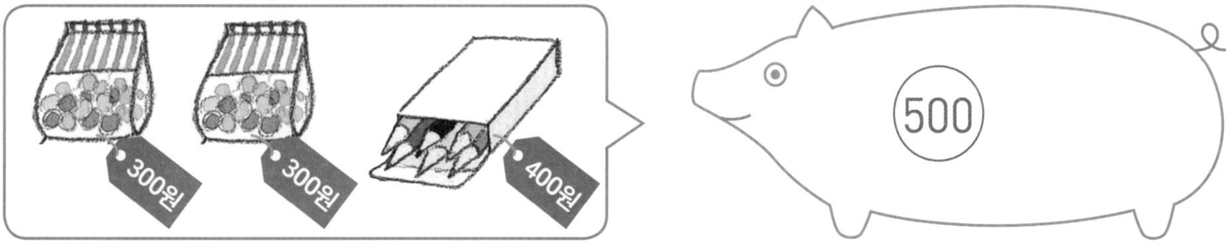

실력을 평가해 봐요!

____월 ____일 ____요일

1. □ 안에 알맞은 수를 구해 보세요.

4	4	4	4	4	
1 + □	2 + □	□ + 4	□ + 0	3 + □	

5	5	5	5	5	5
2 + □	□ + 1	3 + □	□ + 4	5 + □	0 + □

2. 그림을 보고 덧셈식을 완성해 보세요.

□ □ □ □ □

□ □ □ □ □

□ □ □ □ □

□ □ □ □ □

3. 그림을 보고 뺄셈식을 완성해 보세요.

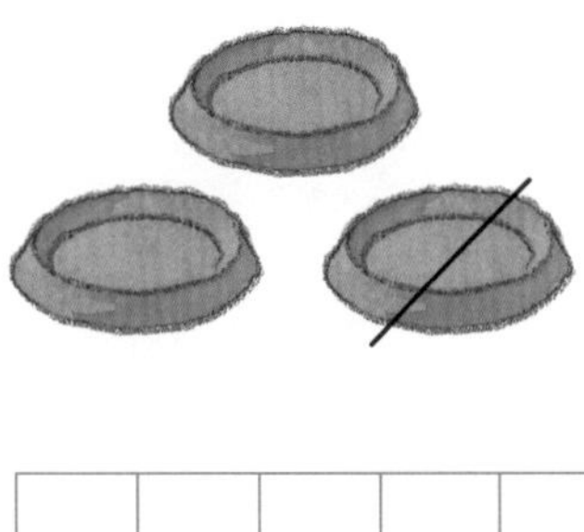

□ □ □ □ □

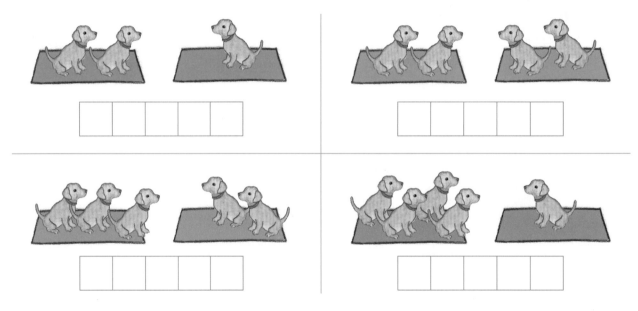

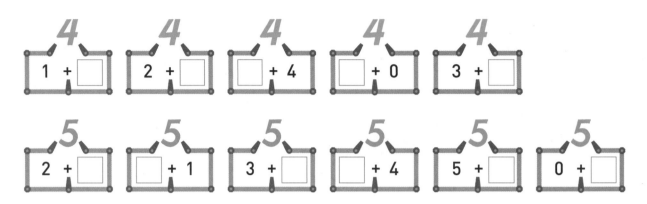

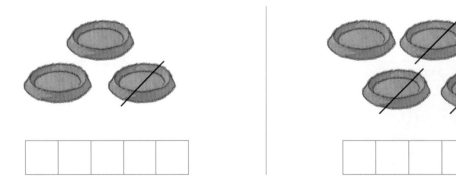

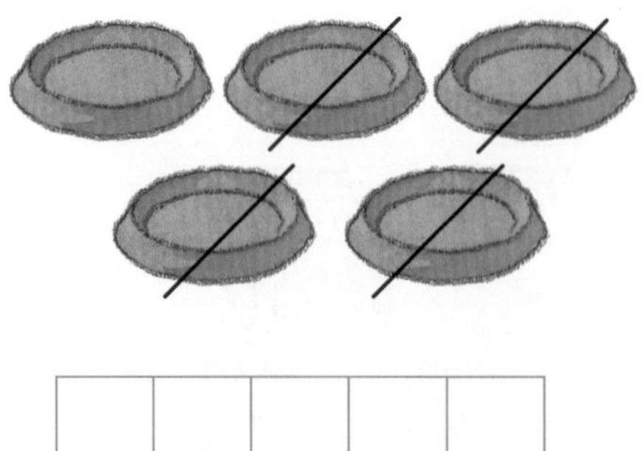

□ □ □ □ □

4. 계산해 보세요.

2 + 2 = □	1 + 3 = □	4 - 3 = □	5 - 2 = □
3 + 2 = □	2 + 3 = □	5 - 4 = □	4 - 1 = □
1 + 4 = □	5 + 0 = □	4 - 2 = □	5 - 0 = □

5. 처음 돈에서 물건을 사고 나면 얼마가 남는지 식을 완성하여 구해 보세요.

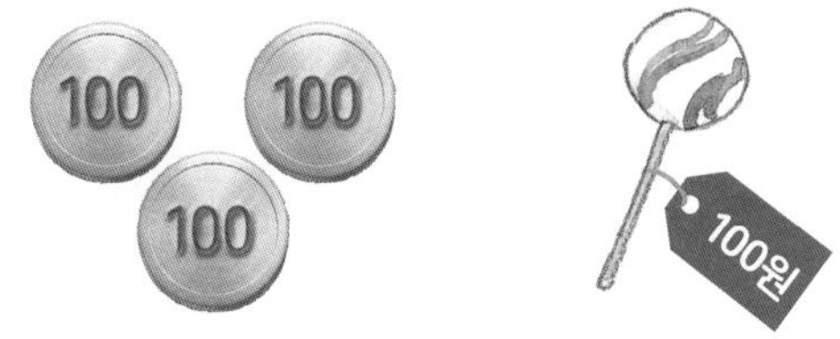

_____원 - _____원 = _____원

_____원 - _____원 = _____원

_____원 - _____원 = _____원

_____원 - _____원 = _____원

_____원 - _____원 = _____원

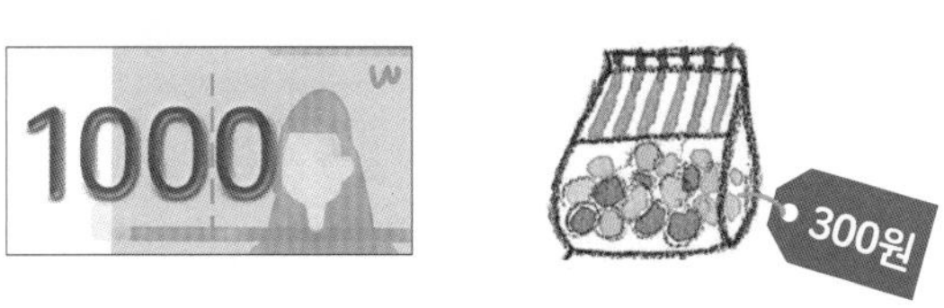

_____원 - _____원 = _____원

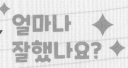

얼마나 잘했나요?

실력이 자란 만큼 별을 색칠하세요.

☆☆☆

★★★ 정말 잘했어요.

★★☆ 꽤 잘했어요.

★☆☆ 계속 노력할게요.

단원 평가

1 계산값이 같은 것끼리 이어 보세요.

1 + 4	5	1 + 3
2 + 2	4	2 + 3
2 + 0	3	0 + 3
2 + 1	2	0 + 1
1 + 0	1	1 + 1

2 계산하여 알맞은 알파벳을 써넣으세요.

5 − 2 = □ ______

2 + 2 = □ ______

1 + 4 = □ ______

5 − 4 = □ ______

3 − 3 = □ ______

4 − 0 = □ ______

2 + 1 = □ ______

4 − 2 = □ ______

0	1	2	3	4	5
R	T	K	C	U	P

3

계산값에 해당하는 색을 칠해 보세요.

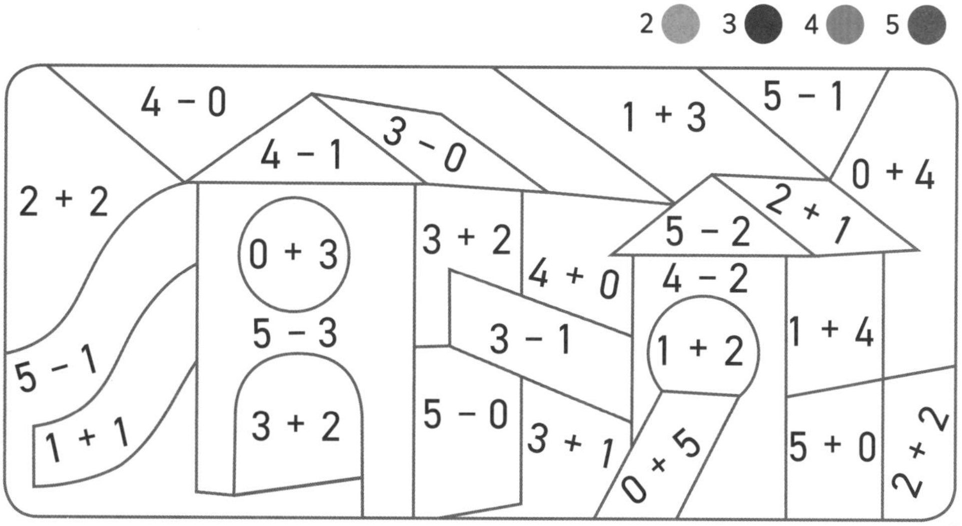

4 ★★★

그림이 들어간 식을 보고 그림의 값을 구해 보세요.

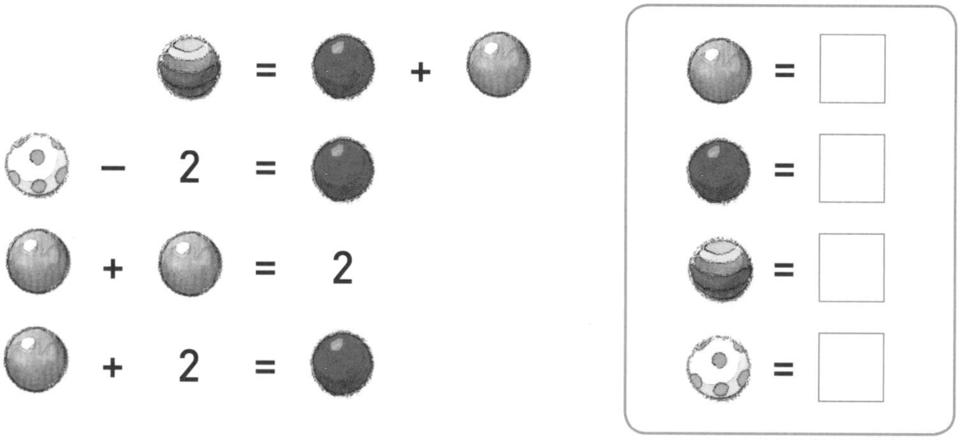

놀이 수학

공원에서

준비물 : 강아지 카드

놀이 방법

1. 부모님 또는 친구들과 함께 강아지에 대한 계산식이 들어간 이야기를 만들어 보세요.

   예) 강아지 5마리가 공원에서 놀고 있어요. 그중 3마리가 떠났어요. 공원에 남은 강아지는 몇 마리일까요?

2. 1번의 이야기를 들으면서 강아지 카드를 공원 그림에 놓아 보세요. 그리고 계산식에 대한 답을 구해 보세요.

책 뒤에 있는 놀이 카드를 이용하세요.

강아지 수 맞히기 놀이

인원 : 2명   준비물 : 강아지 카드

✏️ 놀이 방법

1. 강아지 카드를 탁자 위에 펼쳐 놓고 함께 개수를 세어 보세요.
   처음에는 5장부터 시작하세요. 아이가 놀이에 적응해서
   문제를 잘 풀면 점차 개수를 늘려 나가세요.

2. 가위바위보를 해요. 진 사람은 눈을 감거나 다른 쪽을 보고,
   이긴 사람은 강아지 카드를 원하는 만큼 집은 후 감추세요.

3. 이긴 사람이 신호를 보내면 진 사람이 탁자 위에 남은 강아지
   카드 수를 세어 보고 숨긴 카드가 몇 장인지 맞혀요.

책 뒤에 있는 놀이 카드를 이용하세요.

놀이를 할 때는
규칙을 잘
지켜야 해~!

한 번 더 연습해요!

1. 그림을 보고 덧셈식을 만들어 보세요.

| | + | | = | |

2. 계산하세요.

5 + 0 = ☐

2 + 2 = ☐

3 + 1 = ☐

2 + 3 = ☐

4 + 1 = ☐

1 + 4 = ☐

탱그램 놀이

준비물 : 탱그램 조각

놀이 방법

탱그림 조각으로 고양이, 여우, 개 등 동물 모양을 만들어 보세요.

책 뒤에 있는 놀이 카드를 이용하세요.

고양이

여우

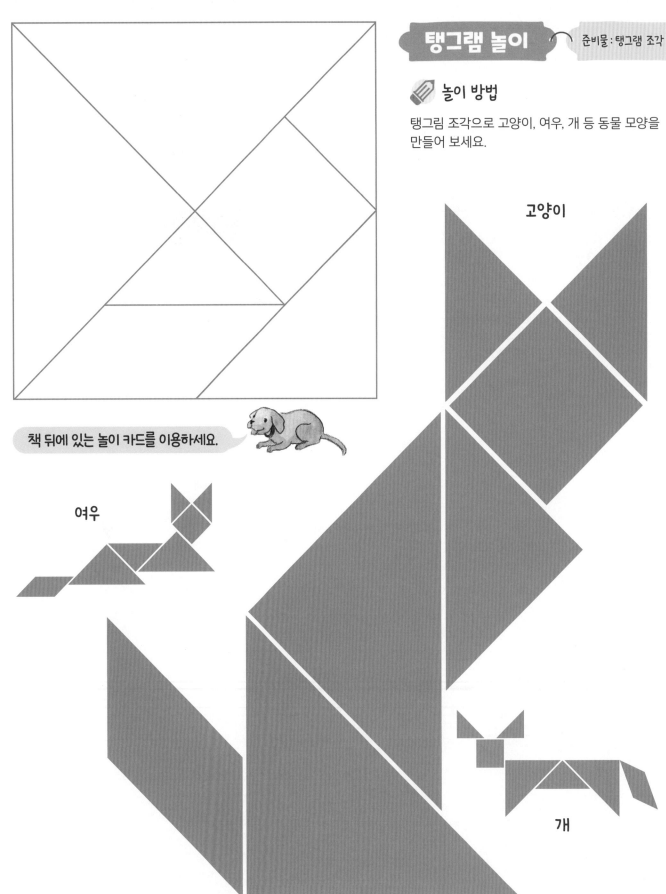

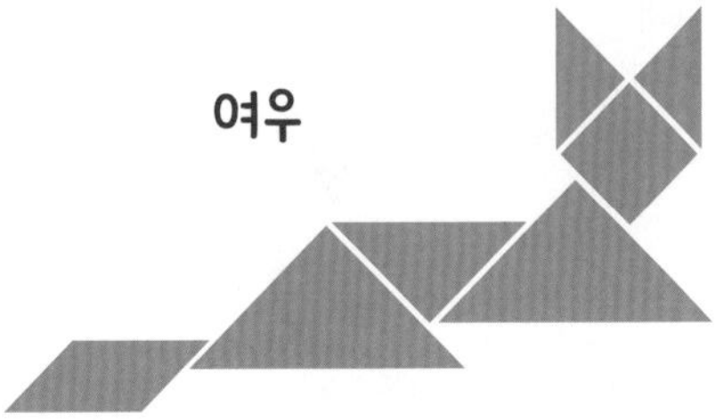

개

빙고

놀이 방법

1. 0부터 7까지 빈칸을 마음대로 채우세요.
2. 같은 수는 2번까지만 쓸 수 있어요.
3. 부모님은 0부터 7까지 수를 크게 불러 주세요.
4. 부모님이 부른 수가 나오면 빙고 판에 표시하세요. 단, 한 번에 한 칸만 표시할 수 있어요.
5. 가로, 세로, 대각선으로 3개 모두 표시되면 '빙고'라고 외쳐요.

친구와 함께해도 재밌어~!

탐구 과제

___월 ___일 ___요일

규칙 찾기

규칙에 따라 완성해 보세요.

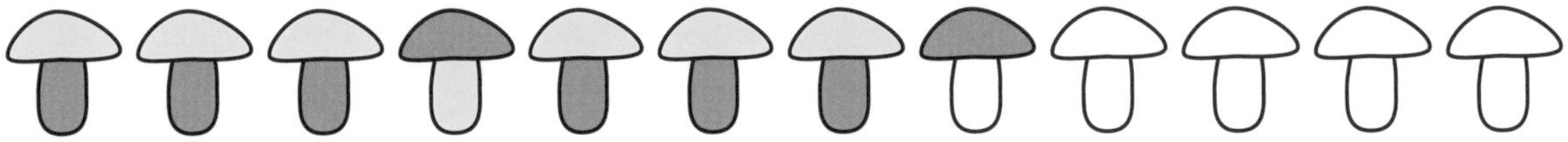

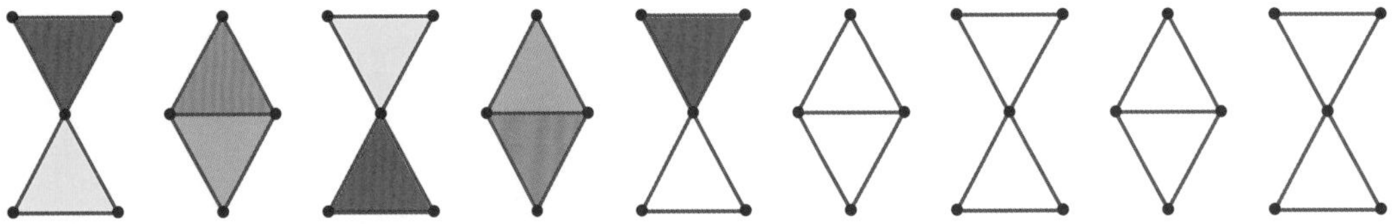

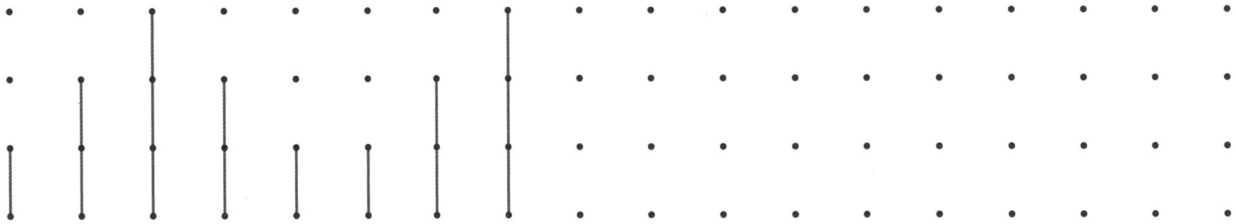

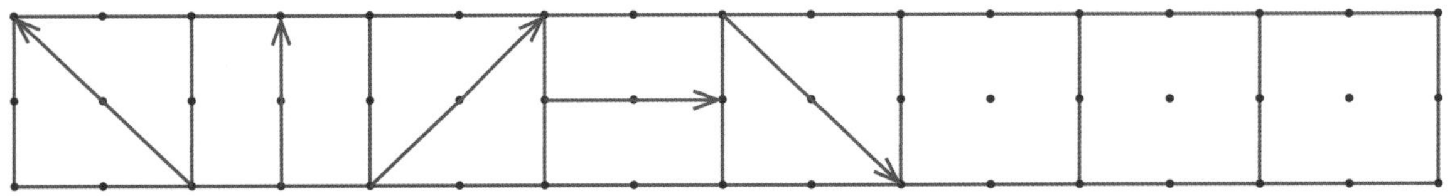

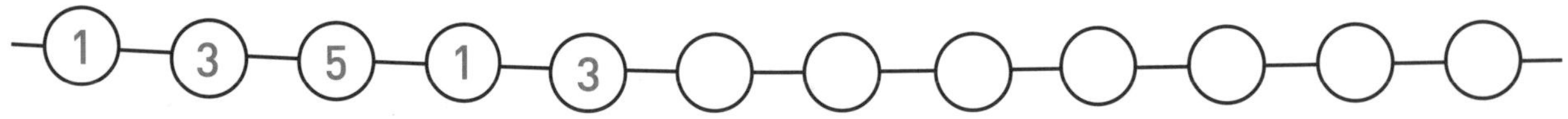

구슬 꿰기

나만의 규칙을 만들어 여러 가지 색으로 구슬을 꿰어 보세요.

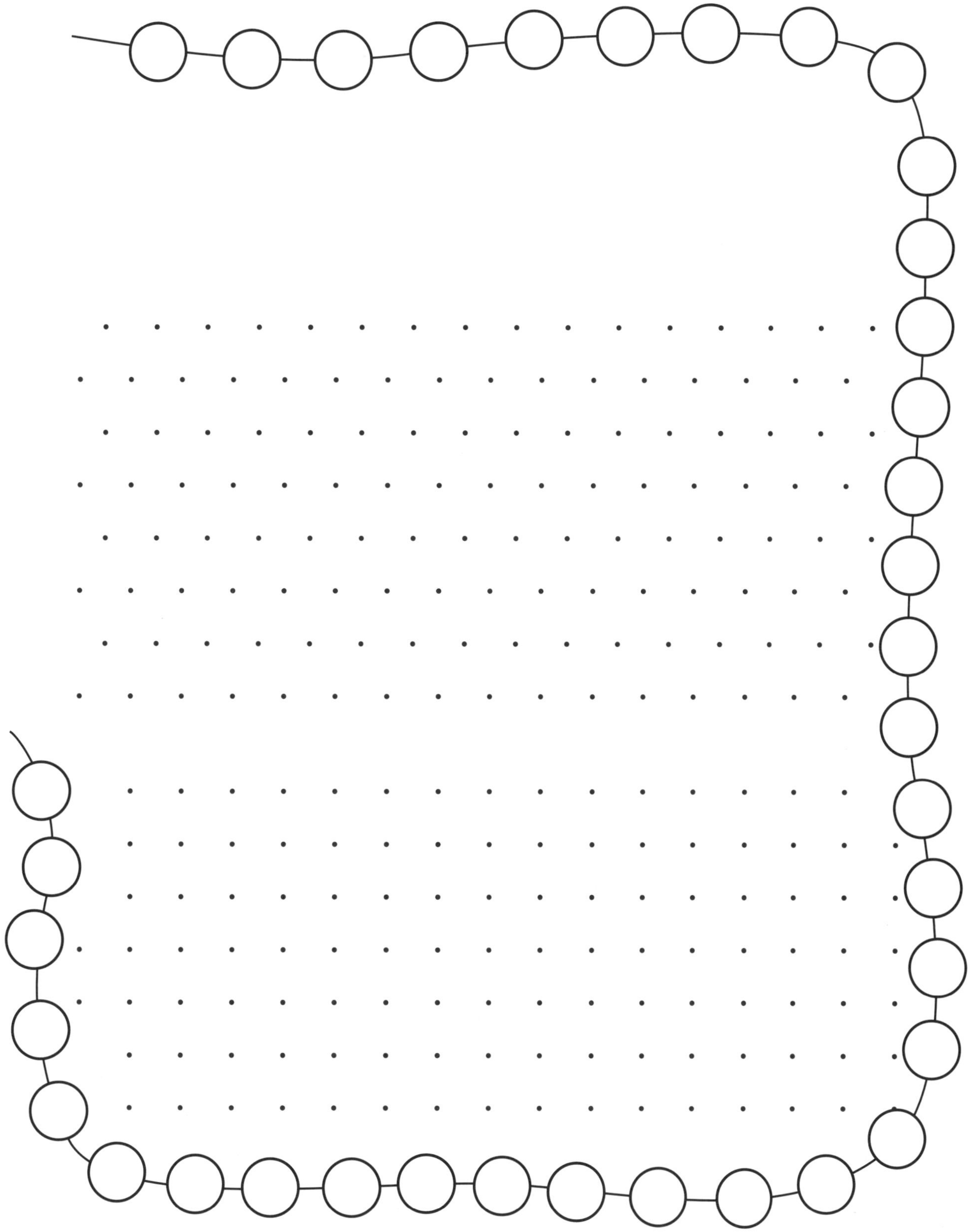

탐구 과제

____ 월 ____ 일 ____ 요일

탱그램 놀이

준비물 : 탱그램 조각

탱그램으로 여러 종류의 새를 만들어 보세요.

책 뒤에 있는 놀이 카드를 이용하세요.

나만의 탱그램 놀이

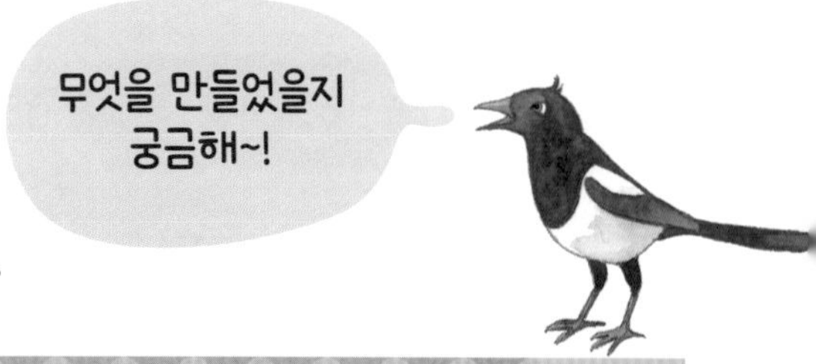
무엇을 만들었을지
궁금해~!

탱그램으로 자유롭게 모양을 만든 후 색칠해 보세요.

탐구 과제

____월 ____일 ____요일

물건값 계산하기

준비물: 모형 돈

1000원, 500원, 100원을 원하는 만큼 사용하여
아래의 물건값을 계산해 보세요.

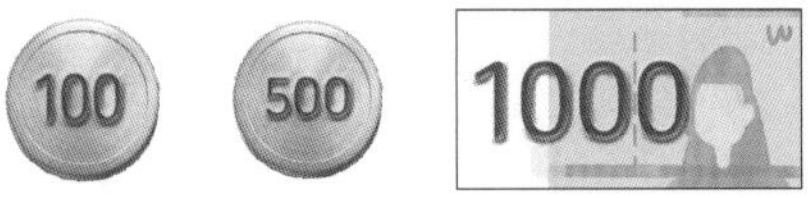

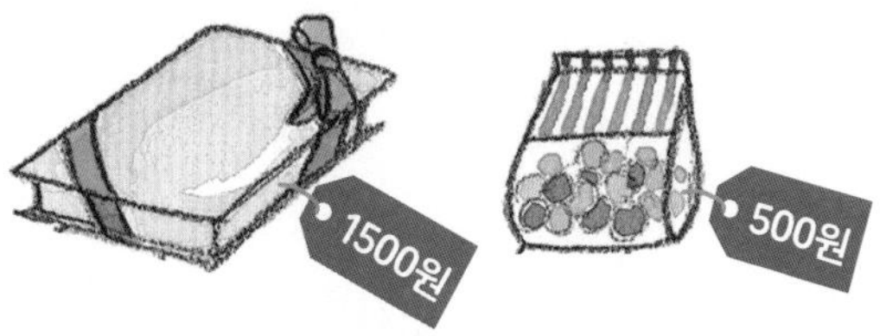

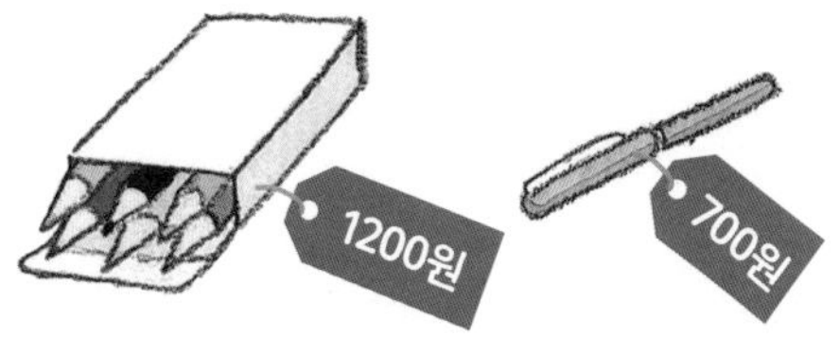

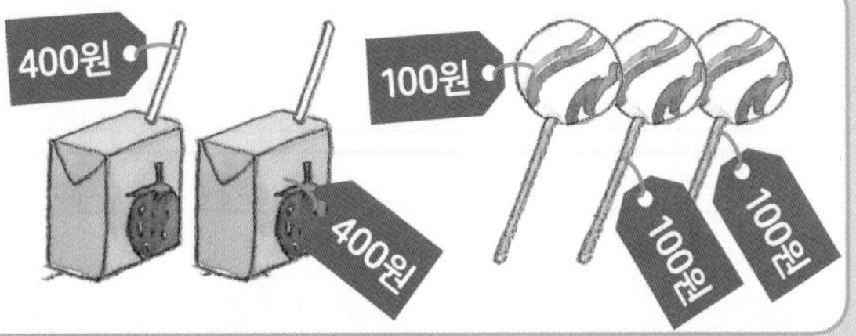

책 뒤에 있는 놀이 카드를 이용하세요.

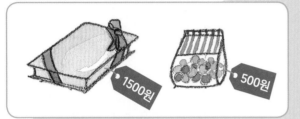

나만의 가게

상품을 그리고 가격도 표시해 보세요.

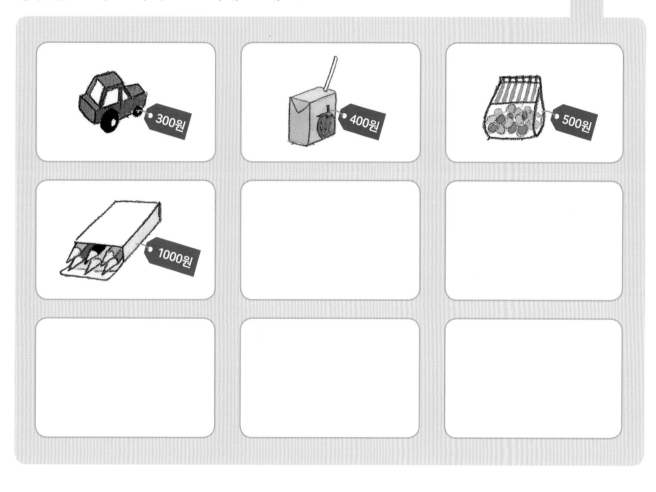

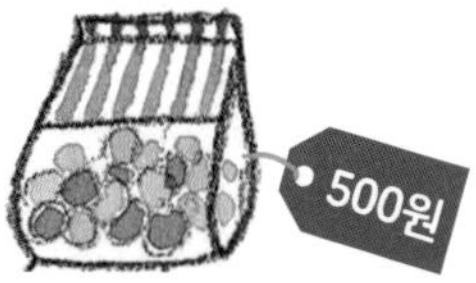

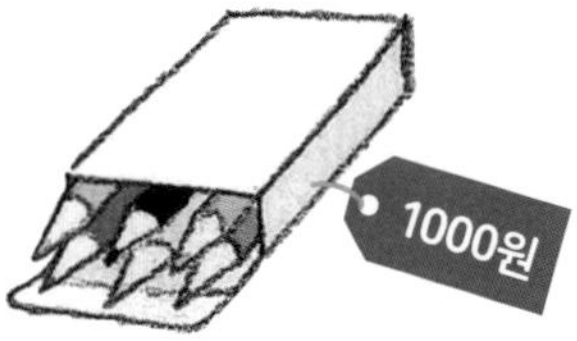

이 가게에서 무엇을 사고 싶나요? 사고 싶은 상품을 그리고 가격도 계산해 보세요.

총 가격: ____________ 원

놀이 카드는 반복해서 사용할
준비물이니 잃어버리지 않도록
잘 보관해 주세요.

0	1	2	3
4	5	6	7
8	9	10	
=	>	+	−

0 1 2 3

4 5 6 7

8 9 10

= > + −

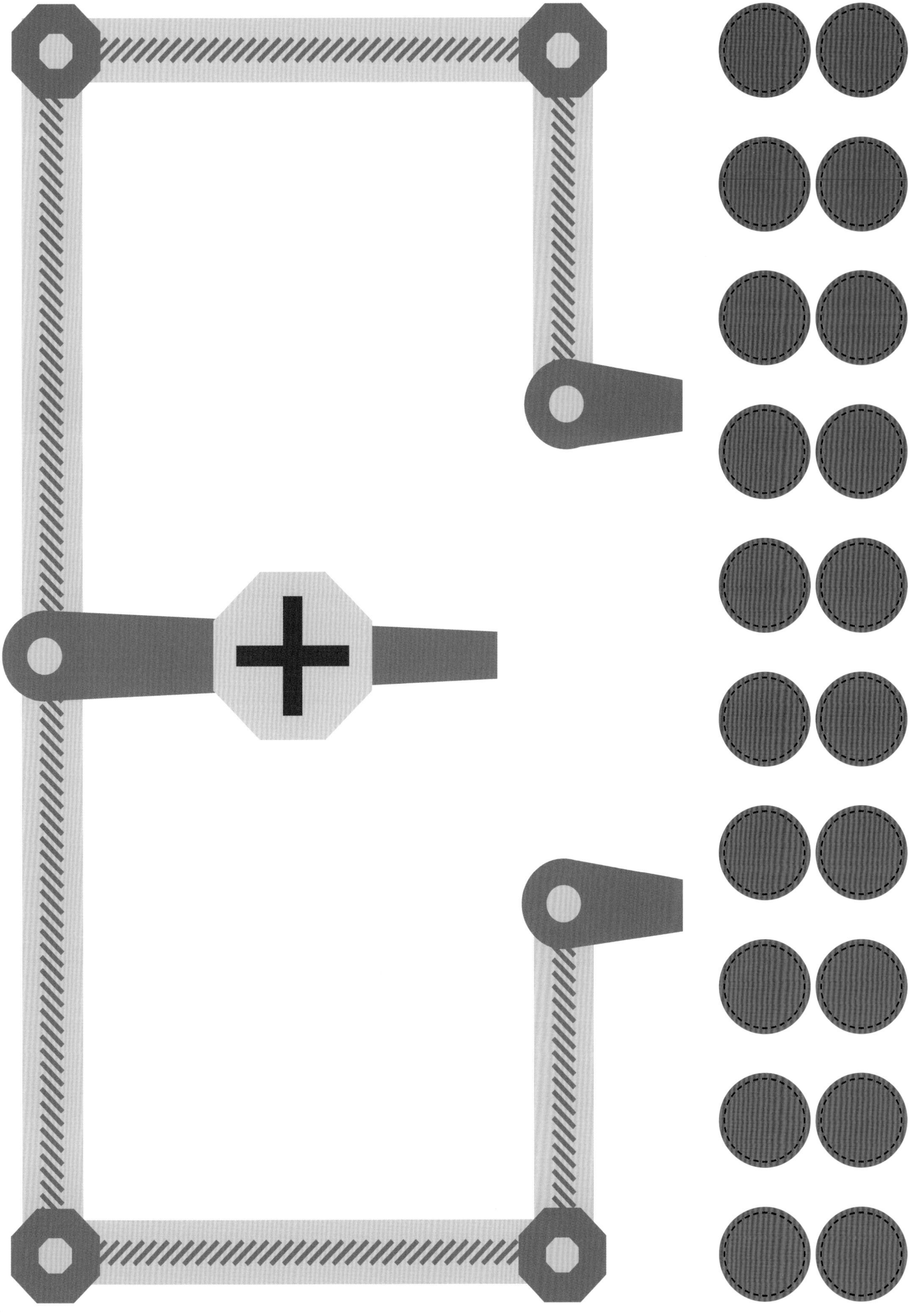

1권 88쪽, 92, 93쪽 / 2권 102쪽에 활용하세요.

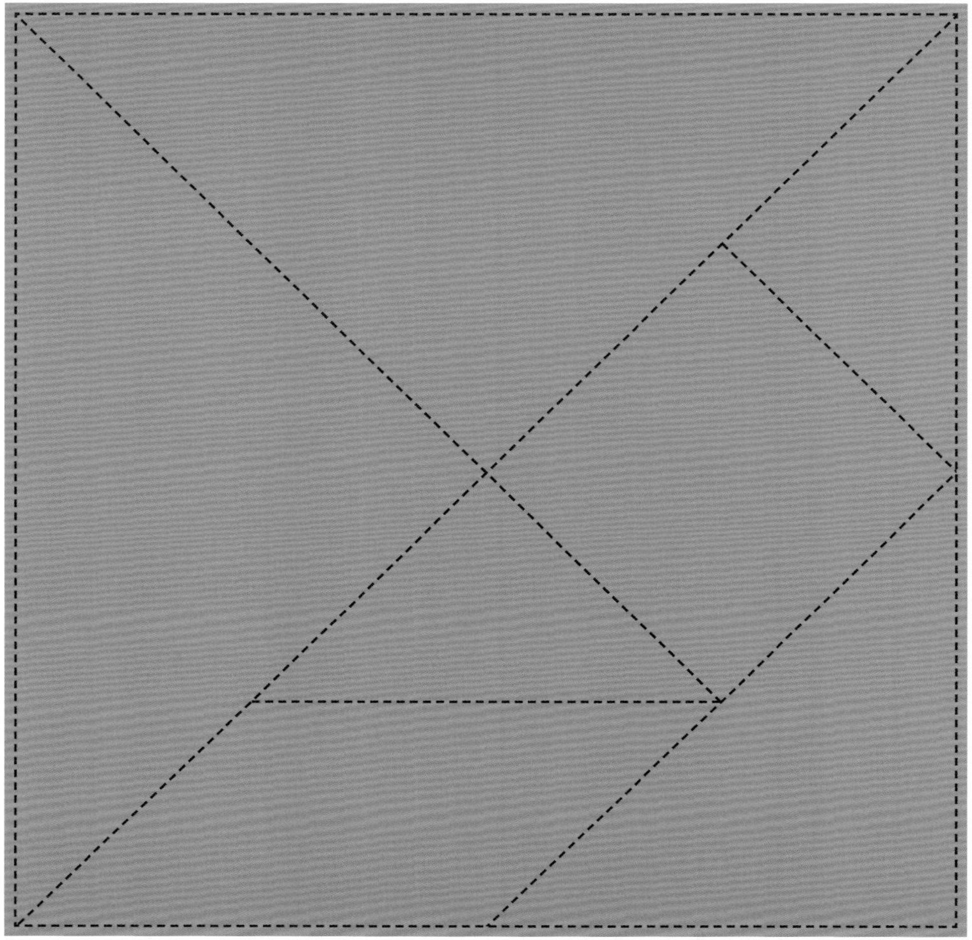

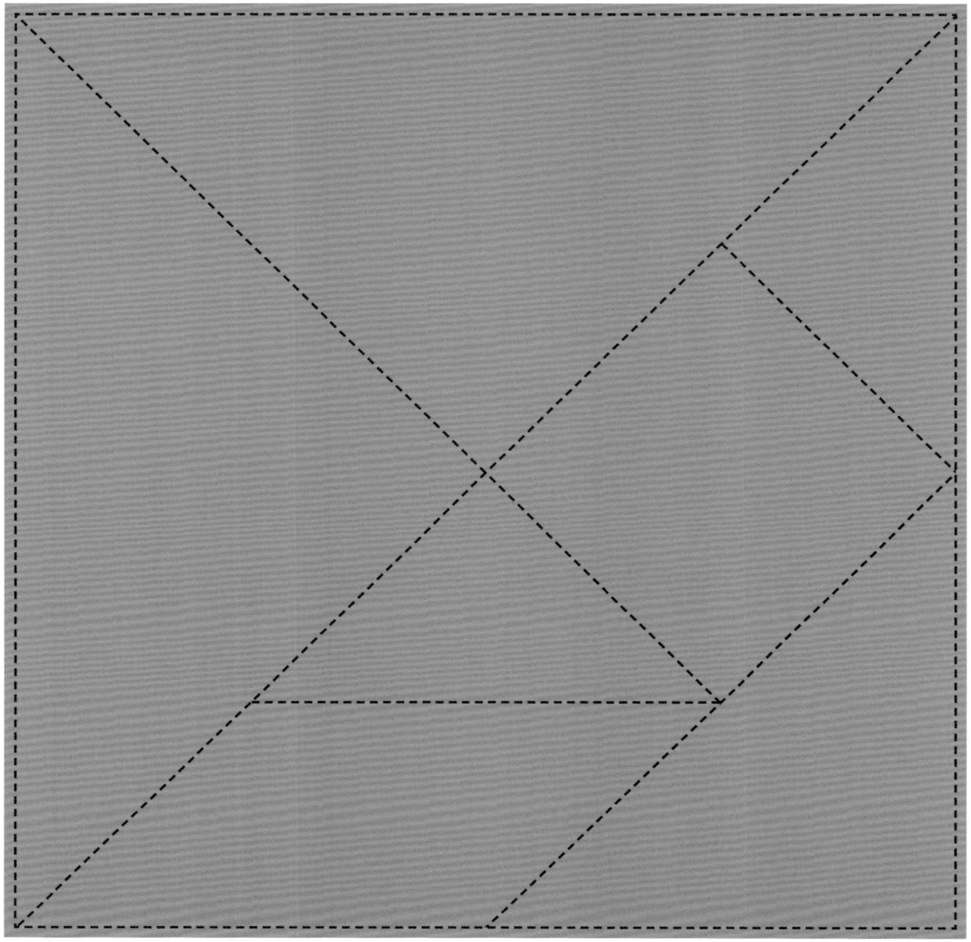

수 배열을 학습할 때 활용하세요.

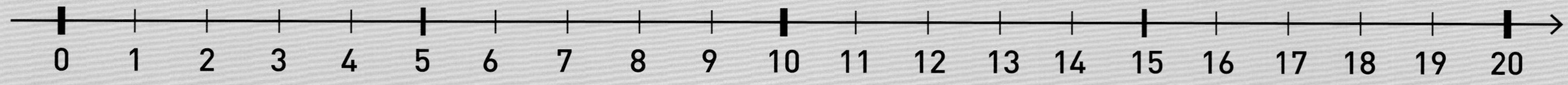

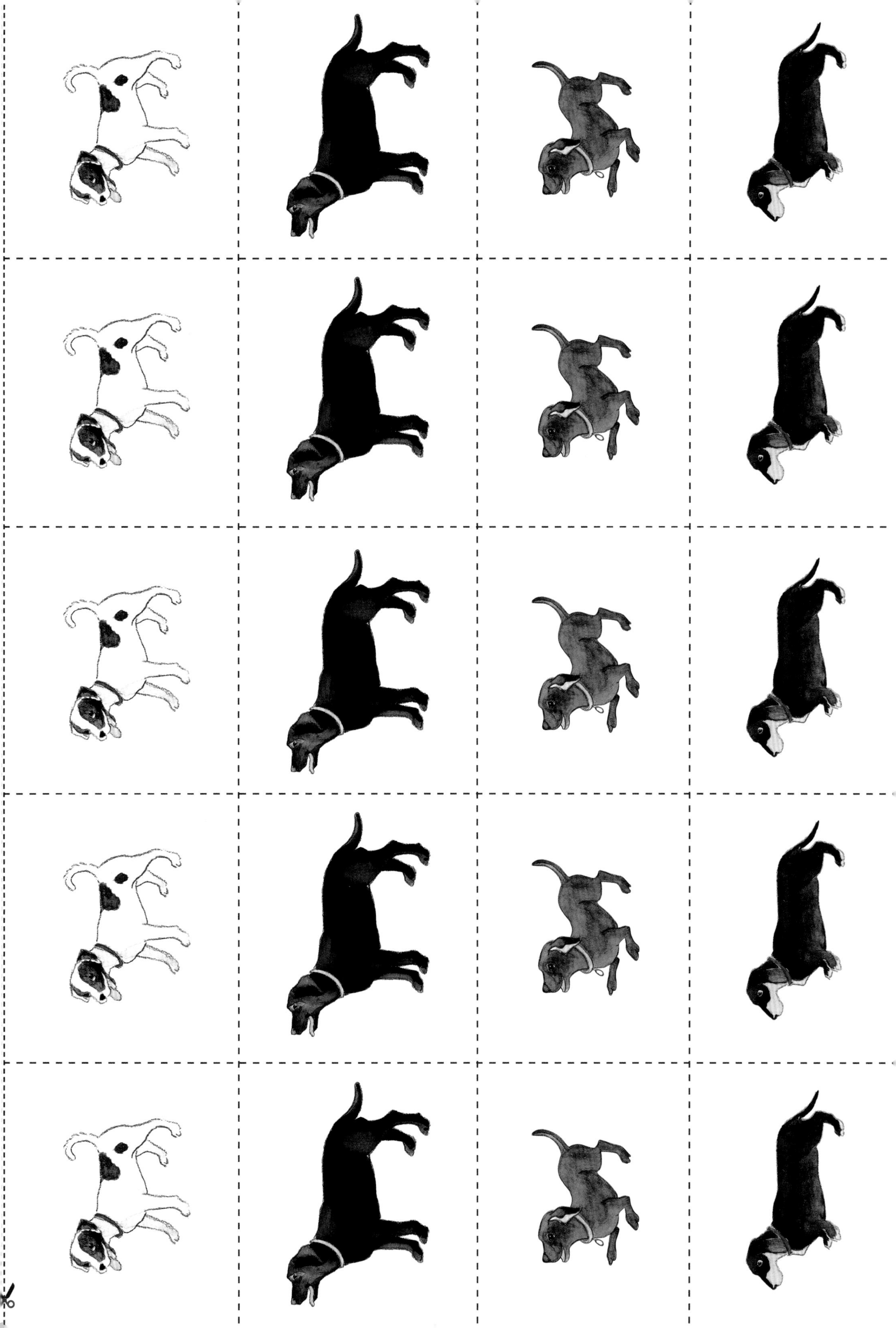

1000
1000
1000
1000
100
100
100
100
100
100
100
100
100
100
100
100
100
100
100
100
100
100
100
100
500
500
500
500

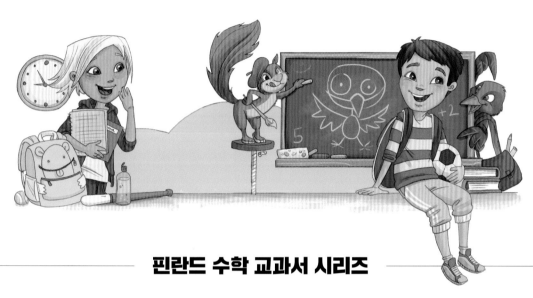

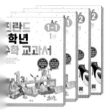

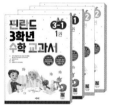

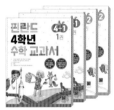

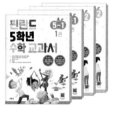

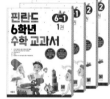

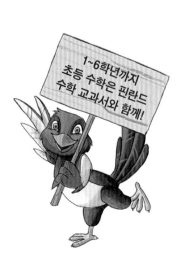

★ ★ ★

핀란드에서 가장 많이 보는 1등 수학 교과서!
핀란드 초등학교 수학 교육 최고 전문가들이 만든
혼공 시대에 꼭 필요한 자기주도 수학 교과서를 만나요!

핀란드 수학 교과서, 왜 특별할까?

- 수학적 구조를 발견하고 이해하게 하여 수학 공식을 암기할 필요 없어요.
- 수학적 이야기가 풍부한 그림으로 수학 학습에 영감을 불어넣어요.
- 교구를 활용한 놀이 수학을 통해 수학 개념을 이해시켜요.
- 수학과 연계하여 컴퓨팅 사고와 문제 해결력을 키워 줘요.
- 연산, 서술형, 응용과 심화, 사고력 문제가 한 권에 모두 들어 있어요.

해답지를 분실하셨나요?
마음이음 블로그에서 언제든 내려받으실 수 있어요!
https://blog.naver.com/ieum2018

개별가 없음(세트로만 판매)
9 791189 010386 64410
ISBN 979-11-89010-38-6
979-11-89010-37-9 (세트)

무형광 종이 인쇄로 아이들 눈을 지켜 줘요

핀란드 1학년 수학 교과서

1-1

2권

글 마아리트 포슈박, 안네 칼리올라, 아르토 티카넨, 미이아-리이사 바네우스
그림 마이사 라야마키-쿠코넨
옮김 이경희(전 수학 교과서 집필진)

★★★ EBS 다큐K 교과서 혁명 방영

★★★ 최신 핀란드 국립교육과정 반영

★★★ 사단법인 전국 수학교사모임 추천도서

놀이 수학 카드와 동영상 제공

마음이음

글 **마아리트 포슈박** | Maarit Forsback

에스푸에서 수학 교사로 학생들을 가르치면서 다양한 교육학적 연구를 통해 교수법을 개선하고 있습니다. 수학 학습의 어려움을 진단하는 전문가로 교내 모든 학생들을 대상으로 수학 특수 교육법을 시행하고 있습니다. 다양한 과제와 문제를 통해 학생들이 수학 구조를 발견하고 이해하면 수학 공식을 암기할 필요 없이 사고력을 기를 수 있다고 생각합니다.

안네 칼리올라 | Anne Kalliola

핀란드 초등학교에서 모든 학년을 가르친 바 있으며 특히 1~2학년 교육에 관심이 많습니다. 대학에서 수학을 전공했으며, 수학 공부에 어려움을 느끼는 학생들을 돕고 있습니다. 교사로서 학생들이 함께 수학 문제를 풀고 서로에게 가르쳐 줄 때 보람을 느낍니다.

아르토 티카넨 | Arto Tikkanen

20여 년 동안 학교에서 수학 교사로 근무했습니다. 1999년부터 교재를 집필하고 있으며, 현재 핀란드 오울루 소재 학교에서 교장으로 근무하고 있습니다. 학생들의 나이와 경험을 고려하여 연령에 적합한 방식으로 수학 개념을 가르치는 걸 중요하다고 생각합니다.

미이아-리이사 바네우스 | Miia-Liisa Waneus

헬싱키에서 20년 이상 교사로 근무하고 있습니다. 수학은 논리와 체계성의 재미를 느낄 수 있는 과목이라고 생각합니다. 그래서 교구와 일상 속에서 흔히 경험하는 수학적인 사건들을 활용하여 가르치려고 노력합니다.

그림 **마이사 라야마키-쿠코넨** | Maisa Rajamäki-Kukkonen

미술 교사로 30년 이상 근무했습니다. 교재 삽화는 단순히 책을 꾸미는 기능만 있는 게 아니라 교육의 일부라고 생각하며 이 교과서 작업을 했습니다. 그 덕에 핀란드 수학 교과서의 삽화는 수학적 개념과 문제를 직관적으로 쉽게 이해하도록 구성되어 학생들의 흥미를 자극하는 데 큰 역할을 합니다.

옮김 **이경희**

서울교육대학교와 동 대학원에서 초등교육방법을 전공했으며, 2009 개정 교육과정에 따른 초등학교 수학 교과서 집필진으로 활동했습니다. ICME12(세계 수학교육자대회)에서 한국 수학 교과서 발표, 2012년 경기도 연구년 교사로 덴마크에서 덴마크 수학을 공부했습니다. 현재 학교를 은퇴하고 외국인들에게 한국어를 가르쳐 주며 봉사활동을 하고 있습니다. 집필한 책으로는 『외우지 않고 구구단이 술술술』 『예비 초등학생을 위한 든든한 수학 짝꿍』 『한 권으로 끝내는 초등 수학사전』 등이 있습니다.

핀란드
1학년
수학 교과서

______ 초등학교 ____ 학년 ____ 반

이름 ______

QR코드를 스캔하면 놀이 수학
동영상을 보실 수 있습니다.

핀란드 1학년 수학 교과서 1-1 2권

초판 8쇄 발행 2024년 1월 20일

지은이 마아리트 포슈박, 안네 칼리올라, 아르토 티카넨, 미이아-리이사 바네우스
그린이 마이사 라야마키-쿠코넨 · **옮긴이** 이경희
펴낸이 정혜숙 **펴낸곳** 마음이음

책임편집 이금정 **디자인** 디자인서가
등록 2016년 4월 5일(제2018-000037호)
주소 03925 서울시 마포구 월드컵북로 402 9층 917A호(상암동 KGIT센터)
전화 070-7570-8869 **팩스** 0505-333-8869
전자우편 ieum2016@hanmail.net
블로그 https://blog.naver.com/ieum2018

ISBN 979-11-89010-39-3 64410
979-11-89010-37-9 (세트)

어린이제품안전특별법에 의한 제품표시
제조자명 마음이음 **제조국명** 대한민국 **사용연령** 7세 이상 어린이 제품
KC마크는 이 제품이 공통안전기준에 적합하였음을 의미합니다.

핀란드 1학년 수학 교과서

1-1 2권

글 마아리트 포슈박, 안네 칼리올라,
아르토 티카넨, 미이아-리이사 바네우스
그림 마이사 라야마키-쿠코넨
옮김 이경희(전 수학 교과서 집필진)

마음이음

핀란드 학생들이 수학도 잘하고 수학 흥미도가 높은 비결은?

우리나라 학생들이 수학 학업 성취도가 세계적으로 높은 것은 자랑거리이지만 수학을 공부하는 시간이 다른 나라에 비해 많은 데다, 사교육에 의존하고, 흥미도가 낮은 건 숨기고 싶은 불편한 진실입니다. 이러한 측면에서 사교육 없이 공교육만으로 국제학업성취도평가(PISA)에서 상위권을 놓치지 않는 핀란드의 교육 비결이 궁금하지 않을 수가 없습니다. 더군다나 핀란드에서는 숙제도, 순위를 매기는 시험도 없어 학교에서 배우는 수학 교과서 하나만으로 수학을 온전히 이해해야 하지요. 과연 어떤 점이 수학 교과서 하나만으로 수학 성적과 흥미도 두 마리 토끼를 잡게 한 걸까요?

– 핀란드 수학 교과서는 수학과 생활이 동떨어진 것이 아닌 친밀한 것으로 인식하게 합니다. 그래서 시간, 측정, 돈 등 학생들은 다양한 방식으로 수학을 사용하고 응용하면서 소비, 교통, 환경 등 자신의 생활과 관련지으며 수학을 어려워하지 않습니다.

- 교과서 국제 비교 연구에서도 교과서의 삽화가 학생들의 흥미도를 결정하는 데 중요한 역할을 한다고 했습니다. 핀란드 수학 교과서의 삽화는 수학적 개념과 문제를 직관적으로 쉽게 이해하도록 구성하여 학생들의 흥미를 자극하는 데 큰 역할을 하고 있습니다.

- 핀란드 수학 교과서는 또래 학습을 통해 서로 가르쳐 주고 배울 수 있도록 합니다. 교구를 활용한 놀이 수학, 조사하고 토론하는 탐구 과제는 수학적 의사소통 능력을 향상시키고 자기 주도적인 학습 능력을 길러 줍니다.

- 핀란드 수학 교과서는 창의성을 자극하는 문제를 풀게 합니다. 답이 여러 가지 형태로 나올 수 있는 문제, 스스로 문제 만들고 풀기를 통해 짧은 시간에 많은 문제를 푸는 것이 아닌 시간이 걸리더라도 사고하며 수학을 하도록 합니다.

- 핀란드 수학 교과서는 코딩 교육을 수학과 연계하여 컴퓨팅 사고와 문제 해결을 돕는 다양한 활동을 담고 있습니다. 코딩의 기초는 수학에서 가장 중요한 논리와 일맥상통하기 때문입니다.

핀란드는 국정 교과서가 아닌 자율 발행제로 학교마다 교과서를 자유롭게 선정합니다. 마음이음에서 출판한 『핀란드 수학 교과서』는 핀란드 초등학교 2190개 중 1320곳에서 채택하여 수학 교과서로 사용하고 있습니다. 또한 이웃한 나라 스웨덴에서도 출판되어 교과서 시장을 선도하고 있지요.

코로나로 인한 온라인 수업으로 학습 격차가 커지고 있습니다. 다행히 『핀란드 수학 교과서』는 우리나라 수학 교육 과정을 다 담고 있으며 부모님 가이드도 있어 가정 학습용으로 좋습니다. 자기 주도적인 학습이 가능한 『핀란드 수학 교과서』는 학업 성취와 흥미를 잡는 해결책이 될 수 있을 것으로 기대합니다.

이경희(전 수학 교과서 집필진)

추천의 글

아이들이 수학을 공부해야 하는 이유는 수학 지식을 위한 단순 암기도 아니며, 많은 문제를 빠르게 푸는 것도 아닙니다. 시행착오를 통해 정답을 유추해 가면서 스스로 사고하는 힘을 키우기 위함입니다.
핀란드의 수학 교육은 다양한 수학적 활동을 통하여 수학 개념을 자연스럽게 깨닫게 하고, 논리적 사고를 유도하는 문제들로 학생들이 수학에 흥미를 갖도록 하는 데 성공했습니다. 이러한 자기 주도적인 수학 교과서가 우리나라에 번역되어 출판하게 된 것을 두 팔 벌려 환영하며, 학생들이 수학을 즐겁게 공부하게 될 것이라 생각하여 감히 추천하는 바입니다.

하동우(민족사관고등학교 수학 교사)

수학은 언어, 그림, 색깔, 그래프, 방정식 등으로 다양하게 표현하는 의사소통의 한 형태입니다. 이들 사이의 관계를 파악하면서 수학적 사고력도 높아지는데, 안타깝게도 우리나라 교육 환경에서는 수학이 의사소통임을 인지하기 어렵습니다. 수학 교육 과정이 수직적으로 배열되어 있기 때문입니다. 그런데 『핀란드 수학 교과서』는 배운 개념이 거미줄처럼 수평으로 확장, 반복되고, 아이들은 넓고 깊게 스며들 듯이 개념을 이해할 수 있습니다.

정유숙(쑥샘TV 운영자)

『핀란드 수학 교과서』를 보는 순간 다양한 문제들을 보고 놀랐습니다. 다양한 형태의 문제를 풀면서 생각의 폭을 넓히고, 생각의 힘을 기르고, 수학 실력을 보다 안정적으로 만들 수 있습니다. 또한 놀이와 탐구로 학습하면서 수학에 대한 흥미가 높아져 문제를 스스로 이해하고 터득하는 데 도움이 됩니다.
숫자가 바탕이 되는 수학은 세계적인 유일한 공통 과목입니다. 21세기를 이끌어 갈 아이들에게 4차산업혁명을 넘어 인공지능 시대에 맞는 창의적인 사고를 길러 주는 바람직한 수학 교육이 이 책을 통해 이루어지길 바랍니다.

김재련(사월이네 공부방 원장)

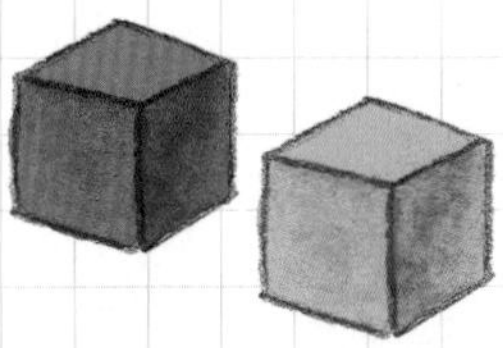

한국의 학생들에게

「핀란드 수학 교과서(Star Maths)」 시리즈를 펴낸 오타바(Otava) 출판사는 교재 전문 출판사로 120년이 넘는 역사를 지닌 명실상부한 핀란드의 대표 출판사입니다. 특히 「Star Maths」 시리즈는 핀란드 학교 현장의 수학 전문가들이 최신 핀란드 국립교육과정을 반영하여 함께 개발한 핀란드의 대표 수학 교과서입니다.

수 개념과 십진법을 이해하기 위한 탄탄한 기반을 제공하여 연산 능력을 키우고, 기본, 응용, 심화 문제 등 학생 개개인의 학습 차이를 다각도에서 고려하여 다양한 평가 문제를 실었습니다. 또한 친구 또는 부모님과 함께 놀이를 통해 문제 해결을 하며 수학적 즐거움을 발견하여 수학에 대한 긍정적인 태도를 갖도록 합니다.

한국의 학생들이 이 책과 함께 즐거운 수학 세계로 여행을 떠나길 바랍니다.

마아리트 포슈박, 안네 칼리올라, 아르토 티카넨,
미이아-리이사 바네우스(STAR MATHS 공동 저자)

이 책의 구성

핀란드 수학 교과서, 왜 특별할까?

수학과 연계하여 컴퓨팅 사고와 문제 해결력을 키워 줘요.

교구를 활용한 놀이 수학을 통해 수학 개념을 이해시켜요.

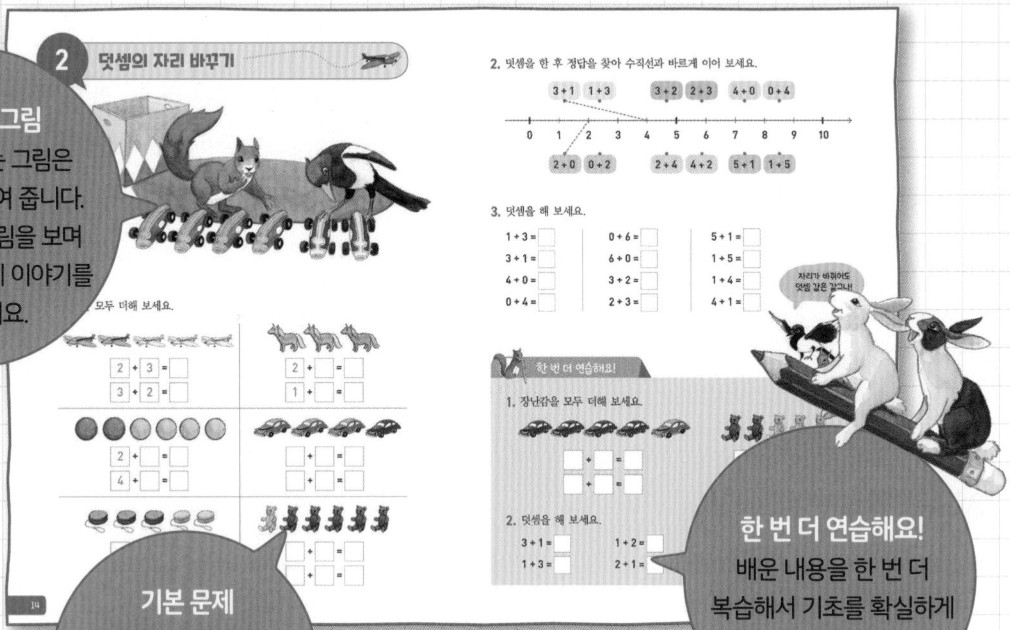

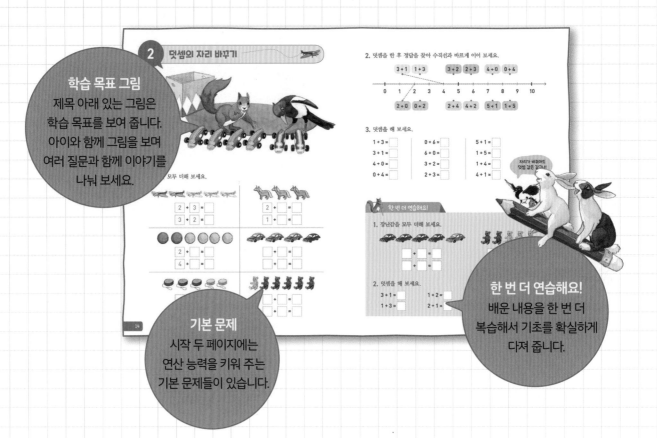

학습 목표 그림
제목 아래 있는 그림은 학습 목표를 보여 줍니다. 아이와 함께 그림을 보며 여러 질문과 함께 이야기를 나눠 보세요.

기본 문제
시작 두 페이지에는 연산 능력을 키워 주는 기본 문제들이 있습니다.

한 번 더 연습해요!
배운 내용을 한 번 더 복습해서 기초를 확실하게 다져 줍니다.

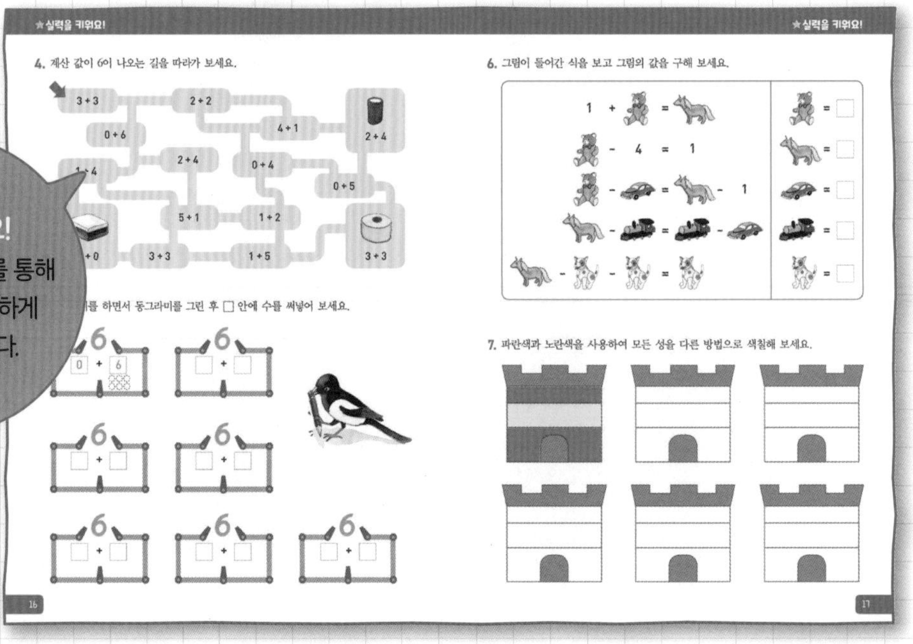

실력을 키워요!
좀 더 응용된 문제를 통해 배운 개념을 확실하게 익힐 수 있습니다.

- 수학적 이야기가 풍부한 그림으로 수학 학습에 영감을 불어넣어요.
- 수학적 구조를 발견하고 이해하게 하여 수학 공식을 암기할 필요 없어요.
- 연산, 서술형, 응용과 심화, 사고력 문제가 한 권에 모두 들어 있어요.

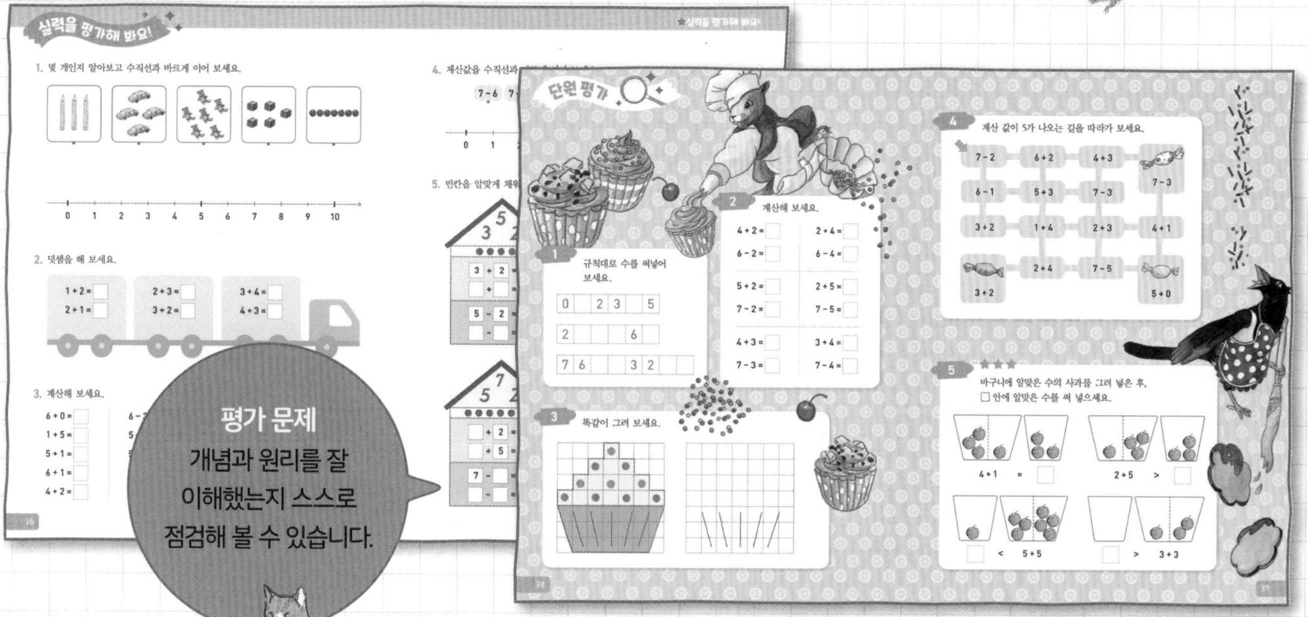

평가 문제
개념과 원리를 잘 이해했는지 스스로 점검해 볼 수 있습니다.

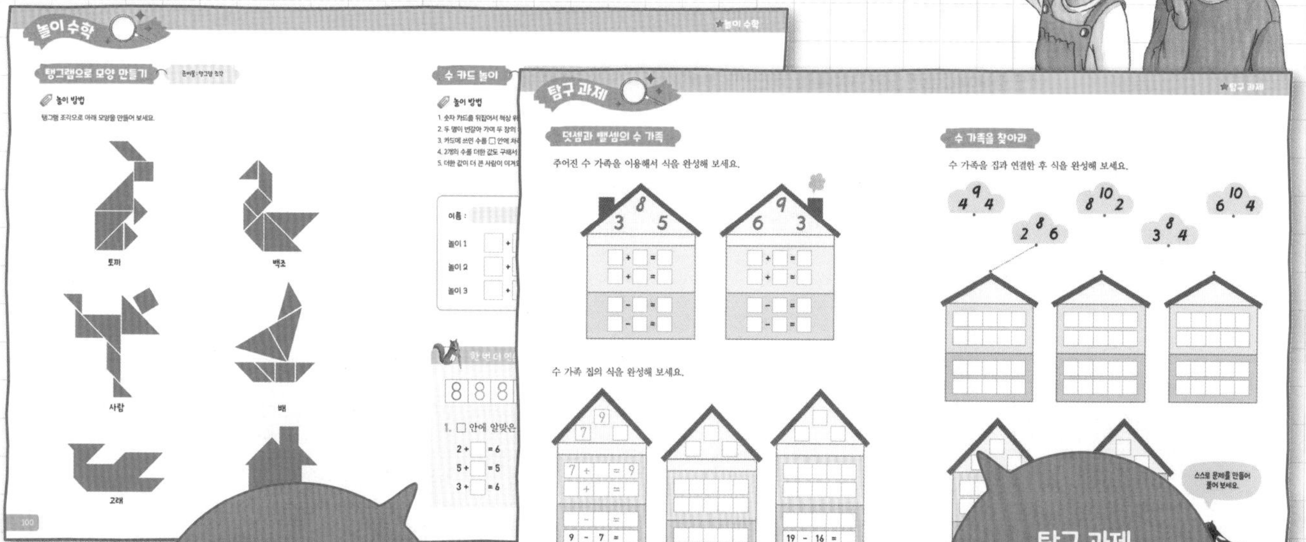

놀이 수학
책에 포함된 놀이 카드를 사용해 부모님 또는 친구와 함께 놀이를 하며 수학에 대한 흥미를 키울 수 있습니다.

탐구 과제
스스로 탐구하고 조사하며 수학 개념을 내 것으로 만들 수 있습니다.

차례

1 6을 알아봐요

6

여섯

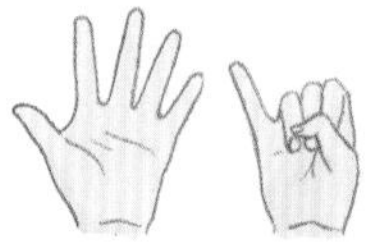

0	1	2	3	4	5	6	7	8	9	10
	●	●	●	●	●	●				

6	6	6	6	6	6	6	6
6	6	6	6	6	6	6	6

1. 아래 그림을 몇 개나 찾을 수 있나요?
위 그림에서 찾아보고 □ 안에 알맞은 수를 쓴 후 수직선과 바르게 이어 보세요.

□ 

□ 

□ 

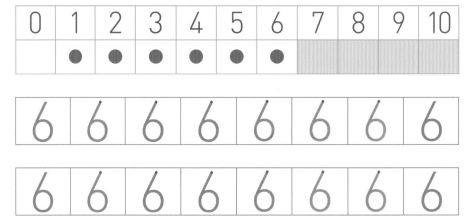

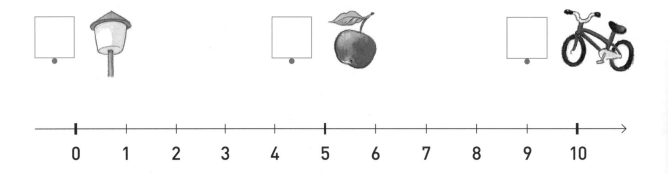

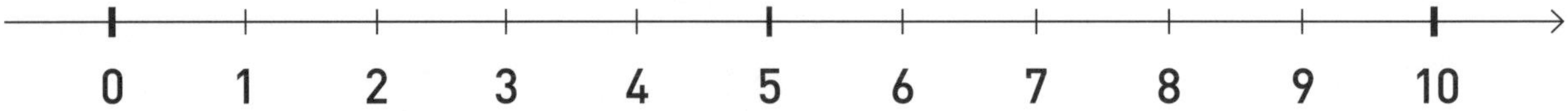

2. 6 가르기로 덧셈식을 완성해 보세요.

❘●●●●●●	□ + □ = □
●❘●●●●●	□ + □ = □
●●❘●●●●	□ + □ = □
●●●❘●●●	□ + □ = □
●●●●❘●●	□ + □ = □
●●●●●❘●	□ + □ = □
●●●●●●❘	□ + □ = □

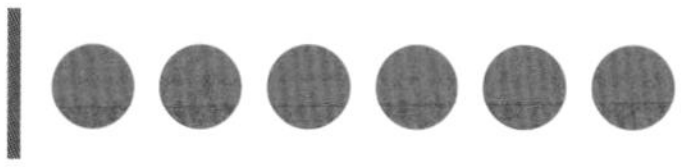

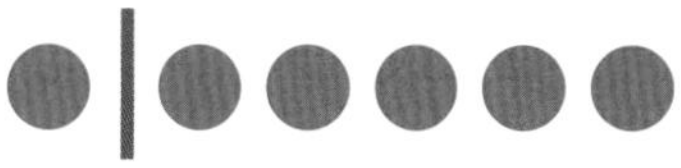

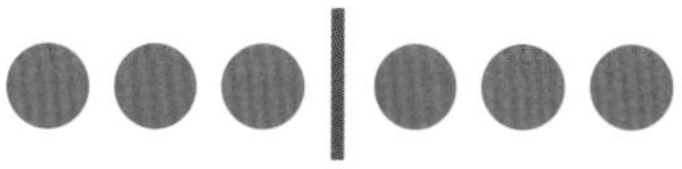

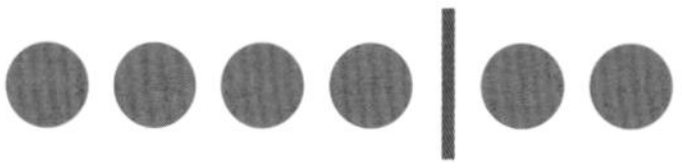

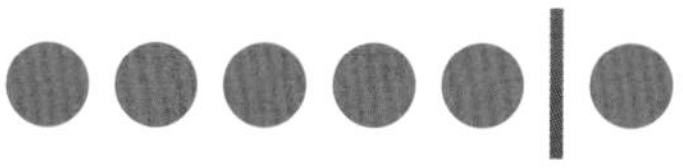

3. □ 안에 알맞은 수를 구해 보세요.

6 : 0 + □   6 : 2 + □

6 : 3 + □   6 : □ + 1

6 : 6 + □   6 : □ + 5

6 : 4 + □

4. 계산해 보세요.

2 + 3 = □   □ = 3 + 3   6 − 2 = □   6 − 3 = □

1 + 5 = □   □ = 4 + 1   5 − 3 = □   5 − 4 = □

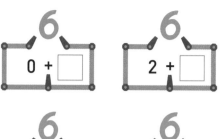

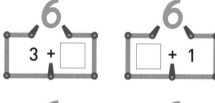

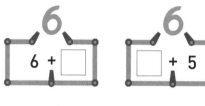

한 번 더 연습해요!

| 6 | 6 | · | · | · | · | · | · | · | · | · | 6 |

1. 계산해 보세요.

4 + 2 = □   0 + 6 = □   6 − 2 = □   6 − 5 = □

2 + 2 = □   1 + 5 = □   6 − 6 = □   5 − 3 = □

5. 0부터 6까지 규칙에 따라 수를 써넣어 보세요.

0	1			4		6

6		4		2		0

6. 수의 순서에 맞게 주어진 수의 앞과 뒤에 오는 수를 바르게 써넣어 보세요.

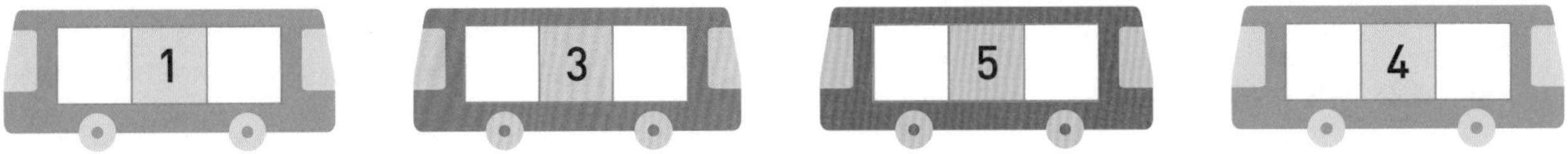

7. 계산해 보세요.

4 + 2 = ☐	☐ = 2 + 2	6 − 0 = ☐	2 + 3 = ☐
3 + 2 = ☐	☐ = 4 + 1	6 − 5 = ☐	6 − 1 = ☐

8. 계산값이 6과 같으면 색칠해 보세요.

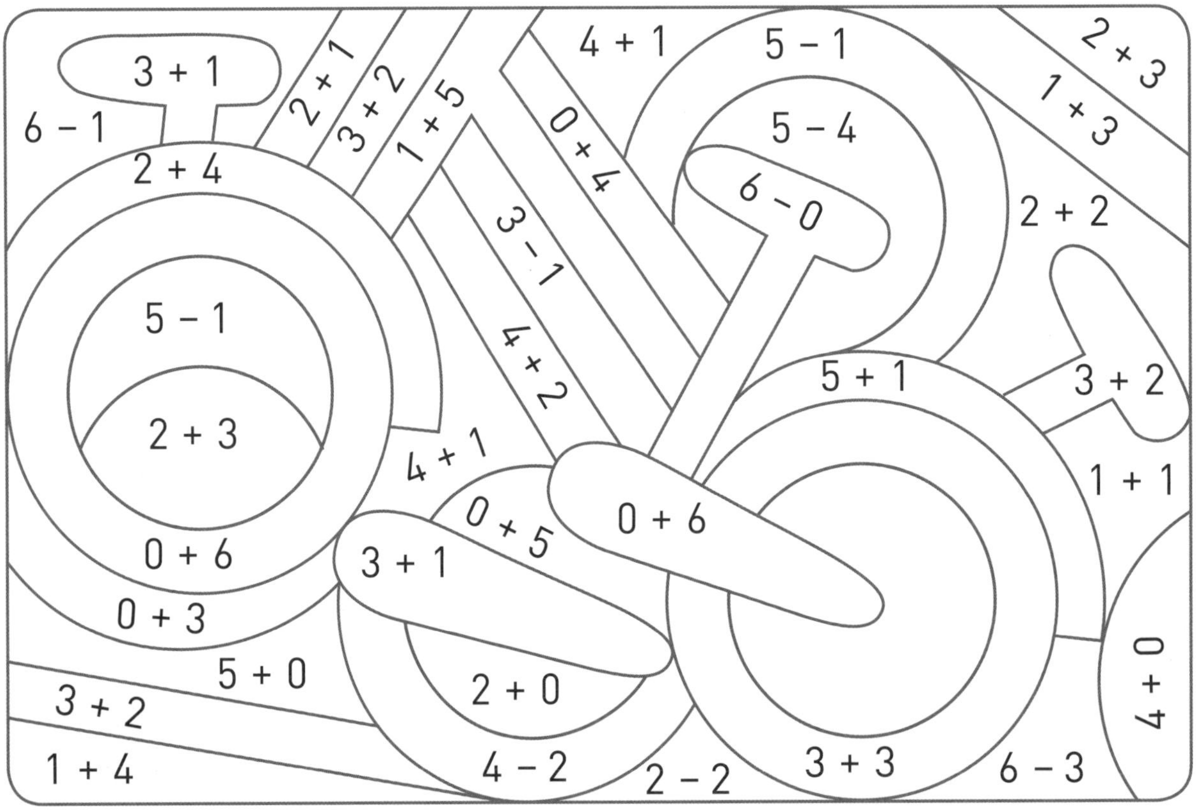

9. 그림이 들어간 식을 보고 그림의 값을 구하세요.

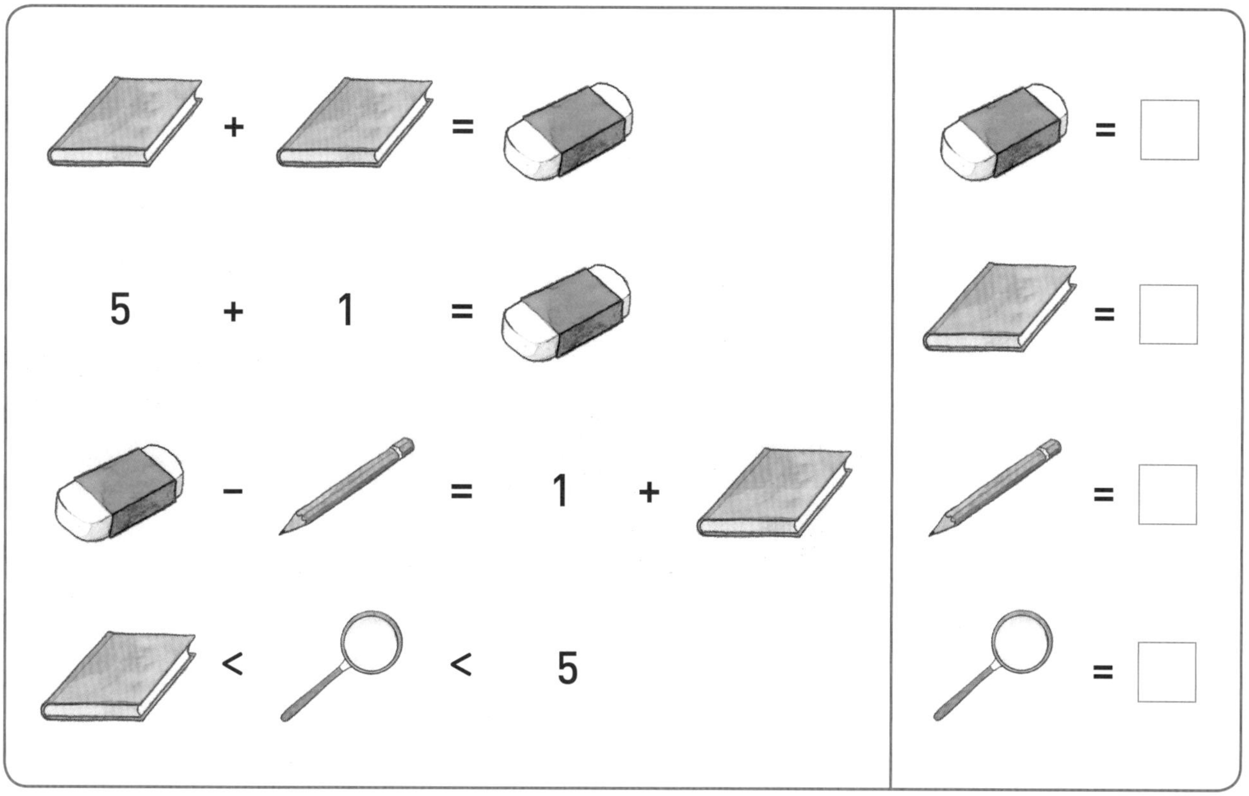

놀이 수학

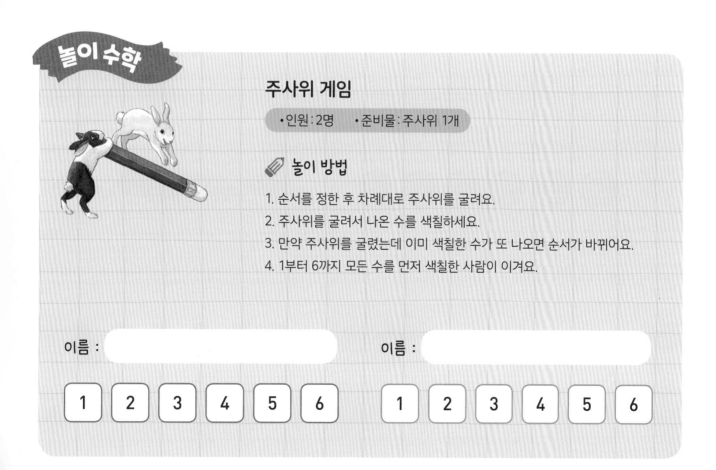

주사위 게임

•인원 : 2명 •준비물 : 주사위 1개

놀이 방법

1. 순서를 정한 후 차례대로 주사위를 굴려요.
2. 주사위를 굴려서 나온 수를 색칠하세요.
3. 만약 주사위를 굴렸는데 이미 색칠한 수가 또 나오면 순서가 바뀌어요.
4. 1부터 6까지 모든 수를 먼저 색칠한 사람이 이겨요.

이름 :

1 2 3 4 5 6

이름 :

1 2 3 4 5 6

2 덧셈의 자리 바꾸기

●●●●●●

4 + 2 = 6

2 + 4 = 6

●●●●●●

1. 장난감을 모두 더해 보세요.

2 + 3 = □

3 + 2 = □

2 + □ = □

1 + □ = □

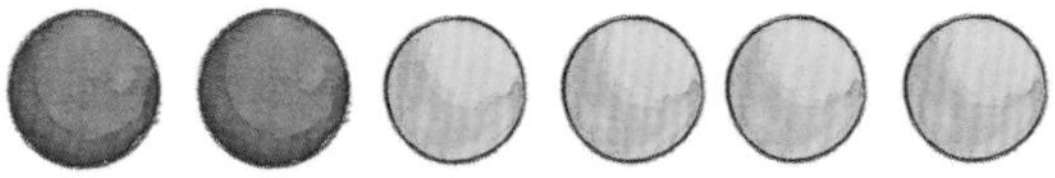

2 + □ = □

4 + □ = □

□ + □ = □

□ + □ = □

□ + □ = □

□ + □ = □

□ + □ = □

□ + □ = □

2. 덧셈을 한 후 정답을 찾아 수직선과 바르게 이어 보세요.

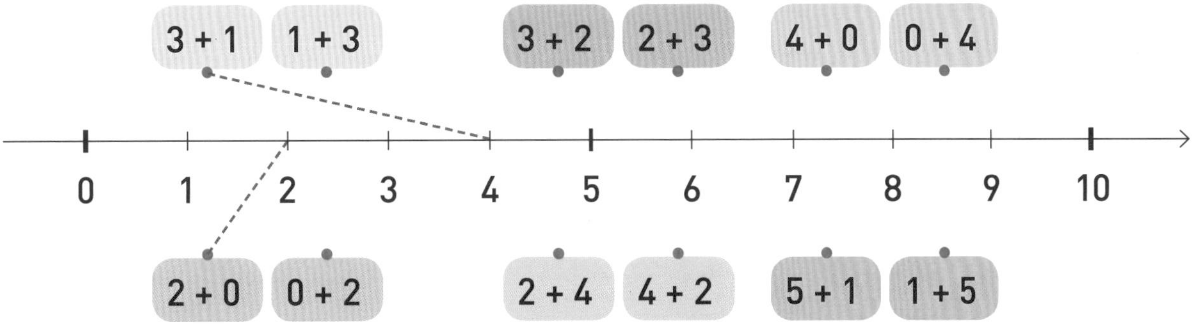

3. 덧셈을 해 보세요.

1 + 3 = ☐	0 + 6 = ☐	5 + 1 = ☐
3 + 1 = ☐	6 + 0 = ☐	1 + 5 = ☐
4 + 0 = ☐	3 + 2 = ☐	1 + 4 = ☐
0 + 4 = ☐	2 + 3 = ☐	4 + 1 = ☐

자리가 바뀌어도
덧셈값은 같구나!

 한 번 더 연습해요!

1. 장난감을 모두 더해 보세요.

☐ + ☐ = ☐

☐ + ☐ = ☐

☐ + ☐ = ☐

☐ + ☐ = ☐

2. 덧셈을 해 보세요.

3 + 1 = ☐   1 + 2 = ☐   4 + 2 = ☐   3 + 2 = ☐

1 + 3 = ☐   2 + 1 = ☐   2 + 4 = ☐   2 + 3 = ☐

4. 계산값이 6이 나오는 길을 따라가 보세요.

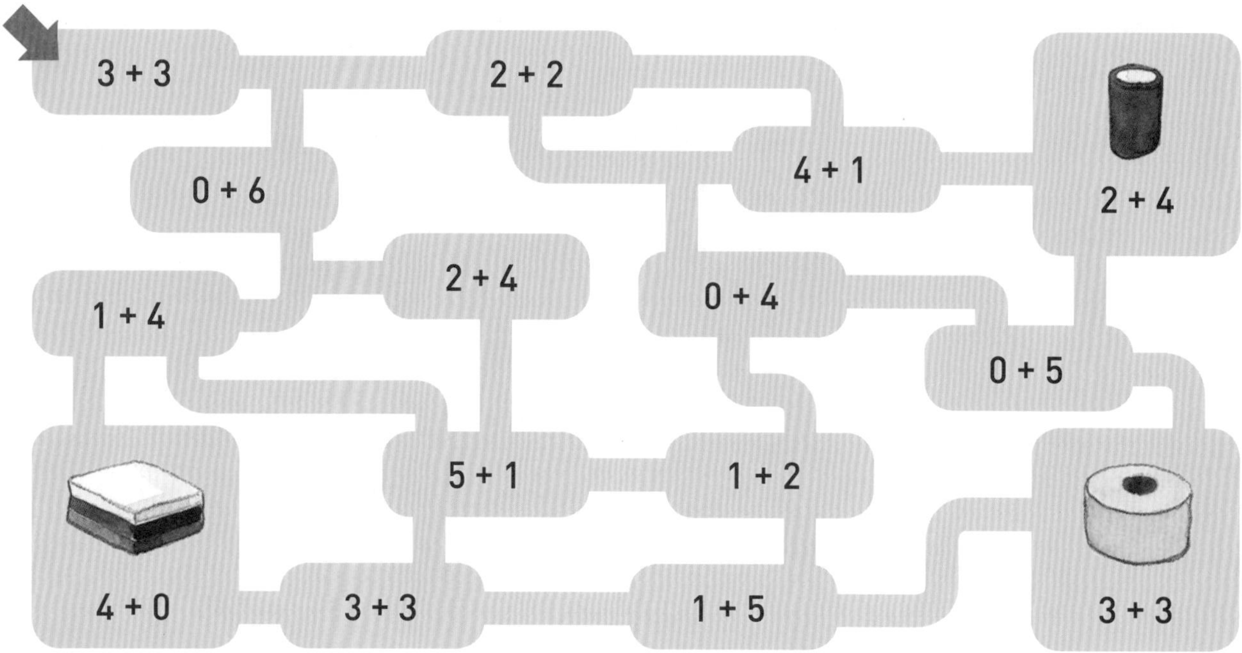

5. 6 가르기를 해 보세요. □ 안에 알맞은 수를 쓰고, 그 아래 동그라미를 그려 보세요.

6

0 + 6

6

□ + □

6

□ + □

6

□ + □

6

□ + □

6

□ + □

6

□ + □

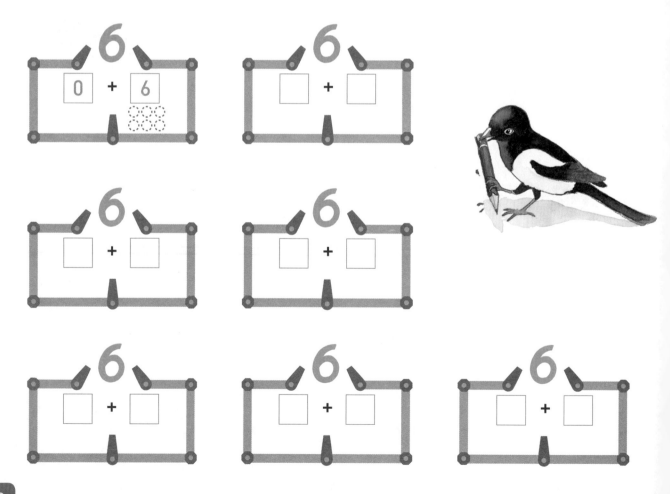

6. 그림이 들어간 식을 보고 그림의 값을 구해 보세요.

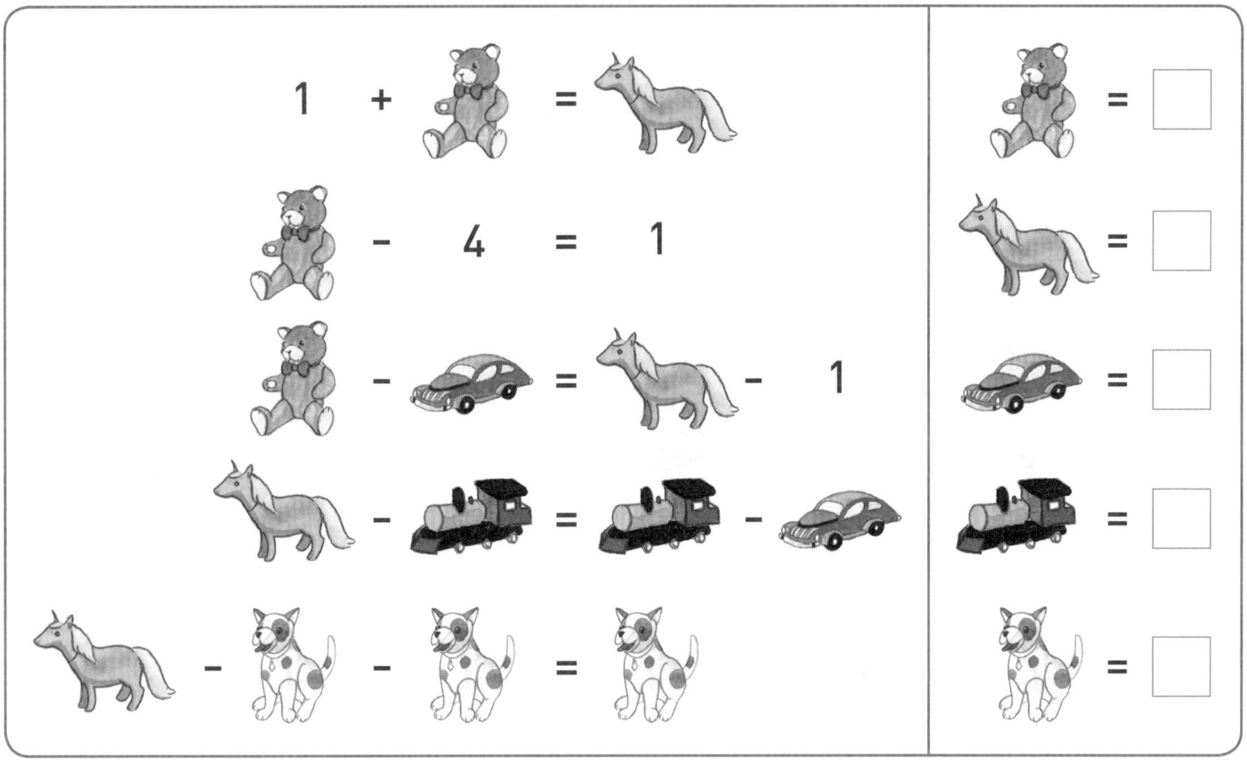

7. 파란색과 노란색을 사용하여 각 성을 다른 방법으로 색칠해 보세요.

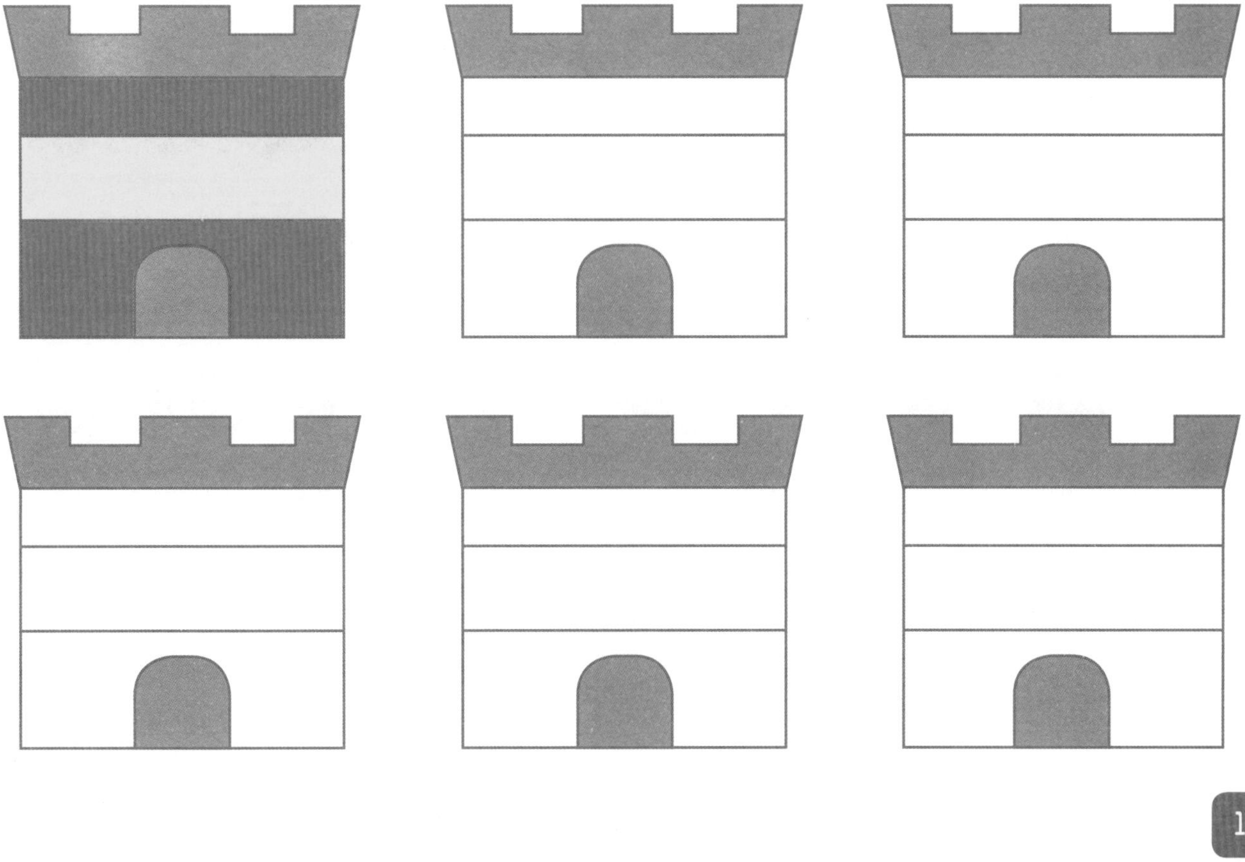

3 뺄셈의 성질

6 – 2 = 4

6 – 4 = 2

1. 그림을 보고 뺄셈식을 완성하세요.

3 - 2 = □

3 - 1 = □

5 - 3 = □

5 - 2 = □

4 - □ = □

4 - □ = □

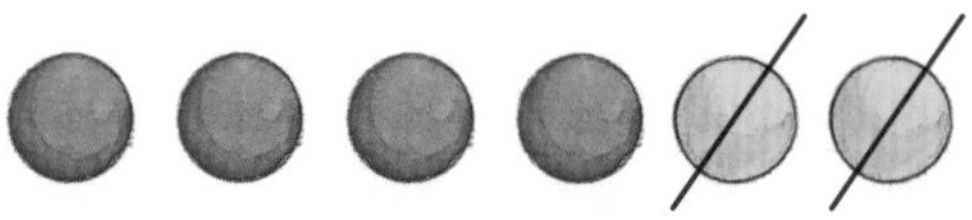

6 - □ = □

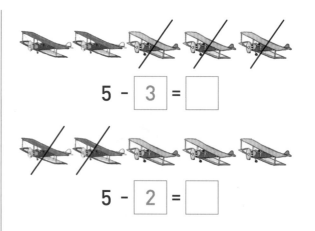

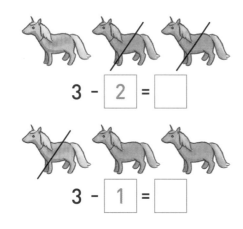

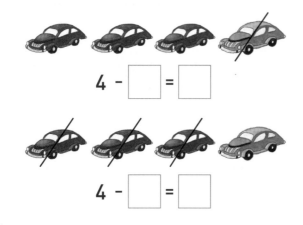

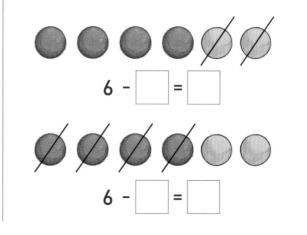

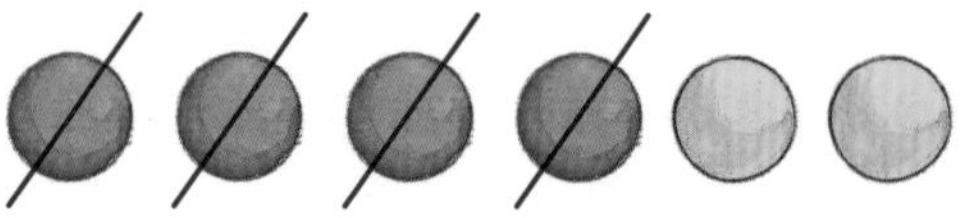

6 - □ = □

2. 그림을 보고 뺄셈식을 완성하세요.

4 - □ = □

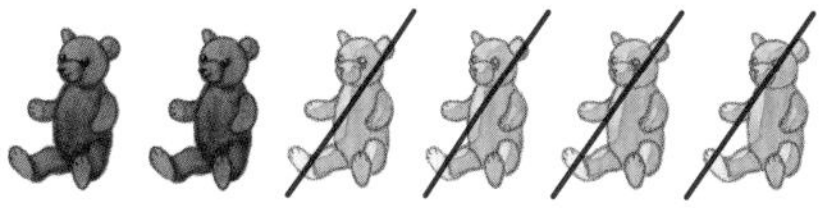

6 - □ = □

4 - □ = □

6 - □ = □

3. 뺄셈을 해 보세요.

4 − 3 = □

4 − 1 = □

4 − 0 = □

4 − 4 = □

5 − 2 = □

5 − 3 = □

5 − 4 = □

5 − 1 = □

6 − 6 = □

6 − 0 = □

6 − 1 = □

6 − 5 = □

한 번 더 연습해요!

1. 그림을 보고 뺄셈식을 완성하세요.

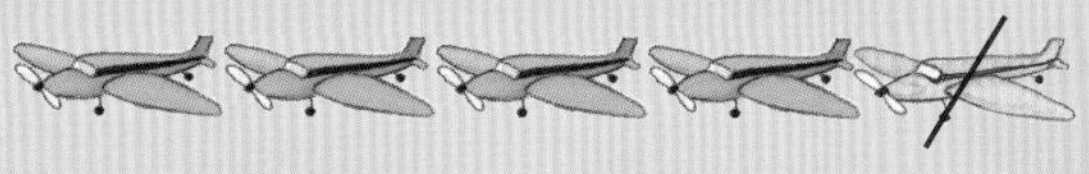

5 - □ = □

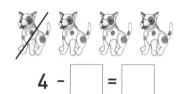

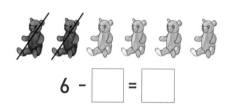

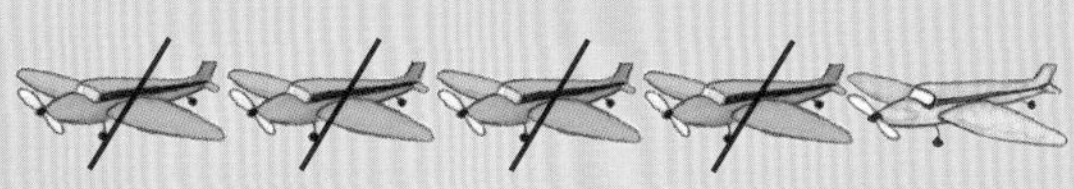

5 - □ = □

2. 뺄셈을 해 보세요.

4 − 1 = □

4 − 3 = □

5 − 5 = □

5 − 0 = □

6 − 5 = □

6 − 1 = □

6 − 4 = □

6 − 2 = □

4. 뺄셈을 해 보세요.

4 - 0 = □
4 - 1 = □
4 - 2 = □
4 - 3 = □
4 - 4 = □

5 - 0 = □
5 - 1 = □
5 - 2 = □
5 - 3 = □
5 - 4 = □
5 - 5 = □

6 - 0 = □
6 - 1 = □
6 - 2 = □
6 - 3 = □
6 - 4 = □
6 - 5 = □
6 - 6 = □

5. 계산값이 4와 같으면 색칠해 보세요.

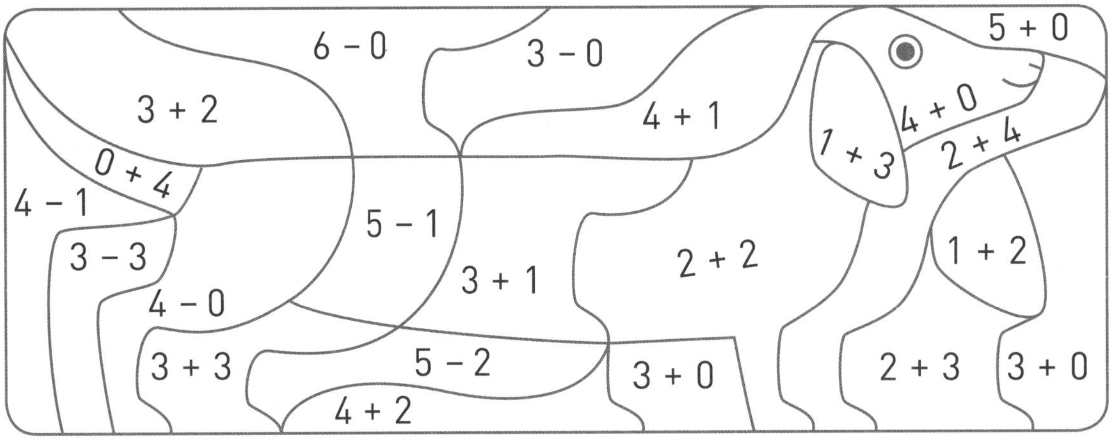

6. 똑같이 그려 보세요.

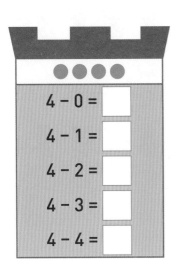

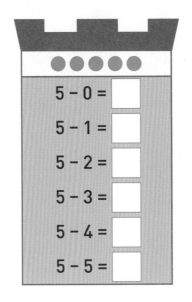

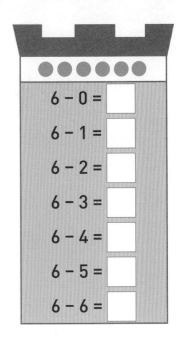

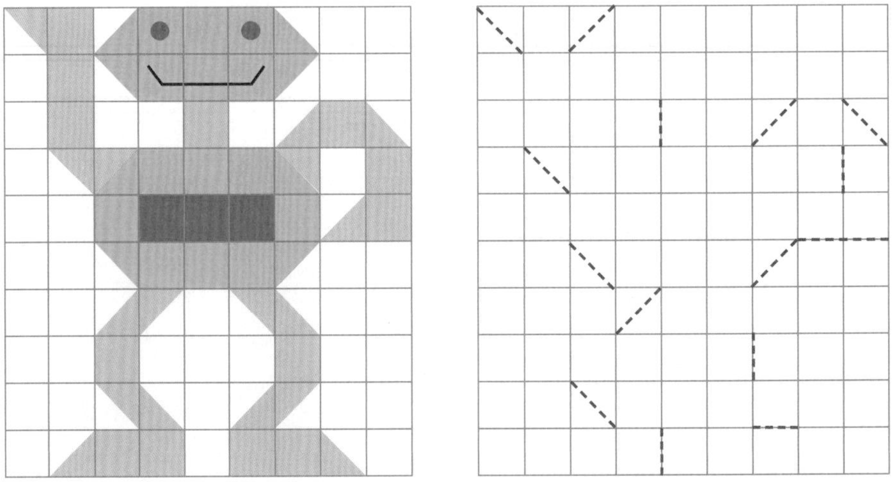

7. 물건을 사는 대신 저금을 하면 돈을 얼마나 모을 수 있나요? 저금통 안에 돈을 그려 보세요.

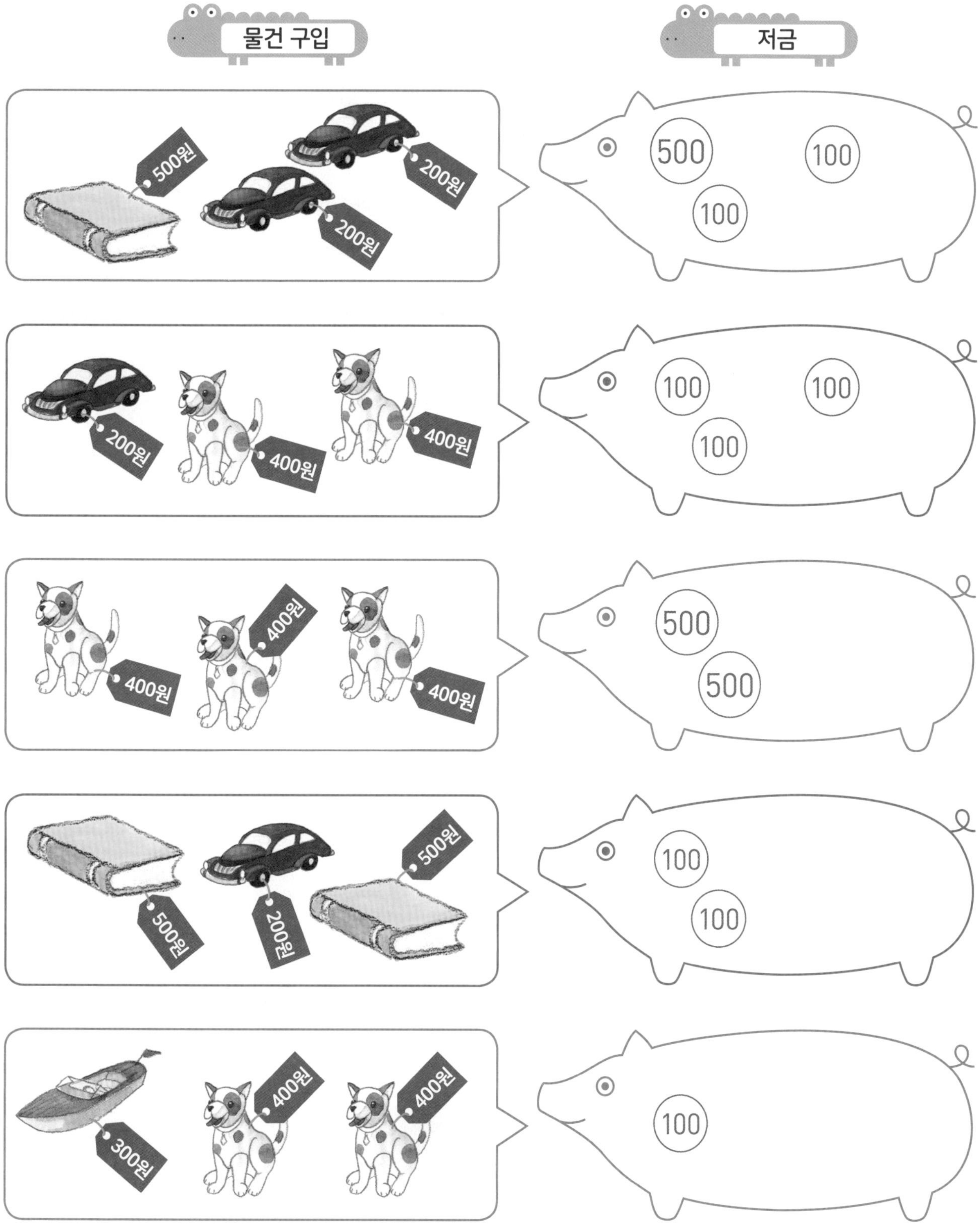

놀이 카드에 있는 모형 돈을 활용하세요.

4 7을 알아봐요

1↓ 2→ 7

일곱

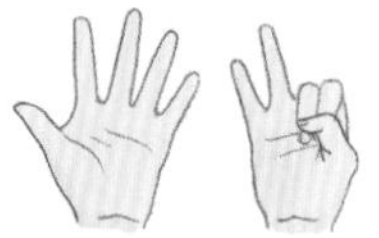

0	1	2	3	4	5	6	7	8	9	10
	●	●	●	●	●	●	●			

7	7	7	7	7	7	7	7
7	7	7	7	7	7	7	7

1. 아래 그림을 몇 개나 찾을 수 있나요?
위 그림에서 찾아보고 □ 안에 알맞은 수를 쓴 후 수직선과 바르게 이어 보세요.

□  □  □ 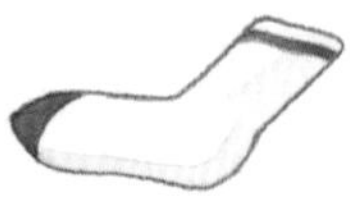

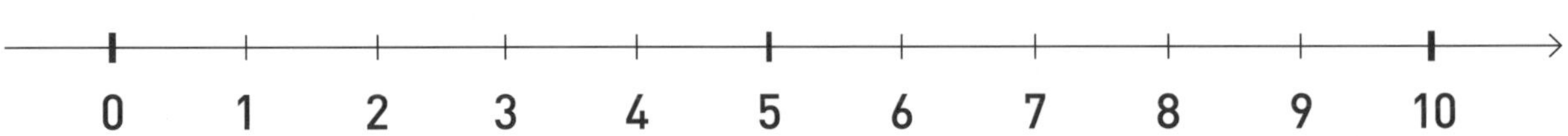

2. 7 가르기로 덧셈식을 완성해 보세요.

|●●●●●●● □ + □ = □

●|●●●●●● □ + □ = □

●●|●●●●● □ + □ = □

●●●|●●●● □ + □ = □

●●●●|●●● □ + □ = □

●●●●●|●● □ + □ = □

●●●●●●|● □ + □ = □

●●●●●●●| □ + □ = □

3. □ 안에 알맞은 수를 구해 보세요.

7: 0 + □	7: 7 + □
7: 1 + □	7: 6 + □
7: □ + 5	7: □ + 2
7: □ + 3	7: □ + 4

4. 계산해 보세요.

2 + 5 = □	□ = 4 + 3	7 − 6 = □	3 + 3 = □
0 + 7 = □	□ = 4 + 2	7 − 4 = □	1 + 6 = □

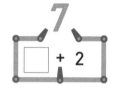

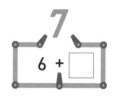

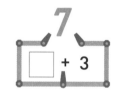

한 번 더 연습해요!

7	7	·	·	·	·	·	·	·	·	·	·	·	7

1. 계산해 보세요.

4 + 3 = □	7 + 0 = □	7 − 3 = □	7 − 4 = □
5 + 2 = □	2 + 3 = □	7 − 2 = □	7 − 5 = □

5. 0부터 7까지 규칙에 따라 수를 써넣어 보세요.

0	1			4			

		5					0

6. 수의 순서에 맞게 주어진 수의 앞과 뒤에 오는 수를 바르게 써넣어 보세요.

	2	

	4	

	6	

	3	

7. 계산해 보세요.

4 + 1 = ☐	3 + 3 = ☐	7 − 5 = ☐	6 − 5 = ☐
3 + 4 = ☐	6 − 4 = ☐	7 − 6 = ☐	7 − 4 = ☐

8. 계산값이 7과 같으면 색칠해 보세요.

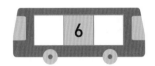

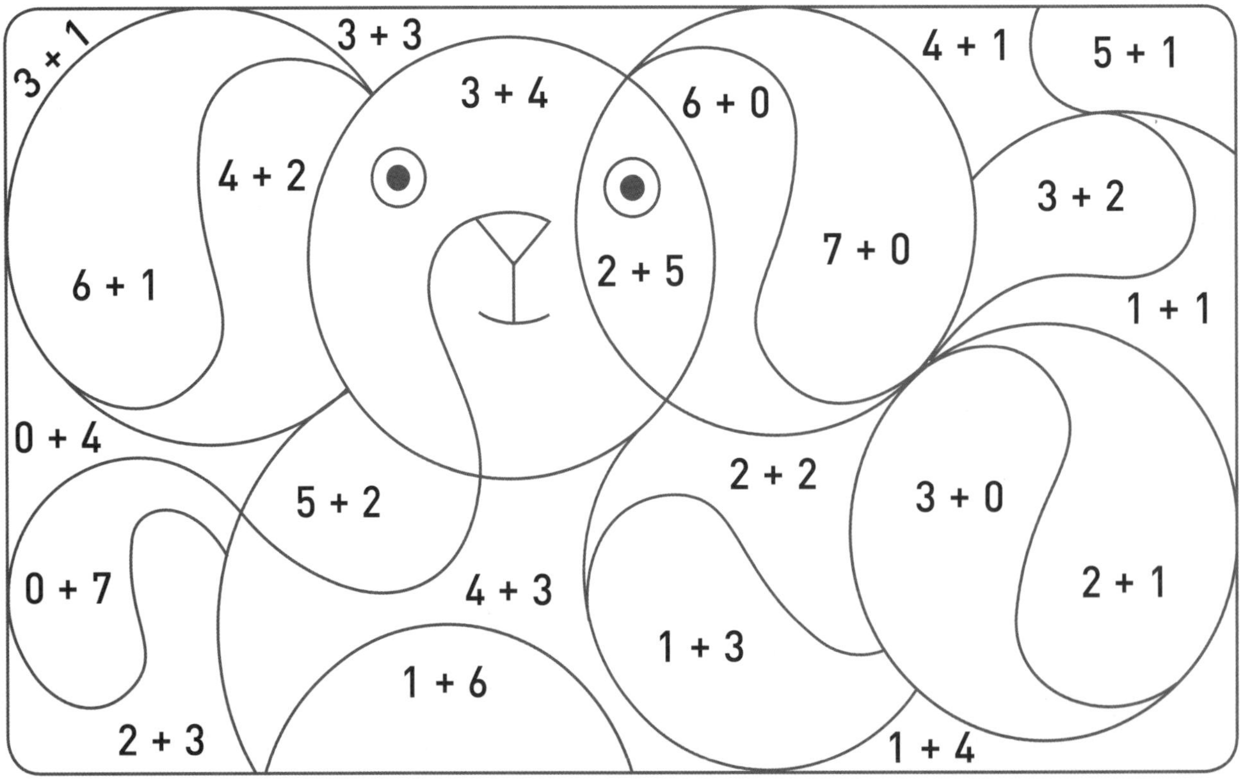

9. □ 안에 >, =, <를 알맞게 써넣어 보세요.

4 + 1 □ 7	7 − 2 □ 6	5 □ 6 + 1	3 + 4 □ 2 + 4
3 + 4 □ 7	7 − 0 □ 3	3 □ 7 − 3	7 − 4 □ 5 − 4

10. 그림이 들어간 식을 보고 그림의 값을 구해 보세요.

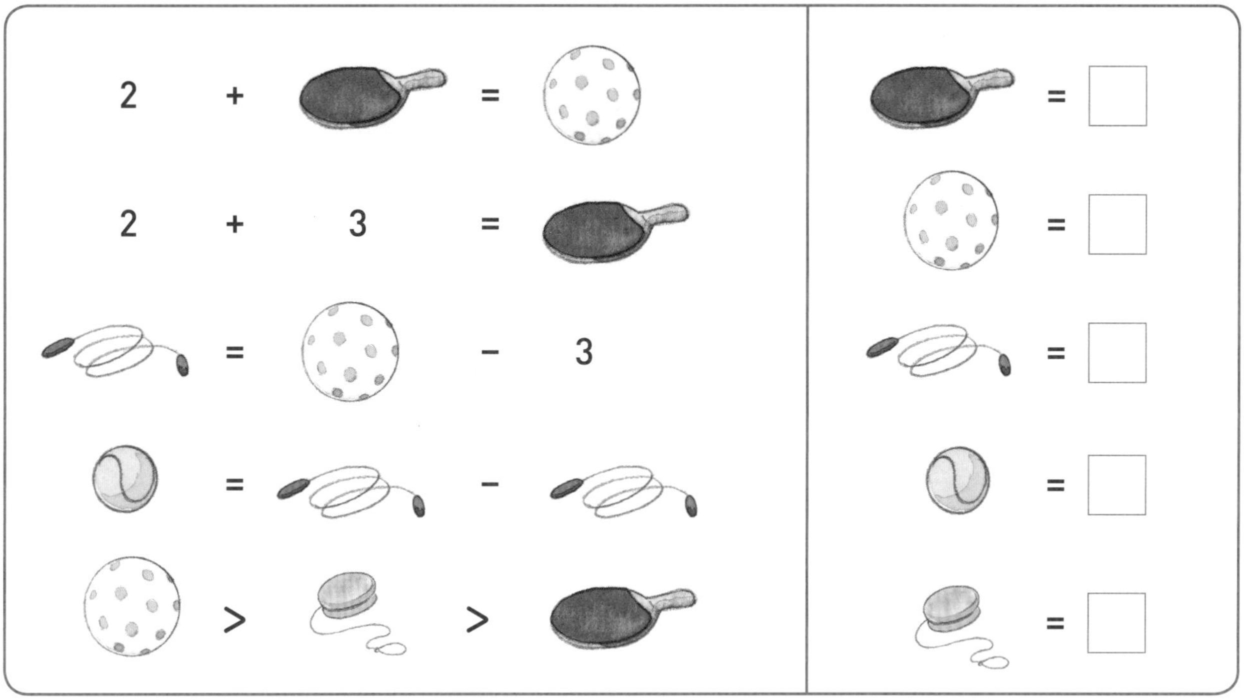

11. 빨간색, 노란색, 파란색을 이용하여 각 기차 칸을 다른 방법으로 색칠해 보세요.

5 덧셈과 뺄셈의 관계

●●●●●●

$2 + 4 = 6$

$4 + 2 = 6$

●●●●●●

●●⊘⊘⊘⊘

$6 - 4 = 2$

⊘⊘●●●●

$6 - 2 = 4$

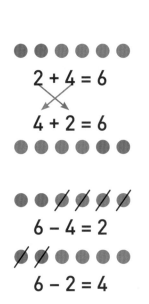

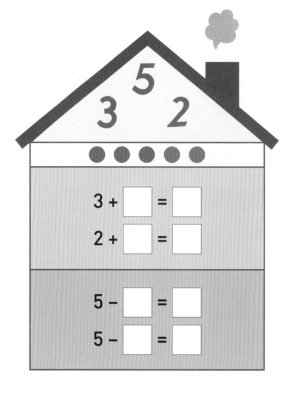

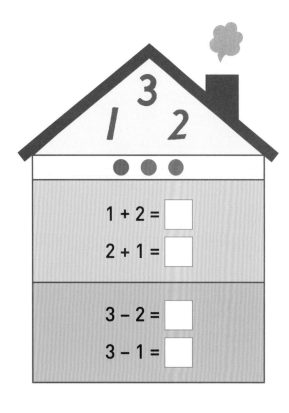

1. □ 안에 알맞은 수를 써넣어 보세요. 덧셈과 뺄셈의 관계를 알 수 있어요.

3
1 2
●●●

$1 + 2 = \square$

$2 + 1 = \square$

$3 - 2 = \square$

$3 - 1 = \square$

5
3 2
●●●●●

$3 + \square = \square$

$2 + \square = \square$

$5 - \square = \square$

$5 - \square = \square$

2. □ 안에 알맞은 수를 써넣어 보세요. 덧셈과 뺄셈의 관계를 알 수 있어요.

6
2 4
●●●●●●

□ + □ = □
□ + □ = □

6 − □ = □
6 − □ = □

7
4 3
●●●●●●●

□ + □ = □
□ + □ = □

7 − □ = □
7 − □ = □

한 번 더 연습해요!

1. □ 안에 알맞은 수를 써넣어 보세요.

●●●●●●

4 + 2 = □
2 + 4 = □

6 − 2 = □
6 − 4 = □

●●●●●●

0 + 6 = □
6 + 0 = □

6 − 6 = □
6 − 0 = □

●●●●●●●

2 + 5 = □
5 + 2 = □

7 − 5 = □
7 − 2 = □

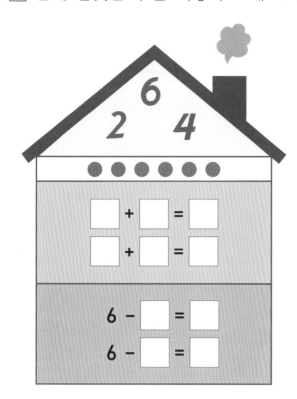

3. 0부터 7까지 규칙에 따라 수를 써넣어 보세요.

0			3				

				3			0

4. 계산해 보세요.

●●●●

1 + 3 = ☐
3 + 1 = ☐
4 − 3 = ☐
4 − 1 = ☐

●●●●●●●

5 + 2 = ☐
2 + 5 = ☐
7 − 2 = ☐
7 − 5 = ☐

●●●●●●

4 + 2 = ☐
2 + 4 = ☐
6 − 2 = ☐
6 − 4 = ☐

5. 점이 5개 있으면 색칠하세요.

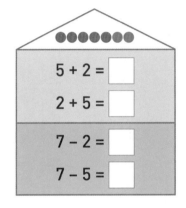

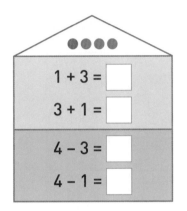

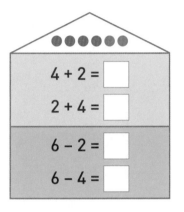

6. 더하거나 빼서 나온 모양을 완성해 보세요.

 +  = □

 -  = □

 + 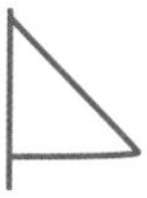 = □

 -  = □

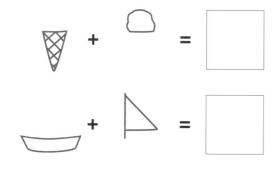

스스로 문제를 만들어 풀어 보세요.

□ + □ = □

□ - □ = □

한 번 더 연습해요!

1. 노란 지붕 위에 덧셈식과 뺄셈식을 만들 수 있는 3개의 수를 구한 후에 덧셈식과 뺄셈식을 완성해 보세요.

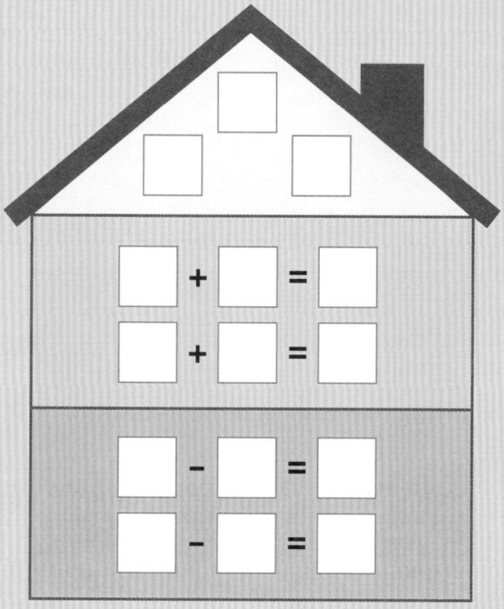

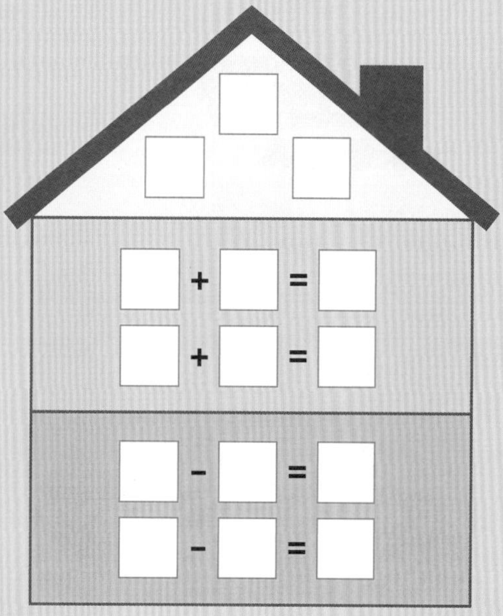

7. 몇 개인가요? 각 모양의 개수를 세어 보세요.

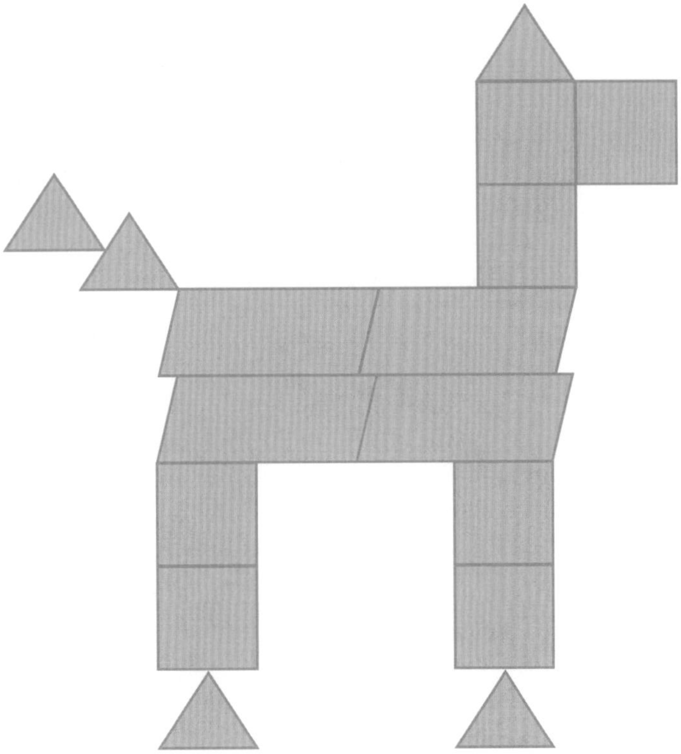

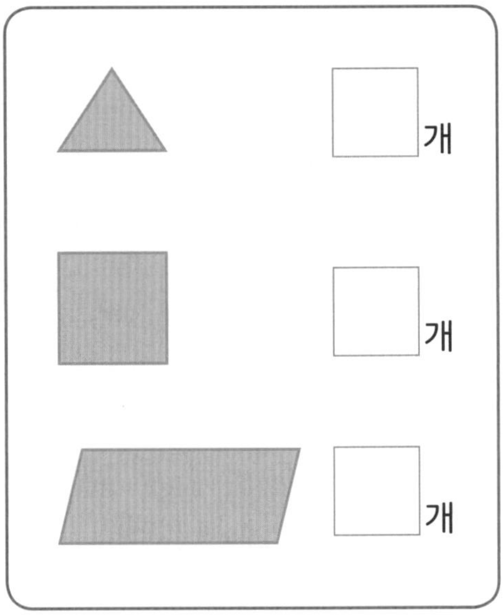

8. 빼셈을 해 보세요.

6 – 5 = ☐
6 – 0 = ☐
6 – 3 = ☐
6 – 2 = ☐
6 – 6 = ☐
6 – 4 = ☐
6 – 1 = ☐

7 – 2 = ☐
7 – 1 = ☐
7 – 4 = ☐
7 – 7 = ☐
7 – 3 = ☐
7 – 0 = ☐
7 – 5 = ☐
7 – 6 = ☐

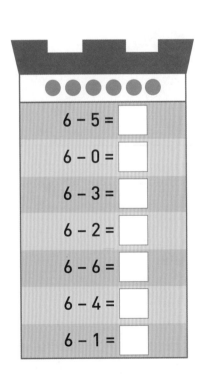

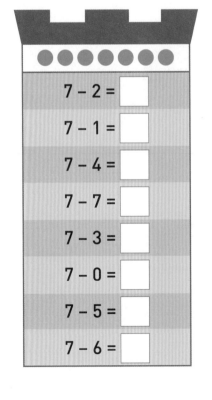

9. □ 안에 >, =, <를 알맞게 써넣어 보세요.

3 + 4 □ 7	7 − 2 □ 6	6 − 3 □ 7 − 3
3 − 2 □ 3	6 − 3 □ 3	6 − 2 □ 5 − 2
5 − 4 □ 2	3 + 2 □ 4	5 + 2 □ 4 + 3
2 + 5 □ 5	5 + 0 □ 5	4 + 2 □ 4 + 1

10. 스스로 문제를 만들어 풀어 보세요.

□ + □ = □	□ − □ = □
□ + □ < □	□ − □ < □
□ + □ > □	□ − □ > □

11. 1에서 20까지 순서대로 점을 이은 후 색칠해 보세요.

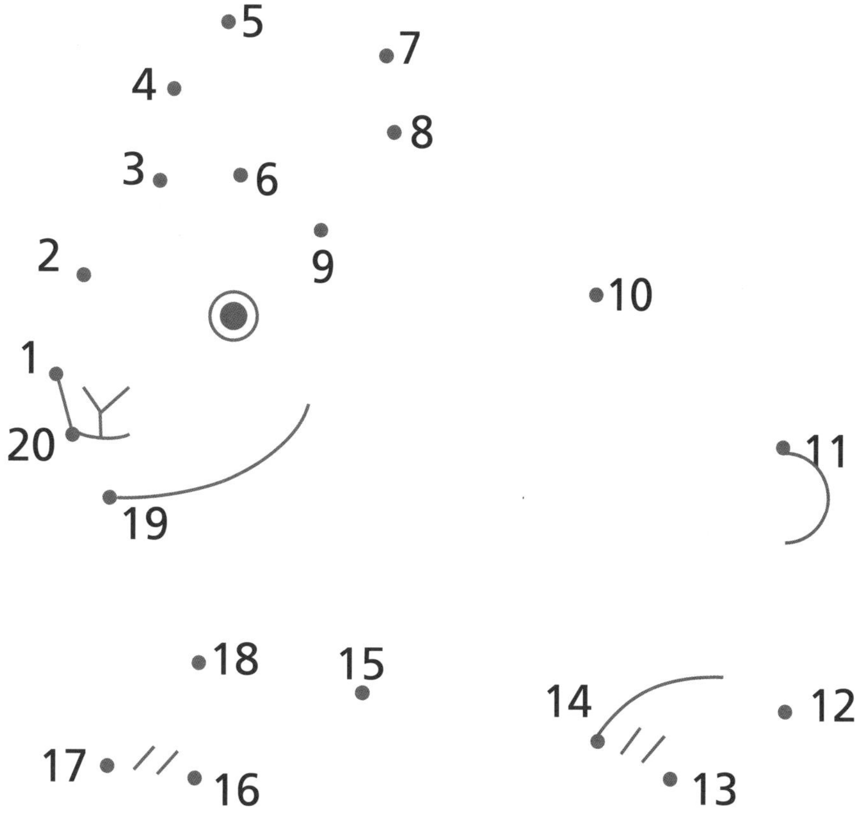

12. 계산한 값을 찾아 수직선과 바르게 이어 보세요.

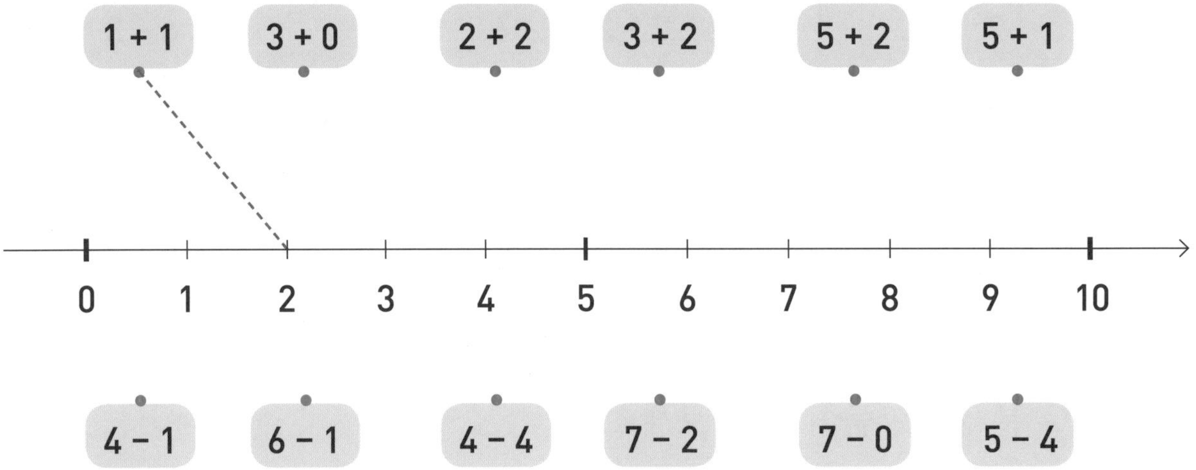

13. □ 안에 알맞은 수를 구해 보세요.

4	4	4
□ + 2	3 + □	0 + □

5	5	5
2 + □	3 + □	□ + 1

6	6	6
□ + 4	1 + □	□ + 0

7	7	7
1 + □	5 + □	7 + □

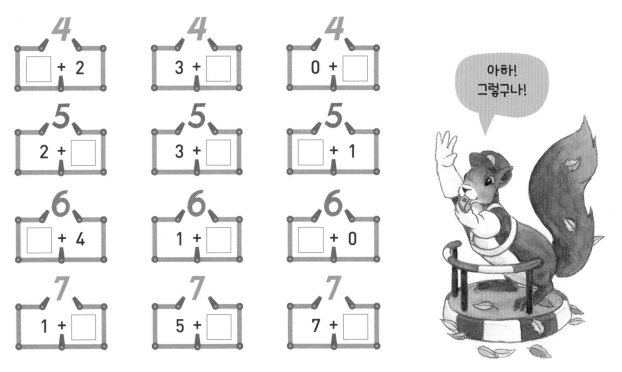

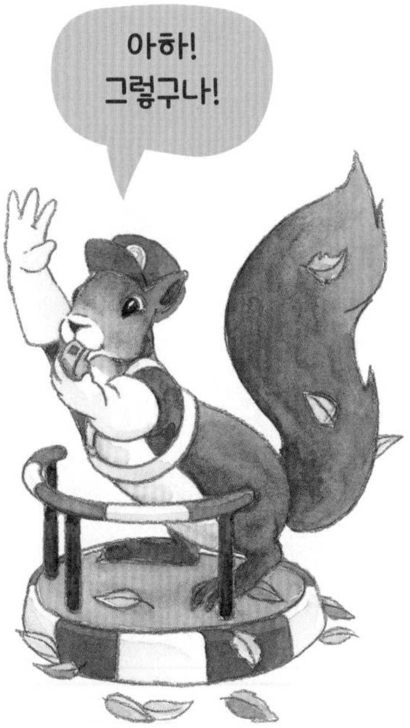

14. 계산해 보세요.

3 + 1 = □	□ = 4 + 3	6 − 5 = □	6 − 4 = □
4 + 2 = □	□ = 1 + 1	3 − 2 = □	4 − 1 = □
5 + 2 = □	□ = 3 + 3	2 − 2 = □	7 − 6 = □

15. 주어진 수 가족을 이용해서 식을 완성해 보세요.

(5, 2, 3)

2 + □ = □

□ + □ = 5

5 - □ = □

□ - 2 = □

(7, 5, 2)

□ + □ = 7

2 + □ = □

□ - 2 = □

□ - 5 = □

16. 계산값에 해당하는 색을 칠해 보세요.

4 ● 5 ● 6 ● 7 ●

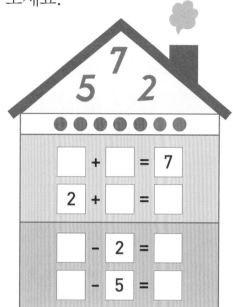

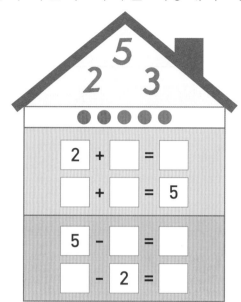

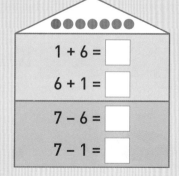

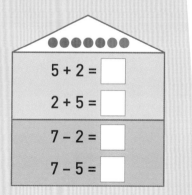

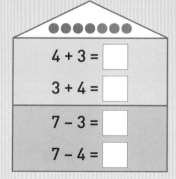

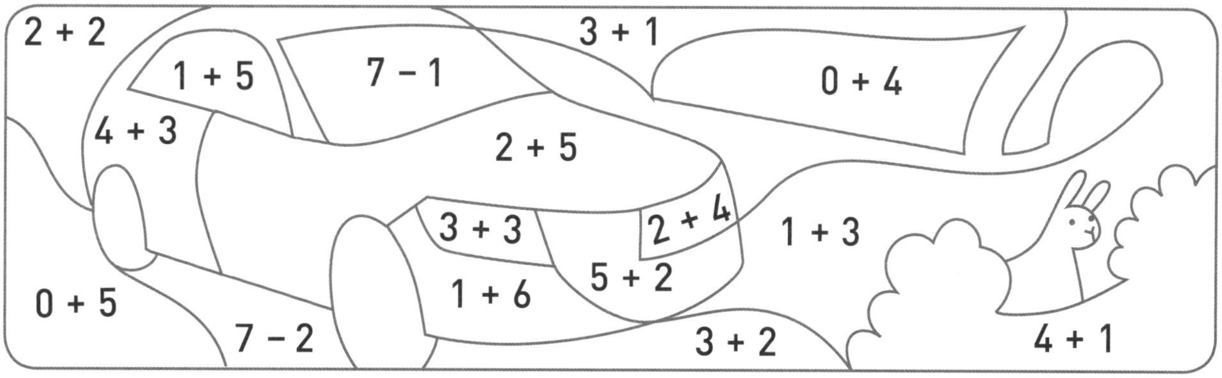

한 번 더 연습해요!

1. 계산해 보세요.

4 + 3 = □

3 + 4 = □

7 − 3 = □

7 − 4 = □

1 + 6 = □

6 + 1 = □

7 − 6 = □

7 − 1 = □

5 + 2 = □

2 + 5 = □

7 − 2 = □

7 − 5 = □

17. 똑같이 써 보세요.

6		6								6
7		7								7

18. 0부터 7까지 규칙에 따라 수를 써넣어 보세요.

0		2		4			

	6				2		

19. 1000원을 찾아 미로를 통과해 보세요. 어떤 장난감을 살 수 있나요?

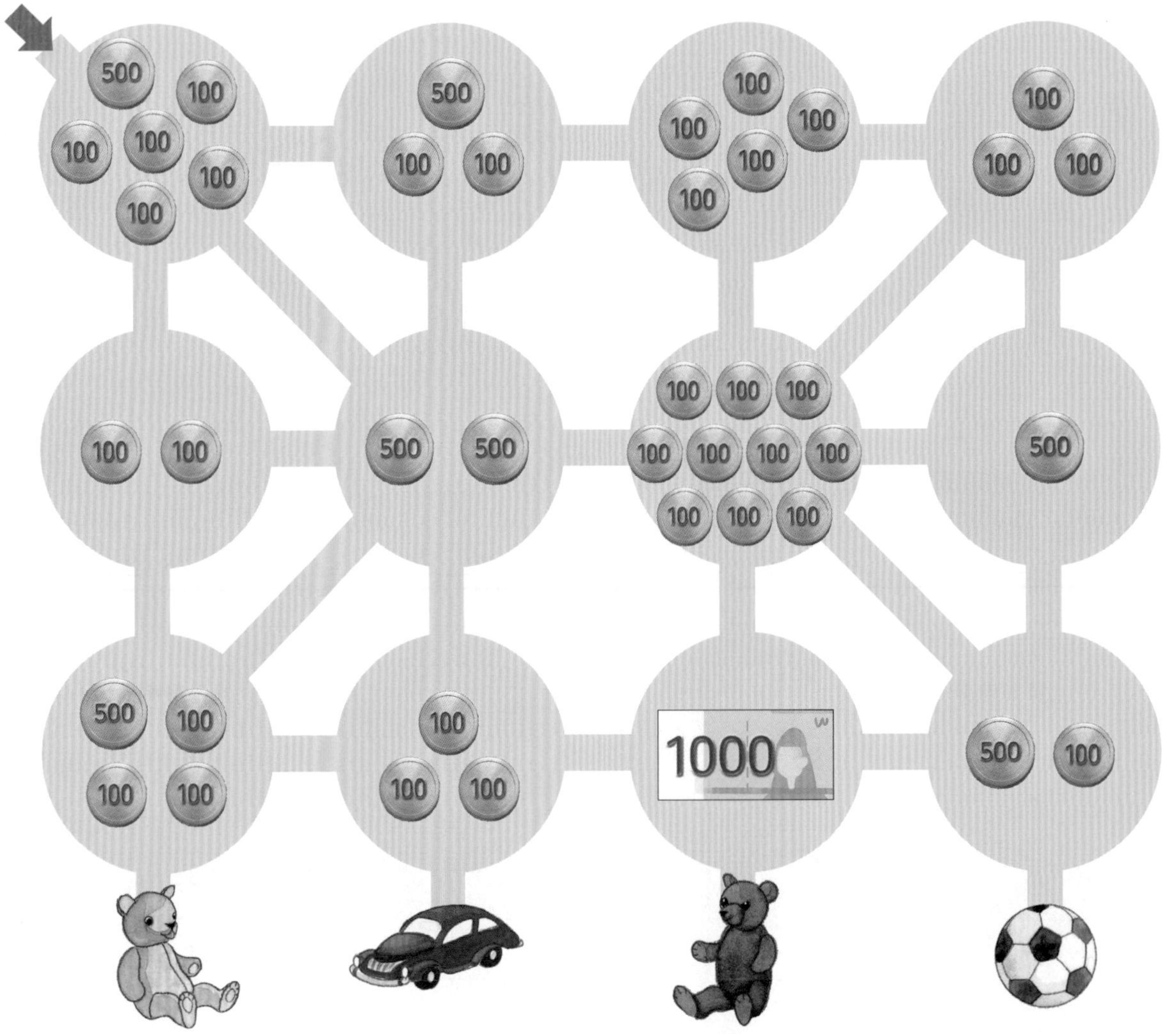

20. □ 안에 >, =, <를 알맞게 써넣어 보세요.

3 + 2 □ 5	7 □ 6 + 1
7 − 4 □ 6	4 □ 7 − 3
6 − 5 □ 7 − 4	6 − 5 □ 7 − 5
5 + 2 □ 5 − 2	7 − 2 □ 4 + 3
1 + 6 □ 3 + 4 + 0	7 − 1 − 2 □ 5 + 0
7 − 2 □ 7 − 0 − 1	7 − 0 − 2 □ 1 + 4

계산값을
구한 후 수의 크기를
비교하렴~!

21. 그림이 들어간 식을 보고 그림의 값을 구해 보세요.

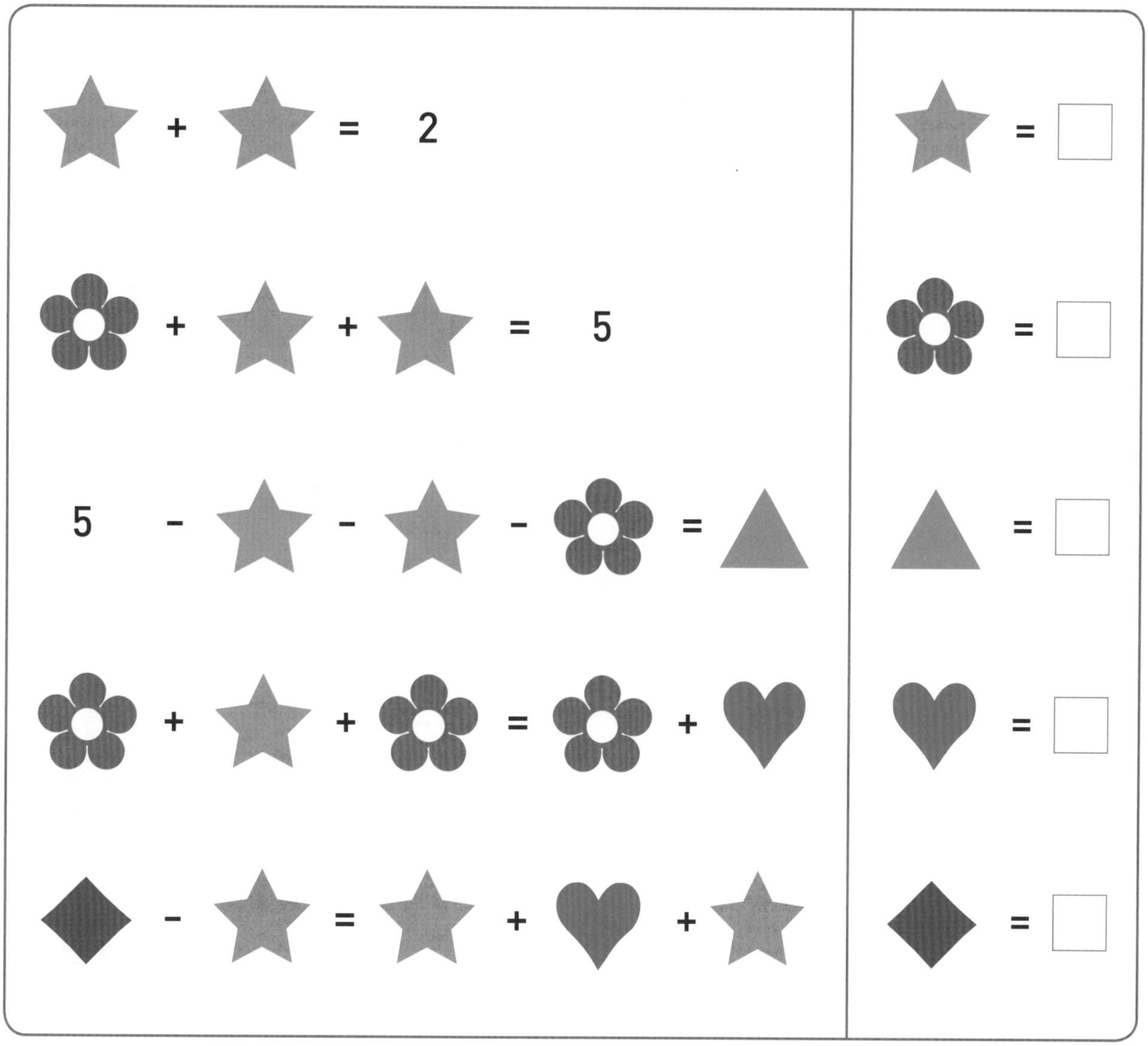

실력을 평가해 봐요!

____월 ____일 ____요일

1. 몇 개인지 알아보고 수직선과 바르게 이어 보세요.

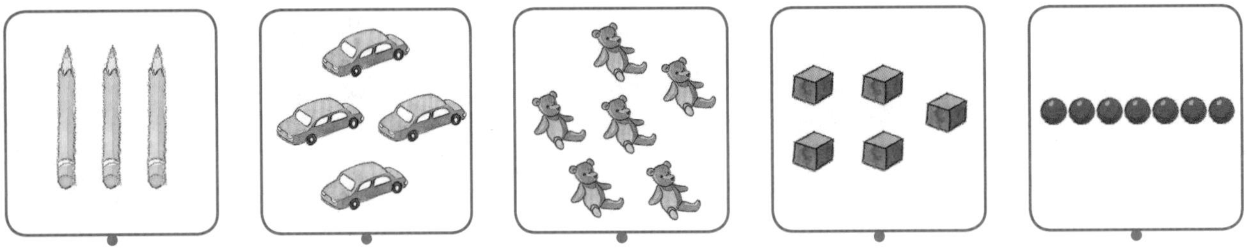

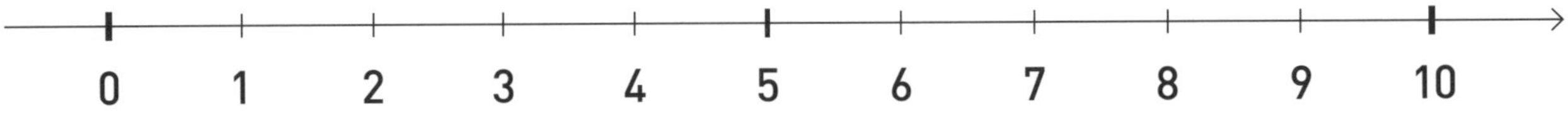

2. 덧셈을 해 보세요.

1 + 2 = ☐
2 + 1 = ☐

2 + 3 = ☐
3 + 2 = ☐

3 + 4 = ☐
4 + 3 = ☐

3. 계산해 보세요.

6 + 0 = ☐	6 − 3 = ☐	7 − 2 = ☐
1 + 5 = ☐	5 − 3 = ☐	2 + 5 = ☐
5 + 1 = ☐	5 − 2 = ☐	3 + 4 = ☐
6 + 1 = ☐	7 − 3 = ☐	6 − 4 = ☐
4 + 2 = ☐	7 − 4 = ☐	6 − 2 = ☐

4. 계산값을 수직선에서 찾아 바르게 이어 보세요.

7 - 6 | 7 - 1 | 6 - 4 | 6 - 2 | 7 - 4 | 7 - 3

0 1 2 3 4 5 6 7 8 9 10

5. 주어진 수 가족을 이용해서 식을 완성해 보세요.

5, 3, 2

3 + 2 = 5

☐ + ☐ = 5

5 - 2 = 3

☐ - ☐ = ☐

6, 2, 4

☐ + 4 = 6

☐ + ☐ = 6

6 - ☐ = ☐

☐ - ☐ = 4

7, 5, 2

☐ + 2 = 7

☐ + 5 = ☐

7 - ☐ = 5

☐ - ☐ = ☐

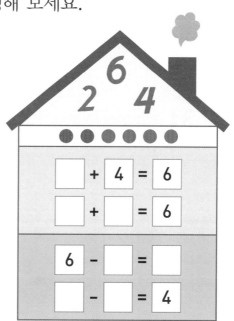

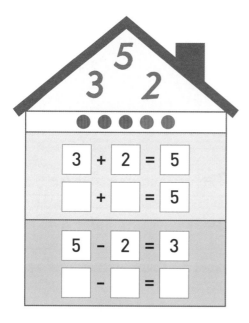

얼마나 잘했나요?

실력이 자란 만큼 별을 색칠하세요.

☆ ☆ ☆

★★★ 정말 잘했어요.

★★☆ 꽤 잘했어요.

★☆☆ 계속 노력할게요.

단원 평가

1 규칙에 따라 수를 써넣어 보세요.

0		2	3		5

2				6	

7	6			3	2		

2 계산해 보세요.

4 + 2 = ☐   2 + 4 = ☐

6 − 2 = ☐   6 − 4 = ☐

5 + 2 = ☐   2 + 5 = ☐

7 − 2 = ☐   7 − 5 = ☐

4 + 3 = ☐   3 + 4 = ☐

7 − 3 = ☐   7 − 4 = ☐

3 똑같이 그려 보세요.

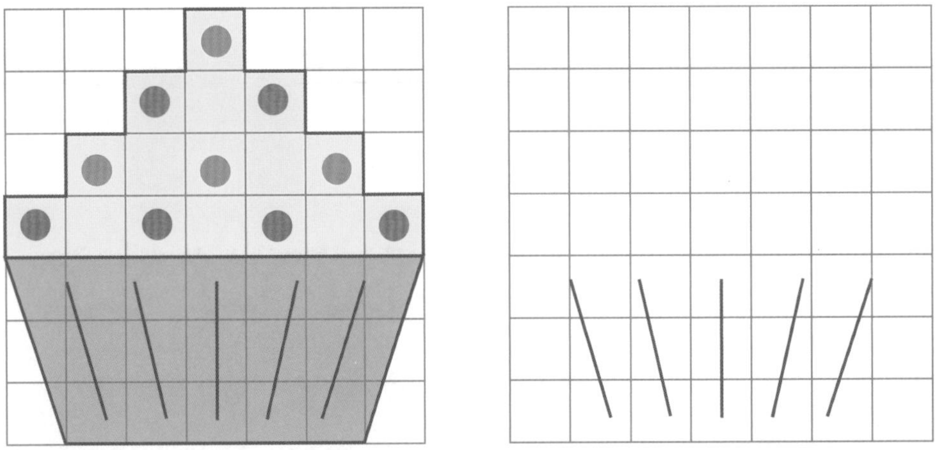

4

계산값이 5가 나오는 길을 따라가 보세요.

7 − 2	6 + 2	4 + 3	7 − 3
6 − 1	5 + 3	7 − 3	
3 + 2	1 + 4	2 + 3	4 + 1
3 + 2	2 + 4	7 − 5	5 + 0

5 ★★★

＞, ＝, ＜에 맞게 □ 안에 알맞은 수를 써넣은 후
바구니 안에 사과를 그려 보세요.

4 + 1 = □

2 + 5 ＞ □

□ ＜ 5 + 5

□ ＞ 3 + 3

____월 ____일 ____요일

6 8을 알아봐요

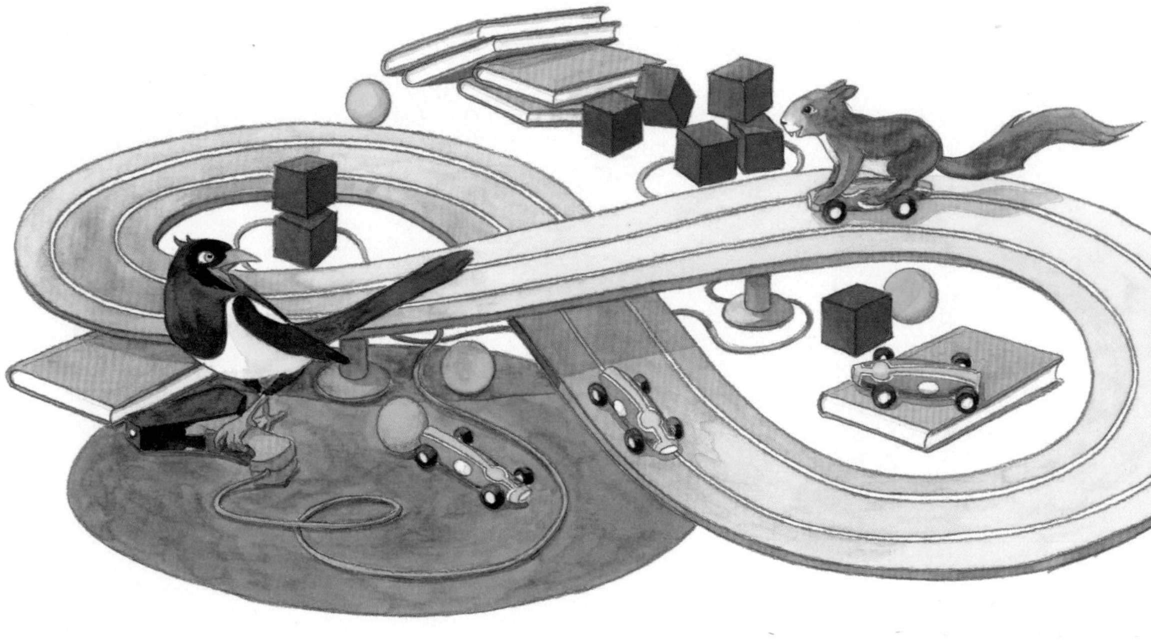

8

여덟

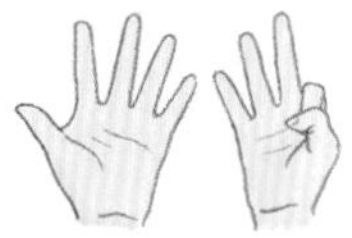

0	1	2	3	4	5	6	7	8	9	10
	●	●	●	●	●	●	●	●		

8	8	8	8	8	8	8	8
8	8	8	8	8	8	8	8

1. 아래 그림을 몇 개나 찾을 수 있나요?
위 그림에서 찾아보고 □ 안에 알맞은 수를 쓴 후 수직선과 바르게 이어 보세요.

□  □  □ 

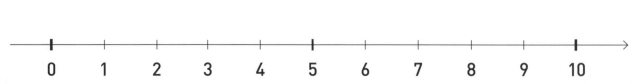

0 1 2 3 4 5 6 7 8 9 10

2. 8 가르기로 덧셈식을 완성해 보세요.

 □ + □ = □

 □ + □ = □

 □ + □ = □

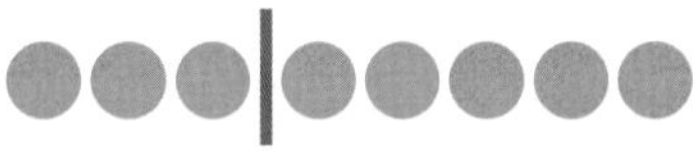 □ + □ = □

 □ + □ = □

 □ + □ = □

 □ + □ = □

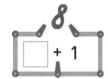

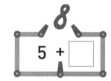

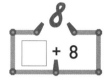

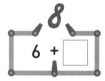

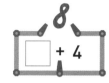

 □ + □ = □

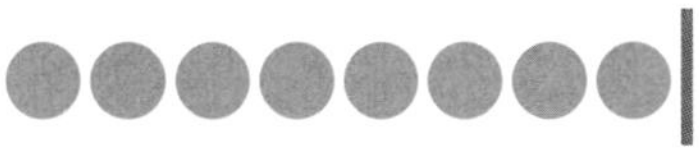 □ + □ = □

3. □ 안에 알맞은 수를 구해 보세요.

8	8
3 + □	□ + 8
2 + □	□ + 4
□ + 0	6 + □
□ + 7	5 + □
□ + 1	

한 번 더 연습해요!

8	8												8

1. 계산해 보세요.

2 + 6 = □	3 + 4 = □	8 − 1 = □	8 − 4 = □
4 + 4 = □	2 + 3 = □	8 − 5 = □	8 − 6 = □
8 + 0 = □	7 + 1 = □	8 − 2 = □	8 − 8 = □

4. 0부터 8까지 규칙에 따라 수를 써넣어 보세요.

0		2		4		6		8

	7		5		3		1	

5. 수의 순서에 맞게 주어진 수의 앞과 뒤에 오는 수를 바르게 써넣어 보세요.

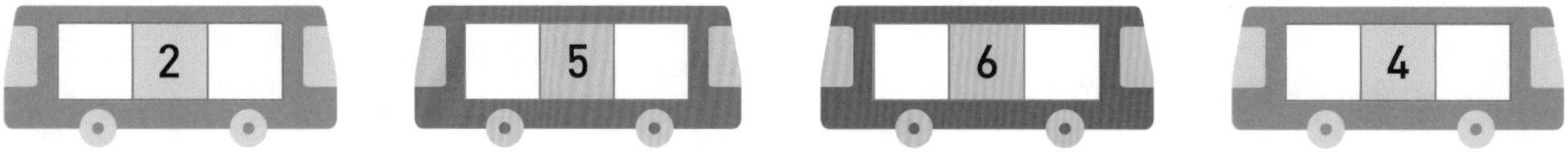

6. 계산해 보세요.

8 − 2 = ☐

8 − 3 = ☐

8 − 4 = ☐

8 − 7 = ☐

8 − 6 = ☐

8 − 5 = ☐

8 − 8 = ☐

8 − 1 = ☐

8 − 0 = ☐

7. 계산값이 8과 같으면 색칠해 보세요.

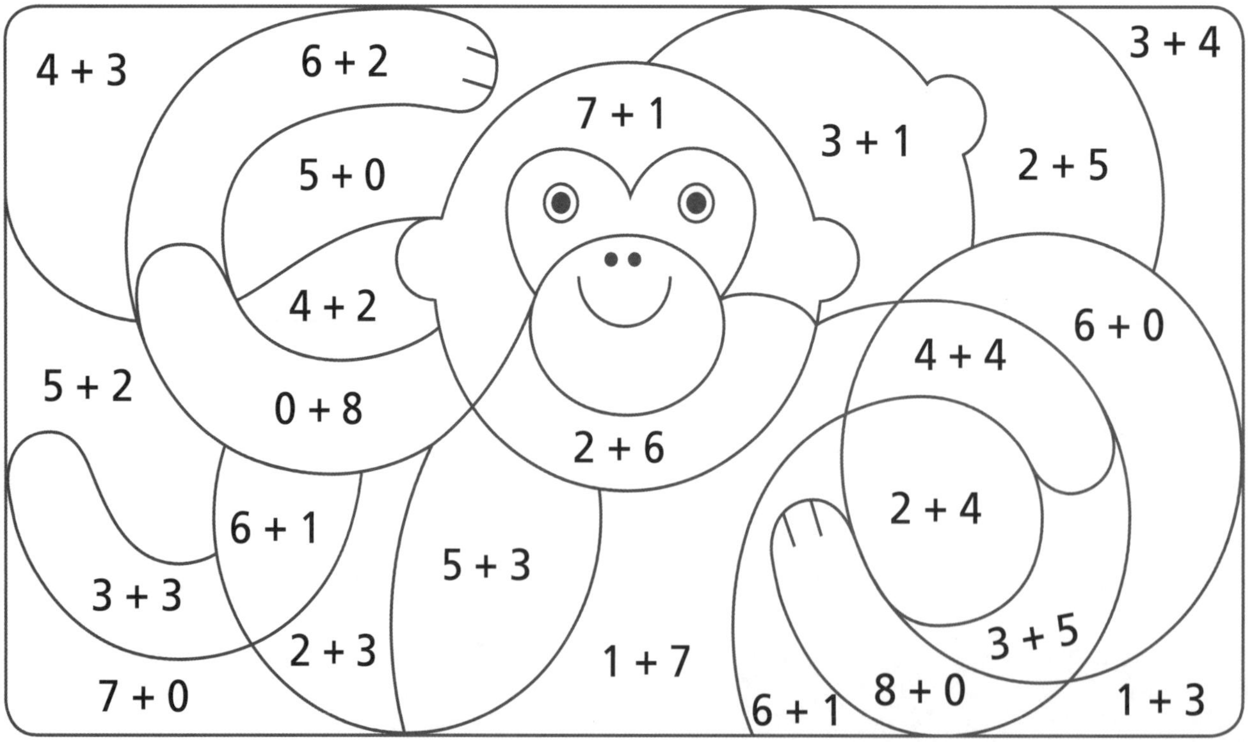

8. □ 안에 >, =, <를 알맞게 써넣어 보세요.

1 + 7 □ 8	6 + 2 □ 6	7 □ 8 − 2	2 + 5 □ 8 − 0
3 + 2 □ 8	6 − 4 □ 3	8 □ 6 + 1	8 − 5 □ 7 − 4

9. 그림이 들어간 식을 보고 그림의 값을 구해 보세요.

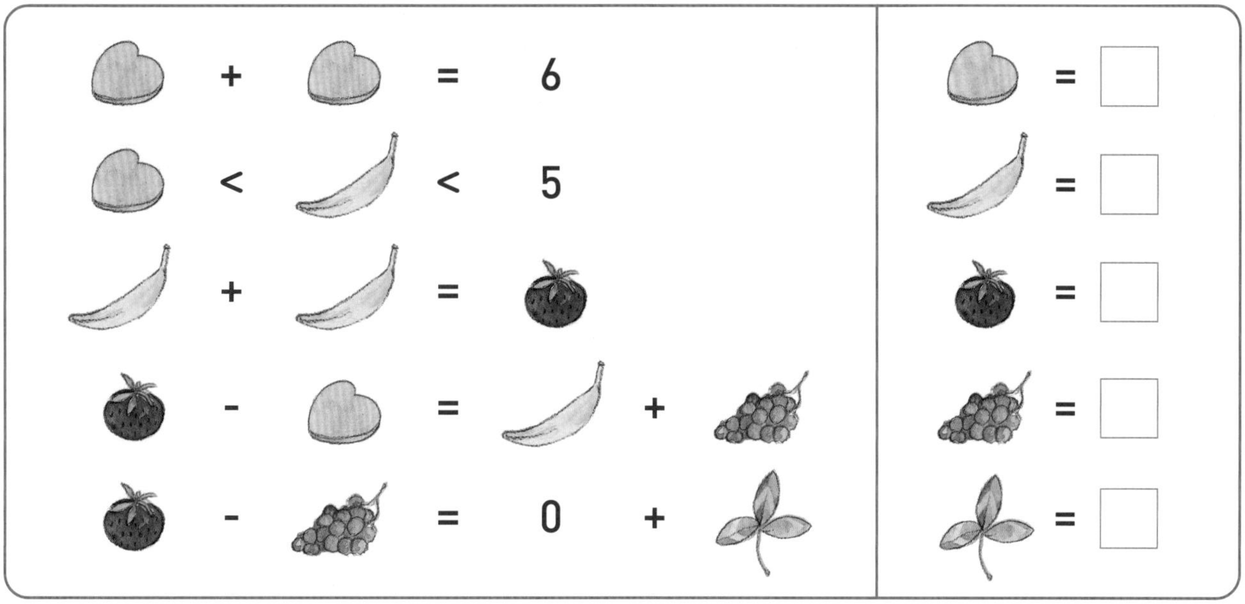

10. 빨간색과 노란색을 사용하여 각 자동차를 다른 방법으로 색칠해 보세요.

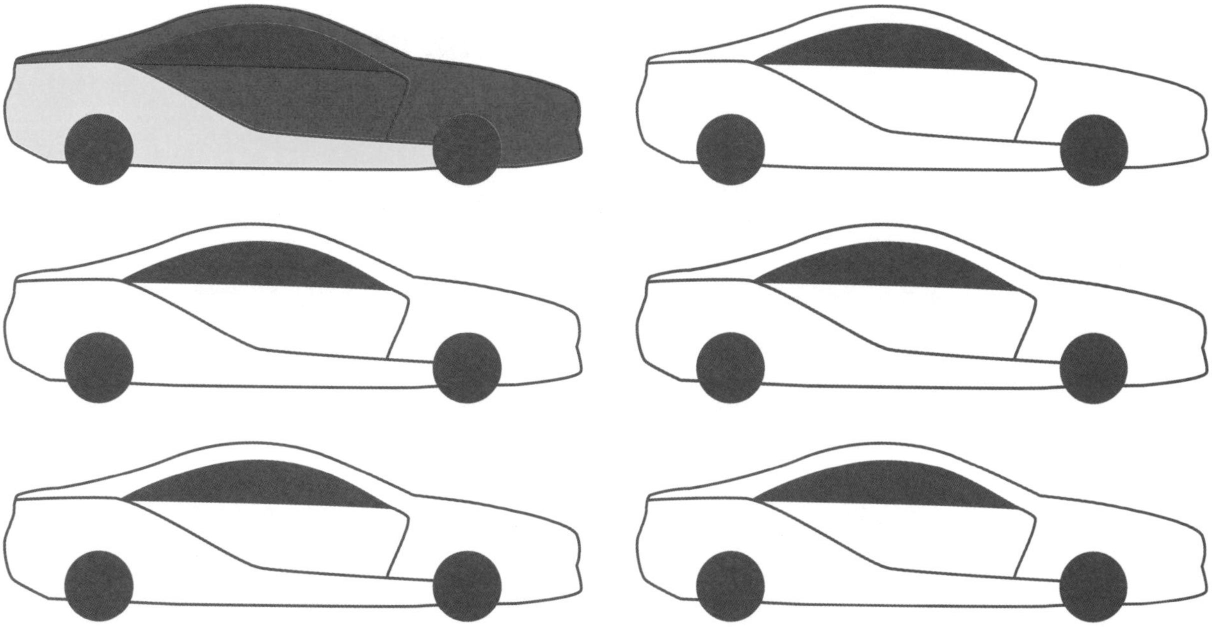

7 덧셈 완성하기

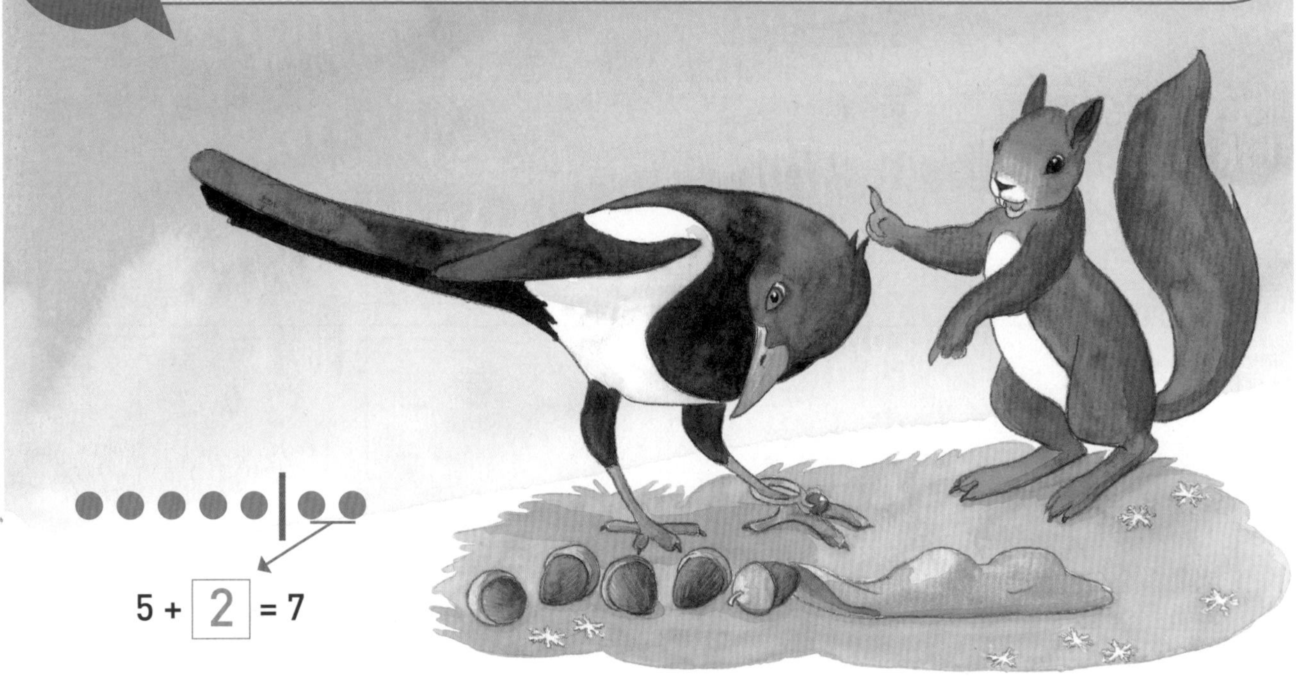

5 + [2] = 7

1. 가르기 선을 그려 가면서 □ 안에 알맞은 수를 구해 보세요.

2 + □ = 5

4 + □ = 6

3 + □ = 7

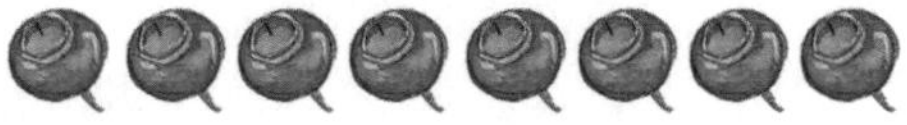

1 + □ = 8

□ + 5 = 7

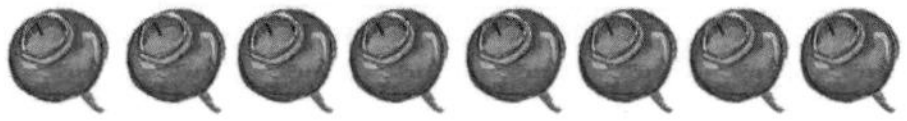

□ + 5 = 8

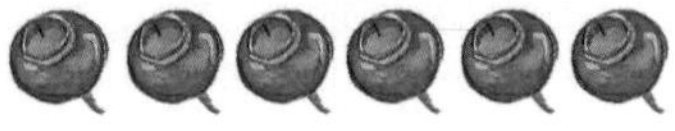

□ + 3 = 6

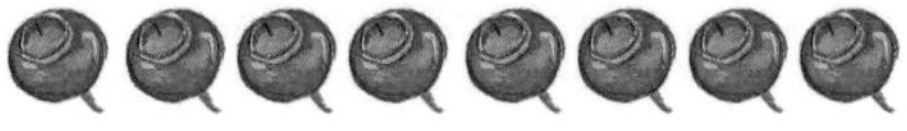

□ + 4 = 8

2. □ 안에 알맞은 수를 구해 보세요.

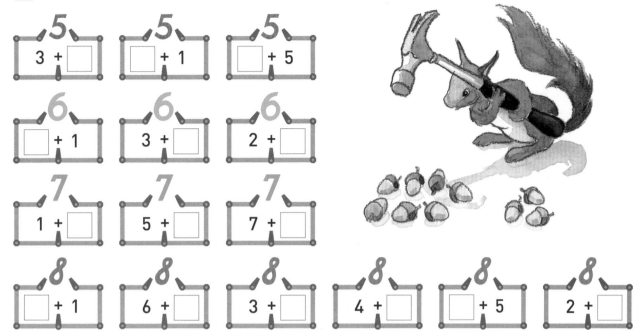

5	5	5
3 + □	□ + 1	□ + 5

6	6	6
□ + 1	3 + □	2 + □

7	7	7
1 + □	5 + □	7 + □

8	8	8	8	8	8
□ + 1	6 + □	3 + □	4 + □	□ + 5	2 + □

3. □ 안에 알맞은 수를 구해 보세요.

1 + □ = 2	□ + 3 = 6	5 + □ = 8	8 + □ = 8
2 + □ = 5	□ + 4 = 5	□ + 2 = 6	□ + 3 = 4
7 + □ = 7	□ + 1 = 7	3 + □ = 7	7 + □ = 8

한 번 더 연습해요!

1. □ 안에 알맞은 수를 구해 보세요.

6	6
3 + □	5 + □

7	8
4 + □	1 + □

2. □ 안에 알맞은 수를 구해 보세요.

3 + □ = 5	□ + 0 = 8
4 + □ = 7	□ + 3 = 8
2 + □ = 7	□ + 3 = 6
0 + □ = 5	□ + 5 = 6
1 + □ = 4	□ + 2 = 8

4. □ 안에 알맞은 수를 구한 후, 주머니 안에 숨겨진 공을 채워 그려 넣으세요.

다람쥐는 공을 모두 7개 가지고 있습니다.

4 + □ = 7

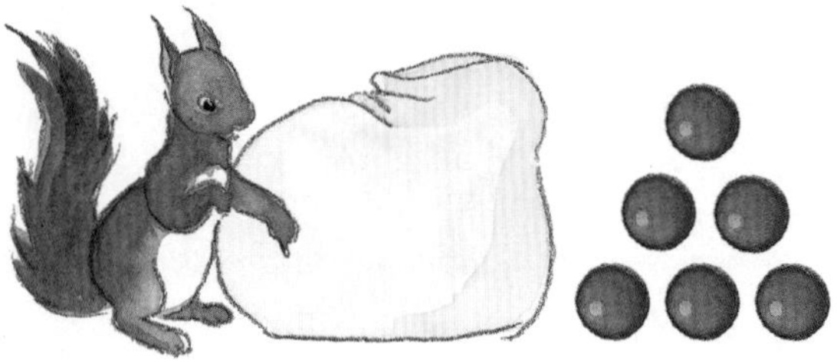

□ + 6 = 7

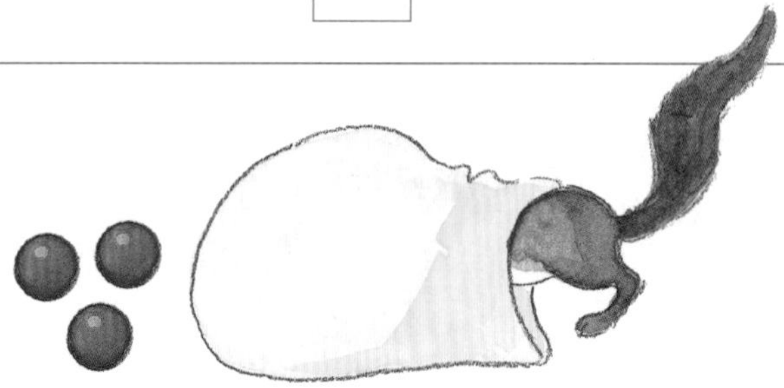

3 + □ = 7

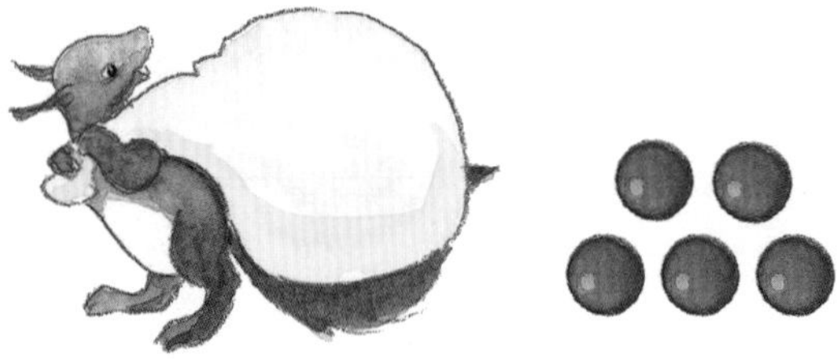

□ + 5 = 7

다람쥐는 공을 모두 8개 가지고 있습니다.

□ + 4 = 8

□ + 5 = 8

2 + □ = 8

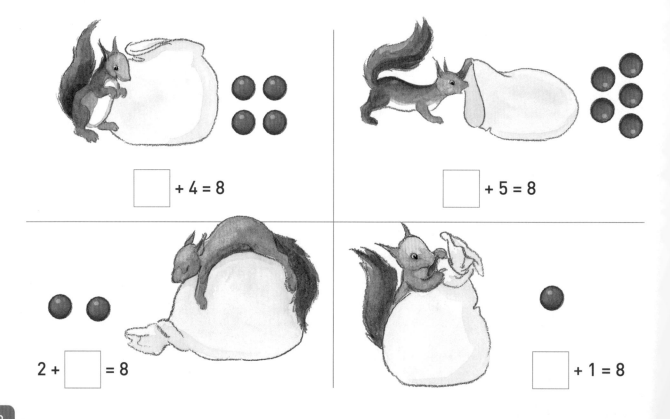

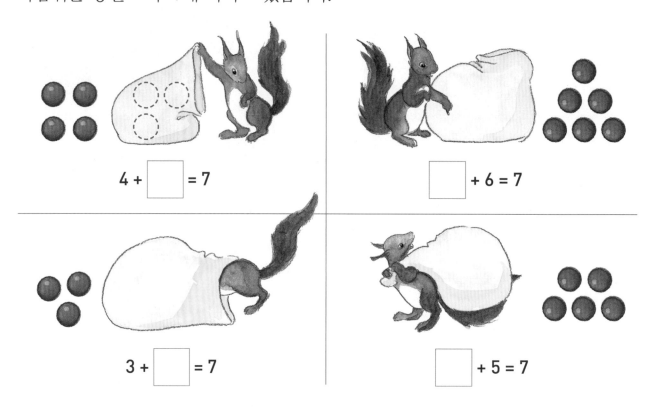

□ + 1 = 8

5. 식을 보고 숨겨진 공을 그려 넣은 후, 덧셈식을 완성해 보세요.

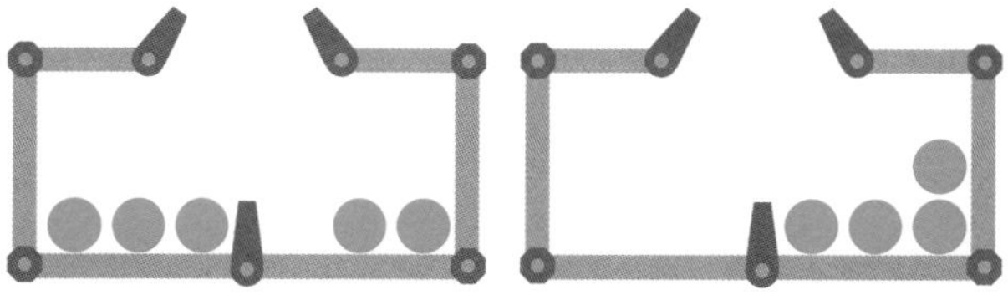

3 + 2 = ☐ + 4

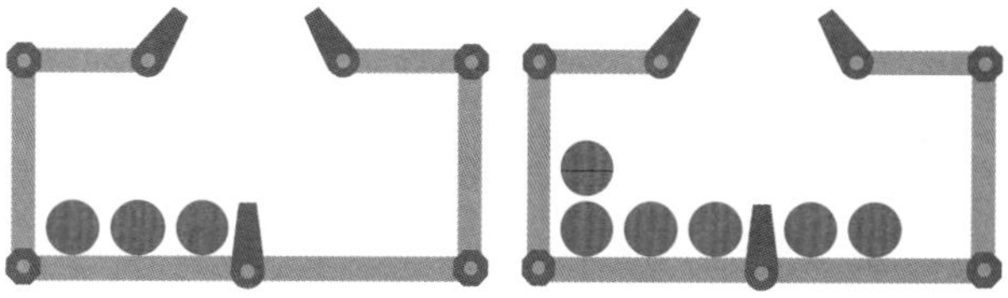

3 + ☐ = 4 + 2

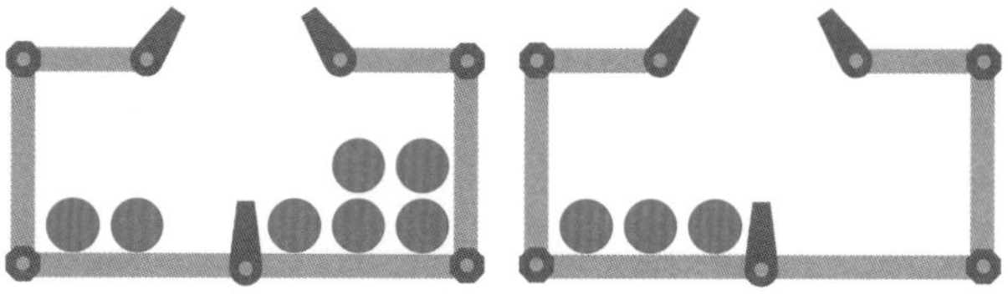

2 + 5 = 3 + ☐

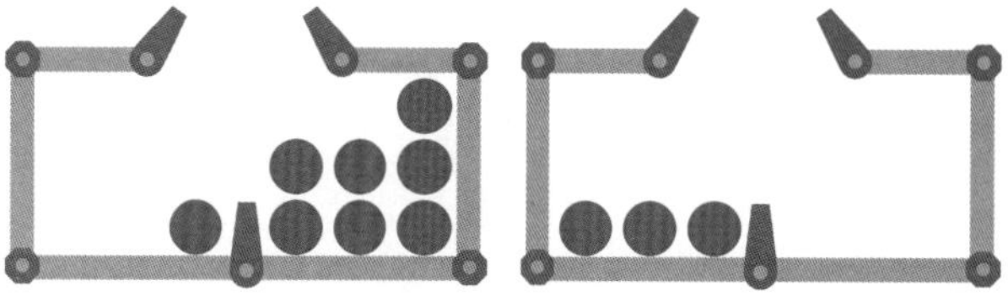

1 + 7 = 3 + ☐

6. 빨간색, 노란색, 파란색을 이용하여 각 열기구를 다른 방법으로 색칠해 보세요.

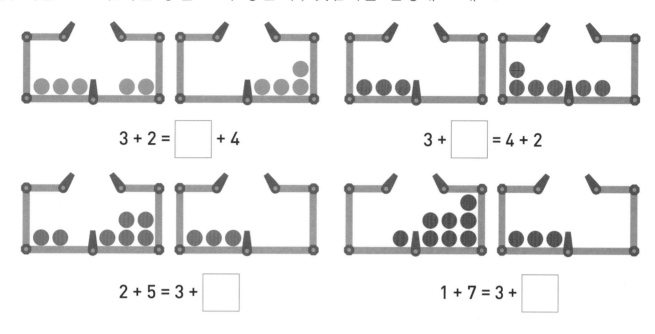

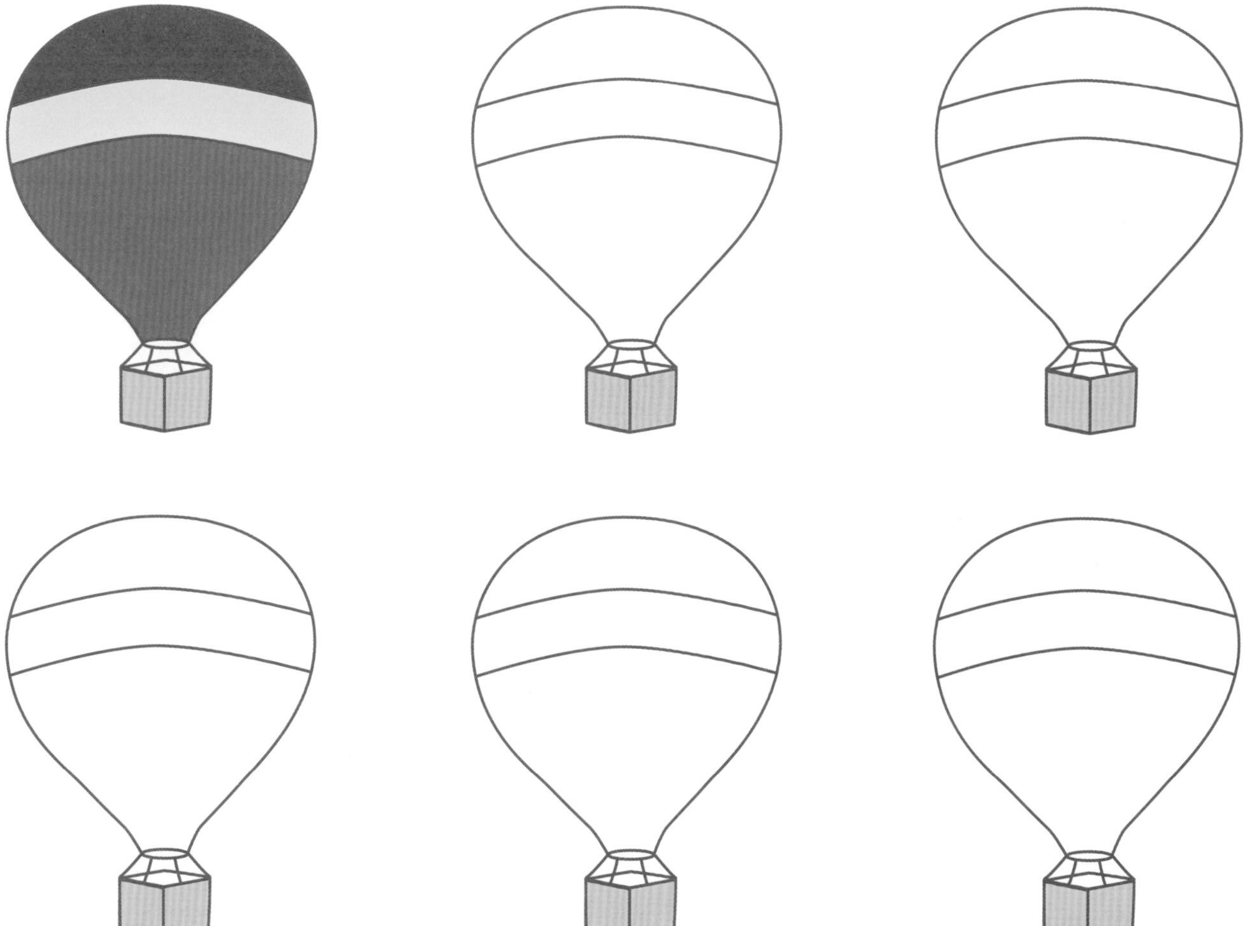

7. 상자 안에 공이 8개 들어 있어요. 몇 개의 공이 더 필요한지 그림을 그려 넣고 덧셈식을 완성하세요.

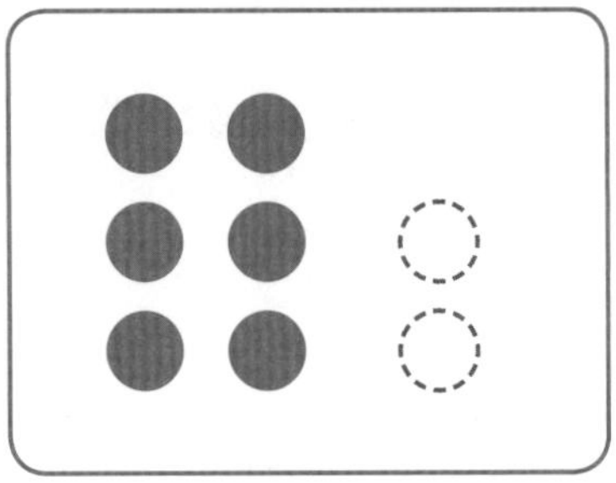

6 + □ = 8

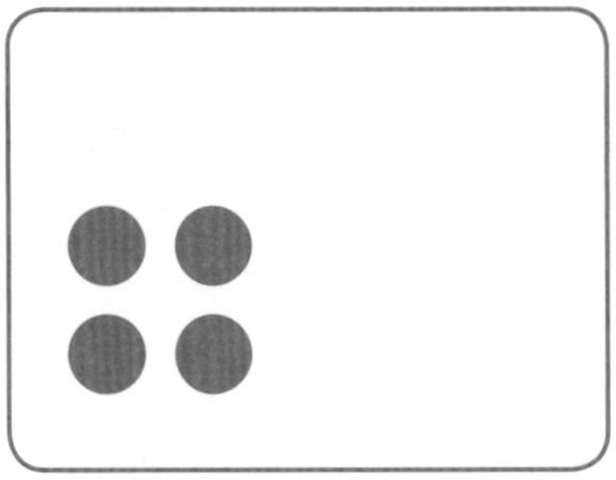

4 + □ = 8

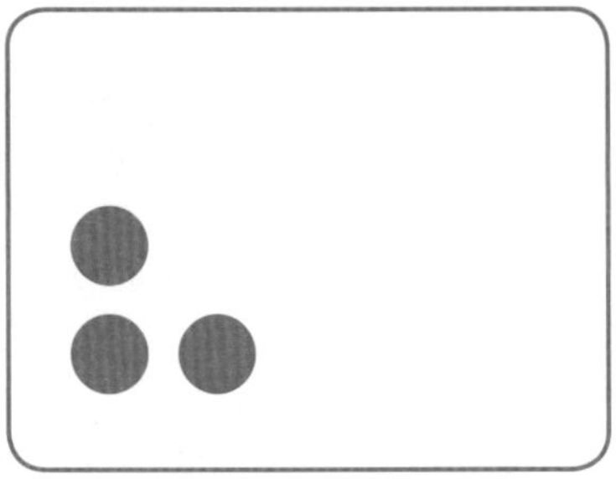

3 + □ = 8

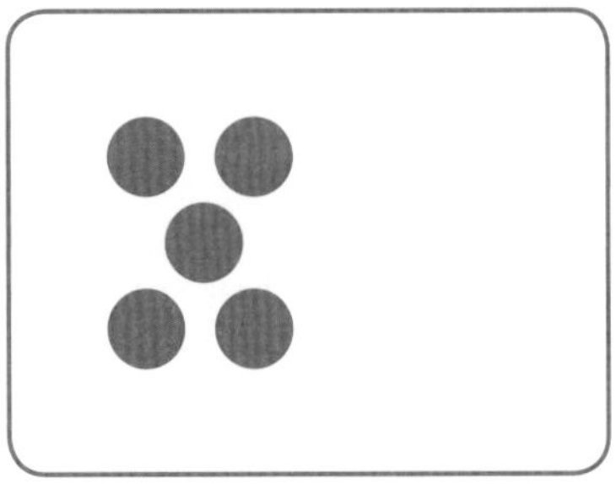

5 + □ = 8

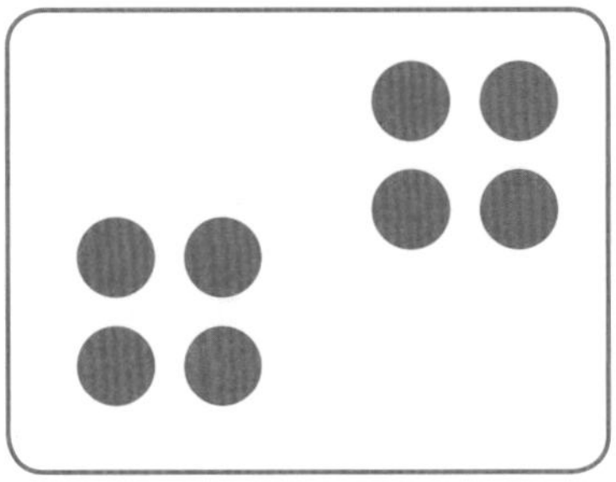

8 + □ = 8

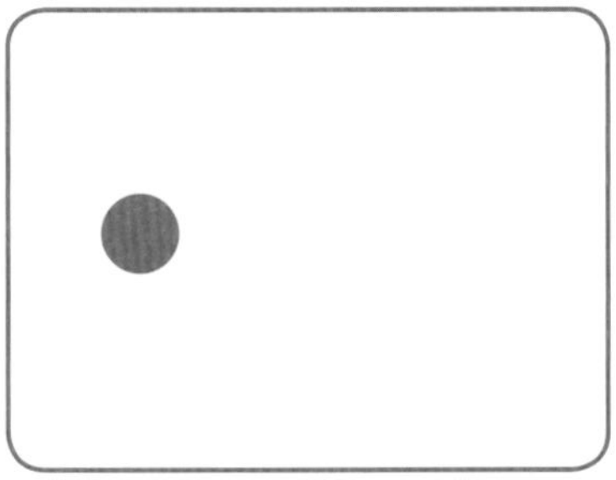

1 + □ = 8

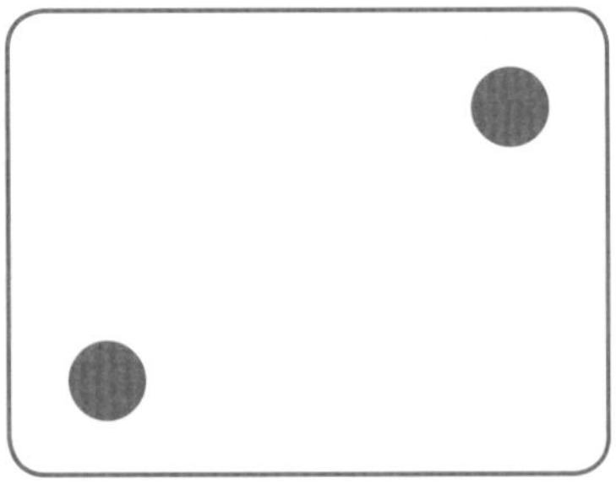

2 + □ = 8

8. □ 안에 알맞은 수를 구해 보세요.

2 + □ = 3	4 + □ = 4	2 + □ = 8	□ + 3 = 8
3 + □ = 7	2 + □ = 6	5 + □ = 7	□ + 2 = 8
4 + □ = 8	7 + □ = 8	1 + □ = 5	□ + 3 = 6

9. 그림을 보고 □ 안에 알맞은 수를 구해 보세요.

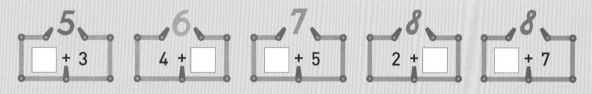

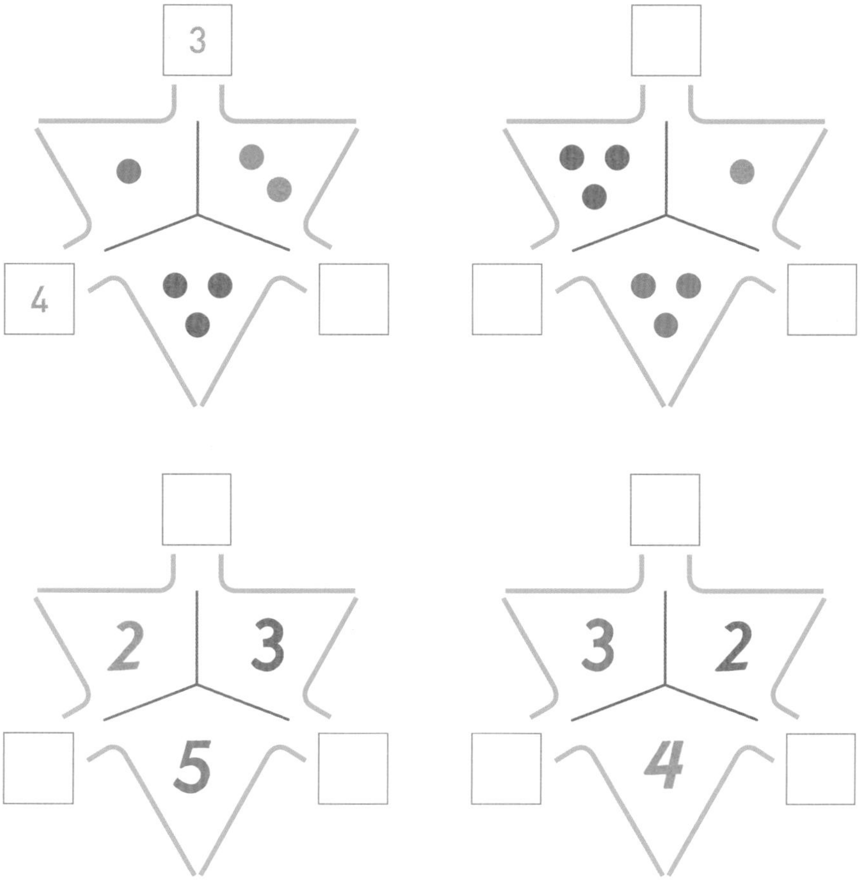

한 번 더 연습해요!

1. □ 안에 알맞은 수를 구해 보세요.

5	6	7	8	8
□ + 3	4 + □	□ + 5	2 + □	□ + 7

2. 계산해 보세요.

1 + □ = 4	□ + 3 = 5	3 + □ = 5	□ + 4 = 7
4 + □ = 7	□ + 4 = 8	□ + 5 = 8	0 + □ = 8
2 + □ = 8	□ + 1 = 5	6 + □ = 6	□ + 2 = 6

10. 똑같이 써 보세요.

6		6										6
7		7										7
8		8										8

11. 0부터 8까지 규칙에 따라 수를 써넣어 보세요.

0	1			4		6		8

			3				7	

8		6						0

				4			1	

12. 계산값이 8이 나오는 길을 따라가 보세요.

6 + 2	1 + 7	2 + 6	4 + 3
1 + 5	3 + 4	3 + 5	5 + 2
7 + 0	2 + 4	8 + 0	7 + 1
6 + 1	5 + 3	4 + 2	0 + 8

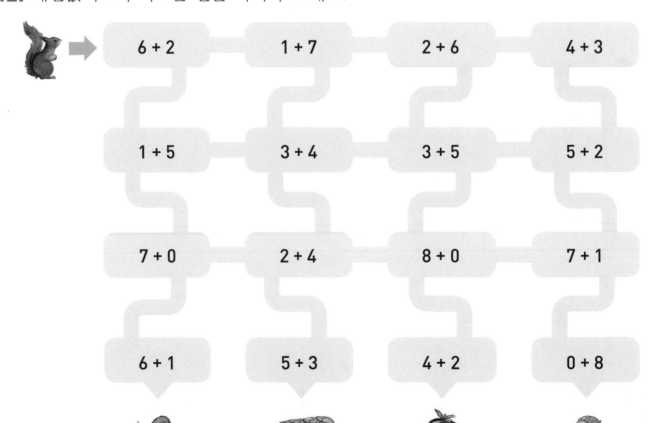

13. □ 안에 알맞은 수를 구해 보세요.

2 + 4 = 4 + □　　5 + 2 = □ + 4　　5 + 3 = 2 + □

3 + 5 = 1 + □　　2 + 3 = □ + 1　　1 + □ = 3 + 3

14. 식에 맞게 □ 안에 알맞은 수를 구해 보세요.

2	+		=	5
+		+		+
	+	1	=	
=		=		=
4	+		=	8

6	−		=	
−		+		−
	−	3	=	2
=		=		=
1	+		=	4

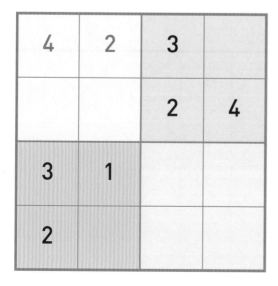

15. 스도쿠 퍼즐을 완성해 보세요. 단, 1부터 4까지의 숫자는 가로와 세로, 같은 색 칸에 한 번씩만 쓸 수 있어요.

4	2	3	
		2	4
3	1		
2			

2	3		
			1
1		4	3

16. 0부터 8까지 규칙에 따라 수를 써넣어 보세요.

0			3			6		

		2			5			8

			5					0

	7			4				

17. 덧셈을 해 보세요.

●●●●●●
5 + □ = 6
2 + □ = 6
3 + □ = 6
0 + □ = 6
1 + □ = 6
4 + □ = 6
6 + □ = 6

●●●●●●●
6 + □ = 7
5 + □ = 7
4 + □ = 7
0 + □ = 7
2 + □ = 7
1 + □ = 7
3 + □ = 7
7 + □ = 7

●●●●●●●●
7 + □ = 8
4 + □ = 8
2 + □ = 8
3 + □ = 8
8 + □ = 8
6 + □ = 8
5 + □ = 8
0 + □ = 8
1 + □ = 8

18. 규칙에 따라 색칠해 보세요.

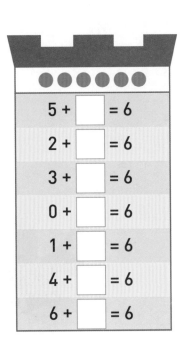

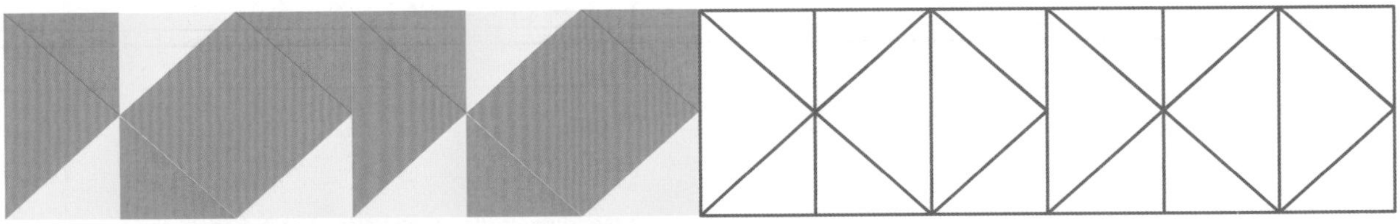

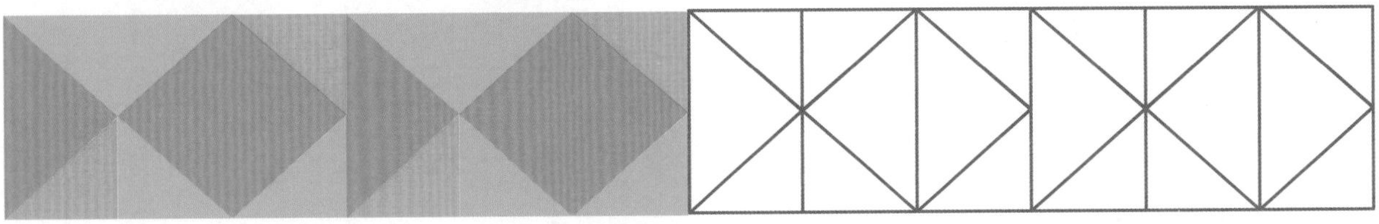

19. □ 안에 >, =, <를 알맞게 써넣어 보세요.

3 + 4 □ 7	7 − 1 □ 6	6 □ 2 + 5	2 + 6 □ 6 + 2
1 + 2 □ 3	4 − 3 □ 8	5 □ 4 − 0	6 − 3 □ 7 − 3
3 + 3 □ 6	3 − 2 □ 4	8 □ 6 + 2	3 + 5 □ 5 + 2
2 + 5 □ 8	5 − 0 □ 5	7 □ 4 − 1	8 − 3 □ 7 − 2

20. 수를 보고 동그라미를 알맞게 그려 넣어 보세요.

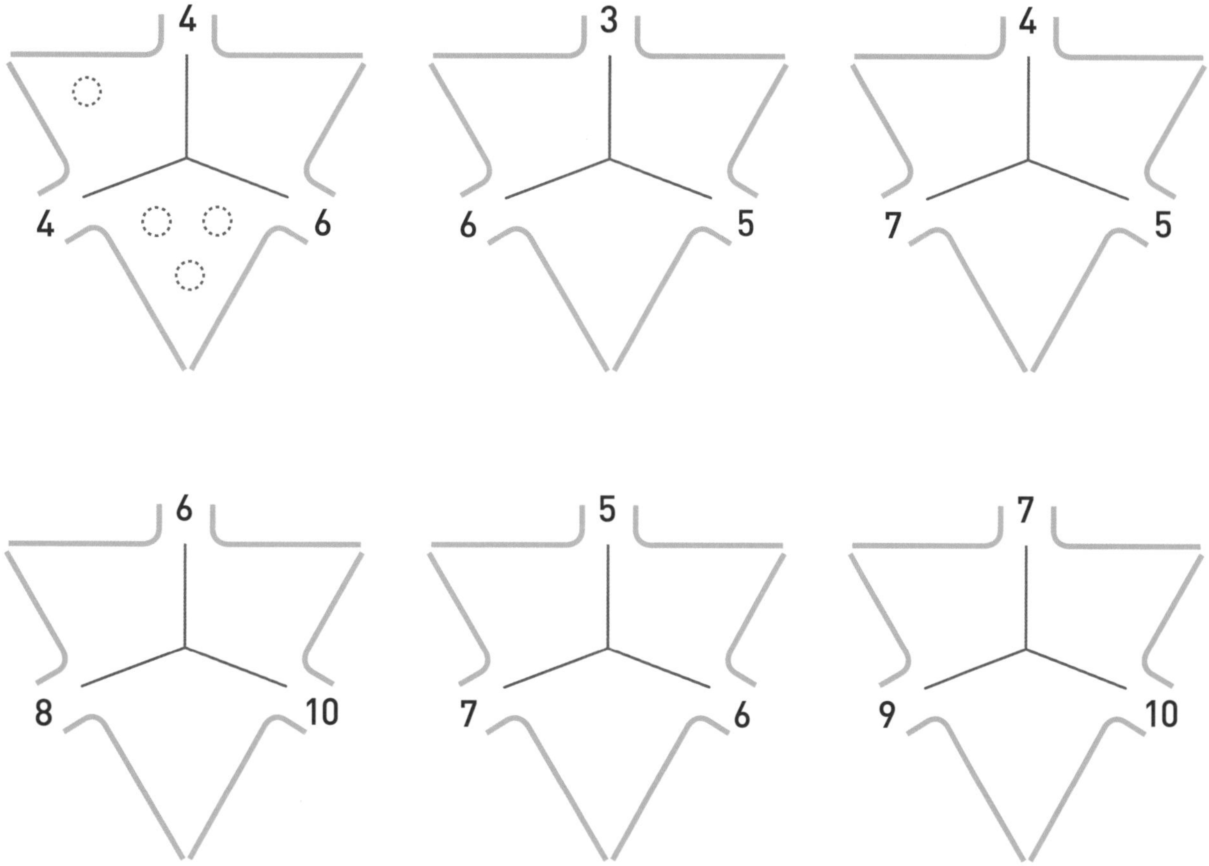

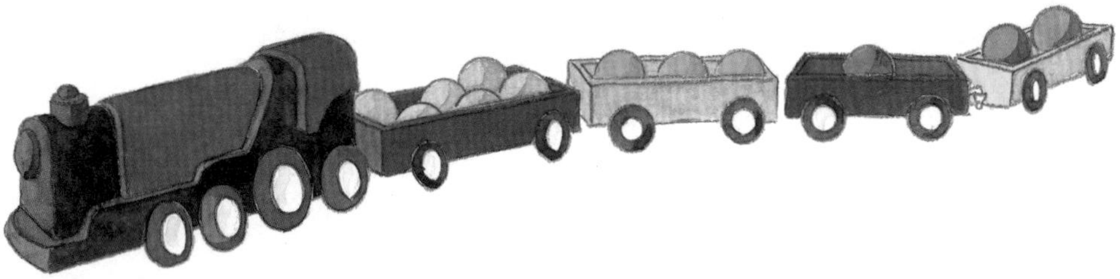

8 9를 알아봐요

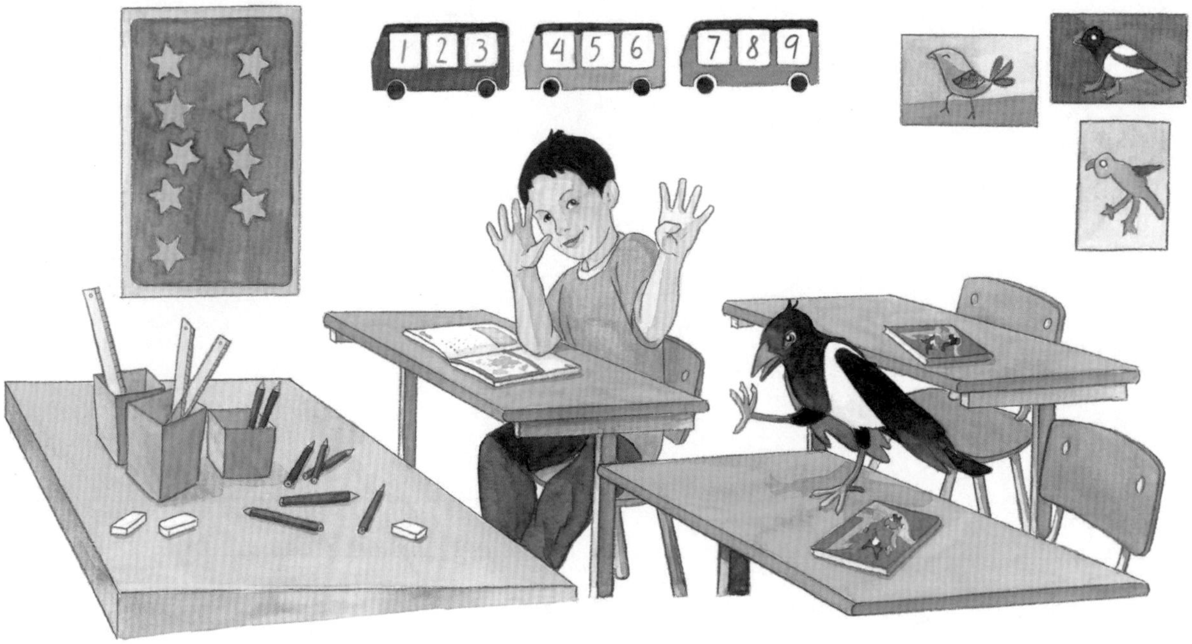

9

아홉

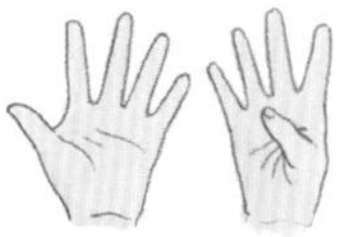

0	1	2	3	4	5	6	7	8	9	10
	●	●	●	●	●	●	●	●	●	

9	9	9	9	9	9	9	9
9	9	9	9	9	9	9	9

1. 아래 그림을 몇 개나 찾을 수 있나요?
위 그림에서 찾아보고 □ 안에 알맞은 수를 쓴 후 수직선과 바르게 이어 보세요.

□  □ 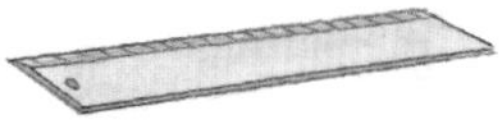 □ 

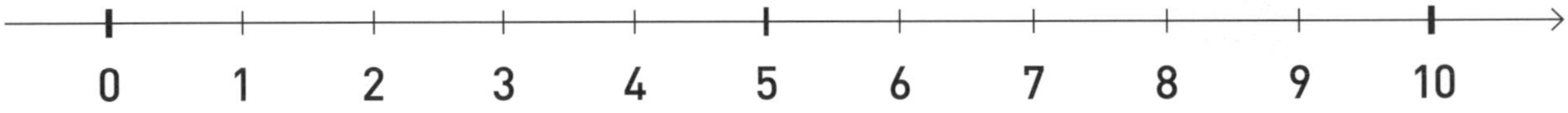

2. 9 가르기로 덧셈식을 완성해 보세요.

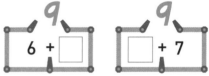

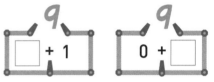

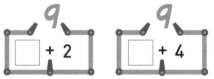

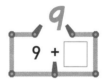

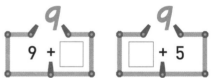

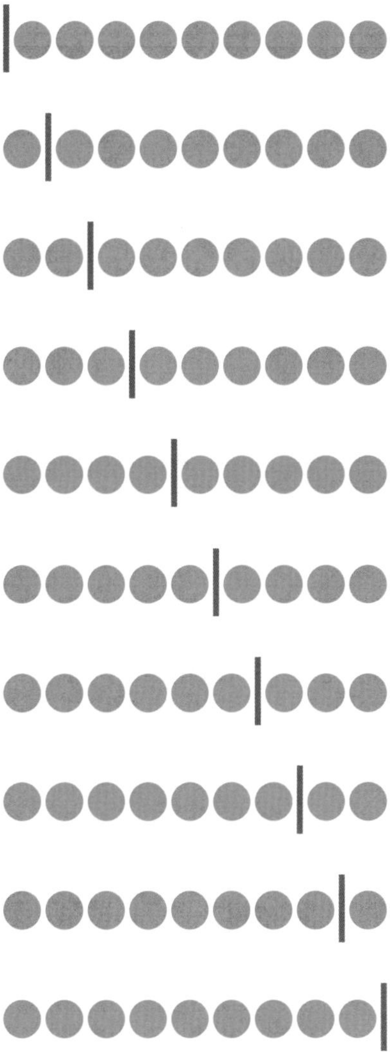

□ + □ = □

□ + □ = □

□ + □ = □

□ + □ = □

□ + □ = □

□ + □ = □

□ + □ = □

□ + □ = □

□ + □ = □

□ + □ = □

3. □ 안에 알맞은 수를 구해 보세요.

9	9
3 + □	□ + 8

9	9
□ + 2	□ + 4

9	9
□ + 1	0 + □

9	9
6 + □	□ + 7

9	9
9 + □	□ + 5

한 번 더 연습해요!

9	9											9

1. 계산해 보세요.

3 + 6 = □　　4 + 5 = □　　9 − 6 = □　　9 − 2 = □

2 + 7 = □　　0 + 9 = □　　9 − 8 = □　　9 − 4 = □

4. 0부터 9까지 규칙에 따라 수를 써넣어 보세요.

0						6		8	

	1				5		7		

9							2	1	

	8			5		3			

5. 수의 순서에 맞게 주어진 수의 앞과 뒤에 오는 수를 바르게 써넣어 보세요.

	3	

	6	

	7	

	5	

6. 계산값이 9가 나오는 길을 따라가 보세요.

→ 8 + 1 = □	1 + 5 = □	2 + 7 = □	5 + 4 = □
6 + 3 = □	4 + 5 = □	2 + 6 = □	
4 + 3 = □	0 + 9 = □	2 + 5 = □	4 + 4 = □
5 + 3 = □	1 + 8 = □	7 + 2 = □	3 + 5 = □
2 + 7 = □	5 + 2 = □	3 + 6 = □	8 + 1 = □

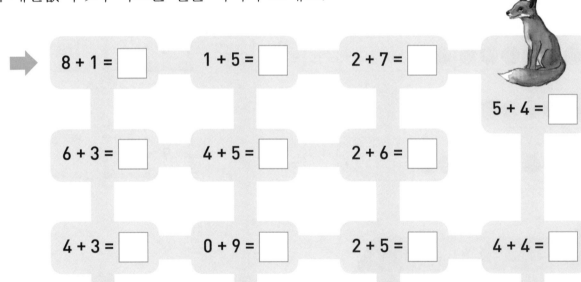

7. □ 안에 >, =, <를 알맞게 써넣어 보세요.

6 + 3 □ 8	9 □ 8 − 1	3 + 5 □ 9 − 0
4 − 4 □ 4	7 □ 3 + 4	9 − 4 □ 7 − 2

8. 주어진 수 가족을 이용해서 식을 완성해 보세요.

9. 스도쿠 퍼즐을 완성해 보세요. 단, 1부터 4까지의 숫자는 가로와 세로, 같은 색 칸에 한 번씩만 쓸 수 있어요.

3			
4			2
	3	1	

			1
	1	2	
			3
		1	

9 뺄셈 완성하기

●●⌀⌀⌀⌀⌀

7 − 5 = 2

1. □ 안에 알맞은 수를 구해 보세요.

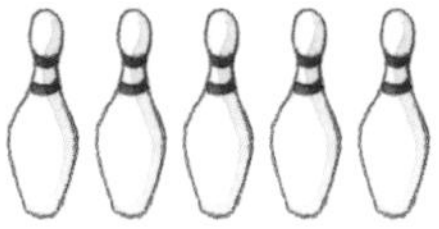

5 − 3 = 2

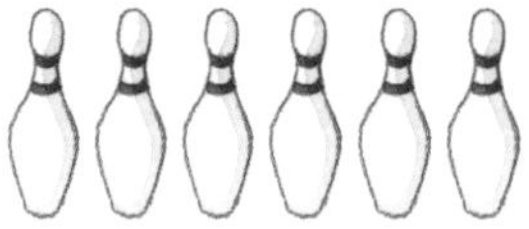

6 − □ = 2

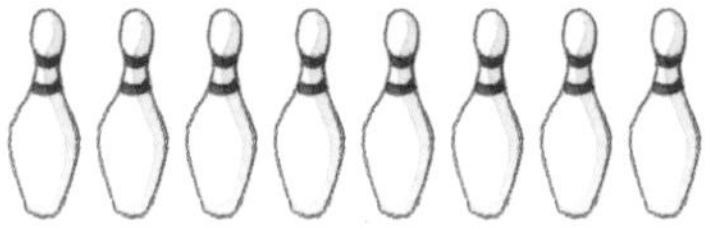

8 − □ = 2

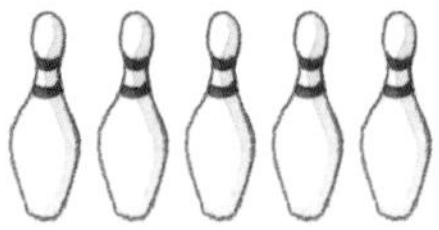

5 − □ = 4

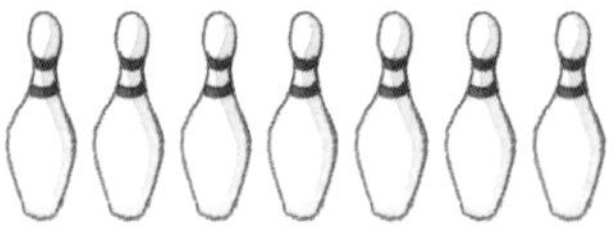

7 − □ = 3

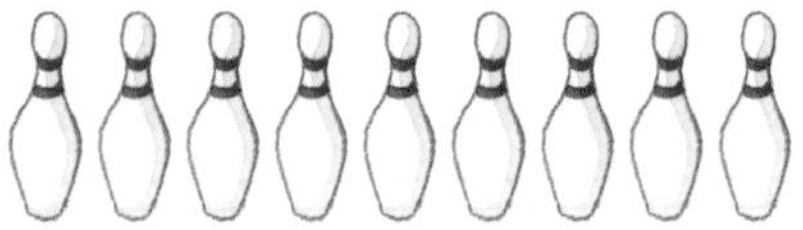

9 − □ = 5

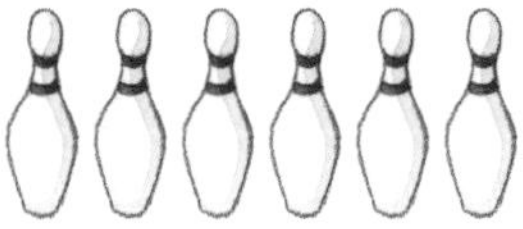

6 − □ = 3

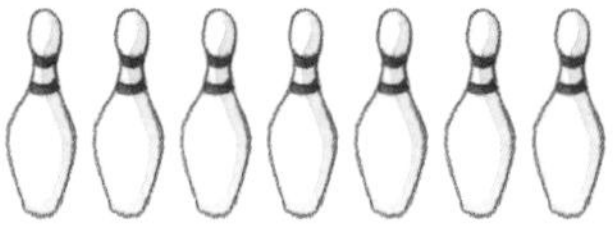

7 − □ = 6

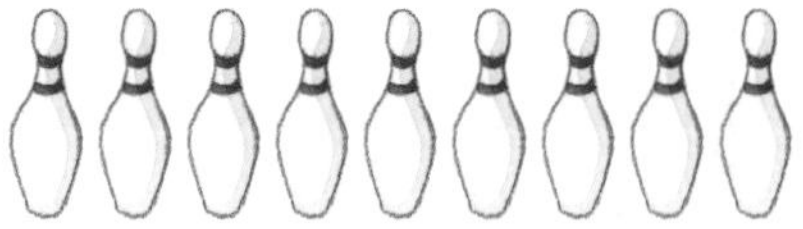

9 − □ = 6

2. 없어진 돈을 구해 보세요.

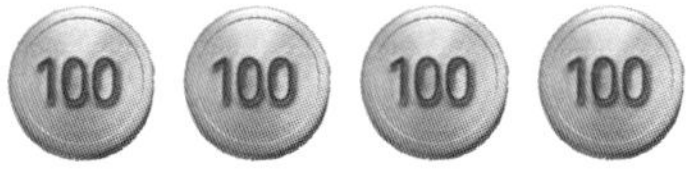

400원 - ______원 = 100원

400원 - ______원 = 300원

600원 - ______원 = 200원

600원 - ______원 = 400원

700원 - ______원 = 600원

700원 - ______원 = 100원

800원 - ______원 = 500원

800원 - ______원 = 300원

3. □ 안에 알맞은 수를 구해 보세요.

5 - □ = 2	6 - □ = 4	8 - □ = 6	7 - □ = 2
7 - □ = 4	9 - □ = 1	9 - □ = 5	9 - □ = 3

한 번 더 연습해요!

1. □ 안에 알맞은 수를 구해 보세요.

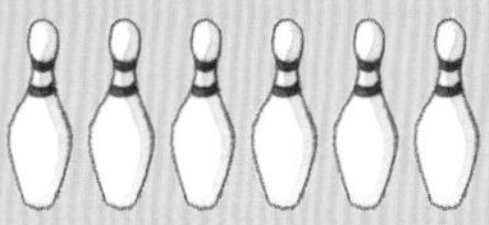

4 - □ = 2	6 - □ = 1	8 - □ = 4
4 - □ = 4	6 - □ = 4	8 - □ = 6
4 - □ = 1	6 - □ = 5	8 - □ = 7
4 - □ = 3	6 - □ = 3	8 - □ = 5

4. 지시대로 그림을 색칠한 후, □ 안에 알맞은 수를 구해 보세요.

● 2개 ● 5개

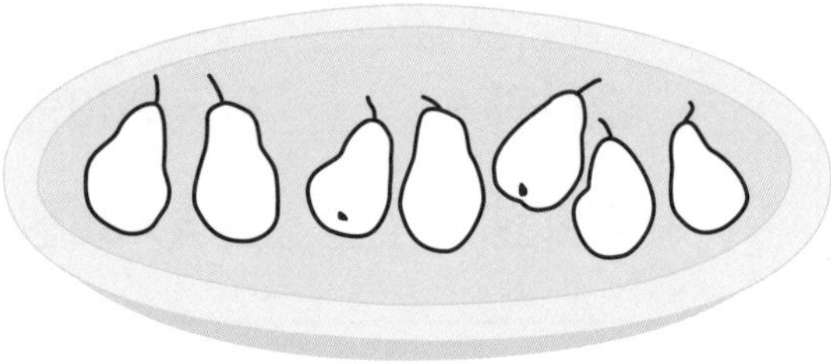

□ + 5 = 7　　7 − □ = 5

□ + 2 = 7　　7 − □ = 2

● 5개 ● 4개

□ + 5 = 9　　9 − □ = 4

□ + 4 = 9　　9 − □ = 5

● 3개 ● 4개

3 + □ = 7　　7 − □ = 4

4 + □ = 7　　7 − □ = 3

● 6개 ● 2개

6 + □ = 8　　8 − □ = 2

2 + □ = 8　　8 − □ = 6

5. 친구들의 이름을 찾아보세요.
Aluel, Ann, Alice, Emily, Emma, Pearl이 누구일지 맞혀 보세요.

▲	▼	⬟	▶	◆
		i		

◆	★	⬟	▼	◀

▲	●	●

■	◆	▲	⬟	▼

◆	★	★	▲

▲	▼	⬟	◆	▼

6. 스도쿠 퍼즐을 완성해 보세요. 단, 1부터 4까지의 숫자는 가로와 세로, 같은 색 칸에 한 번씩만 쓸 수 있어요.

	3		4
		3	
1	2		

	4		1
	3	1	
2			3

7. 상자 안에 공이 9개 들어 있어요. 몇 개의 공이 더 필요한지 그림을 그려 넣고 덧셈식을 완성하세요.

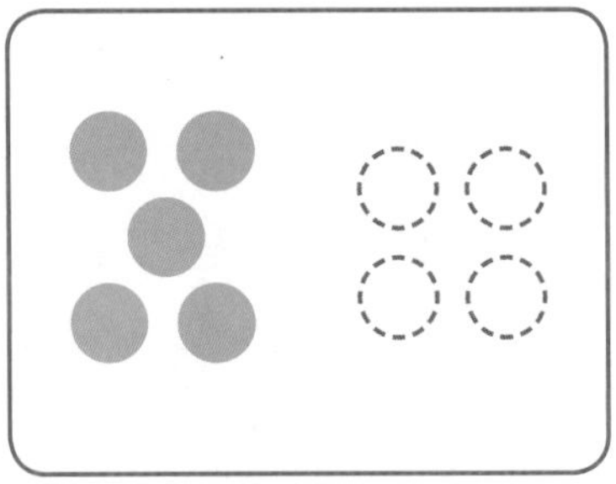

5 + ☐ = 9   3 + ☐ = 9   7 + ☐ = 9

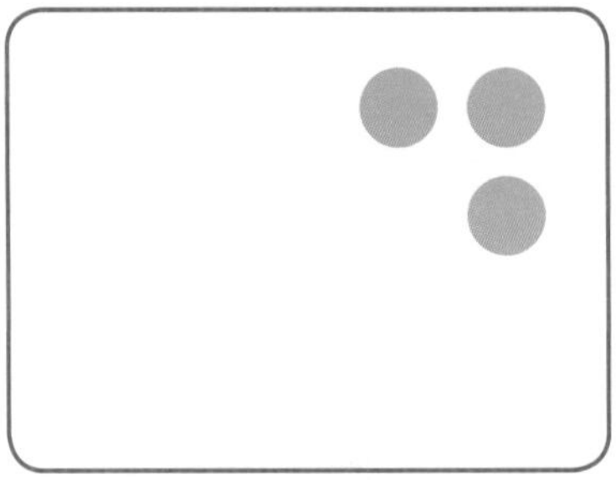

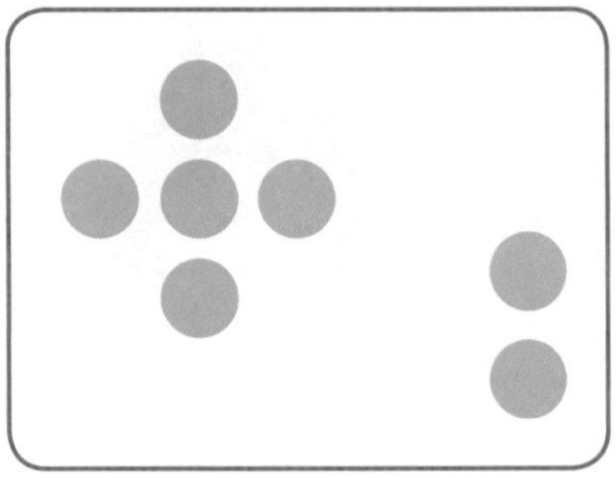

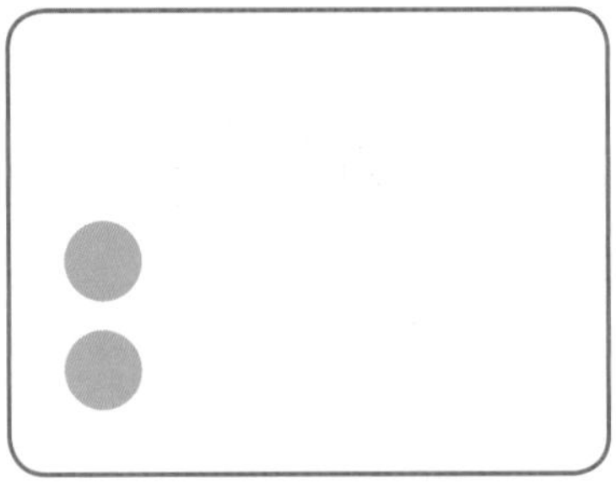

2 + ☐ = 9   8 + ☐ = 9   6 + ☐ = 9

도토리 5개와 4개를 더하면 몇 개이지?

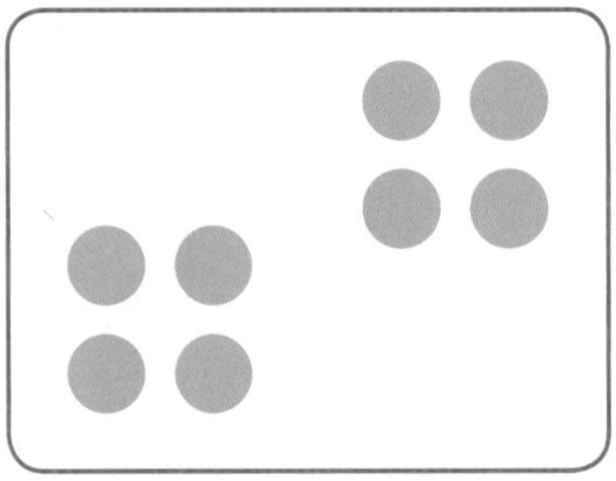

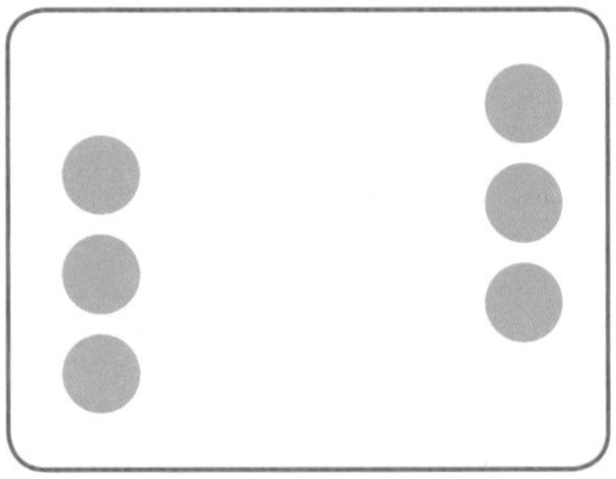

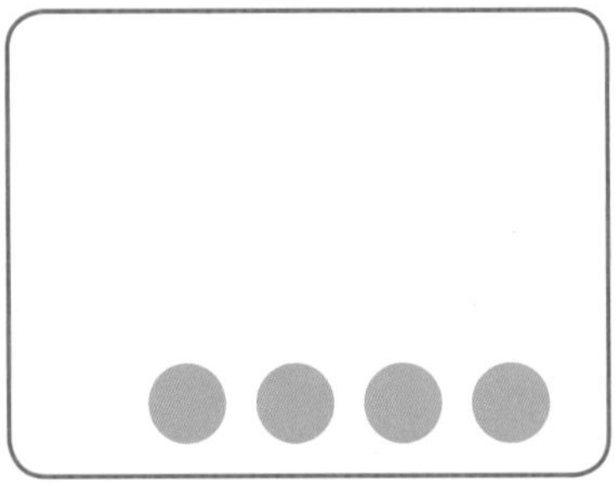

4 + ☐ = 9

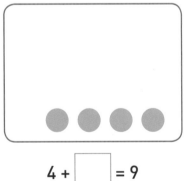

8. ☐ 안에 알맞은 수를 구해 보세요.

4 − ☐ = 3   6 − ☐ = 2   6 − ☐ = 5   8 − ☐ = 4

7 − ☐ = 5   9 − ☐ = 8   9 − ☐ = 5   7 − ☐ = 0

9 − ☐ = 6   8 − ☐ = 3   7 − ☐ = 4   9 − ☐ = 2

9. □ 안에 알맞은 수를 구해 보세요.

6: □ + 2　　6: 5 + □　　6: □ + 6　　6: 3 + □

7: 4 + □　　7: 1 + □　　7: 5 + □　　7: 7 + □

8: □ + 5　　8: □ + 3　　8: 6 + □　　8: 4 + □

9: 4 + □　　9: □ + 8　　9: □ + 6　　9: 2 + □

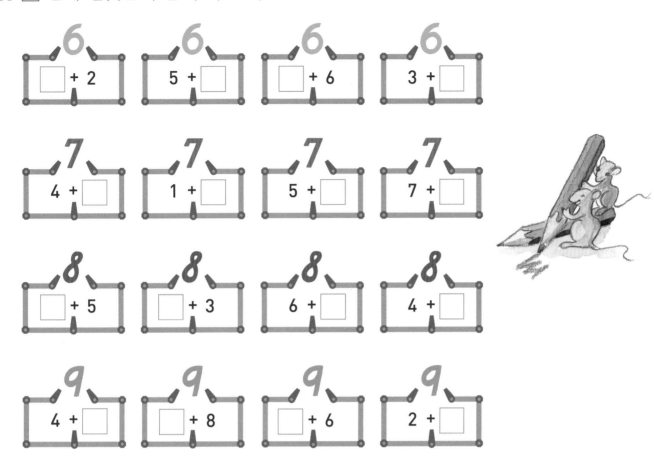

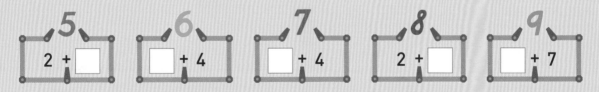

한 번 더 연습해요!

1. □ 안에 알맞은 수를 구해 보세요.

5: 2 + □　　6: □ + 4　　7: □ + 4　　8: 2 + □　　9: □ + 7

2. □ 안에 알맞은 수를 구해 보세요.

7 + □ = 8	□ + 2 = 7	8 − □ = 6	7 − □ = 4
4 + □ = 9	□ + 3 = 8	6 − □ = 2	9 − □ = 9
0 + □ = 5	□ + 5 = 9	9 − □ = 7	8 − □ = 3

10. 똑같이 써 보세요.

8		8										8
9		9										9

11. 0부터 9까지 규칙에 따라 수를 써넣어 보세요.

0	1					6			9

				5		2			

12. 계산값에 해당하는 색을 칠해 보세요.

6 ● 7 ● 8 ● 9 ●

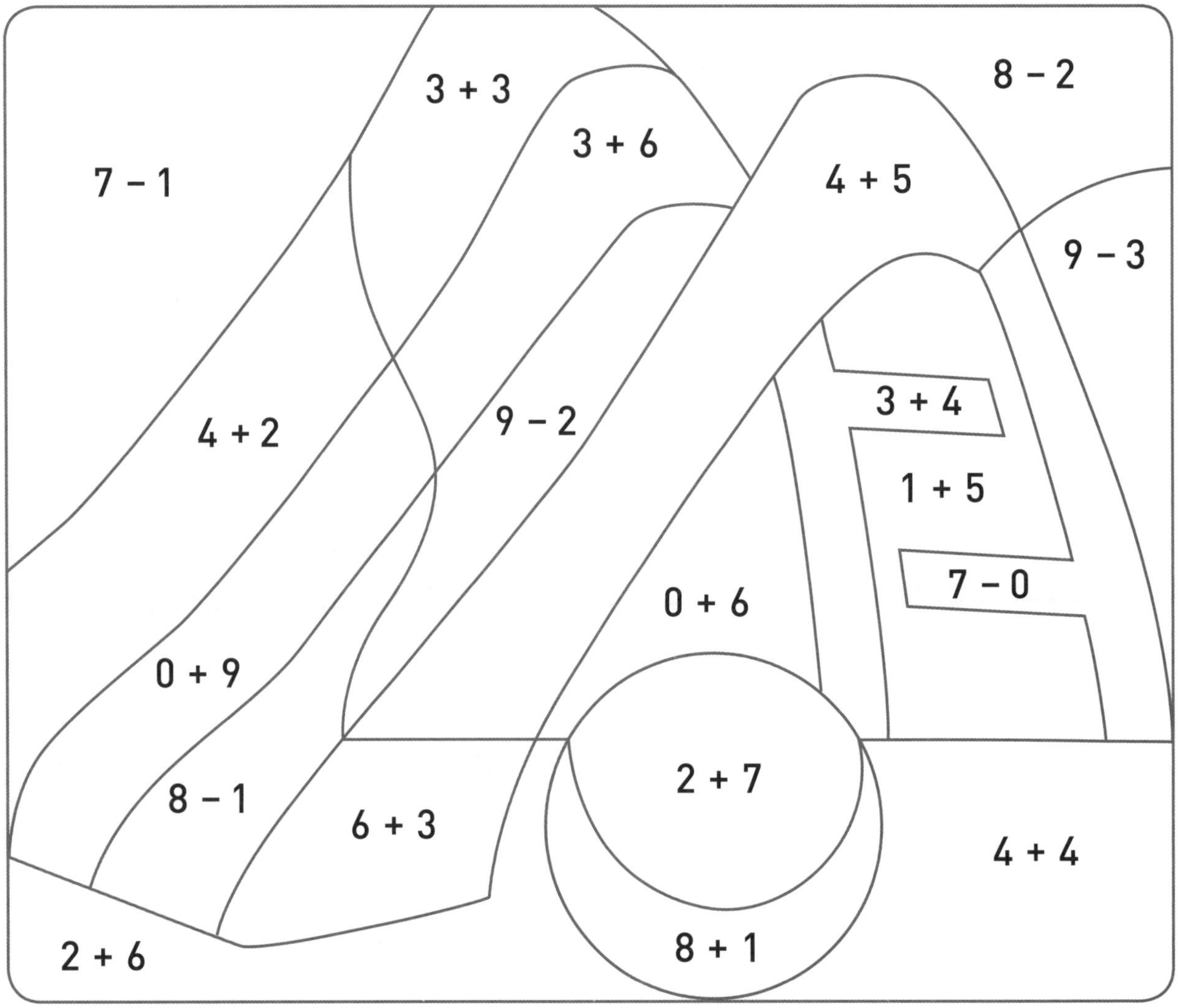

13. 더해서 나온 모양을 완성해 보세요.

○ + ‿ + ∙∙ = □

▲ + ⊞ + ▭ = □

⊟ + ⊠ + ⊟ = □

○ + ∫ + 🐱 = □

□ + □ + □ = □

스스로 문제를 만들어
풀어 보세요.

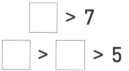

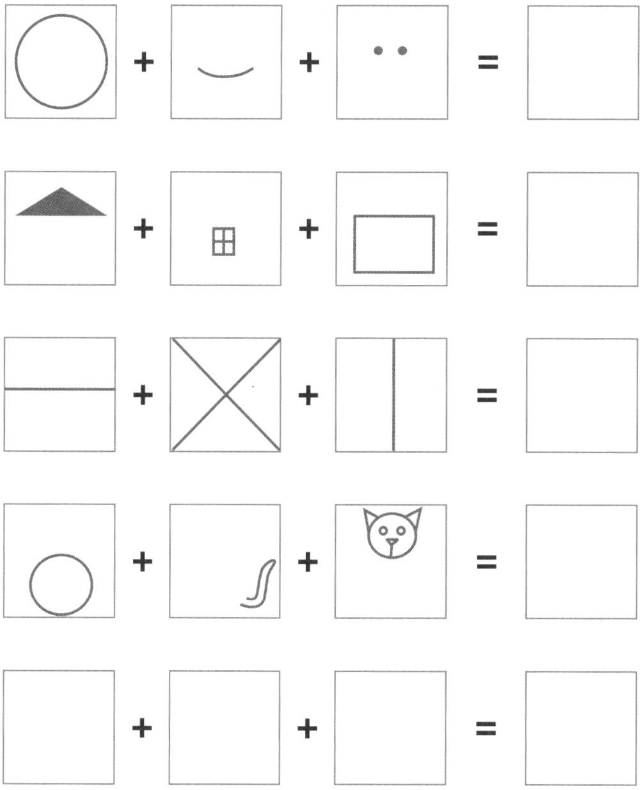

14. 주어진 수를 한 번씩만 모두 사용하여 □ 안에 알맞은 수를 구해 보세요.

0 2 4	3 5 7	9 5 8
□ > 3 > □	6 < □	□ < 8 < □
□ = 0	2 < □ < □	□ > 7
8 4 6	2 3 5	8 6 7
□ < 6 < □	1 < □	□ > 7
□ < 9	□ < 3 < □	□ > □ > 5

실력을 평가해 봐요!

____월 ____일 ____요일

1. 몇 개인지 알아보고 수직선과 바르게 이어 보세요.

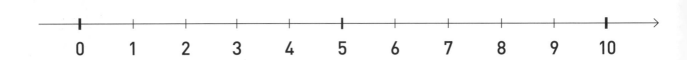

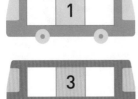

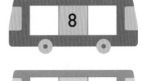

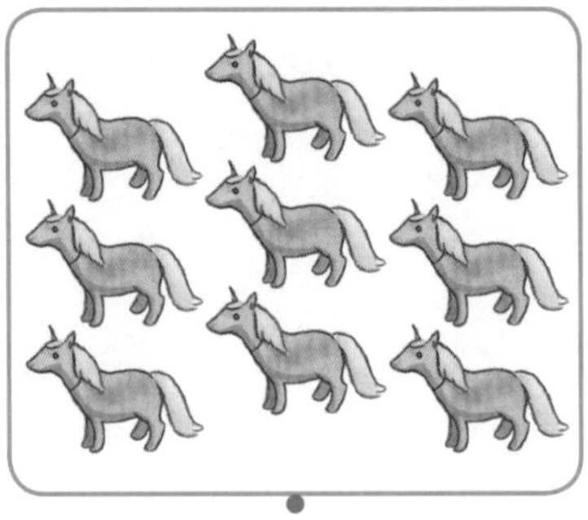

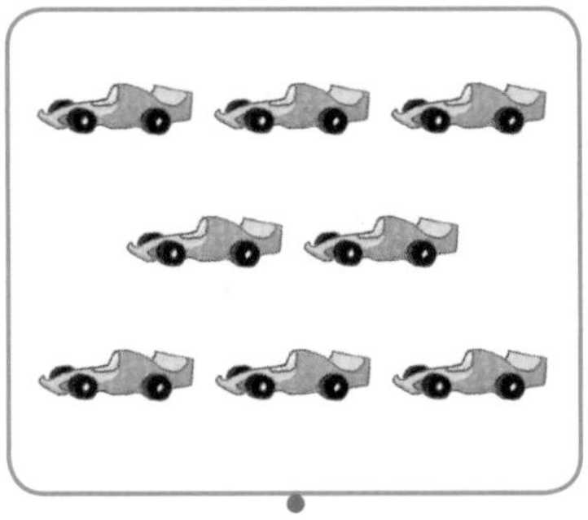

0　1　2　3　4　5　6　7　8　9　10

2. 0부터 9까지 규칙에 따라 수를 써넣어 보세요.

0			3					8	

		7		5	4				

3. 수의 순서에 맞게 주어진 수의 앞과 뒤에 오는 수를 바르게 써넣어 보세요.

☐ 1 ☐	☐ 7 ☐	☐ 8 ☐
☐ 3 ☐	☐ 5 ☐	☐ 4 ☐

4. 계산해 보세요.

5 + 4 = ☐	2 + 7 = ☐	8 − 5 = ☐	9 − 6 = ☐
6 + 3 = ☐	3 + 4 = ☐	8 − 8 = ☐	9 − 8 = ☐
8 + 0 = ☐	0 + 9 = ☐	9 − 7 = ☐	8 − 6 = ☐

5. □ 안에 알맞은 수를 구해 보세요.

8	8	8	8	8
□ + 4	□ + 0	□ + 1	2 + □	3 + □

9	9	9	9	9
7 + □	□ + 6	5 + □	9 + □	□ + 8

6. □ 안에 알맞은 수를 구해 보세요.

●●●●●●●	●●●●●●●●	●●●●●●●●●
4 + □ = 7	5 + □ = 8	8 + □ = 9
7 − □ = 2	8 − □ = 5	9 − □ = 5
7 − □ = 1	8 − □ = 8	9 − □ = 3

7. 없어진 돈을 구해 보세요.

800원 − ______원 = 600원

800원 − ______원 = 200원

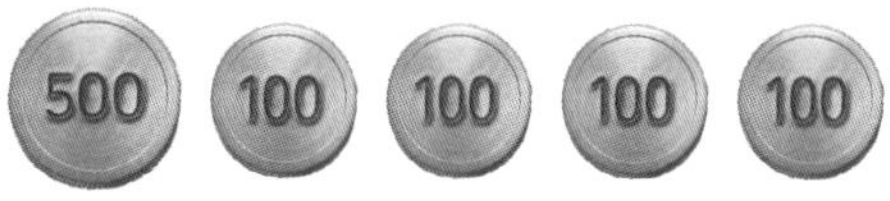

900원 − ______원 = 300원

900원 − ______원 = 600원

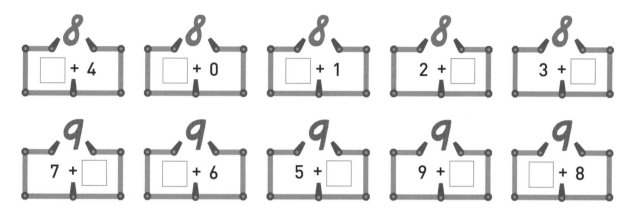

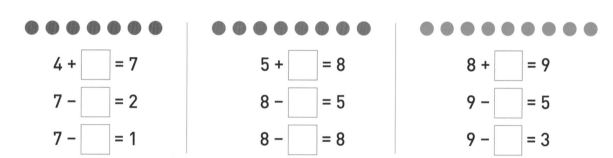

얼마나 잘했나요?

실력이 자란 만큼 별을 색칠하세요.

☆☆☆

★★★ 정말 잘했어요.

★★☆ 꽤 잘했어요.

★☆☆ 계속 노력할게요.

단원 평가

1 수의 순서에 맞게 □ 안에 알맞은 수를 써넣어 보세요.

1					6				10

2 계산한 값을 찾아 수직선과 바르게 이어 보세요.

9 − 5 　 9 − 4 　 4 + 5 　 5 + 4

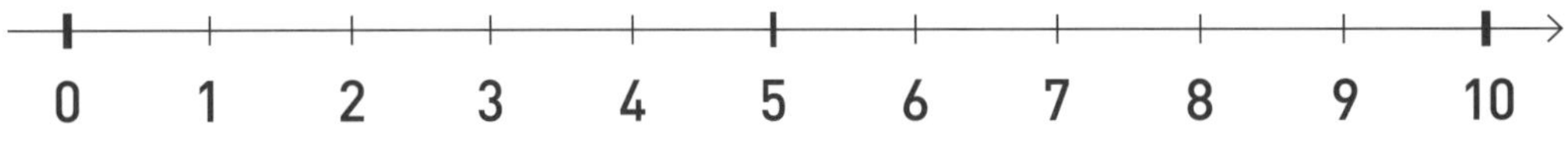

3 □ 안에 알맞은 수를 구하고, 동그라미도 그려 넣으세요.

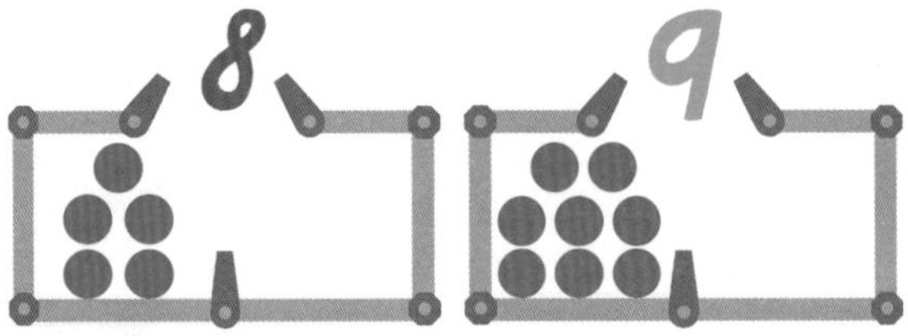

5 + □ = 8 　 8 + □ = 9

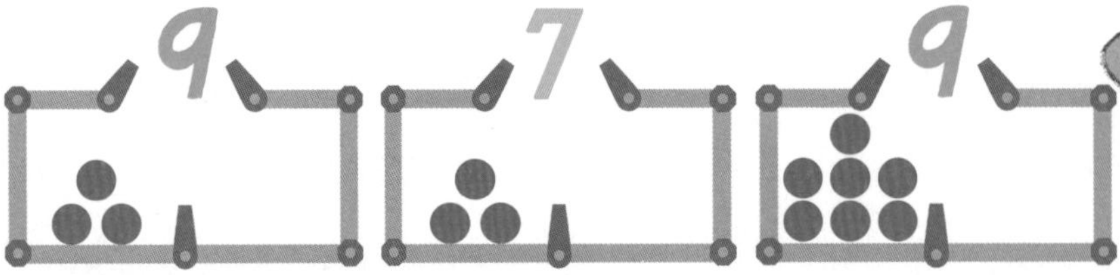

3 + □ = 9 　 3 + □ = 7 　 7 + □ = 9

4

□ 안에 >, =, <를 알맞게 써넣어 보세요.

9	□	6 + 3	8	□	7 + 1	5 + 3	□	9 − 2
9	□	3 + 4	8	□	5 + 2	3 + 3	□	2 + 4
9	□	3 + 5	8	□	4 + 5	3 + 3	□	1 + 4

5 ★★★

계산값이 10과 같으면 색칠해 보세요.

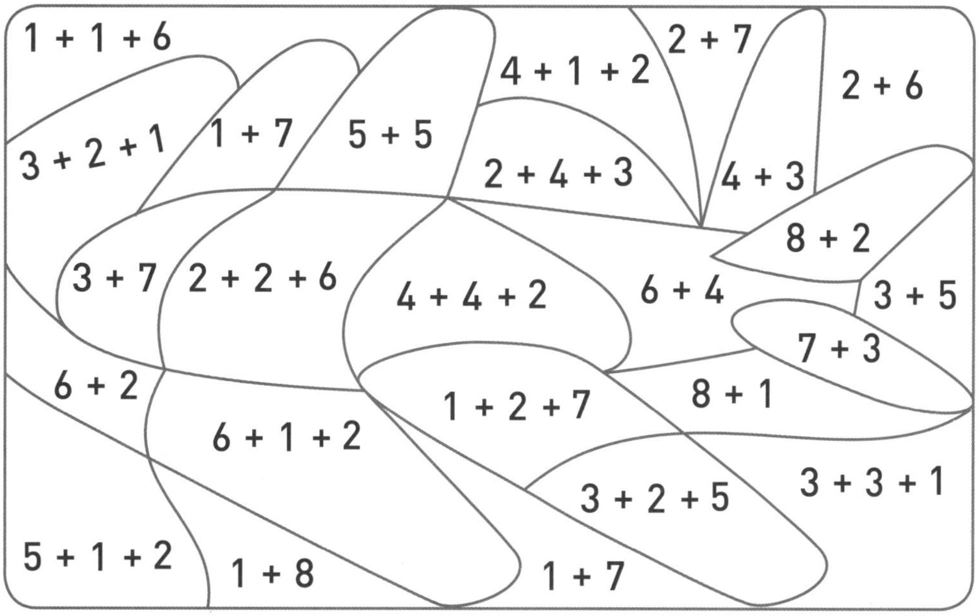

10 10을 알아봐요

10

열

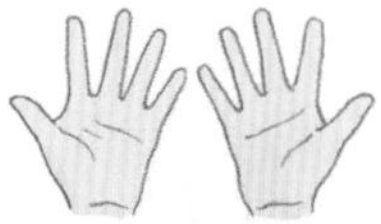

0	1	2	3	4	5	6	7	8	9	10
	●	●	●	●	●	●	●	●	●	●

1	0		1	0		1	0
1	0		1	0		1	0

1. 아래 그림을 몇 개나 찾을 수 있나요?
위 그림에서 찾아보고 □ 안에 알맞은 수를 쓴 후 수직선과 바르게 이어 보세요.

□  □  □ 

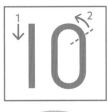

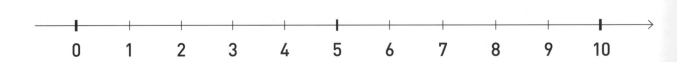

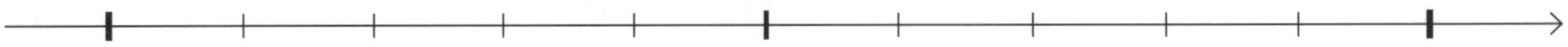

0 1 2 3 4 5 6 7 8 9 10

2. 10 가르기로 덧셈식을 완성해 보세요.

□ + □ = □

□ + □ = □

□ + □ = □

□ + □ = □

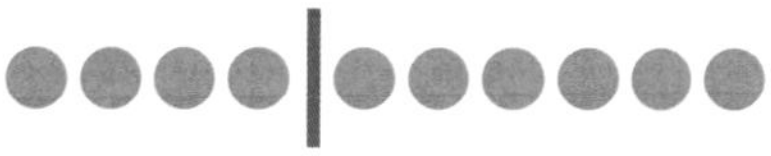

□ + □ = □

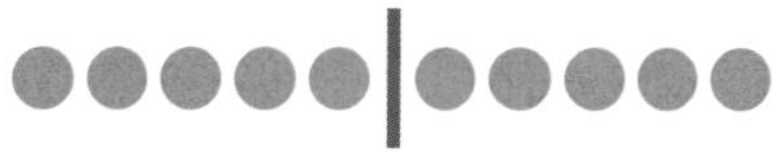

□ + □ = □

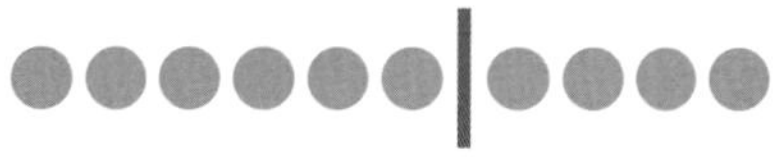

□ + □ = □

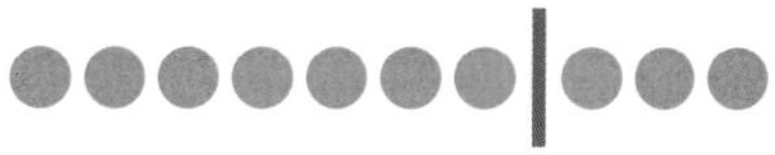

□ + □ = □

□ + □ = □

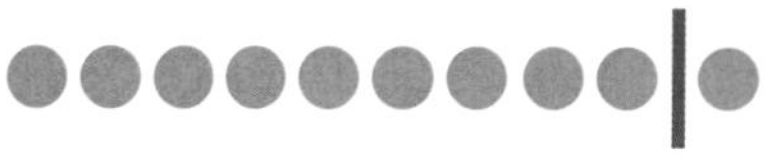

□ + □ = □

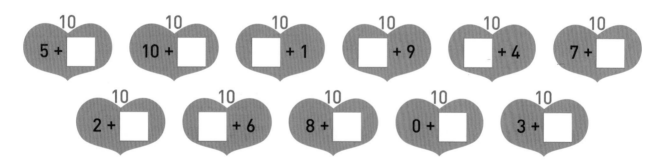

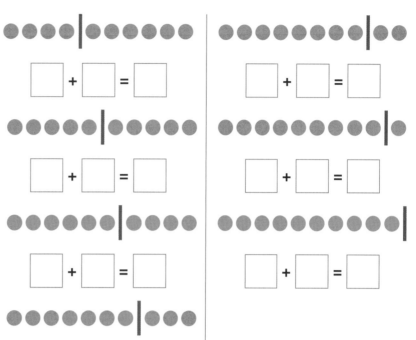

□ + □ = □

3. 빈칸을 채워 10을 만들어 보세요.

10	10	10	10	10	10
5 + □	10 + □	□ + 1	□ + 9	□ + 4	7 + □

10	10	10	10	10
2 + □	□ + 6	8 + □	0 + □	3 + □

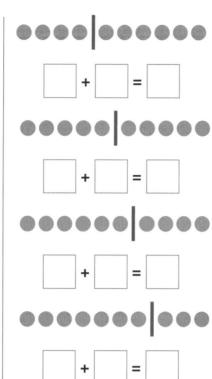

한 번 더 연습해요!

1. 계산해 보세요.

9 + 1 = □　　5 + 5 = □　　10 − 8 = □　　10 − 3 = □

4 + 6 = □　　3 + 7 = □　　10 − 6 = □　　10 − 4 = □

4. 0부터 10까지 규칙에 따라 수를 써넣어 보세요.

0	1			4		6		8		

10		8			5					0

5. □ 안에 알맞은 수를 구해 보세요.

9 + □ = 10	3 + □ = 10	4 + □ = 10
1 + □ = 10	7 + □ = 10	6 + □ = 10
10 − □ = 9	10 − □ = 3	10 − □ = 4
10 − □ = 1	10 − □ = 7	10 − □ = 6

6. 계산값이 10이 나오는 길을 따라가 보세요.

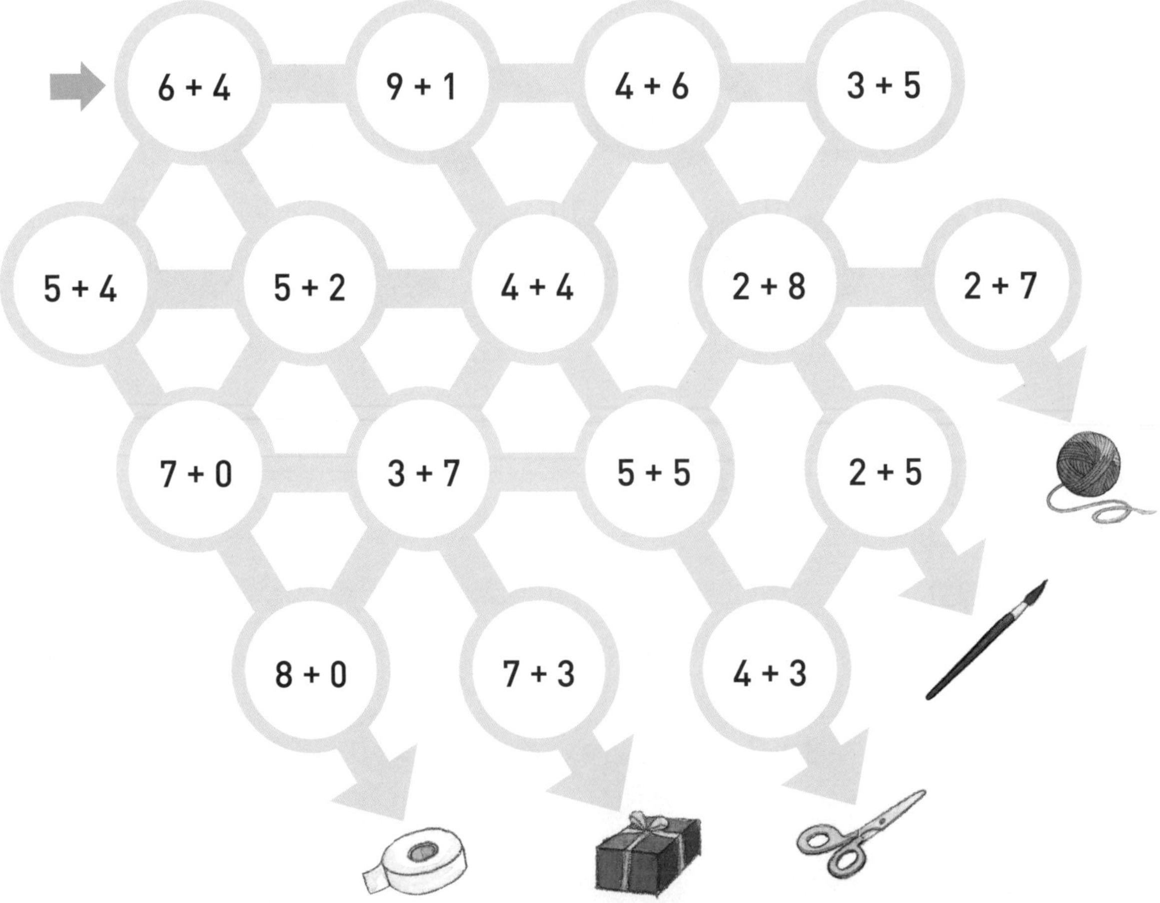

7. 수를 보고 동그라미를 알맞게 그려 넣어 보세요.

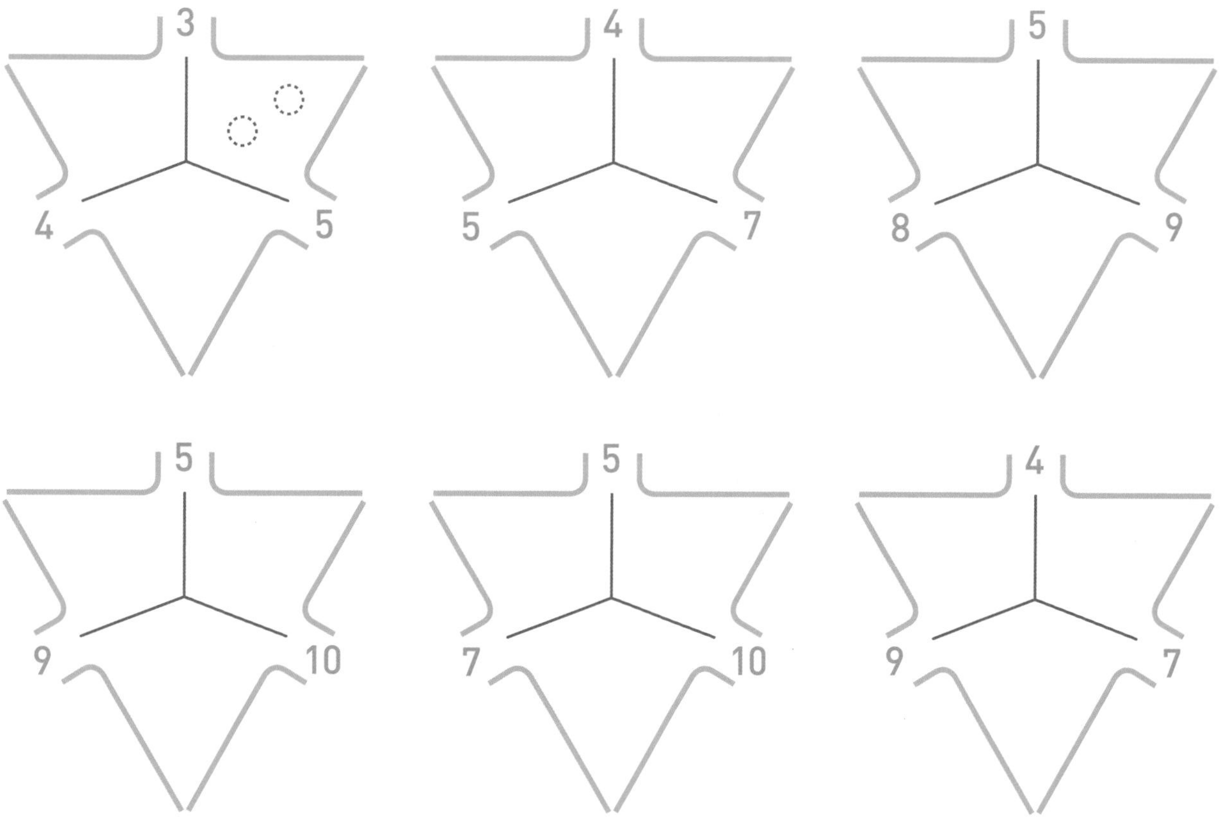

8. 계산해 보세요.

2 + 7 = ☐	9 − 3 = ☐	1 + 9 = ☐	10 − 4 = ☐
7 + 2 = ☐	9 − 6 = ☐	9 + 1 = ☐	10 − 6 = ☐

놀이 수학

10 만들기 메모리 게임

•인원 : 2명 •준비물 : 1부터 9까지 숫자 카드 2세트

놀이 방법

1. 숫자 카드를 섞은 후 책상 위에 뒤집어서 펼쳐 놓아요.
2. 두 명이 번갈아 가며 두 장의 카드를 뒤집어요.
   예를 들어 1과 9가 나오면 10 만들기가 되었으니 카드를 가져가고 한 번 더 해요.
   2와 5가 나오면 10 만들기가 안 되었으니 다시 카드를 뒤집어 놓고 순서가 바뀌어요.
3. 뒤집을 카드가 없으면 카드를 더 많이 가진 사람이 이겨요.

1권에 있는 놀이 카드를 이용하세요.

9. 주어진 수 가족을 이용해서 식을 완성해 보세요.

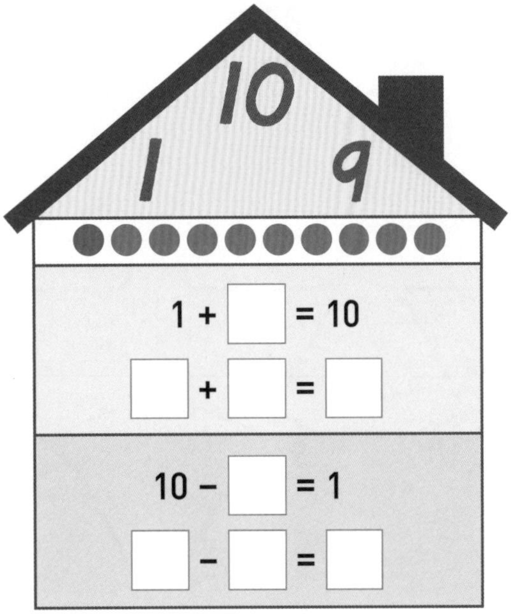

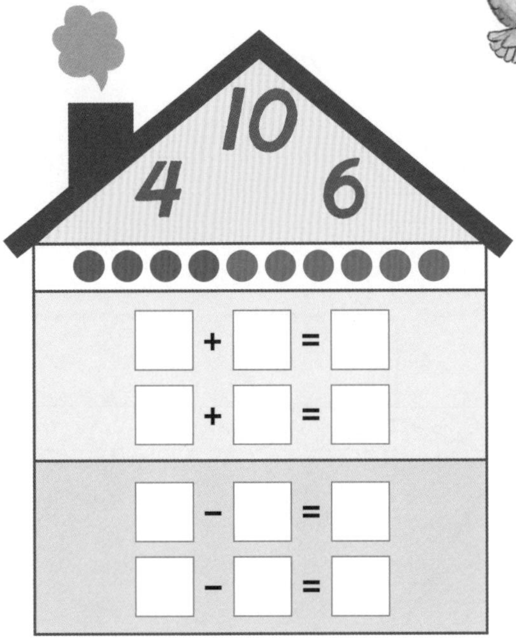

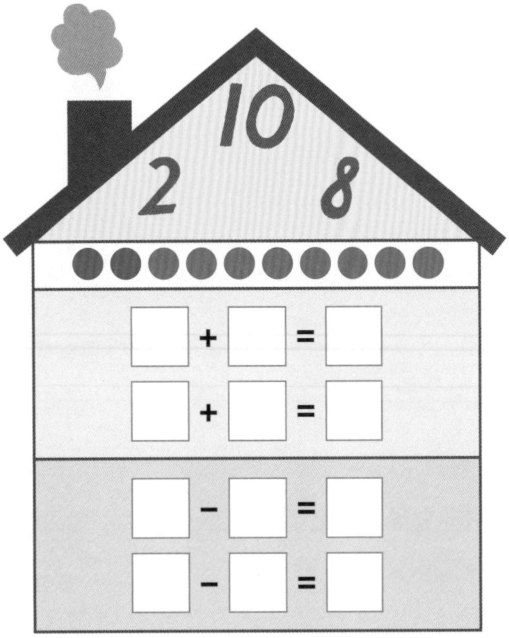

10. □ 안에 알맞은 수를 구해 보세요.

9: 2 + □ | 9: □ + 3 | 9: 4 + □ | 9: □ + 1 | 9: 0 + □

9: 7 + □ | 9: □ + 6 | 9: 5 + □ | 9: 9 + □ | 9: □ + 8

10: 5 + □ | 10: 3 + □ | 10: 7 + □ | 10: 1 + □ | 10: 4 + □

10: 9 + □ | 10: 6 + □ | 10: □ + 2 | 10: □ + 8 | 10: □ + 5

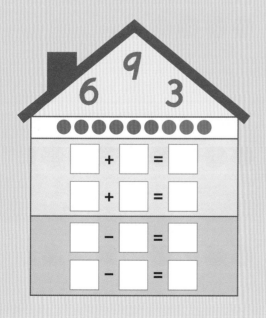

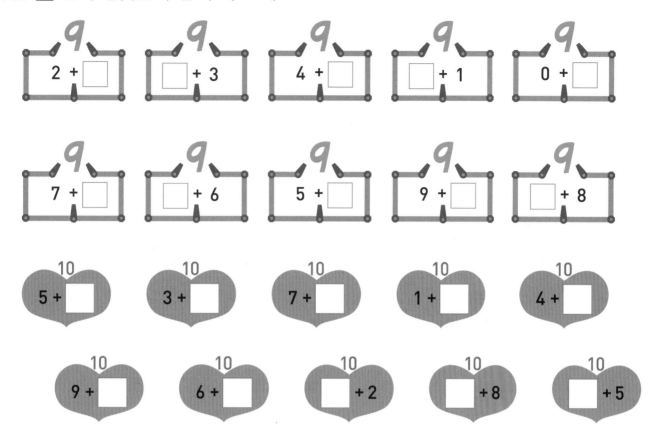

한 번 더 연습해요!

1. 주어진 수 가족을 이용해서 식을 완성해 보세요.

9, 6, 3 (●●●●●●●●●)

□ + □ = □
□ + □ = □
□ − □ = □
□ − □ = □

9, 5, 4 (●●●●●●●●●)

□ + □ = □
□ + □ = □
□ − □ = □
□ − □ = □

11. 동그라미에 선을 그어 가며 뺄셈을 해 보세요.

9 - □ = □

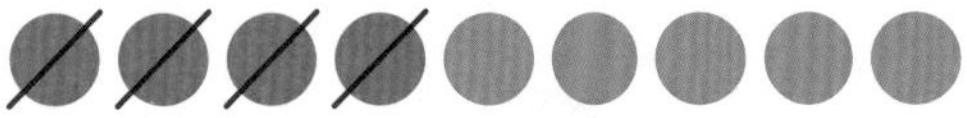

□ - □ = □

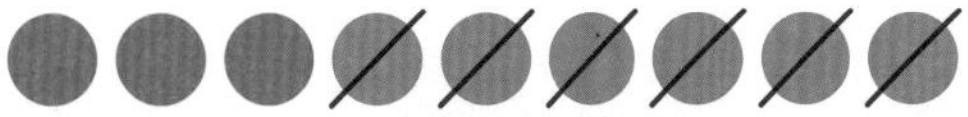

□ - □ = □

□ - □ = □

□ - □ = □

□ - □ = □

□ - □ = □

□ - □ = □

10 - □ = □

□ - □ = □

□ - □ = □

□ - □ = □

□ - □ = □

□ - □ = □

□ - □ = □

□ - □ = □

12. 식에 맞게 □ 안에 알맞은 수를 구해 보세요.

9	-	4	=	5
-		+		+
5	-		=	
=		=		=
4	+		=	9

10	-		=	7
-		+		+
	-	4	=	
=		=		=
3	+		=	

13. 새들의 이름을 찾아보세요.
Toto, Abe, Lulu, Paw, Tilly, Lilly가 누구일지 맞혀 보세요.

■	9	■	9
	u		

■	✕	■	■	▶

●	▲	●	▲

◀	▼	★

●	✕	■	■	▶

▼	◆	⬟

14. 0부터 10까지 규칙에 따라 수를 써넣어 보세요.

0	1			4				8		

10					5					0

15. 계산해 보세요.

6 + 3 = □	2 + 4 = □	6 − 4 = □	10 − 8 = □
2 + 7 = □	0 + 9 = □	8 − 7 = □	10 − 5 = □
4 + 3 = □	7 + 2 = □	9 − 6 = □	10 − 9 = □
6 + 1 = □	8 + 1 = □	8 − 4 = □	10 − 7 = □

16. 계산값이 10이 나오는 길을 따라가 보세요.

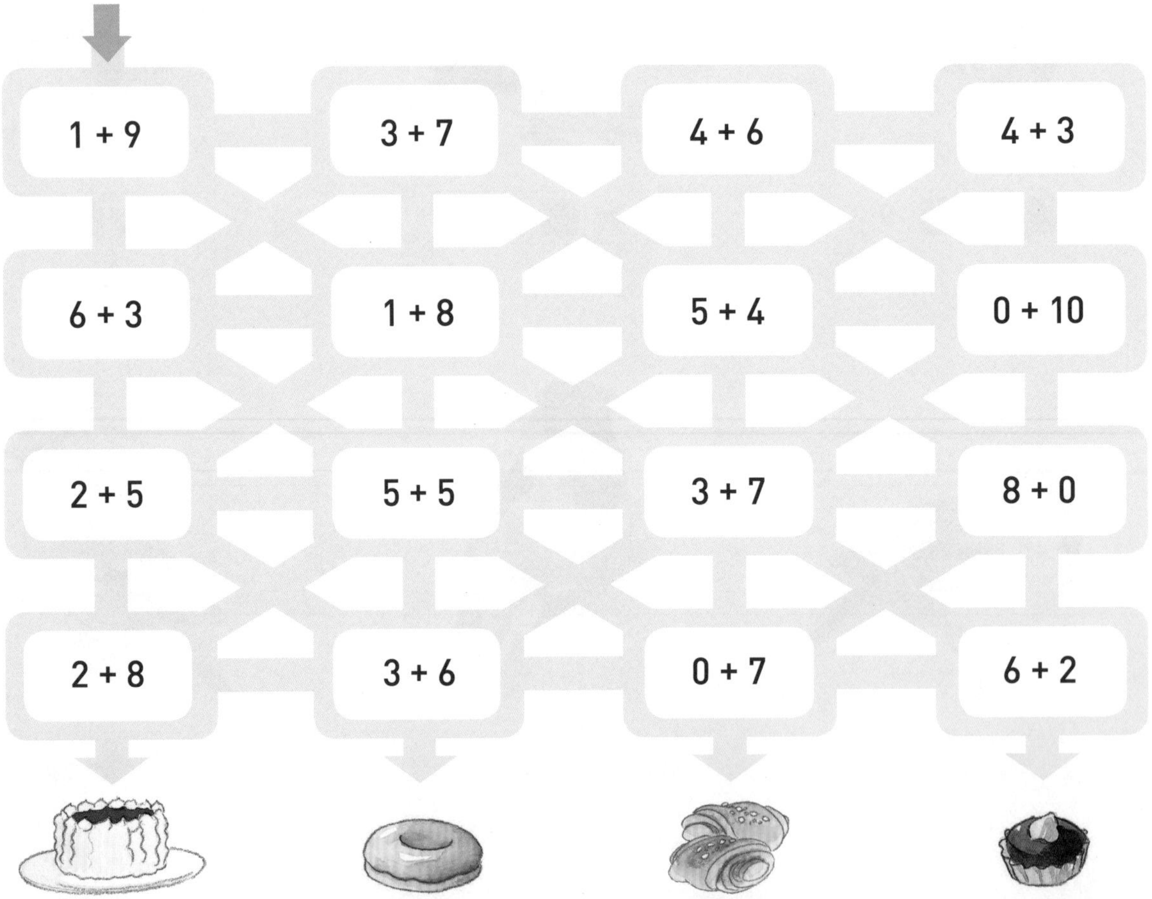

17. 주어진 수를 한 번씩만 모두 사용하여 □ 안에 알맞은 수를 구해 보세요.

547	624	697
□ < 6 < □	□ > 5 > □	□ < 8 < □
5 > □	□ < 3	□ > 6
967	531	346
□ > 5	0 < □	2 < □
□ > 7 > □	□ < 3 < □	3 < □ < □

18. 작은 수에서 큰 수의 순서대로 점을 선으로 이어 보세요.

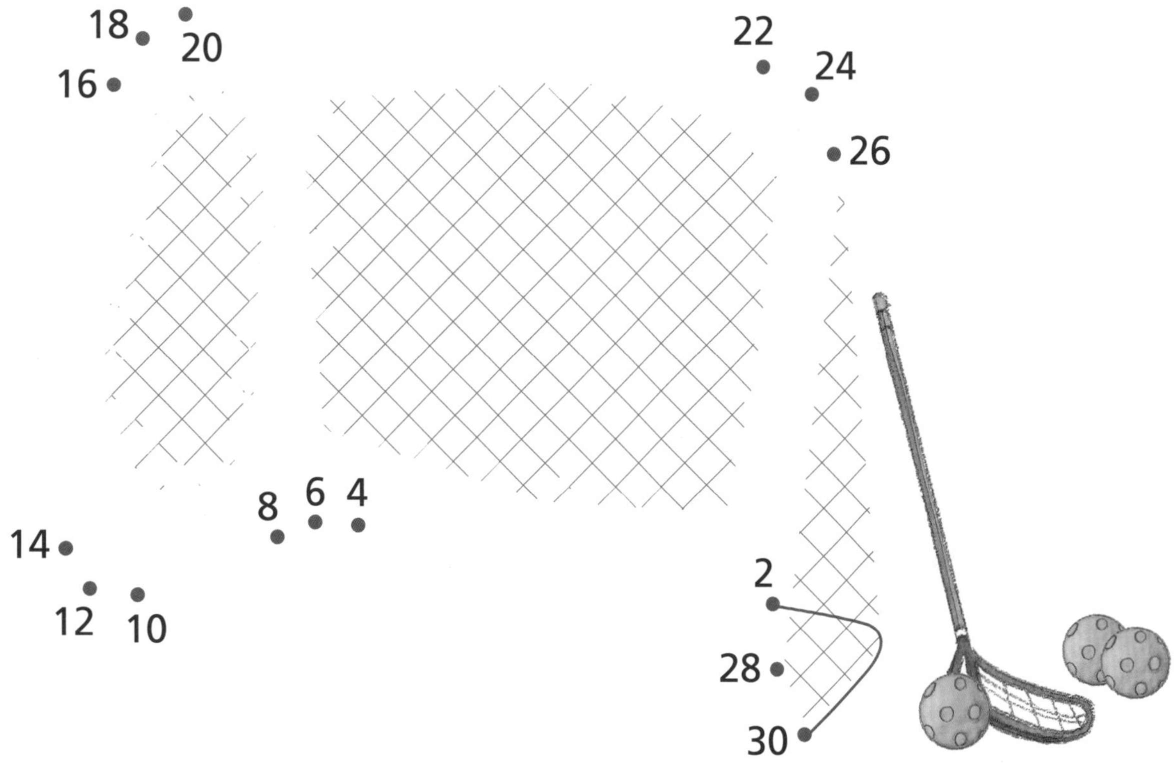

11 세 수의 덧셈

1. 공의 수는 모두 몇 개인지 계산해 보세요.

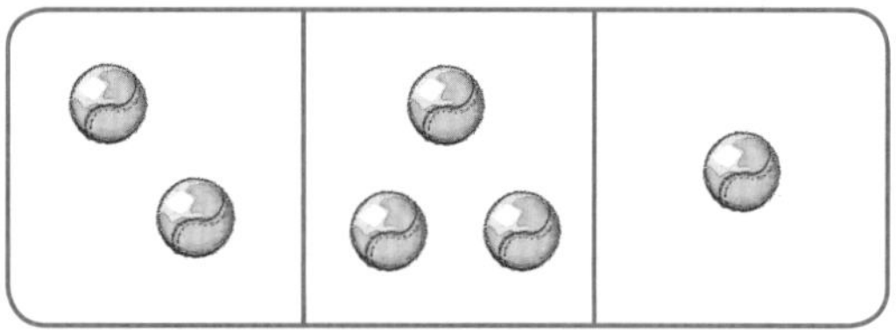

2	+	3	+	1	=	

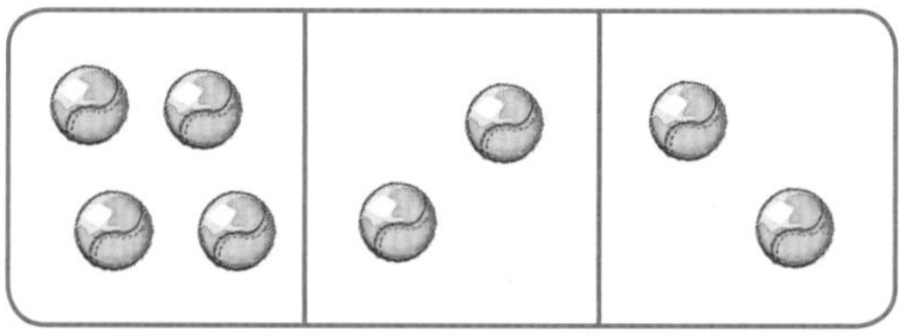

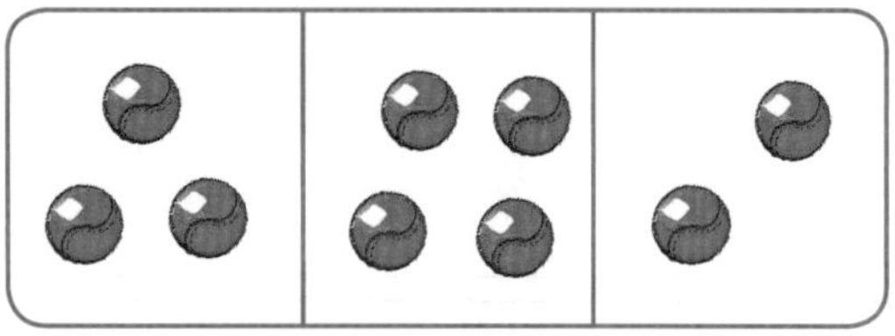

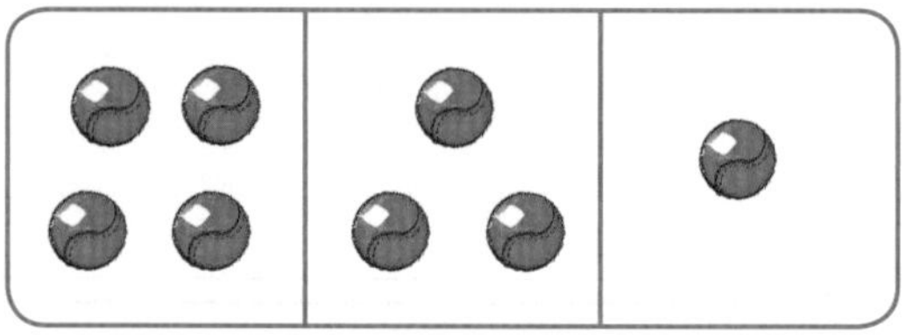

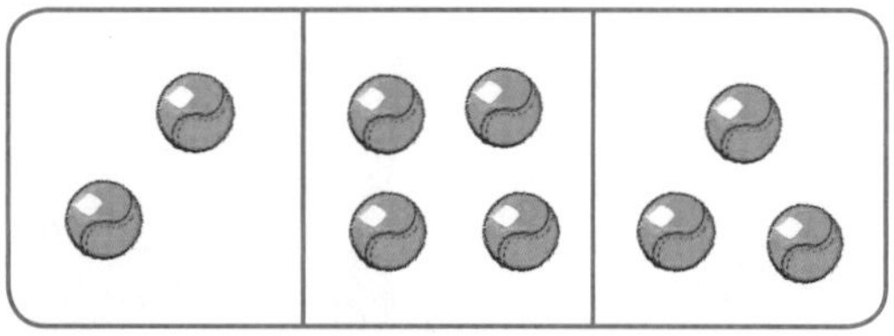

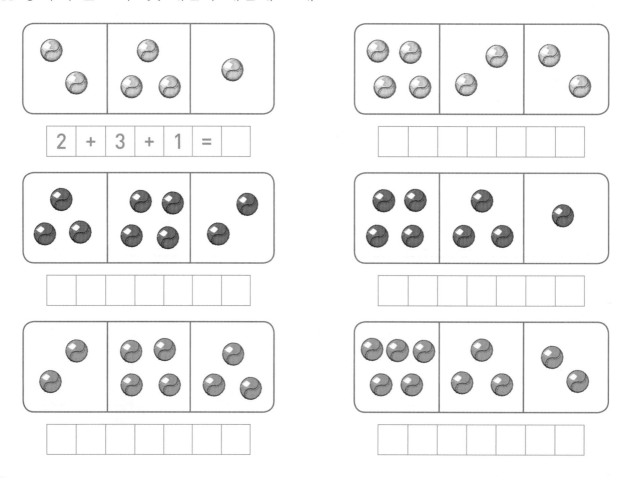

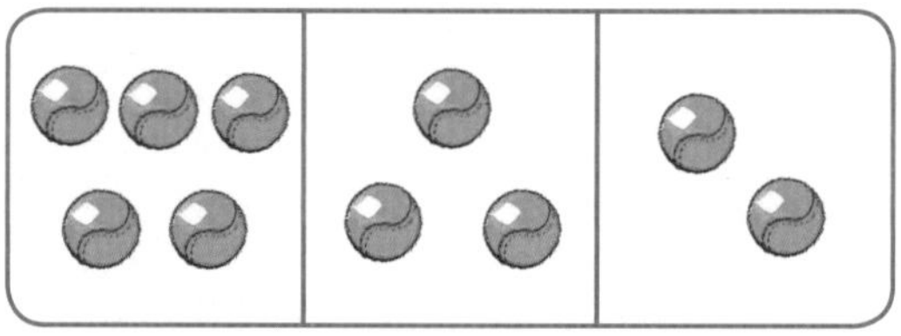

2. 계산한 후 정답에 해당하는 알파벳을 찾아 써넣으세요.

4	5	6	7	8	9	10
O	V	A	C	L	E	K

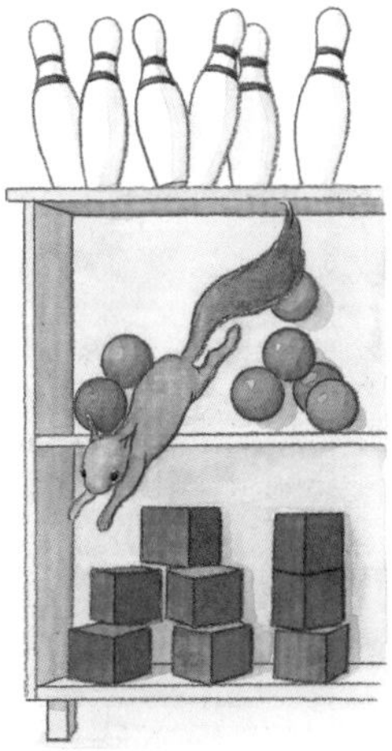

1 + 2 + 4 = ☐ ______

5 + 1 + 2 = ☐ ______

0 + 2 + 2 = ☐ ______

6 + 0 + 1 = ☐ ______

1 + 4 + 5 = ☐ ______

1 + 5 + 1 = ☐ ______

2 + 2 + 2 = ☐ ______

0 + 2 + 3 = ☐ ______

2 + 5 + 2 = ☐ ______

3. ☐ 안에 >, =, <를 알맞게 써넣어 보세요.

2 + 1 ☐ 5

1 + 3 ☐ 4

3 ☐ 0 + 7

9 ☐ 2 + 8

8 + 1 + 0 ☐ 9

4 + 0 + 5 ☐ 7

한 번 더 연습해요!

1. 공은 모두 몇 개인가요?

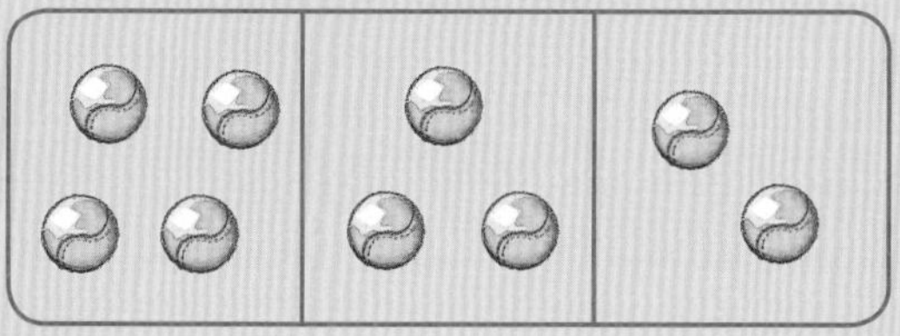

☐☐☐☐☐☐☐

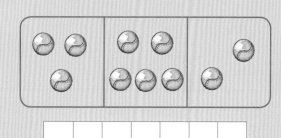

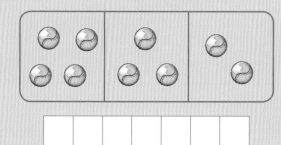

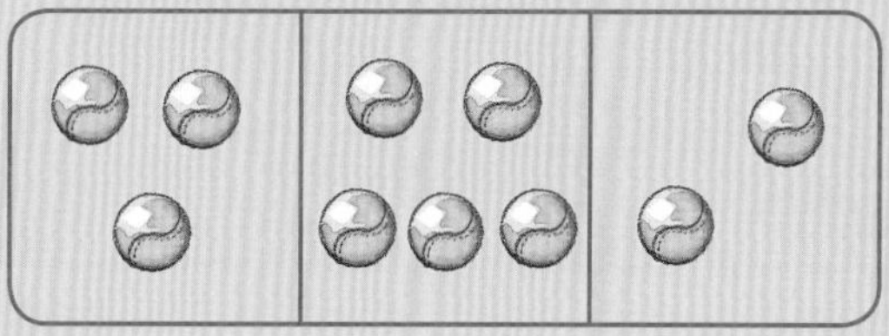

☐☐☐☐☐☐☐

2. 계산해 보세요.

2 + 1 + 3 = ☐

5 + 3 + 2 = ☐

6 + 2 + 1 = ☐

7 + 1 + 2 = ☐

3 + 2 + 4 = ☐

1 + 4 + 5 = ☐

4. 계산값에 해당하는 색을 칠해 보세요.

8 ● 9 ● 10 ●

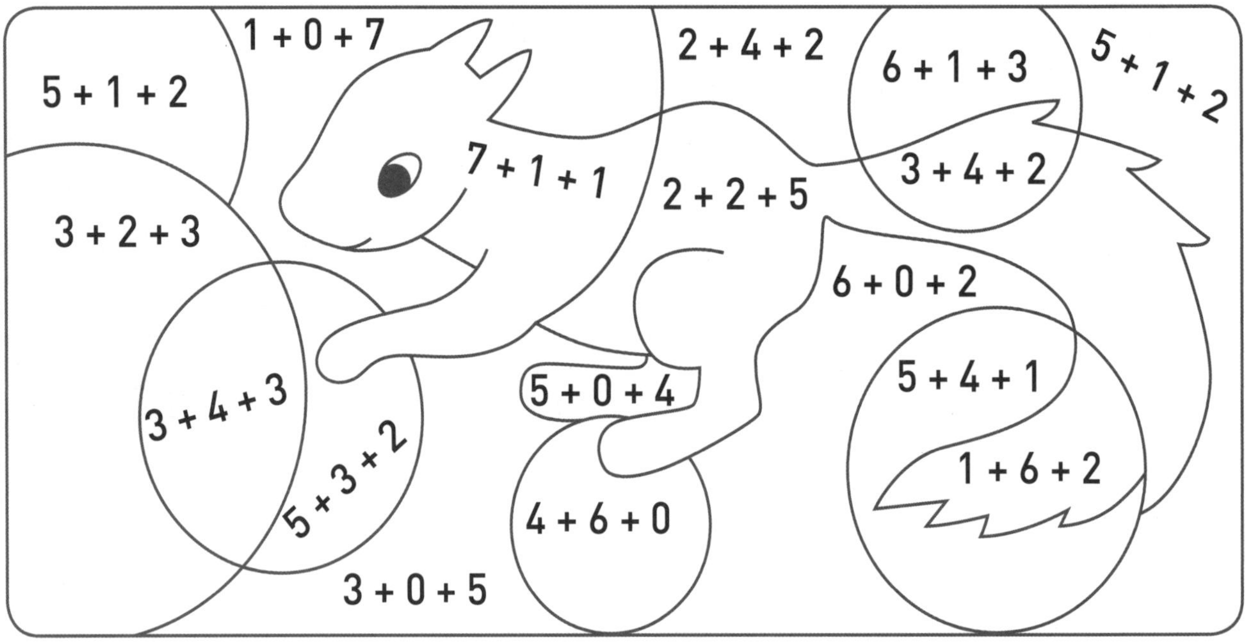

5. 계산값이 10이 나오는 길을 따라가 보세요.

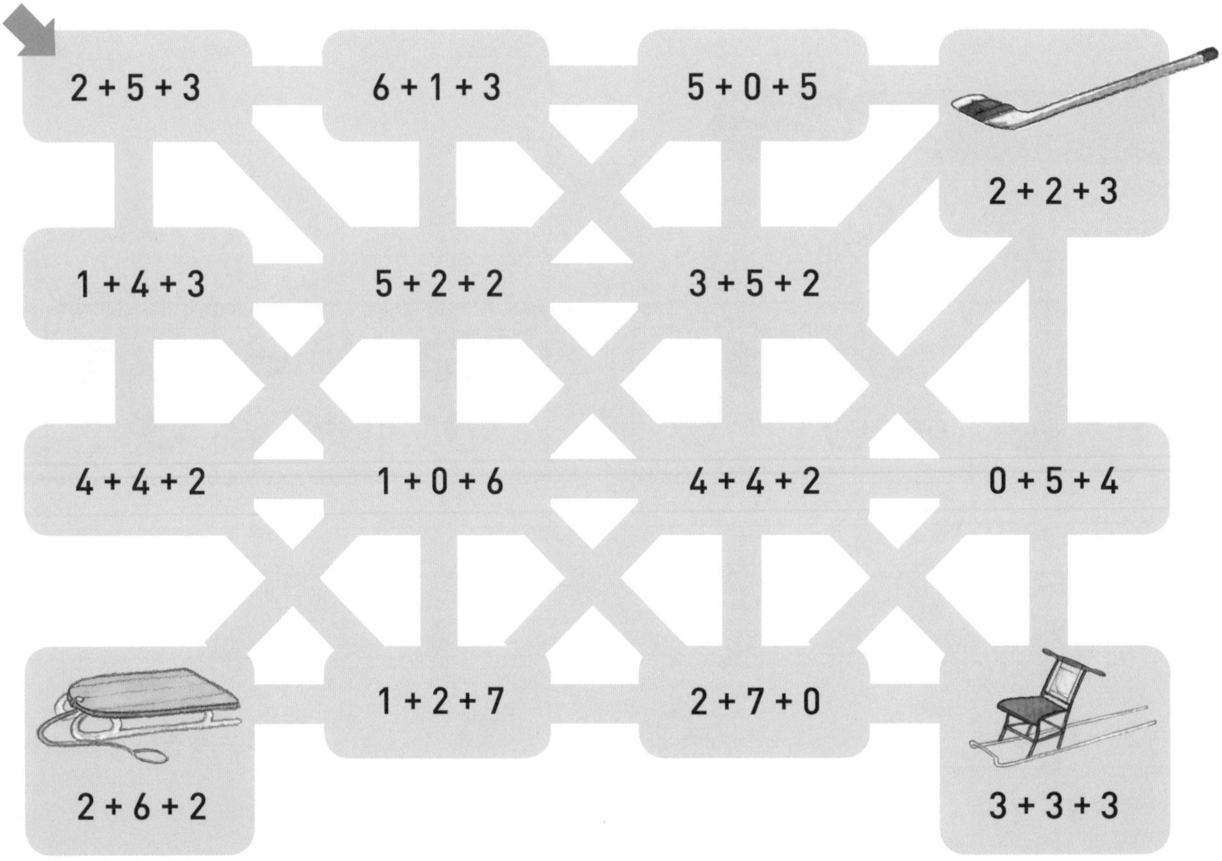

6. 주어진 수를 사용하여 만들 수 있는 식을 모두 찾아 써 보세요. 단, 수는 한 번씩만 사용해야 해요.

8 5 1 2

□ + □ + □ = □　　　□ + □ + □ = □

□ + □ + □ = □　　　□ + □ + □ = □

□ + □ + □ = □　　　□ + □ + □ = □

7. 스도쿠 퍼즐을 완성해 보세요. 단, 1부터 4까지의 숫자는 가로와 세로, 같은 색 칸에 한 번씩만 쓸 수 있어요.

	1		
	2	4	
	3		
		2	

	1	3	4
		2	
3			

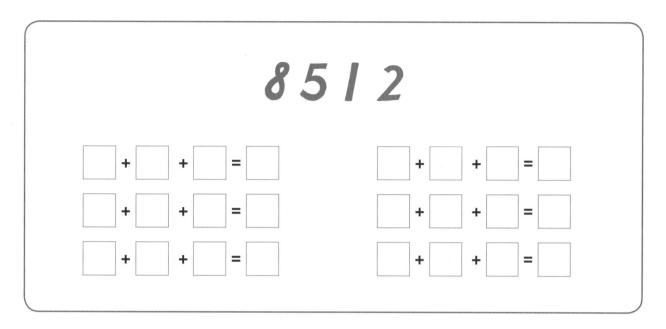

12 세 수의 뺄셈

1. 볼링핀을 선으로 그어 가며 바르게 계산해 보세요.

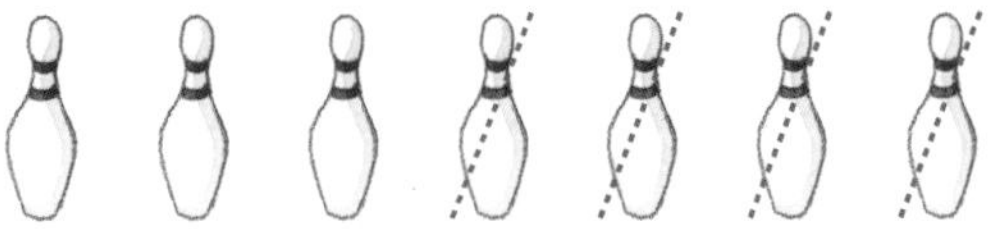

7 − 1 − 3 = ☐

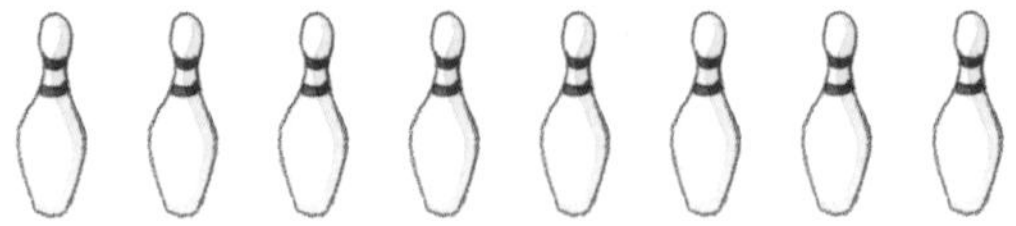

8 − 3 − 4 = ☐

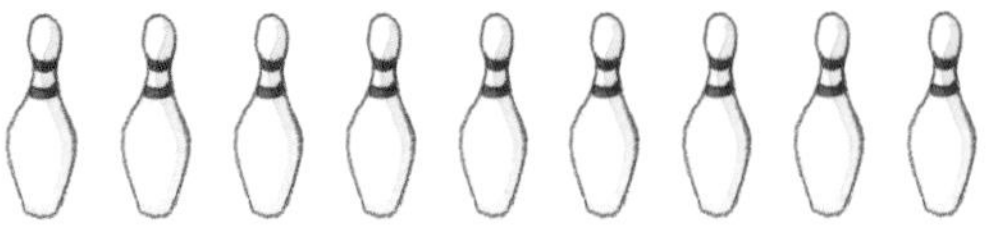

9 − 6 − 3 = ☐

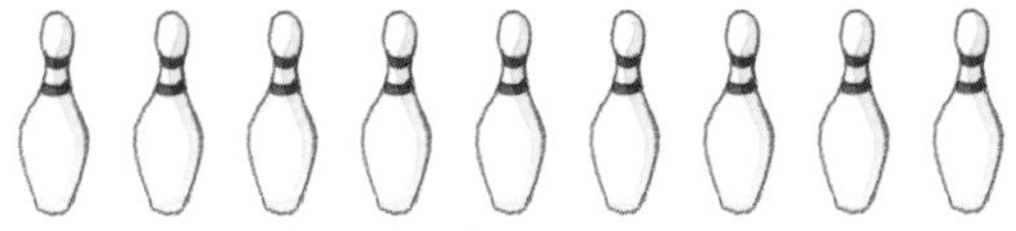

9 − 2 − 4 = ☐

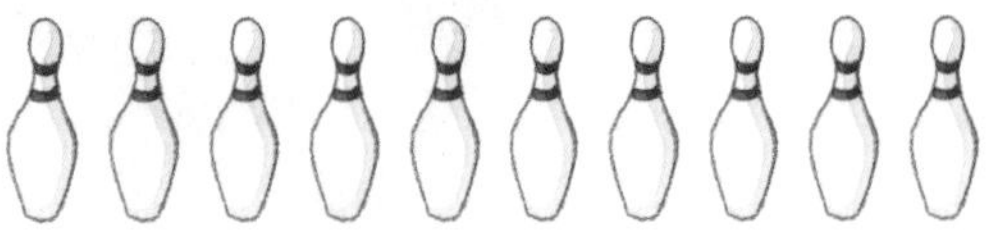

10 − 2 − 1 = ☐

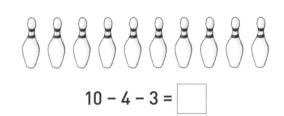

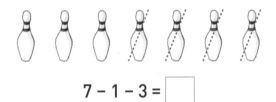

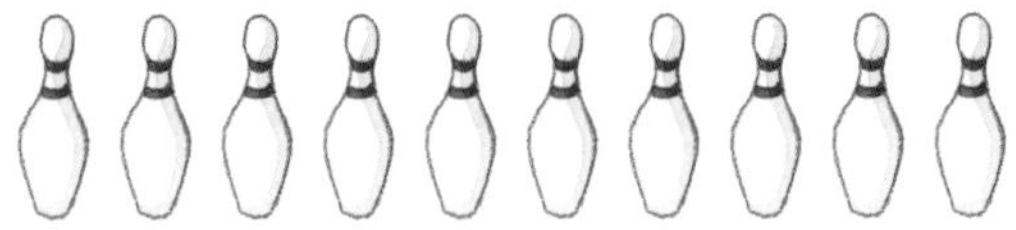

10 − 4 − 3 = ☐

2. 계산한 후 정답에 해당하는 알파벳을 찾아 써넣으세요.

0	1	2	3	4	5	6
U	C	P	T	S	A	N

6 − 3 − 2 = □ ____	6 − 1 − 1 = □ ____	9 − 5 − 3 = □ ____
7 − 1 − 6 = □ ____	9 − 3 − 6 = □ ____	7 − 1 − 1 = □ ____
10 − 4 − 4 = □ ____	7 − 0 − 1 = □ ____	8 − 2 − 3 = □ ____

3. □ 안에 >, =, <를 알맞게 써넣어 보세요.

4 − 1 □ 2	7 □ 8 − 0	6 − 3 − 2 □ 2
5 − 2 □ 3	4 □ 7 − 3	7 − 3 − 1 □ 4
8 − 4 □ 4	6 □ 9 − 4	10 − 1 − 1 □ 9

한 번 더 연습해요!

1. 볼링핀을 선으로 그어 가며 바르게 계산해 보세요.

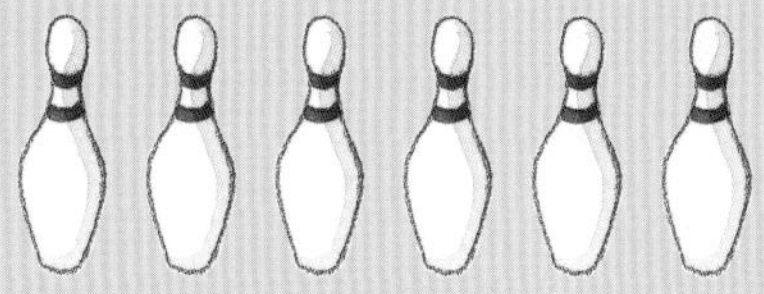

6 − 1 − 5 = □

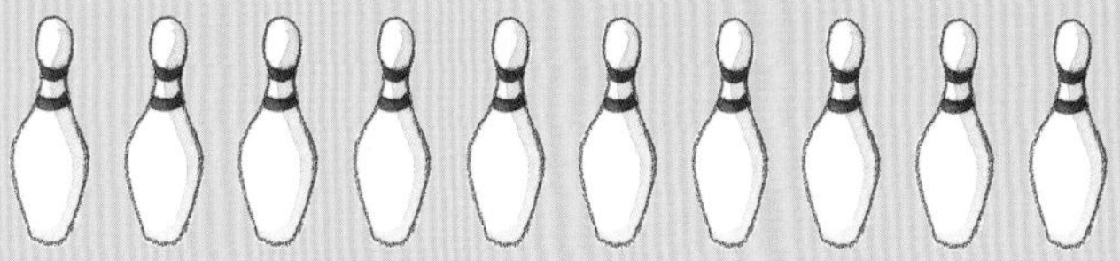

10 − 5 − 3 = □

2. 계산해 보세요.

4 − 2 − 2 = □	10 − 6 − 2 = □	8 − 5 − 2 = □
9 − 4 − 3 = □	8 − 3 − 1 = □	6 − 4 − 1 = □
7 − 1 − 5 = □	10 − 1 − 6 = □	9 − 2 − 7 = □

4. 계산값에 해당하는 색을 칠해 보세요.

4 ● 5 ● 6 ●

5. 계산값이 3이 나오는 길을 따라가 보세요.

6 − 2 − 1	4 − 0 − 1	8 − 2 − 2	4 − 0 − 1
7 − 2 − 1	6 − 1 − 2	9 − 2 − 1	10 − 6 − 2
8 − 1 − 4	8 − 2 − 3	9 − 5 − 1	10 − 3 − 3
8 − 4 − 2	7 − 5 − 2	4 − 1 − 0	7 − 4 − 0

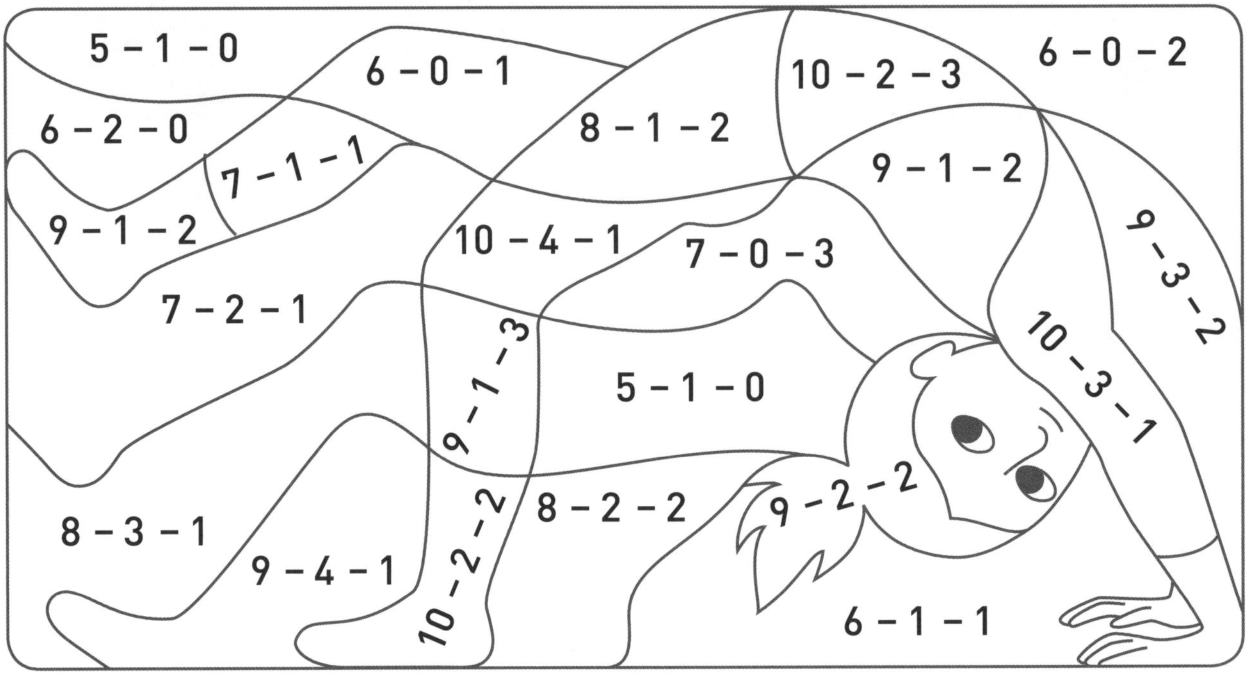

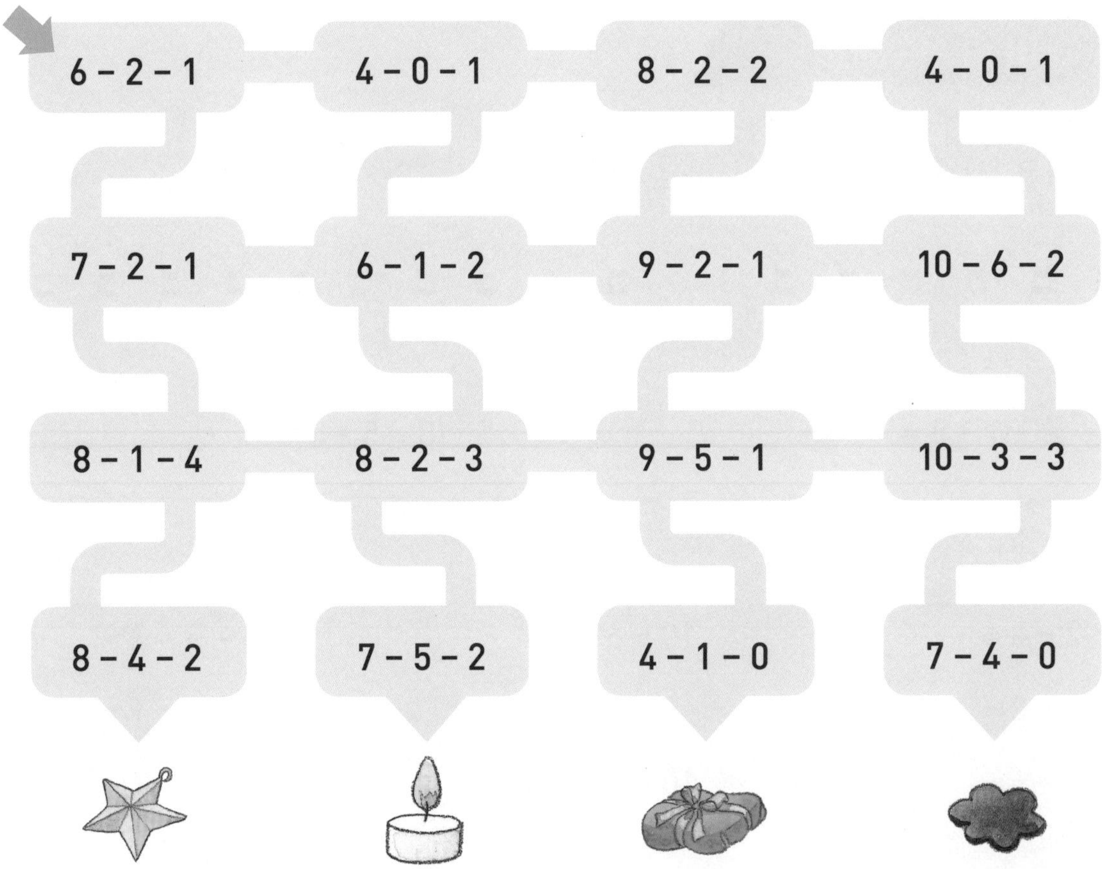

6. 주어진 수를 사용하여 만들 수 있는 식을 모두 찾아 써 보세요. 단, 수는 한 번씩만 사용해야 해요.

3 1 6 2

□ + □ + □ = □　　　□ + □ + □ = □

□ + □ + □ = □　　　□ + □ + □ = □

□ + □ + □ = □　　　□ + □ + □ = □

7. 그림이 들어간 식을 보고 그림의 값을 구해 보세요.

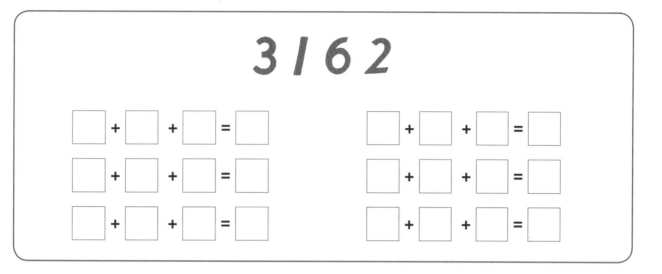

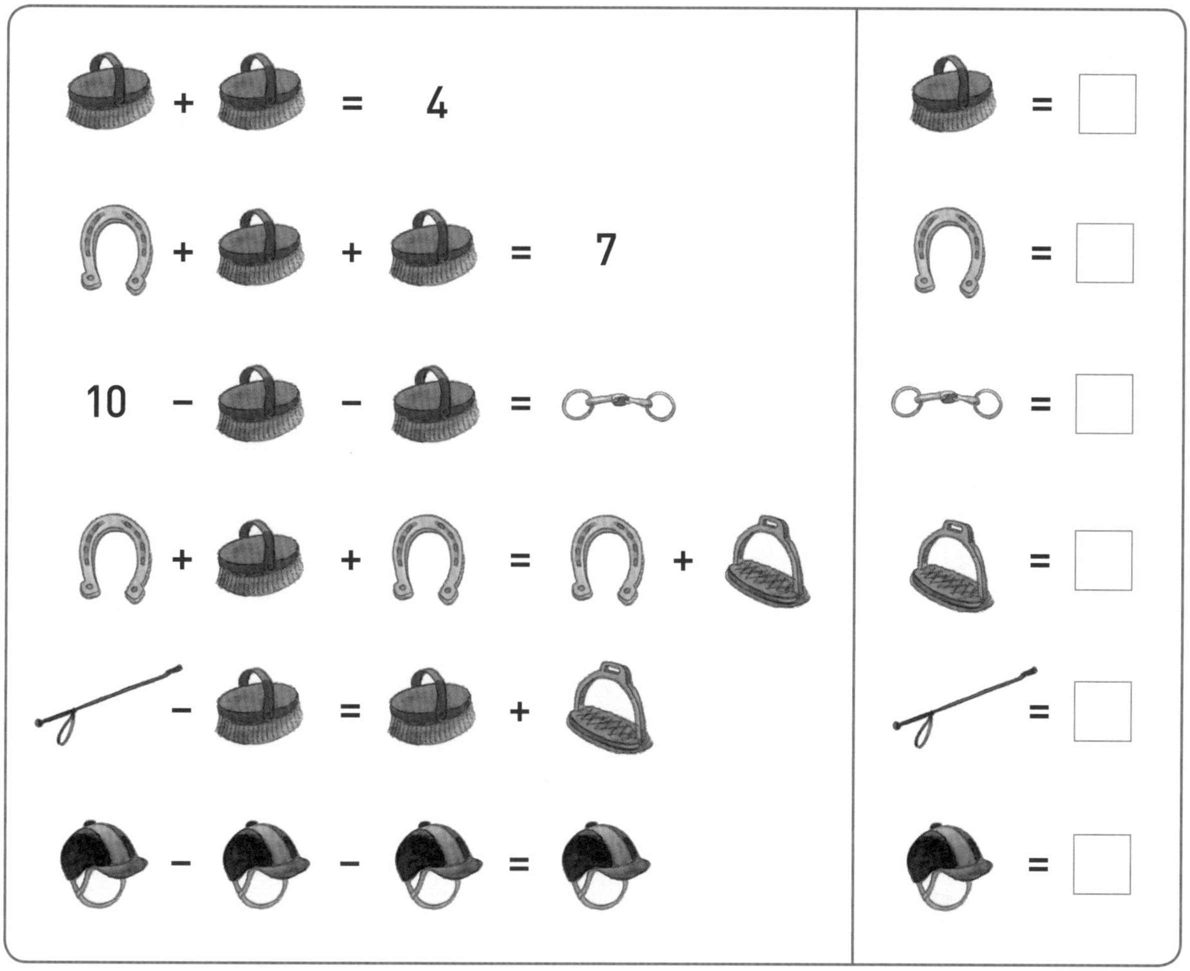

13 그래프를 알아봐요

1. 아래 그림을 몇 개나 찾을 수 있나요? 위 그림에서 찾아보고 개수만큼 색칠하세요.

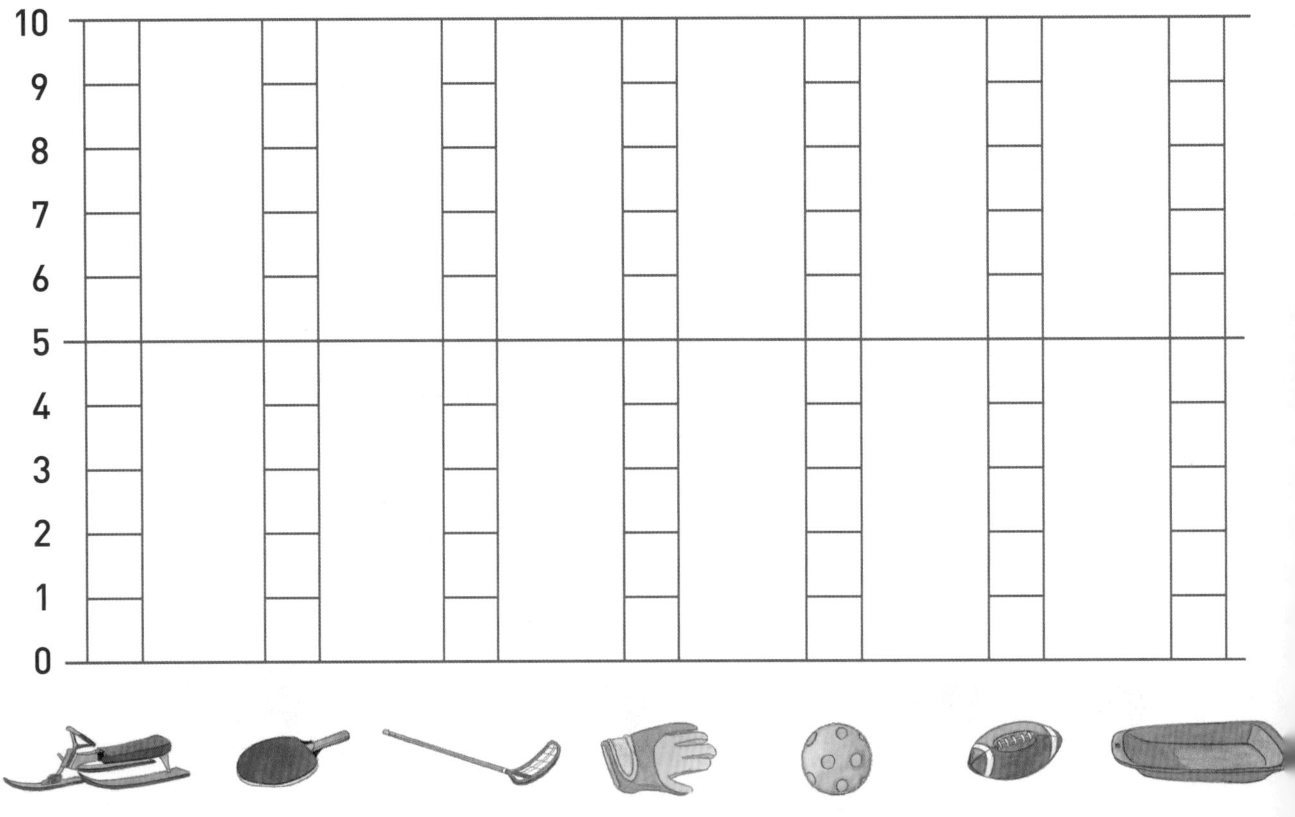

2. 몇 개인지 □ 안에 알맞은 수를 써 보세요.

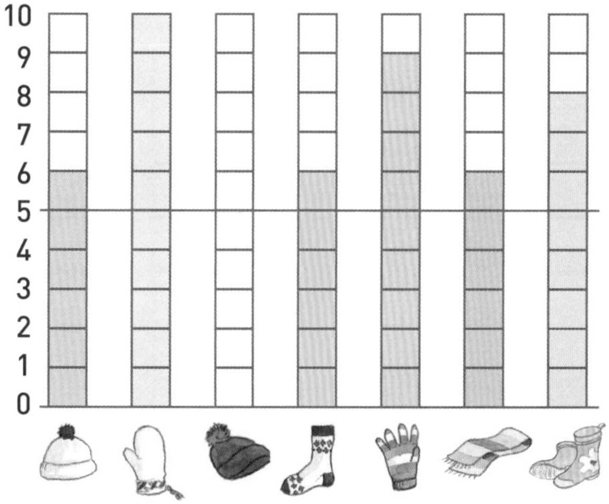

 □개

 □개

 □개

 □개

 □개

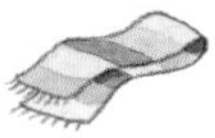 □개

 □개

3. 계산해 보세요.

3 + 7 = □

1 + 5 = □

6 + 3 = □

1 + 6 + 1 = □

3 + 4 + 2 = □

0 + 9 + 1 = □

10 − 2 − 3 = □

10 − 1 − 3 = □

10 − 4 − 6 = □

한 번 더 연습해요!

1. 몇 개인지 □ 안에 알맞은 수를 써 보세요.

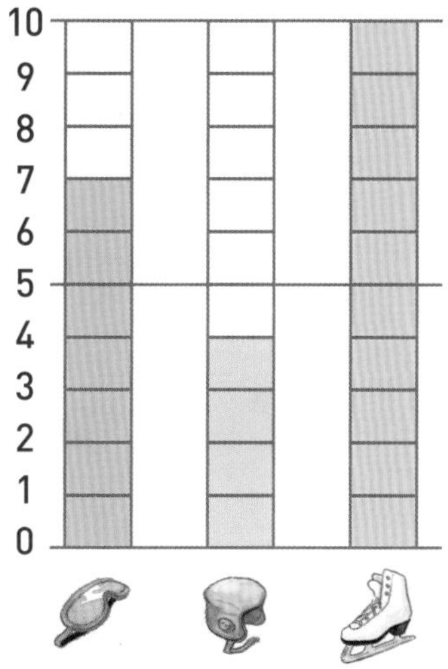

 □개

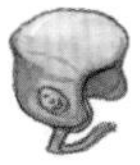 □개

 □개

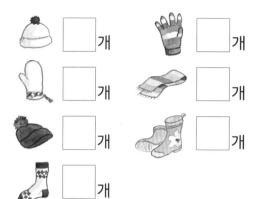

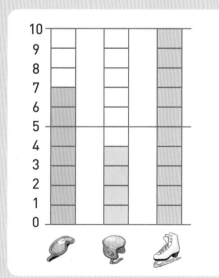

2. 계산해 보세요.

9 − 2 = □

10 − 4 = □

4 + 5 = □

6 + 4 = □

10 − 1 = □

8 − 3 = □

4 + 4 = □

4. 몇 개인지 세어 보고 알맞은 수만큼 색칠해 보세요.

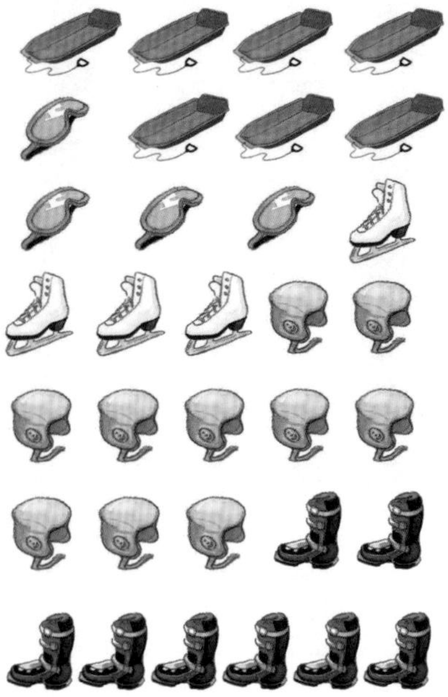

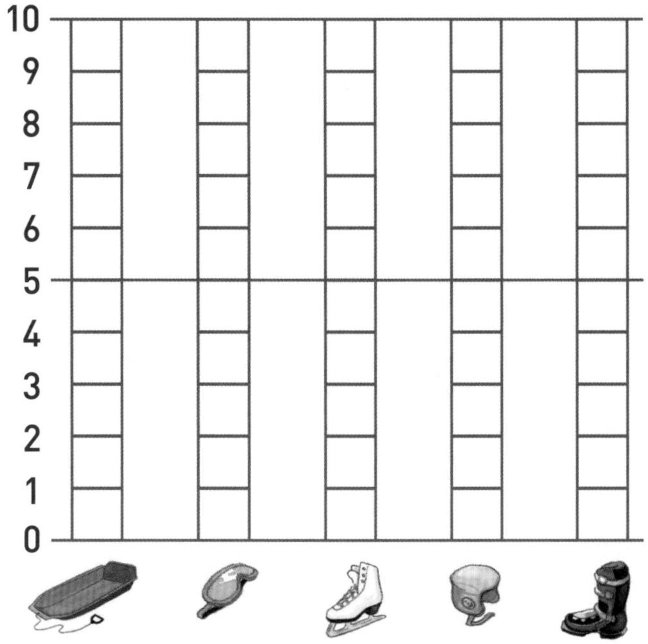

5. 몇 개인지 □ 안에 알맞은 수를 써 보세요.

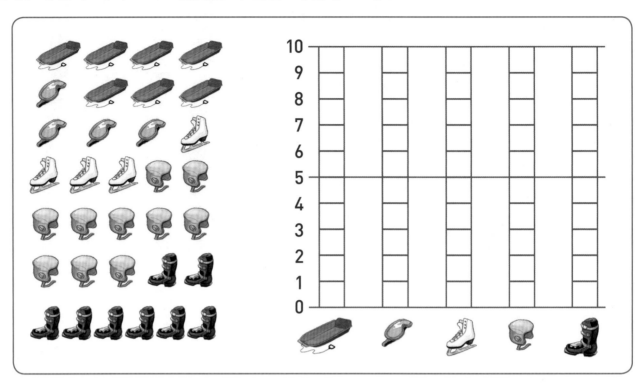

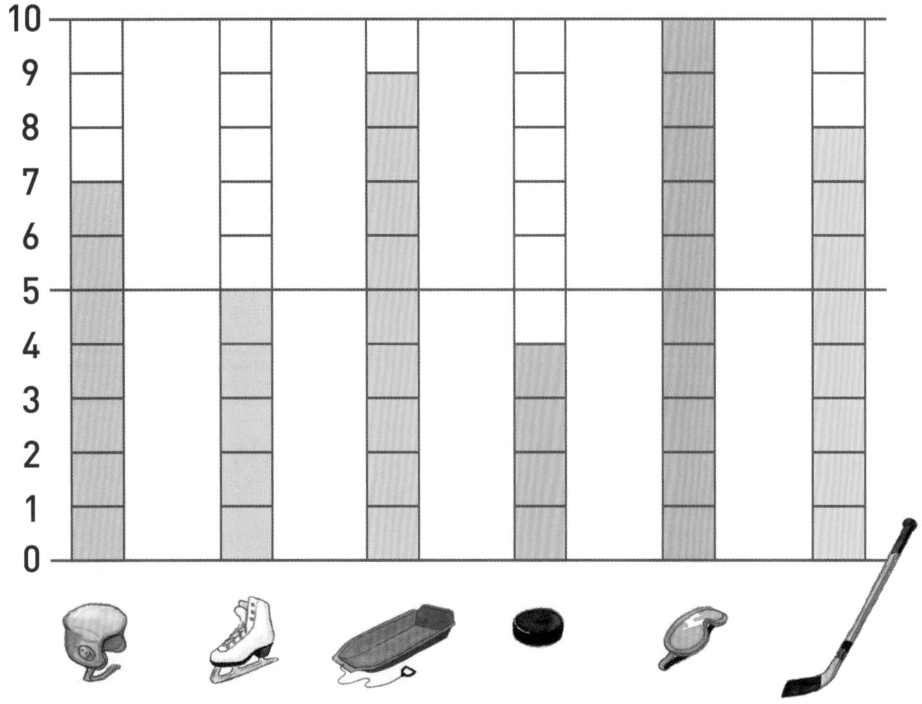

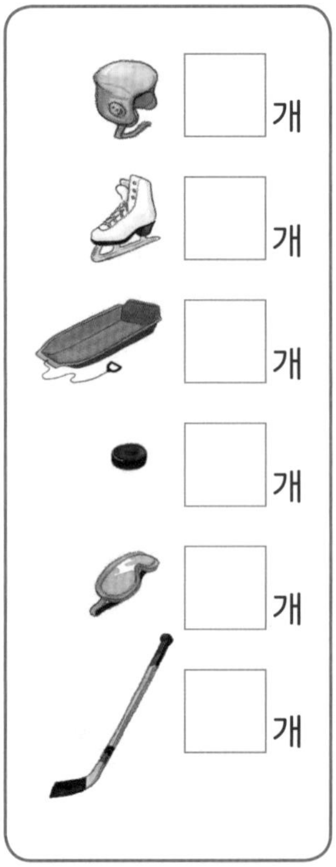

6. 계산한 후 정답에 해당하는 알파벳을 찾아 써넣으세요.

0	1	3	4	6	10
G	T	B	A	O	Y

8 − 5 = ☐ ____　　7 − 4 = ☐ ____　　9 − 6 = ☐ ____

8 − 4 = ☐ ____　　10 − 4 = ☐ ____　　9 − 5 = ☐ ____

6 − 6 = ☐ ____　　10 − 0 = ☐ ____　　9 − 8 = ☐ ____

0	1	6	7	8	9	10
E	L	R	Y	A	N	G

3 + 4 + 1 = ☐ ____　　5 + 1 + 2 = ☐ ____

2 + 3 + 4 = ☐ ____　　3 + 3 + 3 = ☐ ____

3 + 7 − 0 = ☐ ____　　8 + 1 + 1 = ☐ ____

9 − 1 − 2 = ☐ ____　　10 − 1 − 9 = ☐ ____

3 + 2 + 2 = ☐ ____　　8 − 3 − 4 = ☐ ____

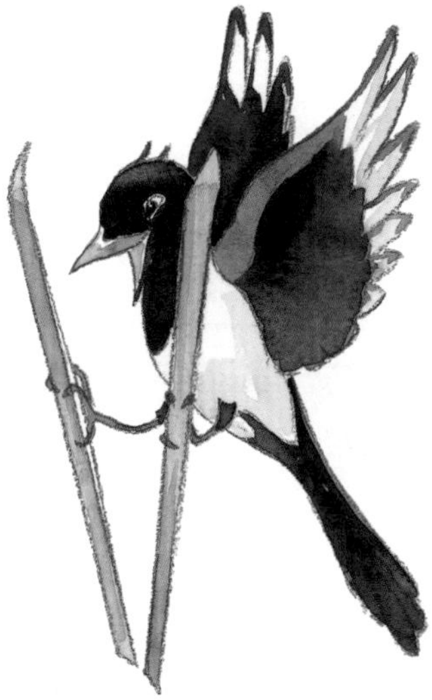

7. 그림이 들어간 식을 보고 그림의 값을 구해 보세요.

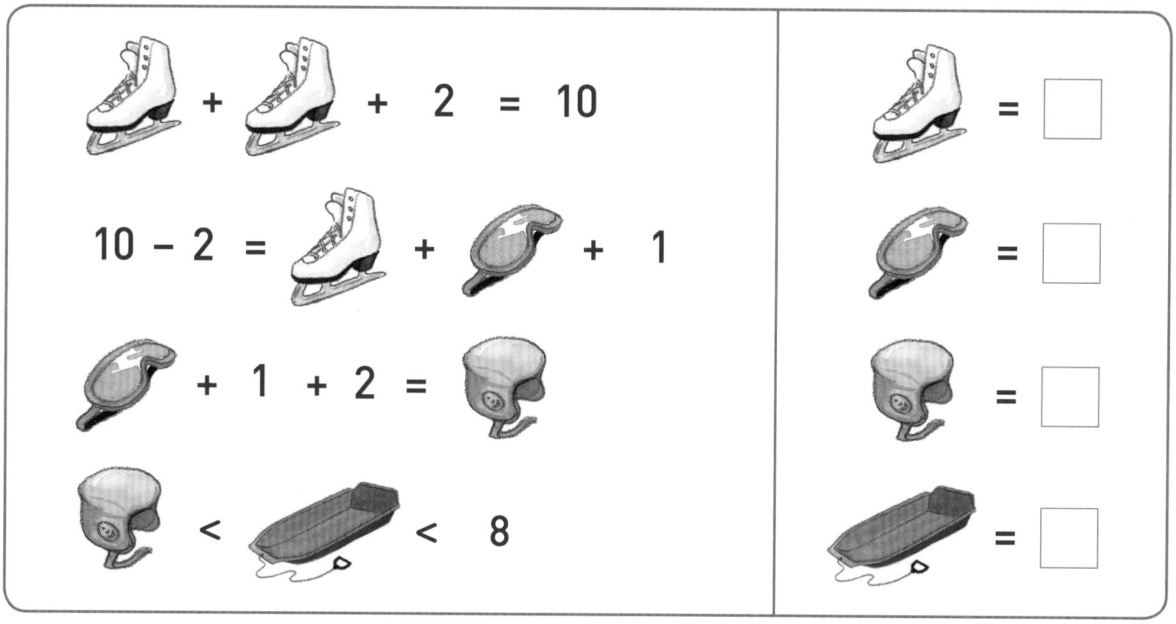

8. □ 안에 알맞은 수를 써 보세요.

7: 6 + □ | 7: □ + 5 | 7: 3 + □ | 7: □ + 7

8: □ + 3 | 8: 0 + □ | 8: □ + 1 | 8: 2 + □

9: 2 + □ | 9: 4 + □ | 9: □ + 6 | 9: □ + 8

10: 6 + □ | 10: 9 + □ | 10: 5 + □ | 10: □ + 10

10: □ + 7 | 10: □ + 2 | 10: 3 + □

10: 4 + □ | 10: 8 + □ | 10: □ + 5 | 10: □ + 0

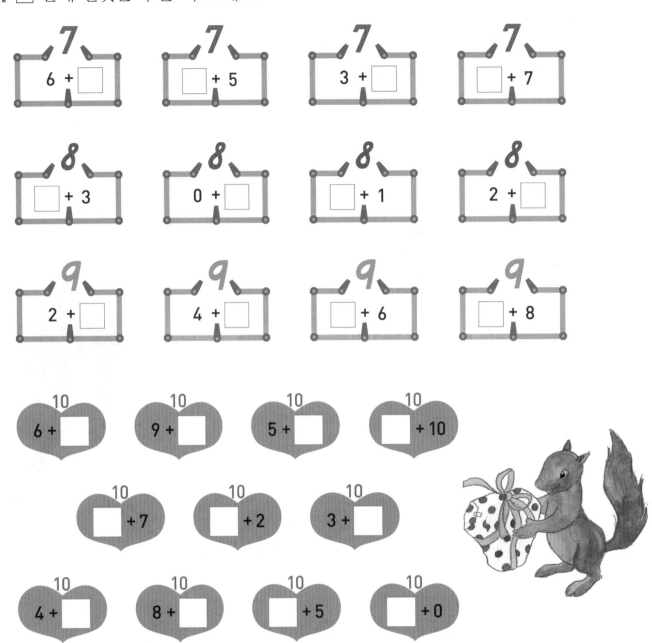

9. □ 안에 >, =, <를 알맞게 써넣어 보세요.

5 + 3 □ 9	10 □ 2 + 8	2 + 4 □ 1 + 5
2 + 7 □ 8	7 □ 9 − 3	4 + 5 □ 2 + 6
10 − 6 □ 4	5 □ 8 − 4	10 − 7 □ 8 − 5

10. 주어진 수 가족을 이용해서 식을 완성해 보세요.

6, 4, 2	8, 3, 5
□ + □ = □	□ + □ = □
□ + □ = □	□ + □ = □
□ − □ = □	□ − □ = □
□ − □ = □	□ − □ = □

11. 계산해 보세요.

3 + 1 + 2 = □	4 − 3 − 1 = □	8 − 2 − 3 = □
2 + 4 + 3 = □	6 − 3 − 2 = □	7 − 3 − 3 = □
5 + 0 + 5 = □	9 − 4 − 3 = □	10 − 5 − 2 = □

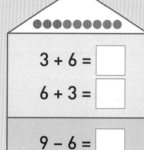

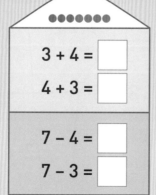

한 번 더 연습해요!

1. 계산해 보세요.

3 + 6 = □	3 + 4 = □
6 + 3 = □	4 + 3 = □
9 − 6 = □	7 − 4 = □
9 − 3 = □	7 − 3 = □

2. 계산해 보세요.

4 + 2 + 4 = □

1 + 3 + 2 = □

8 − 1 − 2 = □

7 − 3 − 3 = □

10 − 3 − 3 = □

10 − 5 − 1 = □

12. 식을 보고 그림에 선을 그어 가며 바르게 계산해 보세요.

1000원 - 100원 - 300원 = ________ 원

1000원 - 300원 - 200원 = ________ 원

1000원 - 200원 - 800원 = ________ 원

1000원 - 400원 - 500원 = ________ 원

13. 계산값이 10과 같으면 색칠해 보세요.

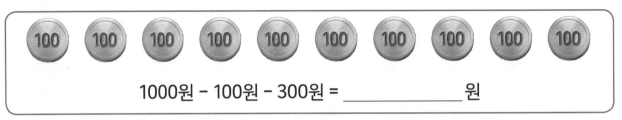

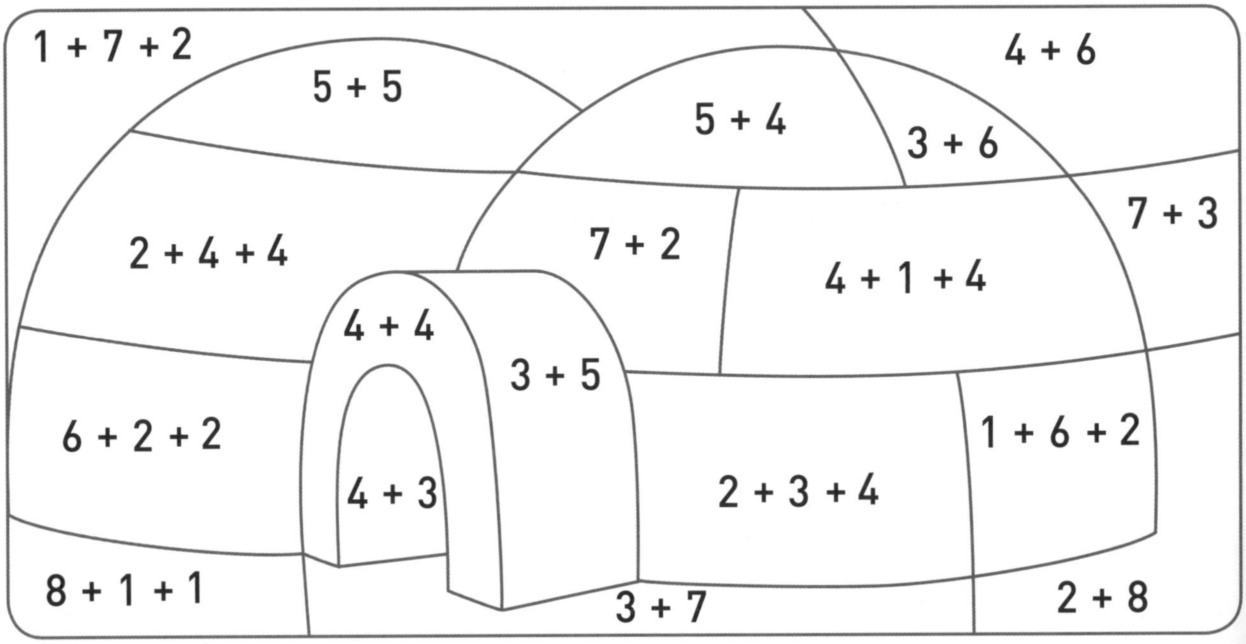

14. 식에 맞게 □ 안에 알맞은 수를 구해 보세요.

6	-		=	
-		-		-
	-	1	=	3
=		=		=
	-	1	=	

	-	7	=	
-		-		-
4	-		=	
=		=		=
	-	3	=	2

15. 친구들의 이름을 찾아보세요.
Adam, Daniel, Emil, Caspar, Norman, Rasmus가 누구일지 맞혀 보세요.

▲	◆	4	9

★	▼	●	2	▼	3

✕	▼	▬	4	▲	9

▼	✕	▼	◆

3	▼	●	◆	▶	●

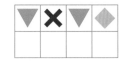

▬	■	3	◆	▼	▬

실력을 평가해 봐요!

____월 ____일 ____요일

1. 빈칸을 채워 10을 만들어 보세요.

- 10: 10 + □
- 10: 9 + □
- 10: 7 + □
- 10: 8 + □
- 10: 5 + □
- 10: 4 + □
- 10: 2 + □
- 10: 6 + □
- 10: 1 + □
- 10: 3 + □
- 10: 0 + □

2. 0부터 10까지 규칙에 따라 수를 써넣어 보세요.

0	1			4		6		8		

10		8			5					0

3. 공의 수는 모두 몇 개인지 식을 쓰고 계산해 보세요.

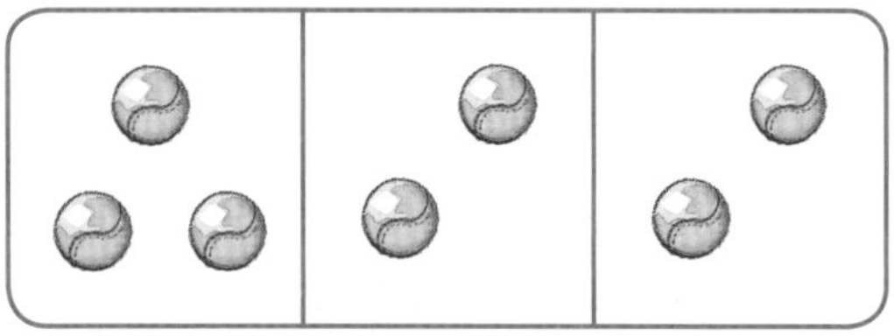

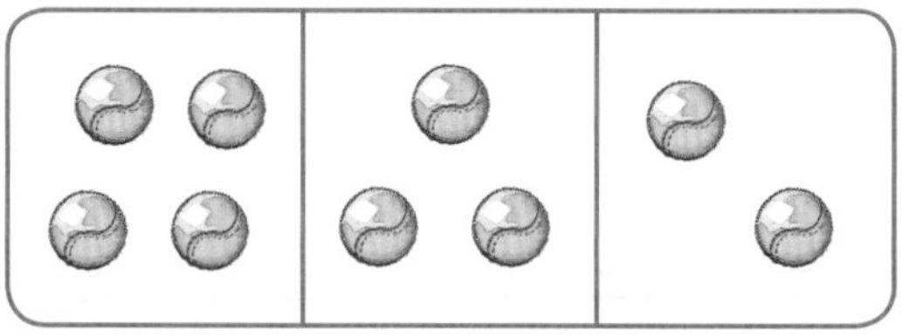

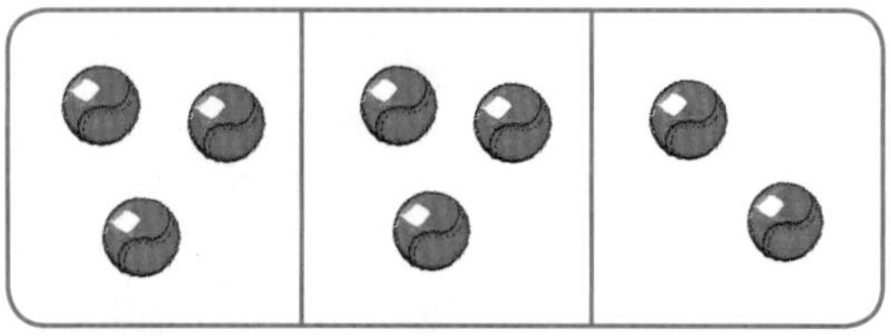

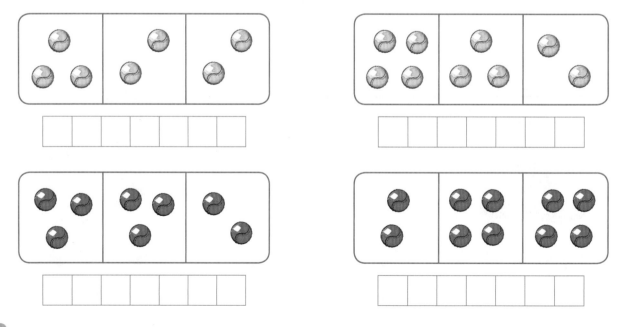

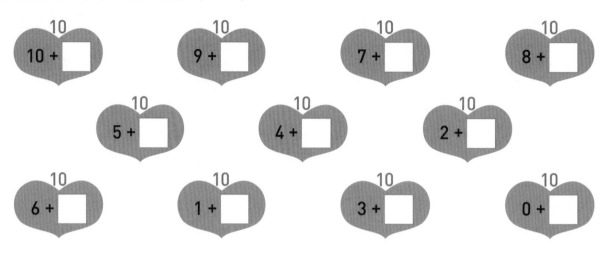

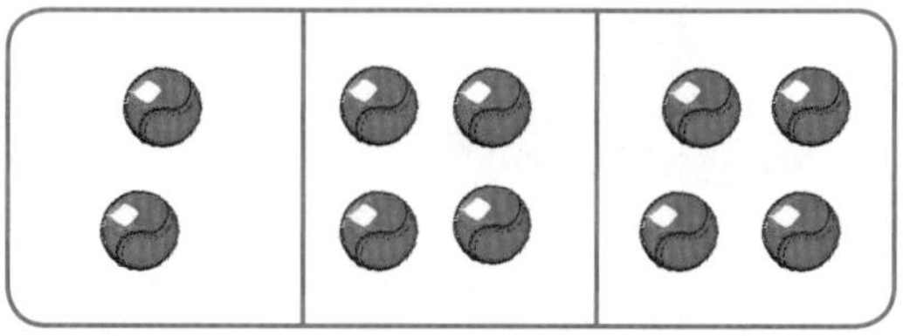

4. 볼링핀을 선으로 그어 가며 계산해 보세요.

7 − 2 − 1 = □

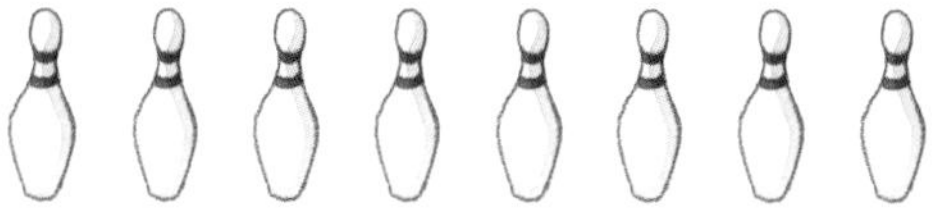

8 − 3 − 2 = □

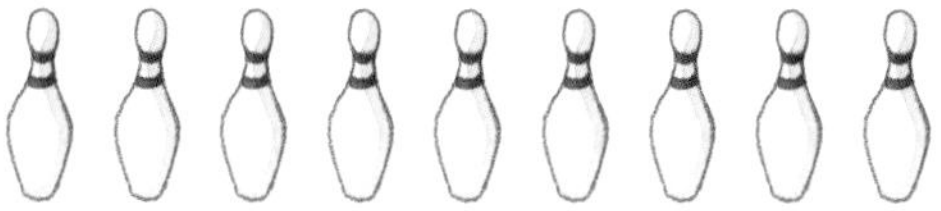

9 − 7 − 2 = □

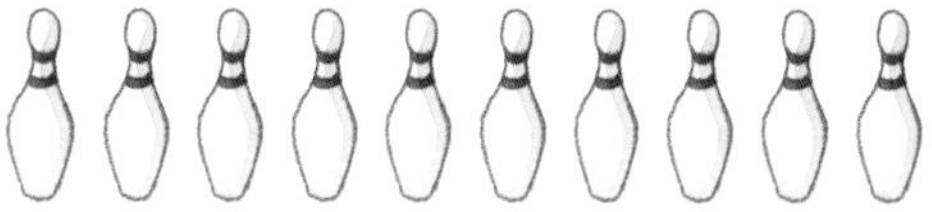

10 − 4 − 1 = □

5. □ 안에 >, =, <를 알맞게 써넣어 보세요.

4 + 3 □ 6	8 □ 2 + 5	4 + 2 + 2 □ 9
10 − 3 □ 7	10 □ 8 − 2	10 − 2 − 3 □ 6

6. 몇 개인지 □ 안에 알맞은 수를 써 보세요.

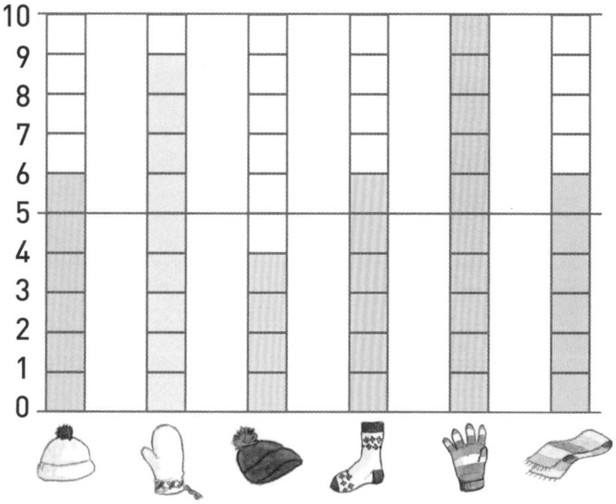

 □개  □개  □개

 □개  □개 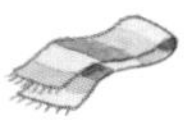 □개

얼마나 잘했나요?

실력이 자란 만큼 별을 색칠하세요.

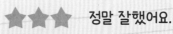

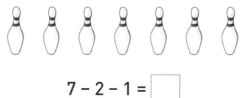

★★★ 정말 잘했어요.

★★☆ 꽤 잘했어요.

★☆☆ 계속 노력할게요.

단원 평가

1

규칙에 따라 수를 써넣어 보세요.

0	1									10

	4		6			9	

10			7	6			3

10	9		7			4	

2

계산한 후 정답에
해당하는 알파벳을 찾아
써넣으세요.

6 + 4 = ☐ ______

2 + 5 = ☐ ______

10 − 0 = ☐ ______

4 + 3 = ☐ ______

8 − 3 = ☐ ______

5	7	10
A	O	C

3

계산해 보세요.

2 + 5 + 3 = ☐ 7 + 1 + 2 = ☐

4 + 3 + 2 = ☐ 3 + 2 + 4 = ☐

6 − 3 − 3 = ☐ 10 − 1 − 9 = ☐

4

□ 안에 알맞은 수를 써넣은 후 동그라미를 그려 넣으세요.

6 + 1 > □ □ < 7 + 3

□ = 3 + 5 □ > 2 + 4

5 ★★★

작은 수에서 큰 수의 순서대로 점을 선으로 이어 보세요.

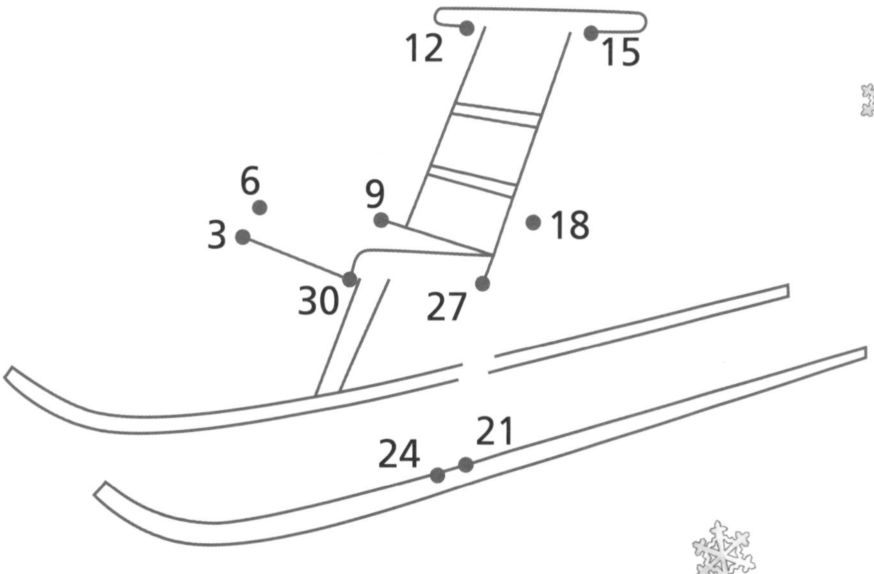

놀이 수학

탱그램 놀이

준비물: 탱그램 조각

탱그램 조각으로 아래 모양을 만들어 보세요.

토끼

백조

사람

배

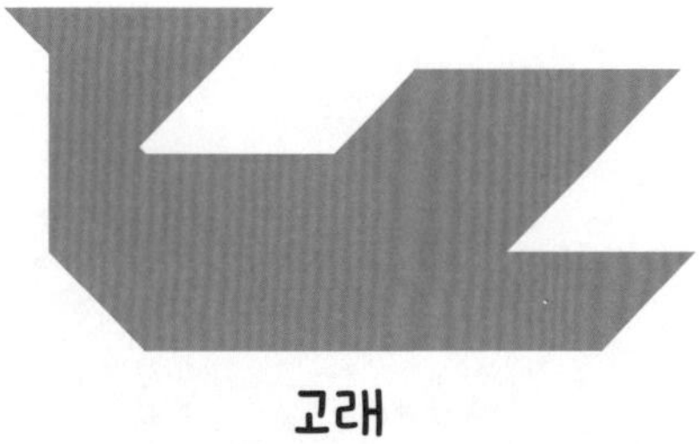

고래

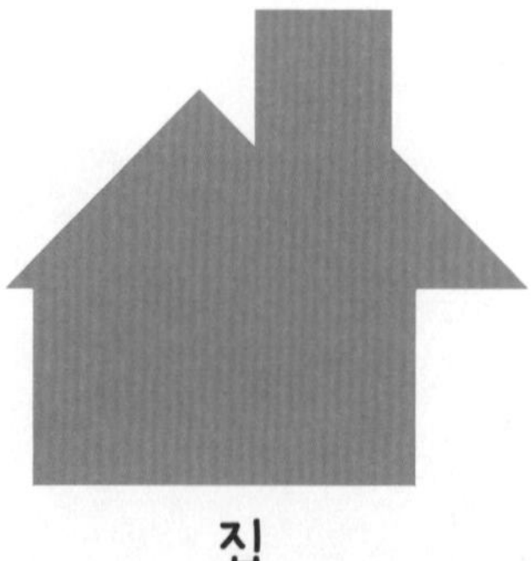

집

1권에 있는 놀이 카드를 이용하세요.

수 카드 놀이

인원 : 2명
준비물 : 0부터 5까지 숫자 카드 2세트

놀이를 할 때는 규칙을 잘 지켜야 해~!

놀이 방법

1. 숫자 카드를 뒤집어서 책상 위에 펼쳐 놓으세요.
2. 두 명이 번갈아 가며 두 장의 카드를 골라요.
3. 카드에 쓰인 수를 □ 안에 차례대로 써요.
4. 2개의 수를 더한 값도 구해서 써요.
5. 더한 값이 더 큰 사람이 이겨요.

이름 :

놀이 1	□	+	□	=	□
놀이 2	□	+	□	=	□
놀이 3	□	+	□	=	□

이름 :

놀이 1	□	+	□	=	□
놀이 2	□	+	□	=	□
놀이 3	□	+	□	=	□

1권에 있는 놀이 카드를 이용하세요.

한 번 더 연습해요!

8	8											8

1. □ 안에 알맞은 수를 구해 보세요.

2 + □ = 6	□ + 1 = 8	3 + □ = 7	□ + 6 = 8
5 + □ = 5	□ + 4 = 8	□ + 5 = 6	4 + □ = 5
3 + □ = 6	□ + 5 = 7	5 + □ = 8	□ + 3 = 7

짝수와 홀수

✏️ 놀이 방법

1. 1부터 10까지 수에 맞게 동그라미를 그려요.
2. 5의 예시처럼 2개씩 짝을 지어 묶어 주세요.
3. 가장 마지막의 동그라미에서 왼쪽 끝으로
   쭉 따라가면 짝수인지 홀수인지 알 수 있어요.

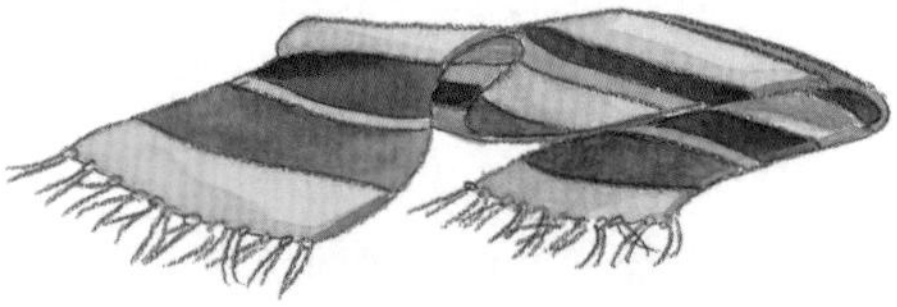

짝수										
홀수										
짝수										
홀수										
짝수										
홀수					●					
짝수					●					
홀수					●					
짝수					●					
홀수					●					
	1	2	3	4	5	6	7	8	9	10

홀수를 찾아 적어 보세요.

짝수를 찾아 적어 보세요.

> 짝수와 홀수의
> 차이점에 대해
> 이야기 나눠 봐.

10 만들기

인원 : 2명
준비물 : 주사위, 2가지 색의 색연필

놀이 방법

1. 순서대로 주사위를 던져요.
2. 주사위 눈의 수를 □ 안에 쓴 후, 앞의 수와 더해서 10을 만들어 보세요.
3. 10을 만든 하트에는 색연필로 칠하세요. 상대방과 다른 색깔을 칠해야 구분이 돼요.
4. 10을 만들지 못하면 순서가 바뀌어요.
5. 하트를 더 많이 색칠한 사람이 이겨요.

10	10	10	10
8 + □	9 + □	5 + □	4 + □
9 + □	9 + □	7 + □	5 + □
6 + □	7 + □	4 + □	8 + □
5 + □	6 + □	7 + □	4 + □

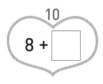

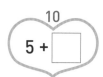

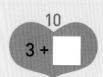

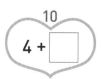

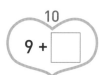

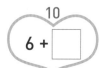

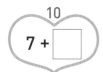

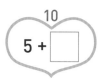

한 번 더 연습해요!

1. 10을 만들어 보세요.

10	10	10	10	10
1 + □	5 + □	2 + □	4 + □	3 + □

2. 계산해 보세요.

10 − 1 = □	10 − 3 = □	9 − 3 = □	9 − 4 = □
10 − 9 = □	10 − 7 = □	9 − 6 = □	9 − 5 = □

____월 ____일 ____요일

수 가족 완성하기

주어진 수 가족을 이용해서 식을 완성해 보세요.

수 가족을 쓰고, 식을 완성해 보세요.

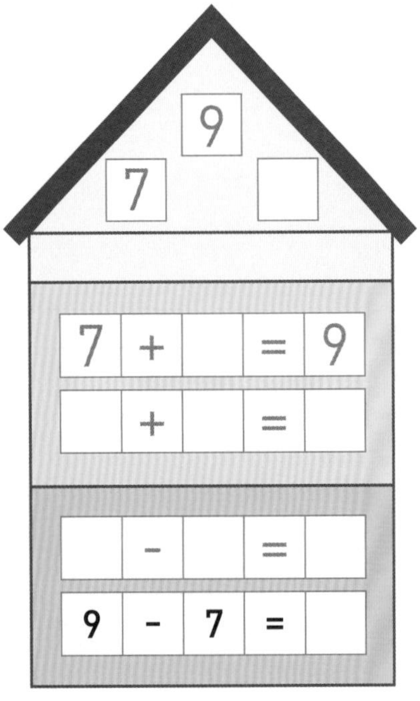

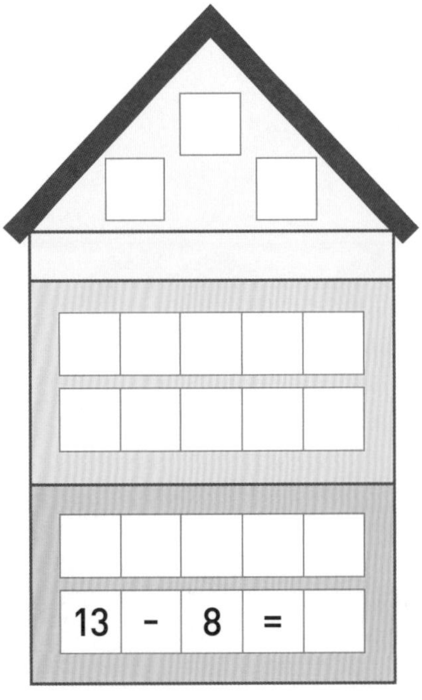

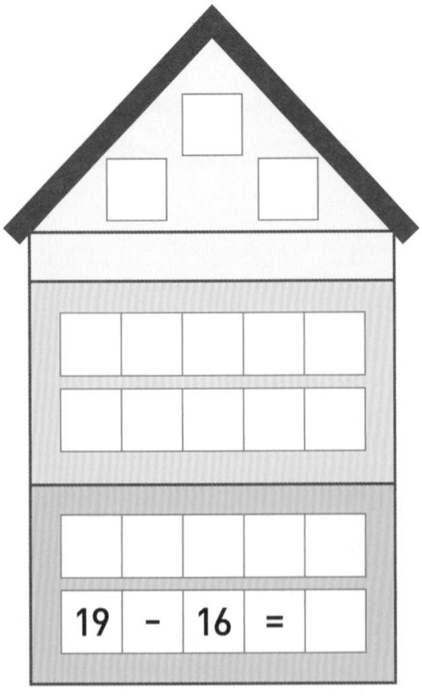

수 가족을 찾아라

수 가족을 찾아 집과 연결한 후 식을 완성해 보세요.

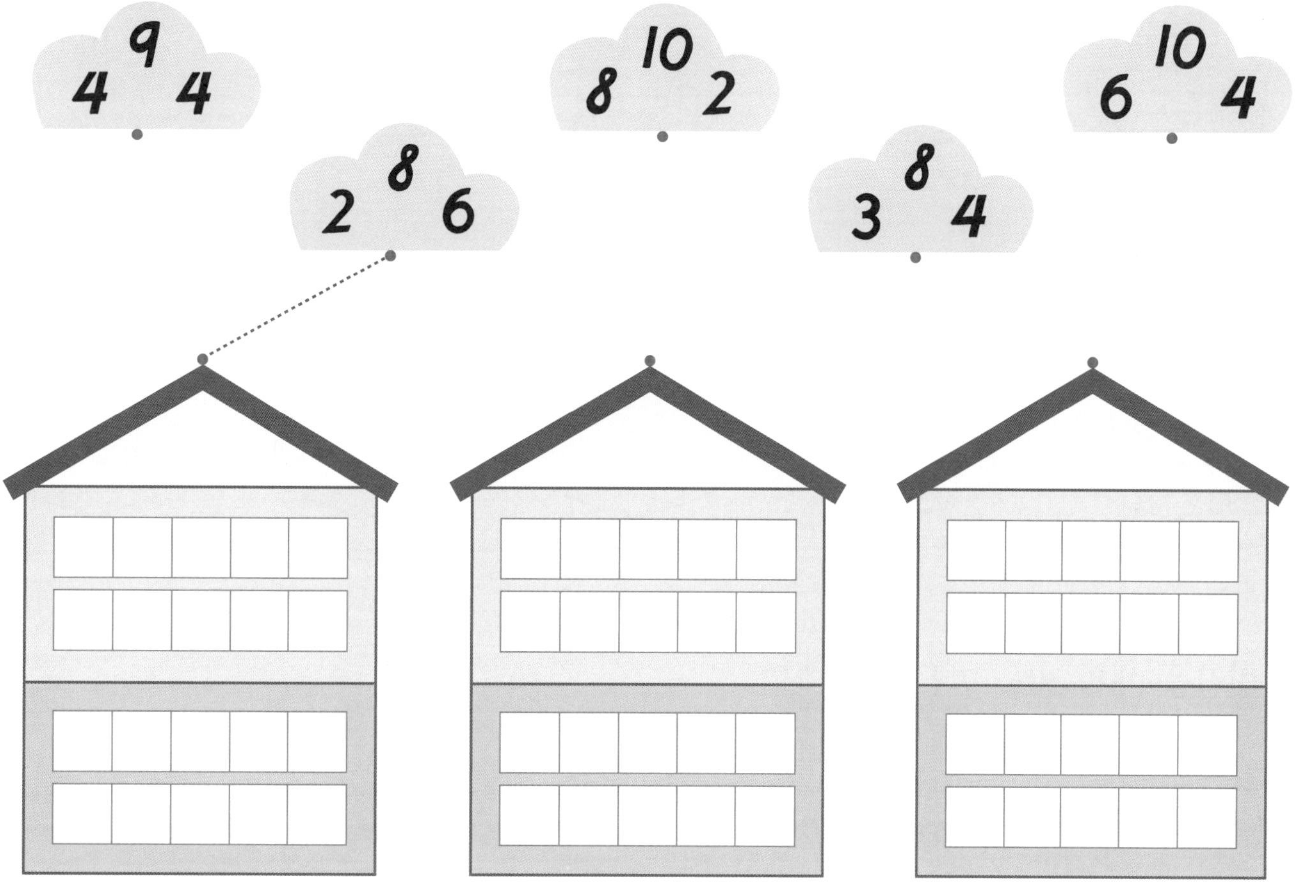

탐구 과제

___ 월 ___ 일 ___ 요일

10 만들기

빈칸을 채워 10을 만들어 보세요.

10	10	10	10	10
4 + □	8 + □	3 + □	1 + □	7 + □

빈칸을 채워 20을 만들어 보세요.

20	20	20	20	20
19 + □	13 + □	15 + □	12 + □	10 + □

빈칸을 채워 30을 만들어 보세요.

30	30	30	30	30
27 + □	26 + □	25 + □	22 + □	21 + □

계산해 보세요.

2	0	−	5	=		
2	0	−	7	=		
2	0	−	1	=		
2	0	−	1	5	=	
2	0	−	1	7	=	

3	0	−	9	=		
3	0	−	3	=		
3	0	−	8	=		
3	0	−	2	3	=	
3	0	−	2	8	=	

스스로 문제 만들기

스스로 10 만들기 문제를 만들어 풀어 보세요.

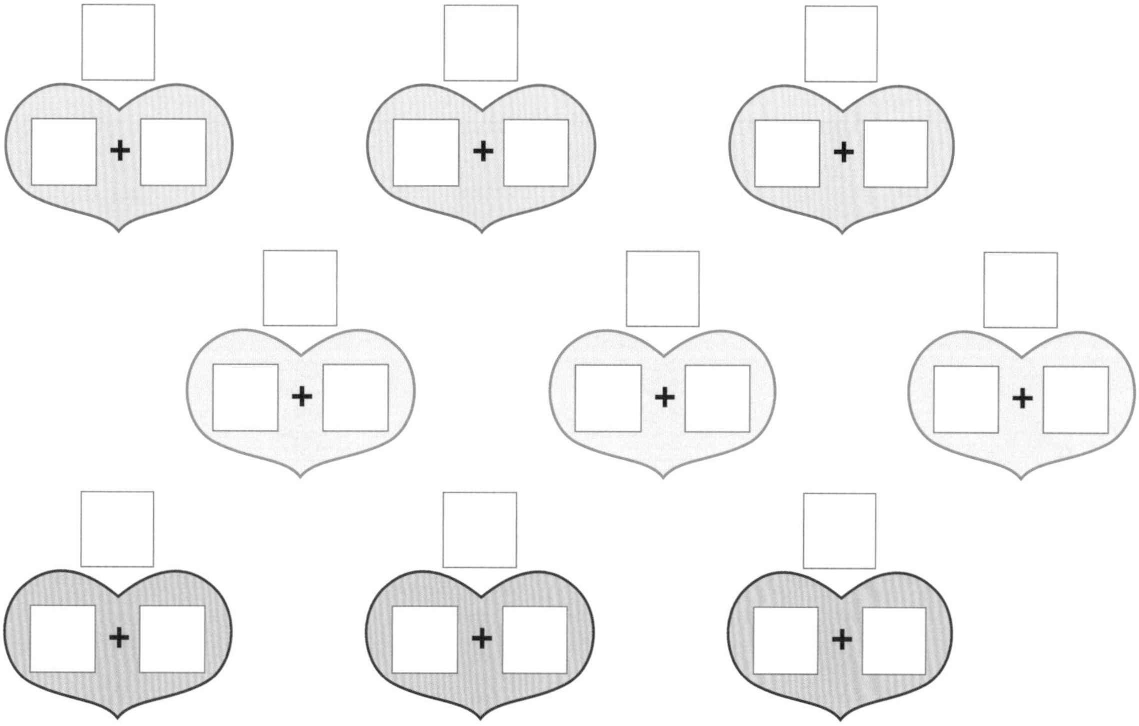

스스로 계산 문제를 만들어 풀어 보세요.

2	0	−	1	1	=				

1	2	3	4	5	6	7	8	9	10
11	12	13	14	15	16	17	18	19	20
21	22	23	24	25	26	27	28	29	30
31	32	33	34	35	36	37	38	39	40
41	42	43	44	45	46	47	48	49	50
51	52	53	54	55	56	57	58	59	60
61	62	63	64	65	66	67	68	69	70
71	72	73	74	75	76	77	78	79	80
81	82	83	84	85	86	87	88	89	90
91	92	93	94	95	96	97	98	99	100

____ 월 ____ 일 ____ 요일

그래프 만들기

책상에서 무엇을 찾을 수 있나요? 알맞은 수만큼 그래프에 색칠해 보세요.
동그라미 안에 다른 물건도 그려 보세요.

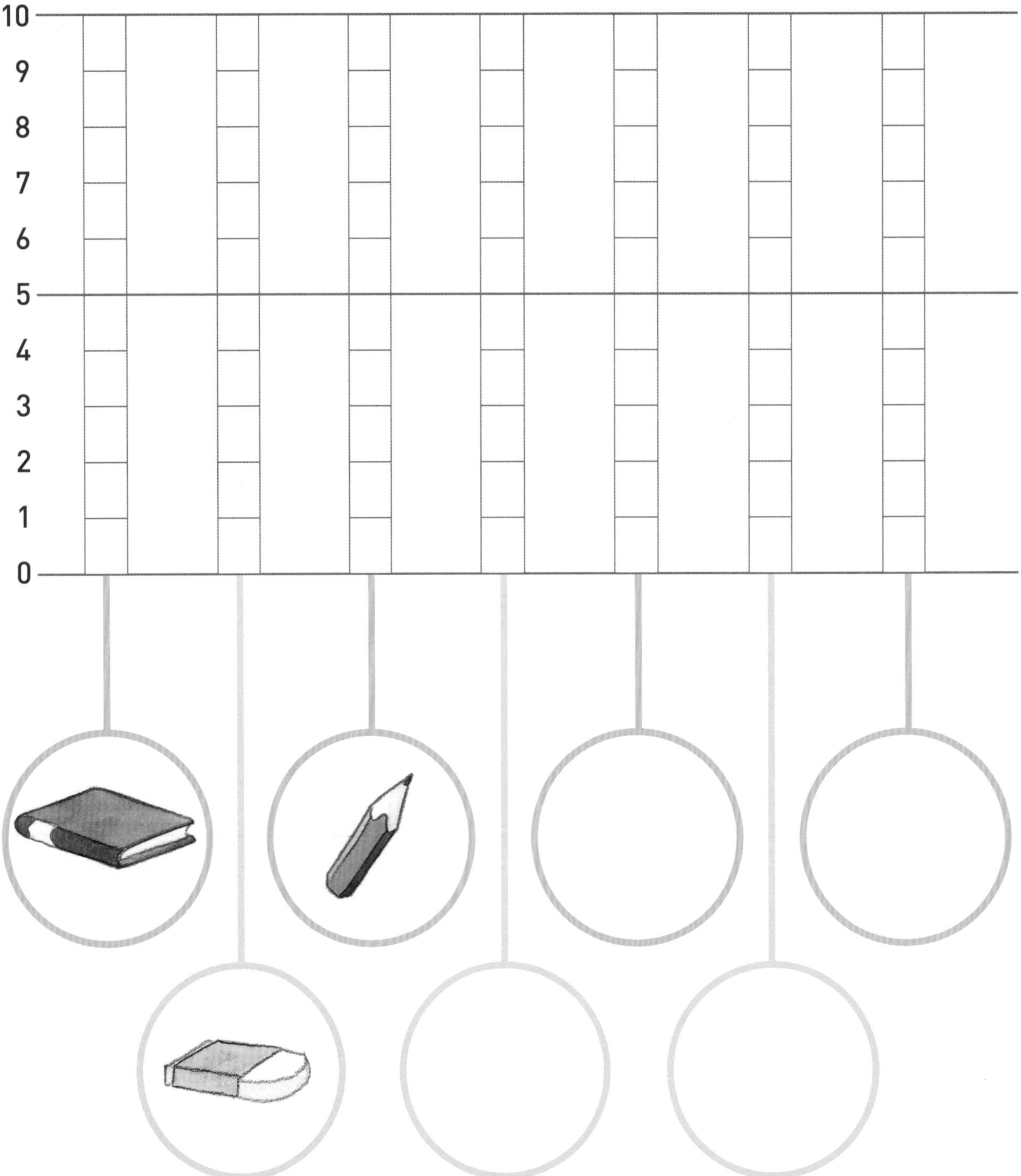

나만의 조사 탐구

탐구한 장소 :

무엇을 찾았나요? 찾은 물건을 동그라미 안에 그려 넣은 후, 알맞은 수만큼 그래프에 색칠해 보세요.

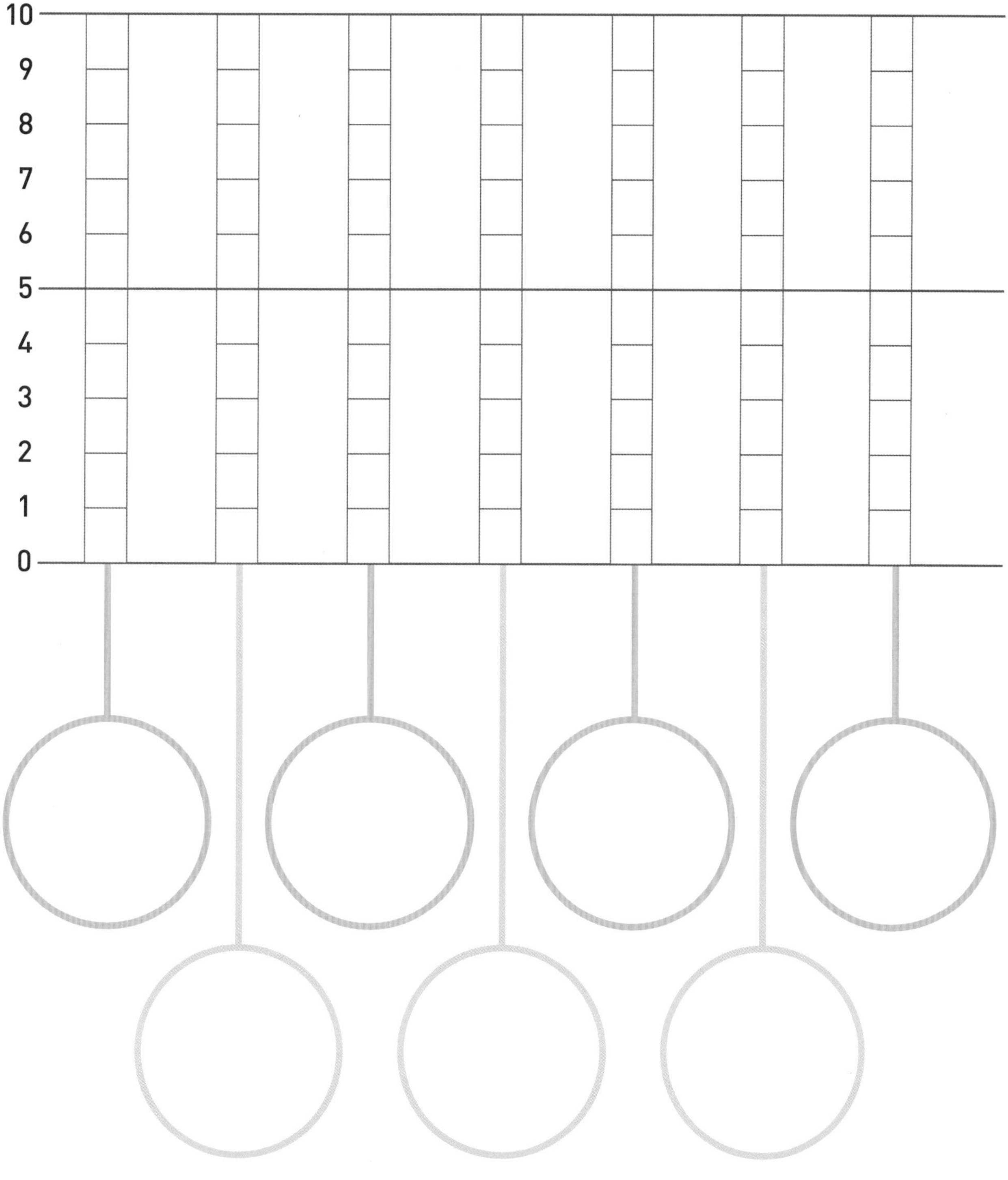

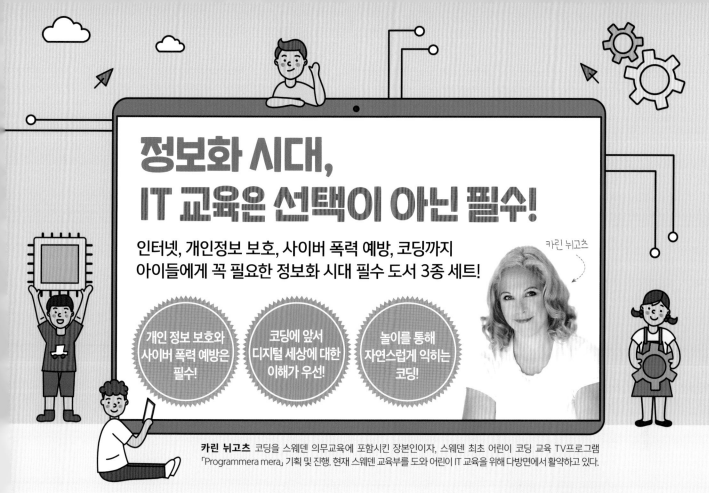

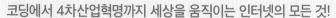

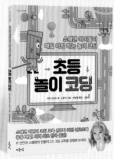

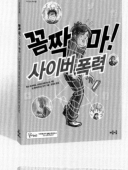

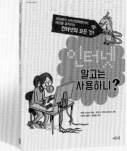

★★★

핀란드에서 가장 많이 보는 1등 수학 교과서!
핀란드 초등학교 수학 교육 최고 전문가들이 만든
혼공 시대에 꼭 필요한 자기주도 수학 교과서를 만나요!

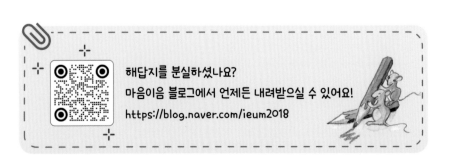

핀란드 수학 교과서, 왜 특별할까?

- 수학적 구조를 발견하고 이해하게 하여 수학 공식을 암기할 필요 없어요.
- 수학적 이야기가 풍부한 그림으로 수학 학습에 영감을 불어넣어요.
- 교구를 활용한 놀이 수학을 통해 수학 개념을 이해시켜요.
- 수학과 연계하여 컴퓨팅 사고와 문제 해결력을 키워 줘요.
- 연산, 서술형, 응용과 심화, 사고력 문제가 한 권에 모두 들어 있어요.

해답지를 분실하셨나요?
마음이음 블로그에서 언제든 내려받으실 수 있어요!
https://blog.naver.com/ieum2018

개별가 없음(세트로만 판매)

64410
9 791189 010393
ISBN 979-11-89010-39-3
979-11-89010-37-9 (세트)

무형광 종이 인쇄로 아이들 눈을 지켜 줘요

핀란드 1학년 수학 교과서

정답과 해설

부모님 가이드가
실려 있어요!

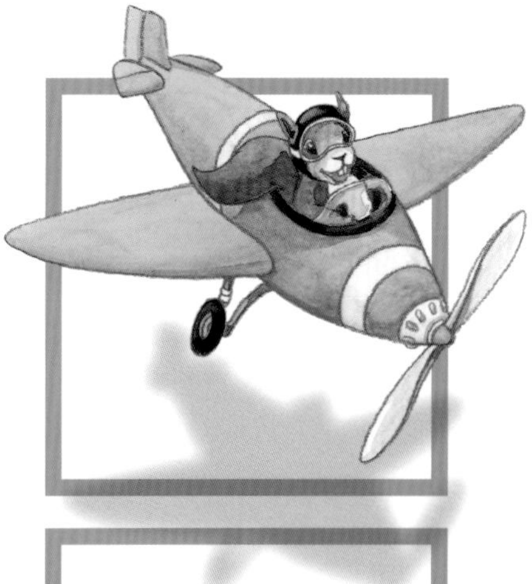

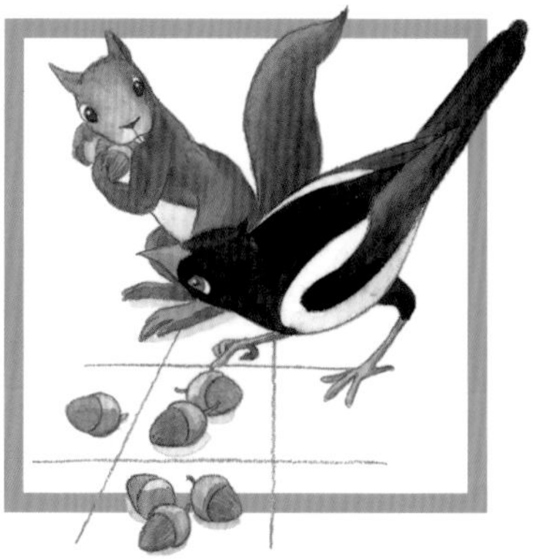

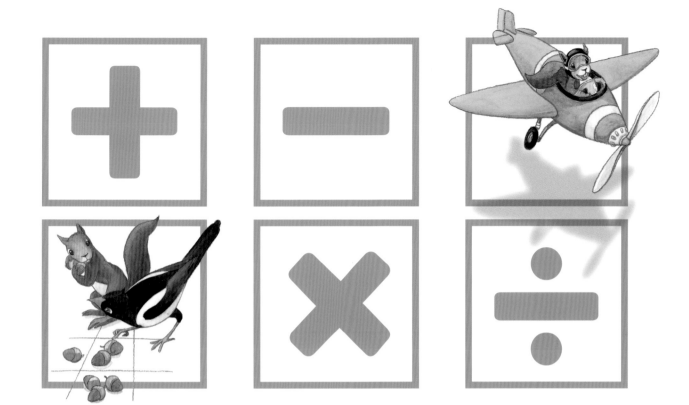

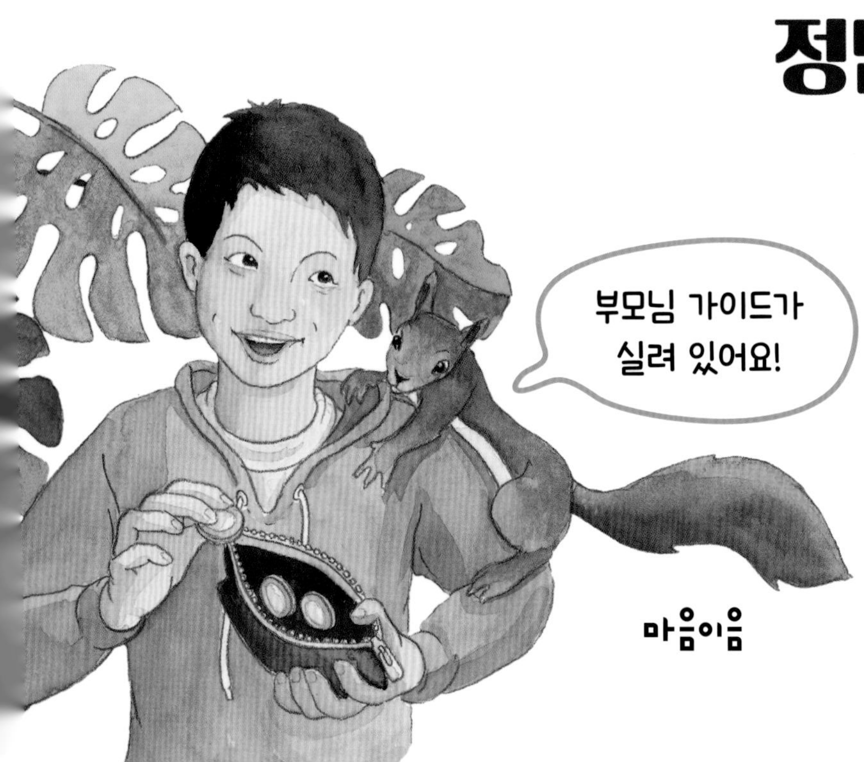

1-1

마음이음

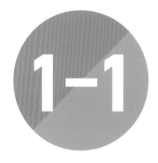

핀란드 1학년 수학 교과서 1-1

정답과 해설

1권

핀란드 수학 세계로
여행을 떠나 볼까요?

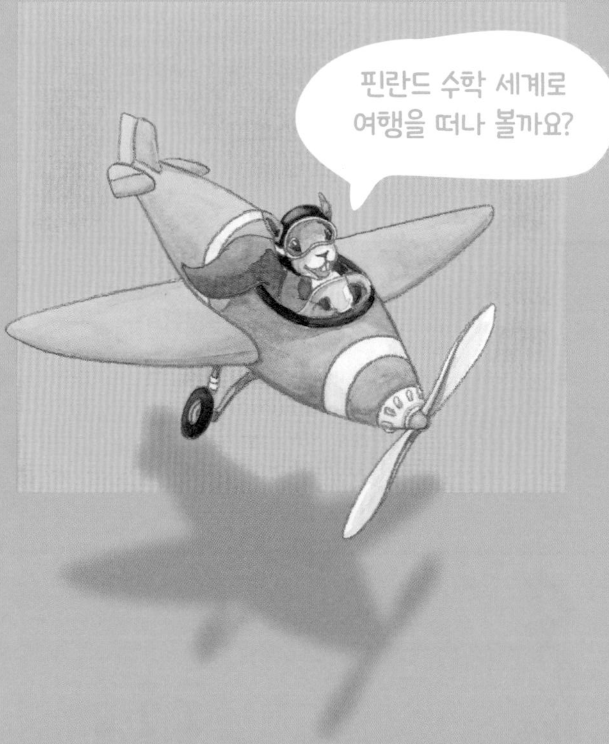

정답

12-13쪽

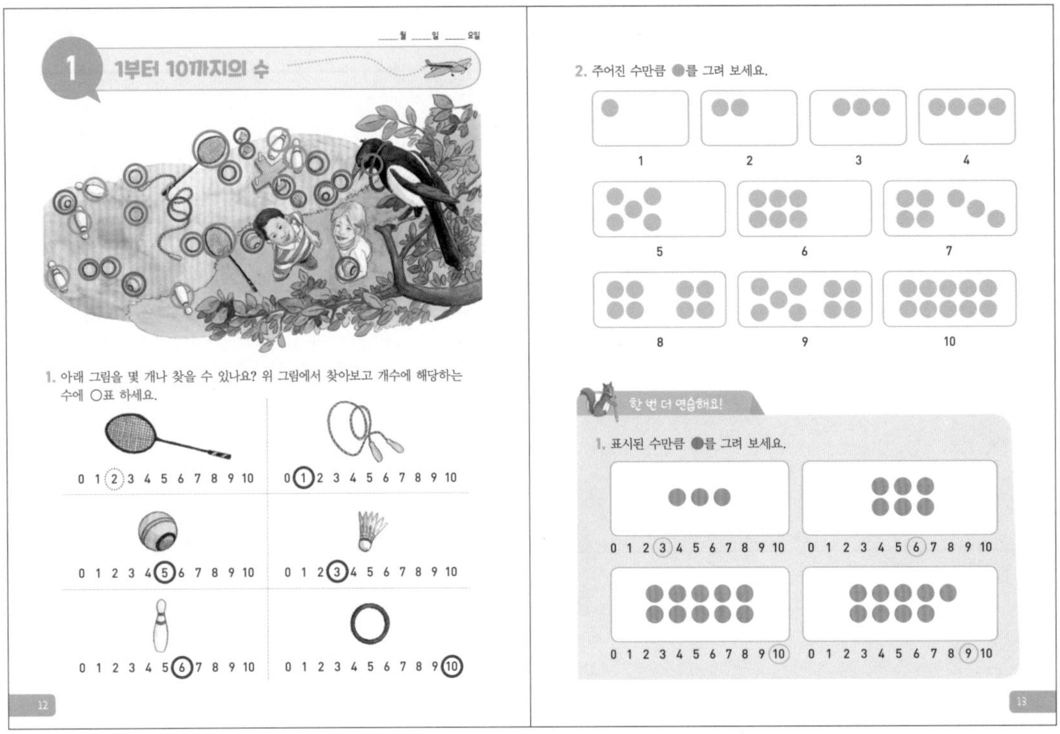

부모님 가이드 | 12쪽

문제에 지시된 것들의 개수를 세기 전에 그림을 보고 아이와 충분히 이야기 나누세요. 누가 있나요? 장소는 어디인가요? 바닥에는 무엇이 놓여 있나요? 장소를 바꿔(집, 놀이터 등) 생활 속에서 수 놀이를 해 보세요.

부모님 가이드 | 13쪽

책 뒤에 있는 수 카드를 이용해 수 배열을 연습하세요. 그리고 부모님이 수를 제시하면 아이가 그 수만큼 동그라미를 놓아 보는 놀이도 해 보세요. 1 큰 수가 될 때 동그라미 개수도 1개 더 많아진다는 걸 수 카드와 동그라미 카드를 이용해 보여 주세요.

14-15쪽

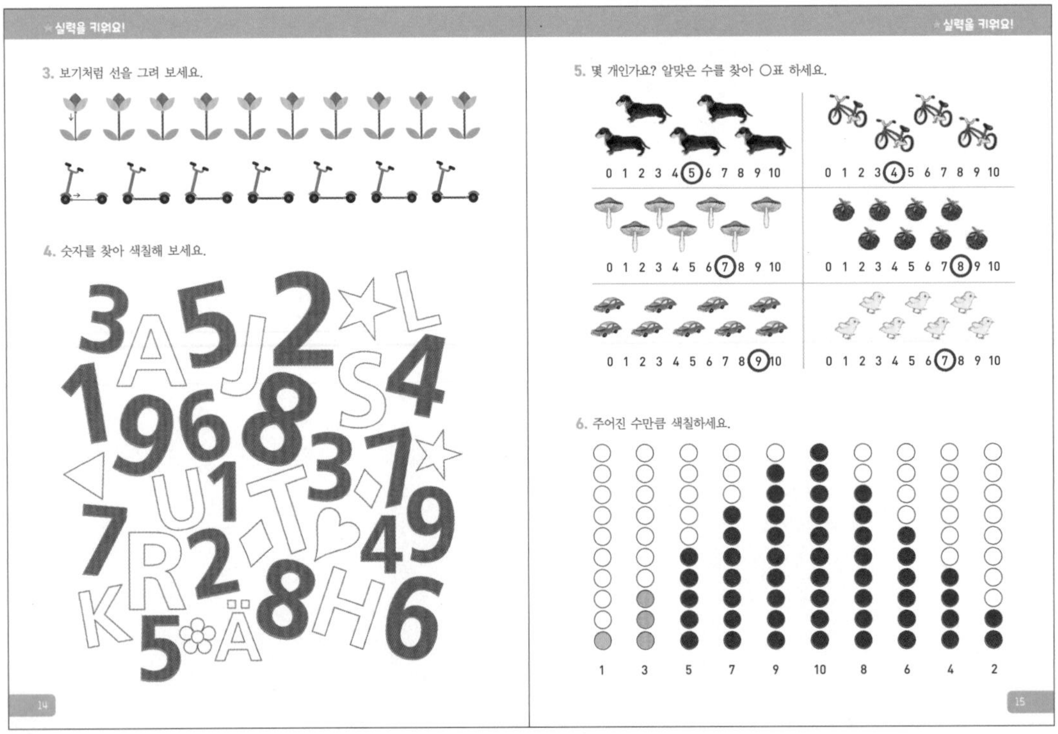

16-17쪽

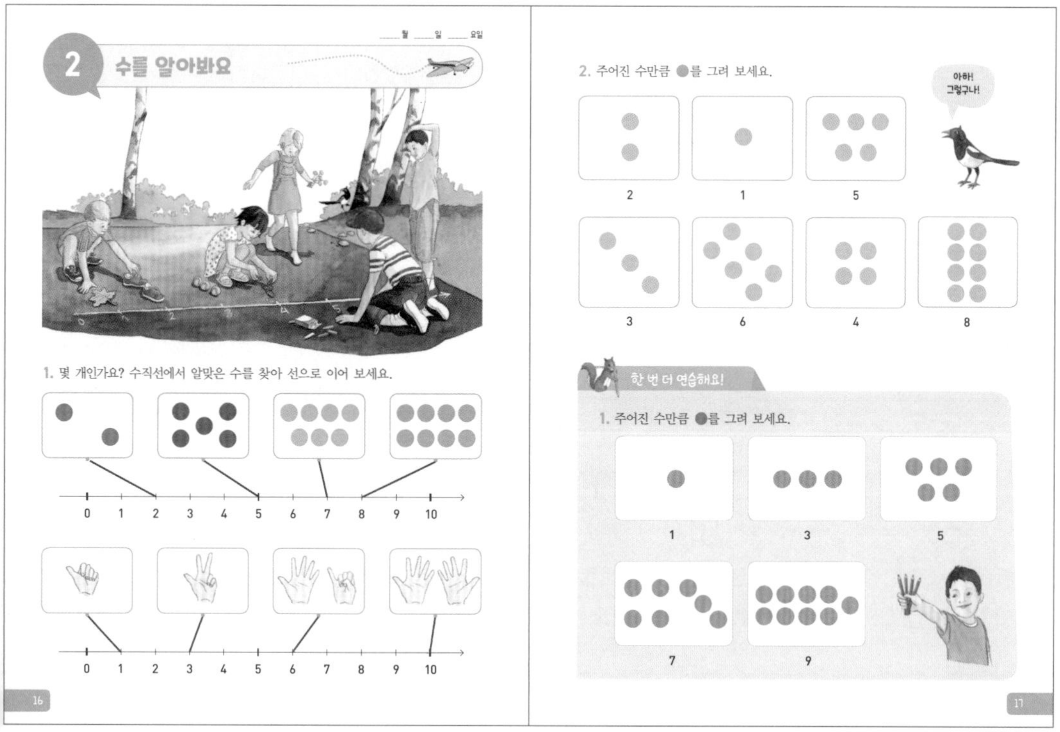
___월 ___일 ___요일

2 수를 알아봐요

1. 몇 개인가요? 수직선에서 알맞은 수를 찾아 선으로 이어 보세요.

0 1 2 3 4 5 6 7 8 9 10

0 1 2 3 4 5 6 7 8 9 10

16

2. 주어진 수만큼 ●를 그려 보세요.

아하! 그렇구나!

2 1 5

3 6 4 8

한 번 더 연습해요!

1. 주어진 수만큼 ●를 그려 보세요.

1 3 5

7 9

17

부모님 가이드 | 16쪽

그림을 보며 아이에게 질문해 보세요.

- 어떤 수가 보이니? **0, 1, 2, 3, 4, 5**
- 3 근처에는 어떤 물건이 있니? **테니스공 3개**
- 5에는 어떤 걸 놓을 수 있을까? **돌멩이 5개, 꽃 5송이**
- 5 다음에는 어떤 수가 올까? **6**

18-19쪽

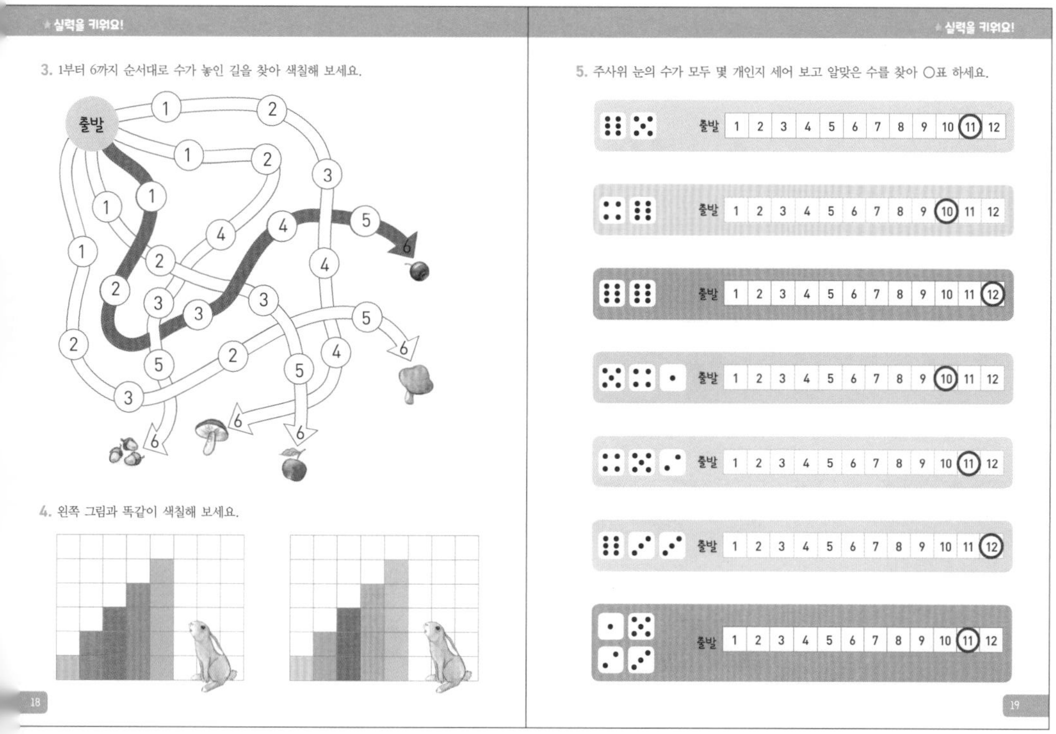
실력을 키워요!

3. 1부터 6까지 순서대로 수가 놓인 길을 찾아 색칠해 보세요.

출발

4. 왼쪽 그림과 똑같이 색칠해 보세요.

18

실력을 키워요!

5. 주사위 눈의 수가 모두 몇 개인지 세어 보고 알맞은 수를 찾아 ○표 하세요.

출발 1 2 3 4 5 6 7 8 9 10 11 12

19

부모님 가이드 | 18쪽

수 미로를 찾을 때 정답만 찾고 끝내지 말고, 정답이 아닌 미로에서 어떤 수가 순서에 맞지 않는지 고쳐 써 보도록 합니다.

부모님 가이드 | 19쪽

수와 이웃한 왼쪽 수는 1 작은 수, 오른쪽 수는 1 큰 수임을 알려 줍니다. 덧셈을 몰라도 수 배열표를 보고 주사위에 제시된 수만큼 연속해서 오른쪽으로 한 칸씩 가면서 덧셈의 기초 개념을 익힐 수 있습니다.

정답

20-21쪽

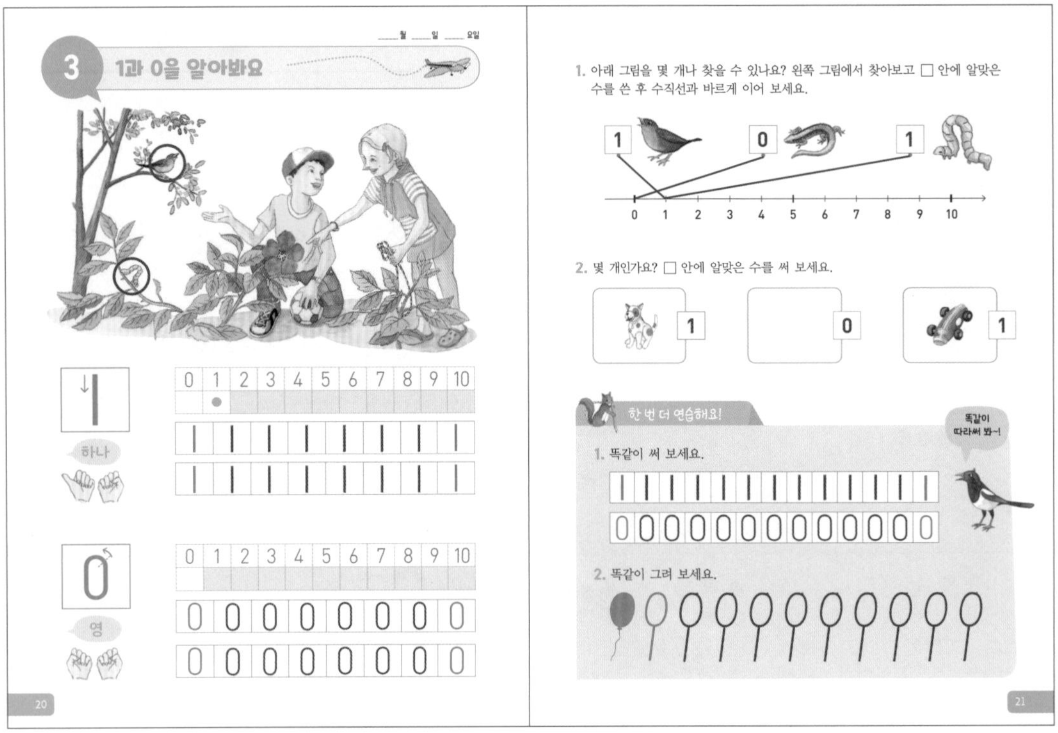

부모님 가이드 | 20쪽

그림을 보며 아이에게 질문해 보세요.

- 여자아이에게는 없는데 남자아이에게만 1개 있는 게 뭘까? **모자, 축구공**
- 남자아이에게는 없는데 여자아이에게만 1개 있는 게 뭘까? **머리핀, 줄넘기**
- 그림에서 1개만 있는 게 뭘까? **꽃, 새, 애벌레, 여자아이, 남자아이**
- 그림에서 무당벌레나 나비가 몇 마리 있니? **없어요.**

22-23쪽

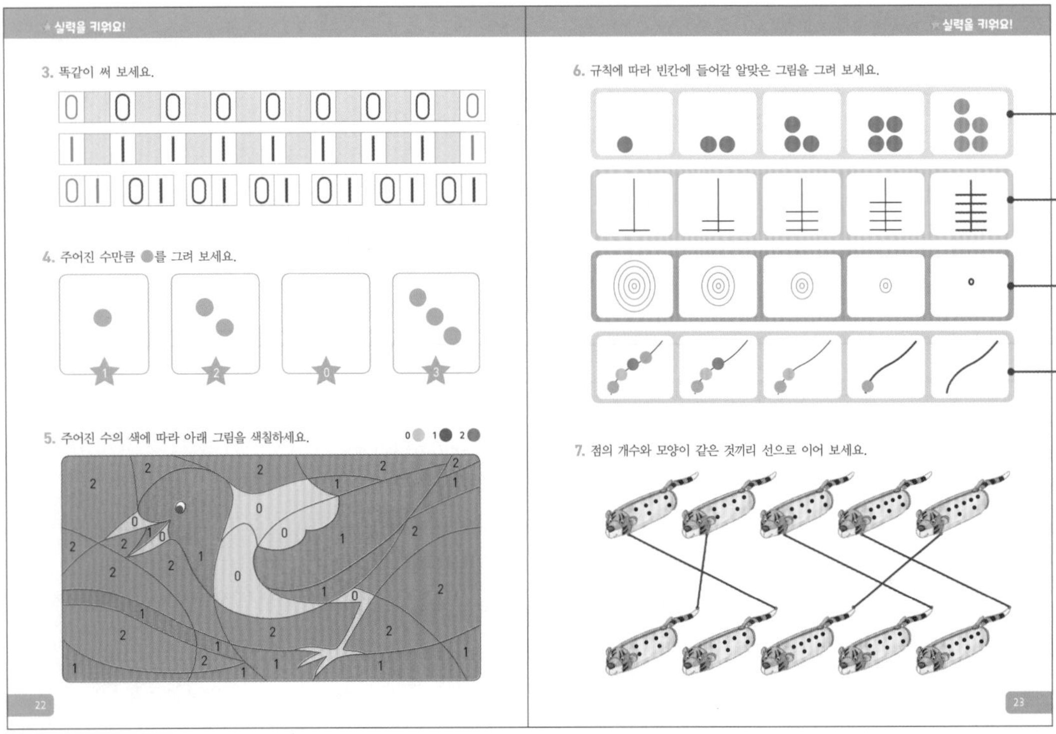

동그라미 개수가 한 개씩 늘어나요.

가로 줄 개수가 한 개씩 늘어나요.

바깥 원이 한 개씩 줄어들어요.

줄에 꿰인 구슬이 한 개씩 줄어들어요.

24-25쪽

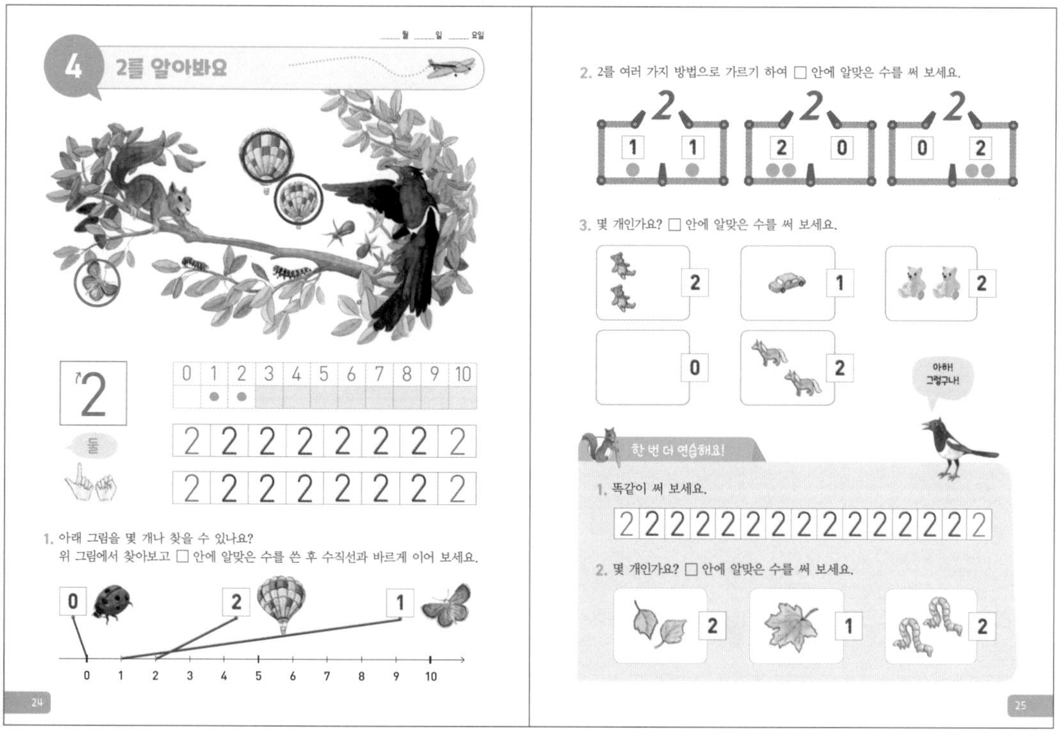
4 2를 알아봐요

___월 ___일 ___요일

2 둘

0	1	2	3	4	5	6	7	8	9	10
	●	●								

2 2 2 2 2 2 2 2

2 2 2 2 2 2 2 2

1. 아래 그림을 몇 개나 찾을 수 있나요?
위 그림에서 찾아보고 □ 안에 알맞은 수를 쓴 후 수직선과 바르게 이어 보세요.

0 2 1

0 1 2 3 4 5 6 7 8 9 10

24

2. 2를 여러 가지 방법으로 가르기 하여 □ 안에 알맞은 수를 써 보세요.

2: 1 1 / 2: 2 0 / 2: 0 2

3. 몇 개인가요? □ 안에 알맞은 수를 써 보세요.

2 1 2 0 2

아하! 그렇구나!

한 번 더 연습해요!

1. 똑같이 써 보세요.

2 2 2 2 2 2 2 2 2 2 2 2 2 2 2

2. 몇 개인가요? □ 안에 알맞은 수를 써 보세요.

2 1 2

25

부모님 가이드 | 24쪽

그림을 보며 아이에게 질문해 보세요.

- 열기구가 몇 개 있니? **2개**
- 그림에서 1개만 있는 건 뭘까? **다람쥐, 새, 나비**
- 그림에서 헬리콥터와 연을 찾아봐. **없어요.**

부모님 가이드 | 25쪽

책 뒤에 있는 가르기 놀이판, 수 카드, 동그라미를 오려 아이와 함께 수 가르기 놀이를 해 보세요.

26-27쪽

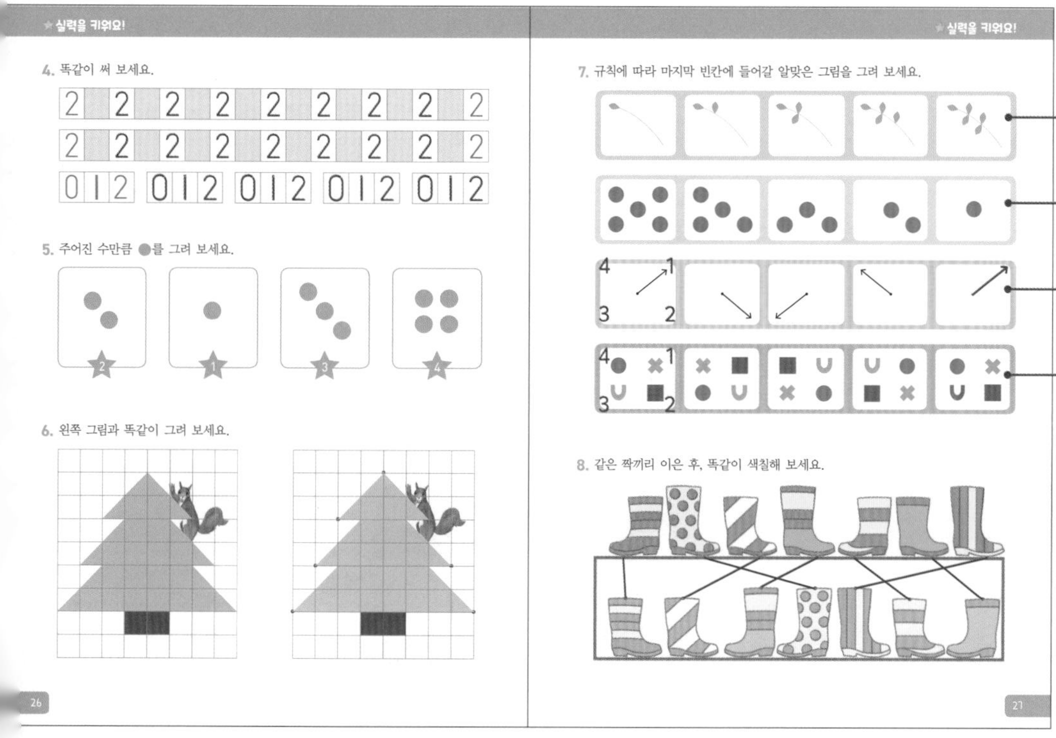
실력을 키워요!

4. 똑같이 써 보세요.

2 2 2 2 2 2 2 2 2

2 2 2 2 2 2 2 2 2

012 012 012 012 012

5. 주어진 수만큼 ●를 그려 보세요.

2 1 3 4

6. 왼쪽 그림과 똑같이 그려 보세요.

26

실력을 키워요!

7. 규칙에 따라 마지막 빈칸에 들어갈 알맞은 그림을 그려 보세요.

4 1 3 2

4 1 3 2

8. 같은 짝끼리 이은 후, 똑같이 색칠해 보세요.

27

나뭇잎이 오른쪽, 왼쪽 번갈아 가며 한 개씩 늘어나요.

동그라미가 오른쪽부터 시계 반대 방향으로 한 개씩 줄어들어요.

오른쪽 상단부터 사각형 모서리에 1, 2, 3, 4를 써 보면 화살표가 시계 방향으로 1, 2, 3, 4를 가리키면서 움직여요.

오른쪽 상단부터 사각형 모서리에 1, 2, 3, 4를 써 보면 모양들이 시계 반대 방향으로 4, 3, 2, 1을 따라 움직여요.

정답

28-29쪽

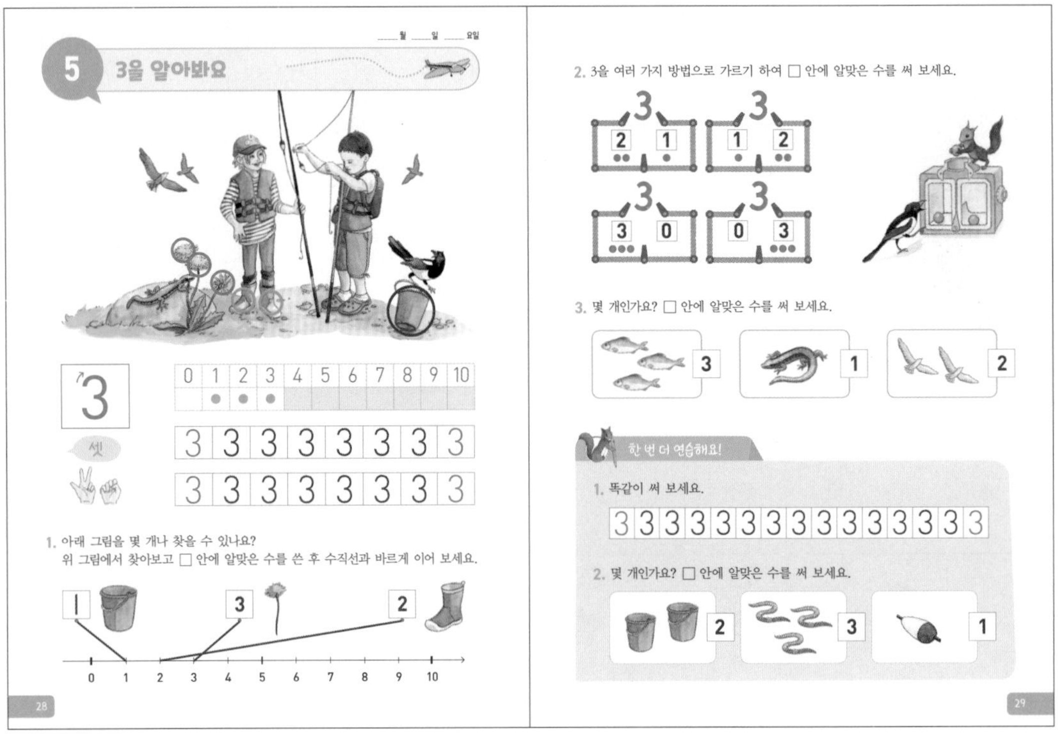

부모님 가이드 | 28쪽

그림을 보며 아이에게 질문해 보세요.

- 두 친구는 뭘 하려고 하니? **낚시**
- 3개씩 있는 건 뭘까? **갈매기, 꽃**
- 갈매기보다 1개 더 적은 건 뭘까? **아이들, 낚싯대, 구명조끼…**
- 1개만 있는 건 뭘까? **양동이, 도마뱀, 배낭…**

30-31쪽

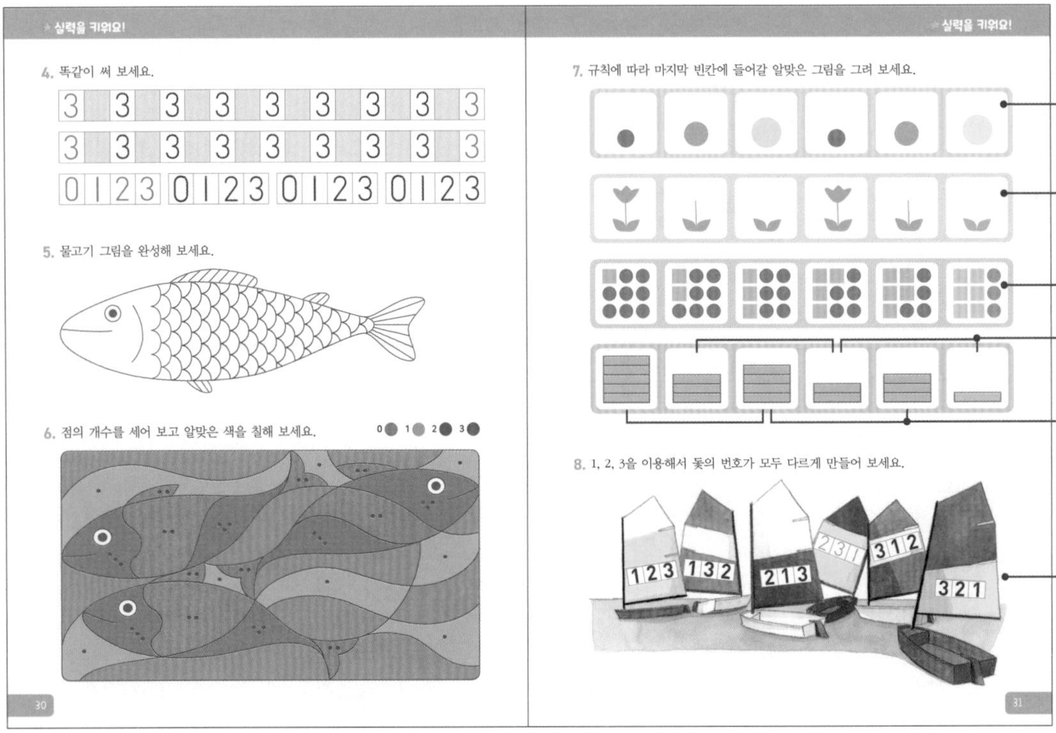

파랑, 초록, 노랑 동그라미 순서로 반복돼요.

꽃, 줄기 순서로 그림에서 사라졌다가 처음 그림이 되고, 다시 같은 순서로 반복돼요.

노랑 네모가 한 개씩 늘어나요

한 칸 건너 한 개씩(3개→2개→1개) 줄어들어요.

한 칸 건너 한 개씩(5개→4개→3개) 줄어들어요.

첫째 칸에 1부터 쓴 후 나머지 수를 번갈아 써요. 2와 3도 같은 방법으로 첫째 칸에 쓴 후 나머지를 수를 번갈아 쓰면 빠짐없이 모든 수를 다르게 만들 수 있어요.

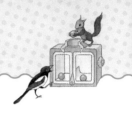

32-33쪽

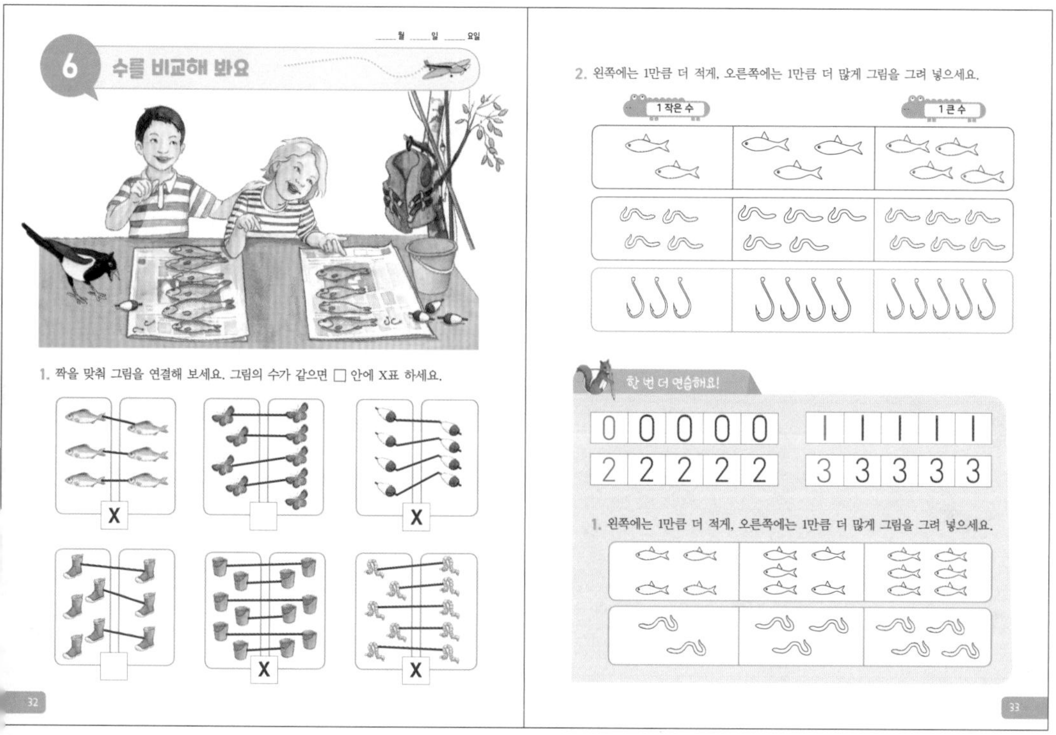
______월 ______일 ______요일

6 수를 비교해 봐요

1. 짝을 맞춰 그림을 연결해 보세요. 그림의 수가 같으면 □ 안에 X표 하세요.

X X X X

32

2. 왼쪽에는 1만큼 더 적게, 오른쪽에는 1만큼 더 많게 그림을 그려 넣으세요.

1 작은 수 1 큰 수

한 번 더 연습해요!

0 0 0 0 0 1 1 1 1 1

2 2 2 2 2 3 3 3 3 3

1. 왼쪽에는 1만큼 더 적게, 오른쪽에는 1만큼 더 많게 그림을 그려 넣으세요.

33

부모님 가이드 | 32쪽

그림을 보며 아이에게 질문해 보세요.

- 두 친구 중 누구 물고기가 더 많니? **남자아이**
- 남자아이 물고기는 몇 마리니? **6마리**
- 남자아이 물고기는 여자아이 것보다 몇 마리 많니? **2마리**
- 여자아이와 남자아이가 똑같이 가진 건 뭐니? **낚싯바늘, 신문지**
- 남자아이가 가진 낚시찌는 여자아이가 가진 것보다 몇 개 더 적니? **2개**

34-35쪽

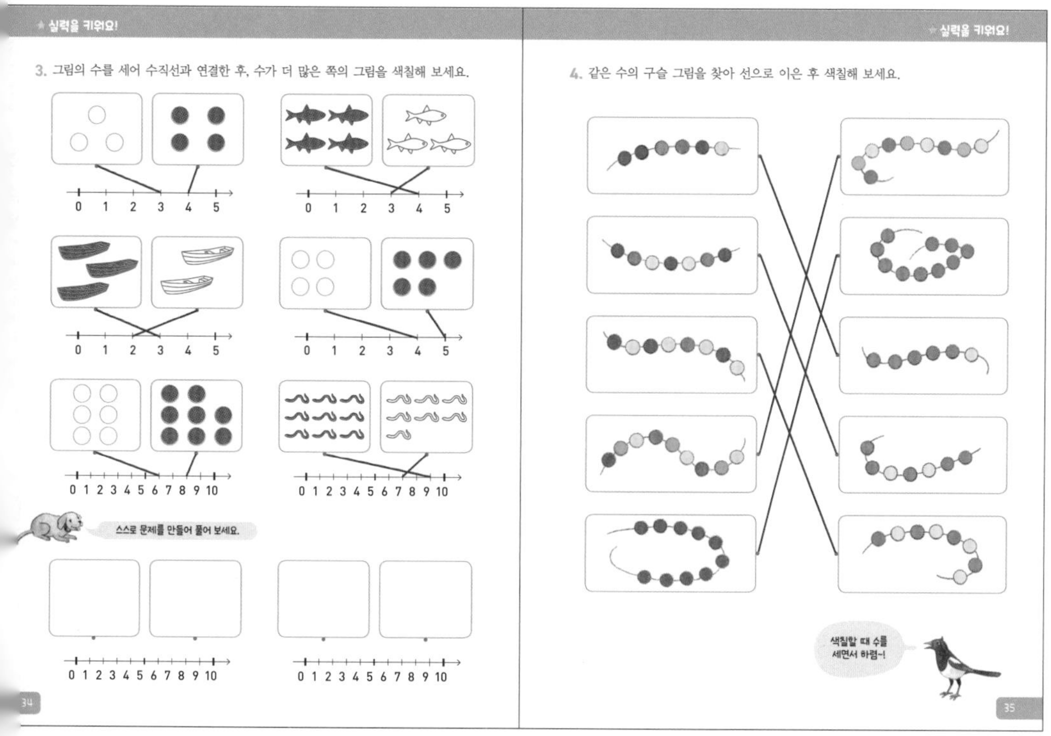
실력을 키워요!

3. 그림의 수를 세어 수직선과 연결한 후, 수가 더 많은 쪽의 그림을 색칠해 보세요.

0 1 2 3 4 5

0 1 2 3 4 5 6 7 8 9 10

스스로 문제를 만들어 풀어 보세요.

34

실력을 키워요!

4. 같은 수의 구슬 그림을 찾아 선으로 이은 후 색칠해 보세요.

색칠할 때 수를 세면서 하렴~!

35

부모님 가이드 | 34쪽

배운 개념을 이용하여 문제를 만드는 것은 수학적 사고력을 키우는 데 많은 도움이 됩니다. 아이가 문제를 만들었을 때 격려하고 함께 풀어 보세요.

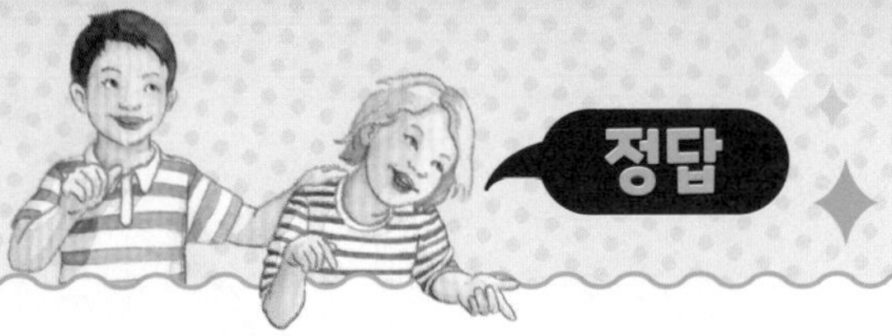

정답

36-37쪽

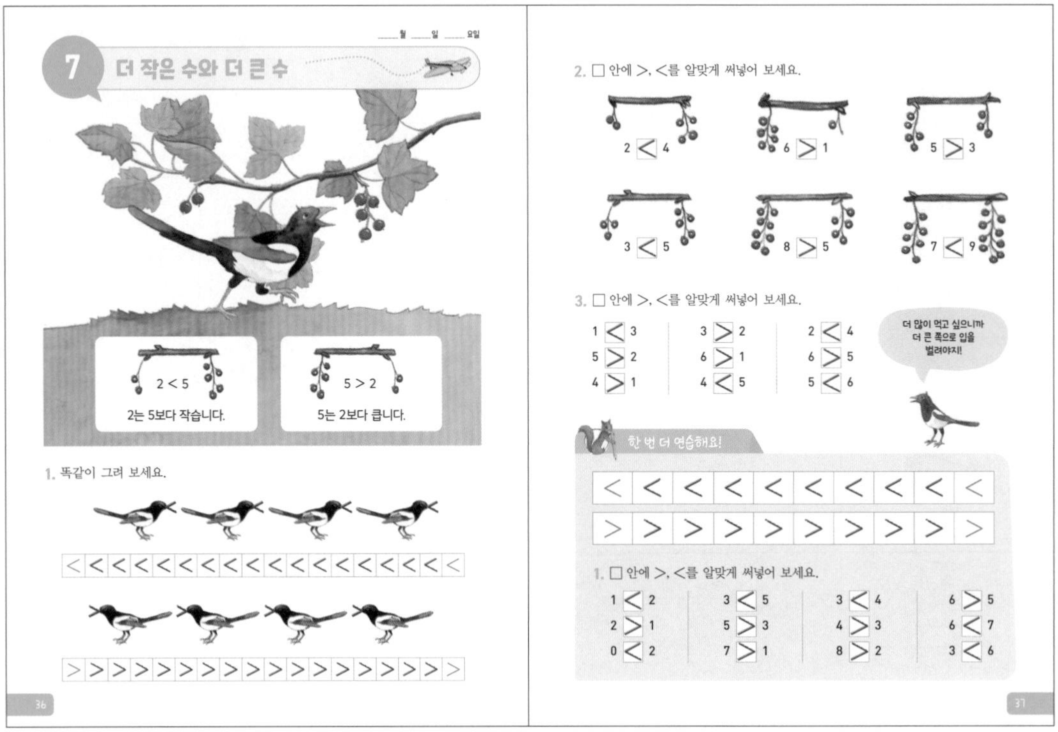

___월 ___일 ___요일

7 더 작은 수와 더 큰 수

2 < 5

2는 5보다 작습니다.

5 > 2

5는 2보다 큽니다.

1. 똑같이 그려 보세요.

< < < < < < < < < < < < < < < < < <

> > > > > > > > > > > > > > > > > >

36

2. □ 안에 >, <를 알맞게 써넣어 보세요.

2 < 4　6 > 1　5 > 3

3 < 5　8 > 5　7 < 9

3. □ 안에 >, <를 알맞게 써넣어 보세요.

1 < 3　3 > 2　2 < 4

5 > 2　6 > 1　6 > 5

4 > 1　4 < 5　5 < 6

더 많이 먹고 싶으니까 더 큰 쪽으로 입을 벌려야지!

한 번 더 연습해요!

< < < < < < < < < <

> > > > > > > > > >

1. □ 안에 >, <를 알맞게 써넣어 보세요.

1 < 2　3 < 5　3 < 4　6 > 5

2 > 1　5 > 3　4 > 3　6 < 7

0 < 2　7 > 1　8 > 2　3 < 6

37

부모님 가이드 | 36쪽

그림을 보며 아이에게 질문해 보세요.

- 새 뒤쪽으로 열매가 몇 개 있니? **2개**
- 새가 부리를 벌린 쪽으로는 열매가 몇 개 있니? **5개**
- 왜 새가 부리를 그 쪽으로 벌리고 있을까? **열매가 더 많이 먹고 싶어서요.**
- 2와 5 중 어느 수가 더 크니? **5**

38-39쪽

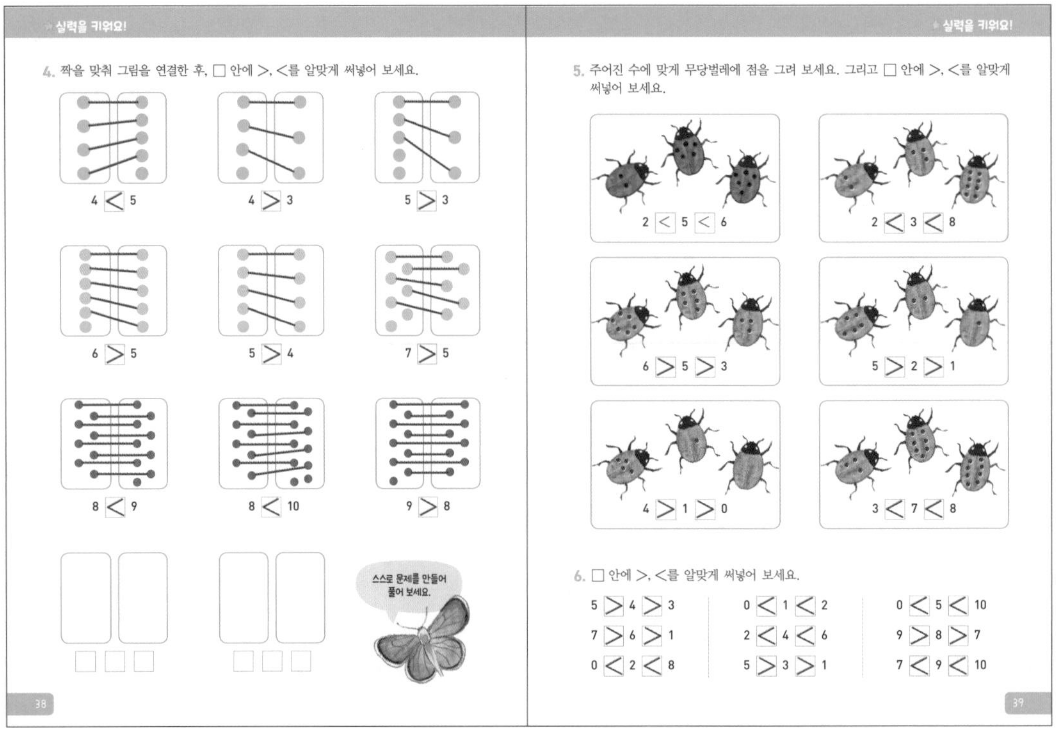

실력을 키워요!

4. 짝을 맞춰 그림을 연결한 후, □ 안에 >, <를 알맞게 써넣어 보세요.

4 < 5　4 > 3　5 > 3

6 > 5　5 > 4　7 > 5

8 < 9　8 < 10　9 > 8

스스로 문제를 만들어 풀어 보세요.

38

실력을 키워요!

5. 주어진 수에 맞게 무당벌레에 점을 그려 보세요. 그리고 □ 안에 >, <를 알맞게 써넣어 보세요.

2 < 5 < 6　2 < 3 < 8

6 > 5 > 3　5 > 2 > 1

4 > 1 > 0　3 < 7 < 8

6. □ 안에 >, <를 알맞게 써넣어 보세요.

5 > 4 > 3　0 < 1 < 2　0 < 5 < 10

7 > 6 > 1　2 < 4 < 6　9 > 8 > 7

0 < 2 < 8　5 > 3 > 1　7 < 9 < 10

39

부모님 가이드 | 39쪽

문제를 풀고 나서 아이에게 이런 질문을 해 보세요. 5>□>3의 경우, 3보다 크고, 5보다 작은 수는 무엇일까? 큰 수와 작은 수 사이의 수에 대해 생각해 볼 수 있습니다.

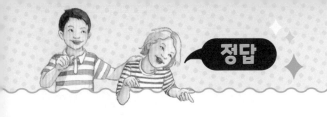

40-41쪽

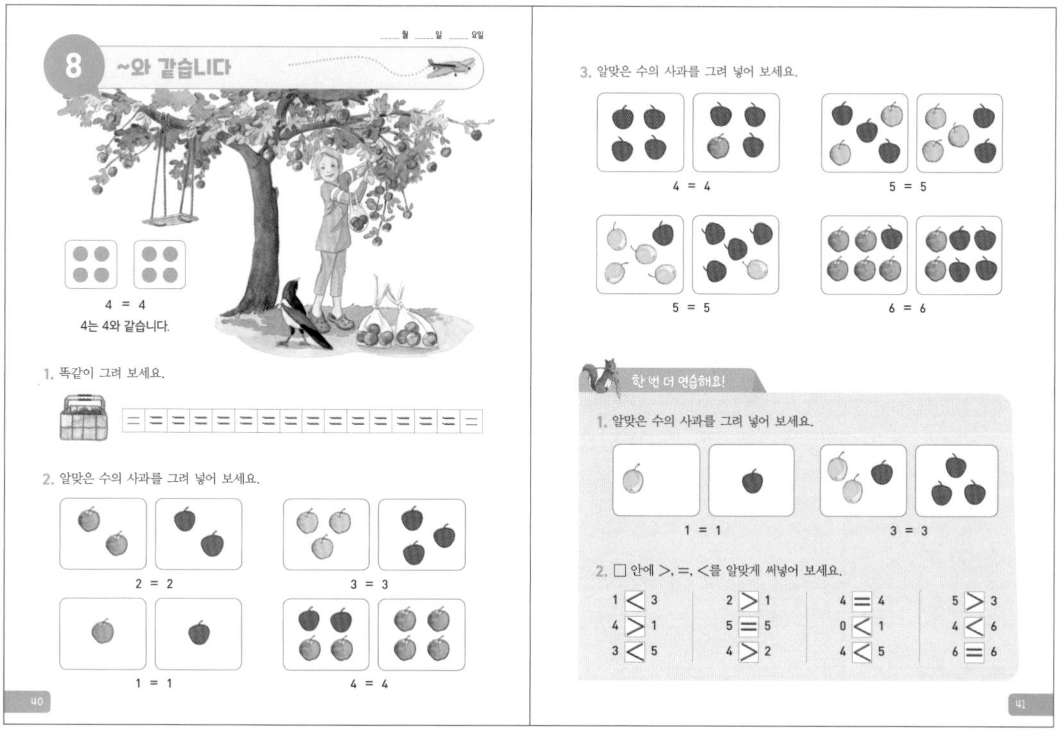
___월 ___일 ___요일

8 ~와 같습니다

4 = 4
4는 4와 같습니다.

1. 똑같이 그려 보세요.

2. 알맞은 수의 사과를 그려 넣어 보세요.

2 = 2 3 = 3 1 = 1 4 = 4

40

3. 알맞은 수의 사과를 그려 넣어 보세요.

4 = 4 5 = 5 5 = 5 6 = 6

한 번 더 연습해요!

1. 알맞은 수의 사과를 그려 넣어 보세요.

1 = 1 3 = 3

2. □ 안에 $>$, $=$, $<$를 알맞게 써넣어 보세요.

$1 < 3$	$2 > 1$	$4 = 4$	$5 > 3$
$4 > 1$	$5 = 5$	$0 < 1$	$4 < 6$
$3 < 5$	$4 > 2$	$4 < 5$	$6 = 6$

41

부모님 가이드 | 40쪽

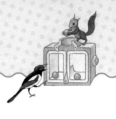

그림을 보며 아이에게 질문해 보세요.
- 여자아이는 뭘 하고 있니? **사과를 따고 있어요.**
- 바닥에 있는 비닐봉지에는 사과가 몇 개씩 담겨 있니? **4개**
- 여자아이가 들고 있는 비닐봉지 안에 사과를 몇 개 더 담아야 4개와 같은 수가 될까? **1개**

42-43쪽

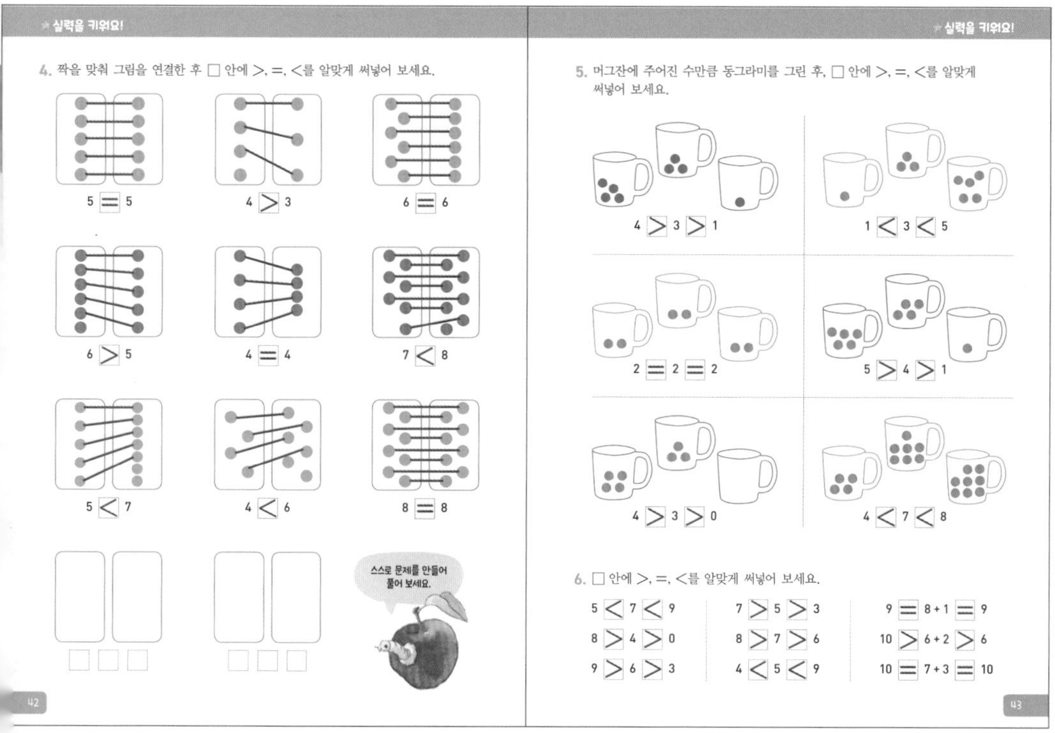
실력을 키워요!

4. 짝을 맞춰 그림을 연결한 후 □ 안에 $>$, $=$, $<$를 알맞게 써넣어 보세요.

$5 = 5$ $4 > 3$ $6 = 6$
$6 > 5$ $4 = 4$ $7 < 8$
$5 < 7$ $4 < 6$ $8 = 8$

스스로 문제를 만들어 풀어 보세요.

42

실력을 키워요!

5. 머그잔에 주어진 수만큼 동그라미를 그린 후, □ 안에 $>$, $=$, $<$를 알맞게 써넣어 보세요.

$4 > 3 > 1$ $1 < 3 < 5$
$2 = 2 = 2$ $5 > 4 > 1$
$4 > 3 > 0$ $4 < 7 < 8$

6. □ 안에 $>$, $=$, $<$를 알맞게 써넣어 보세요.

$5 < 7 < 9$	$7 > 5 > 3$	$9 = 8+1 = 9$
$8 > 4 > 0$	$8 > 7 > 6$	$10 > 6+2 > 6$
$9 > 6 > 3$	$4 < 5 < 9$	$10 = 7+3 = 10$

43

부모님 가이드 | 42쪽

왼쪽, 오른쪽 그림이 짝을 맞춰 모두 연결됐을 때 등호 '='를 쓸 수 있다는 걸 알려 주세요. 또한 등호는 양쪽이 같다는 의미로 앞으로 배우게 될 수학에서 정말 중요한 개념이랍니다.

44-45쪽

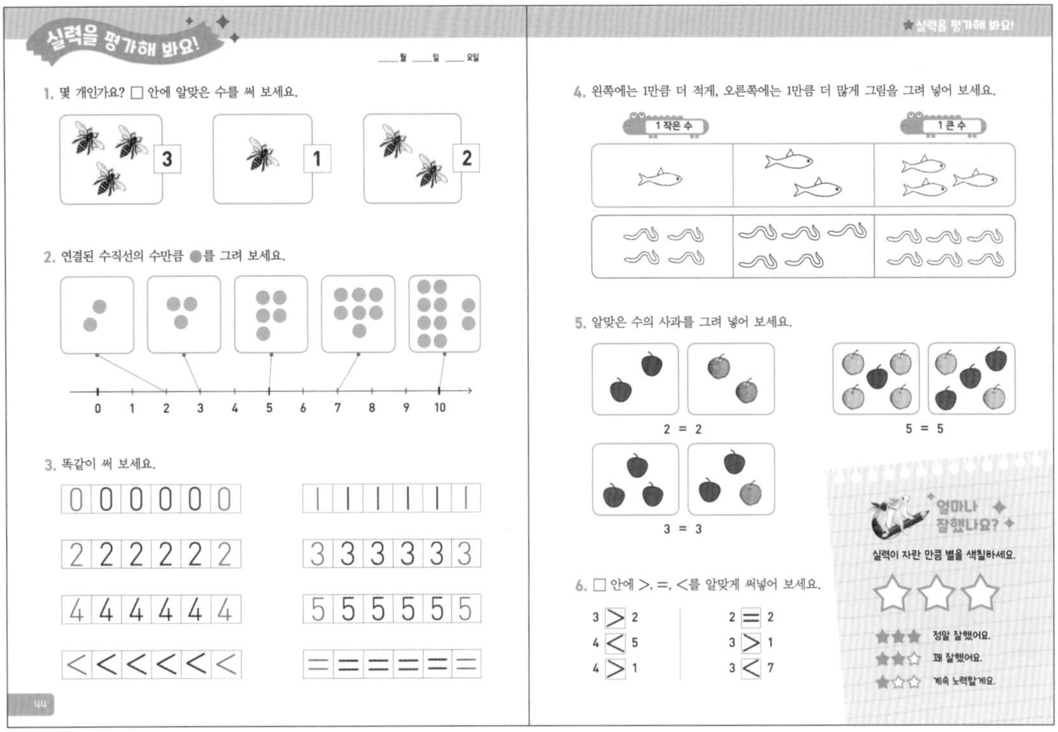

46-47쪽

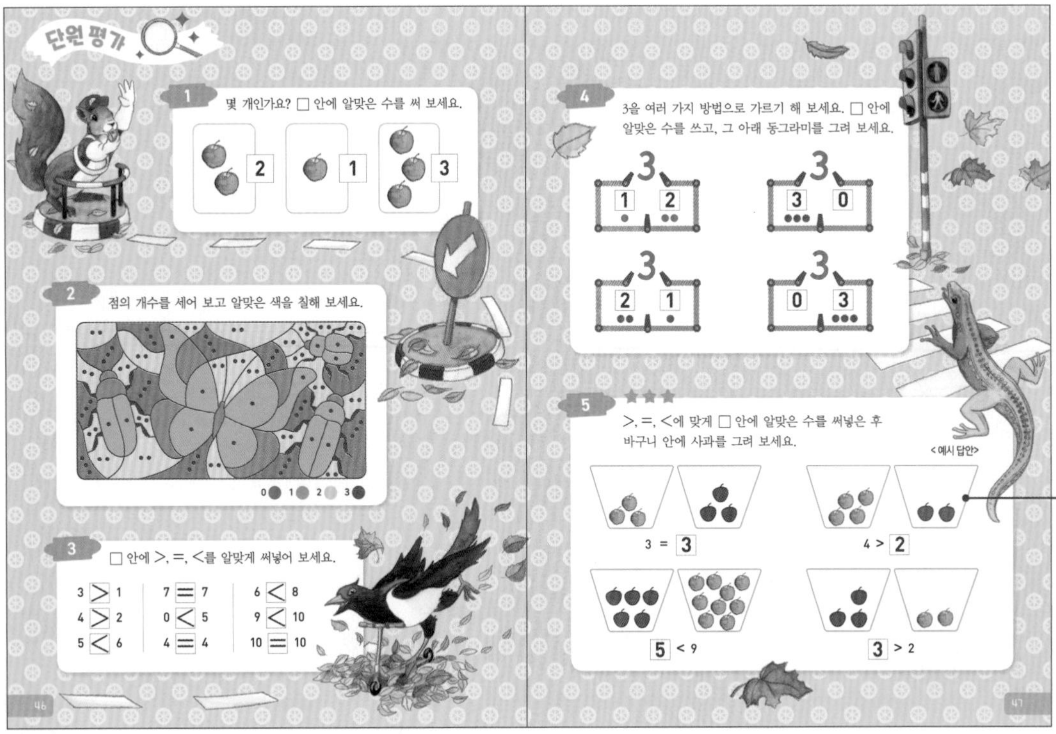

답이 여러 개 나올 수 있어요.
4 >□의 경우, 4 >2는 물론
4>3, 4>1, 4>0 등 4보다 작은
수는 모두 답이 될 수 있어요.
□<9의 경우, 9보다 작은 수는
모두 답이 될 수 있으며, □>2의
경우 2보다 큰 수는 모두 답이
될 수 있지요.

48-49쪽

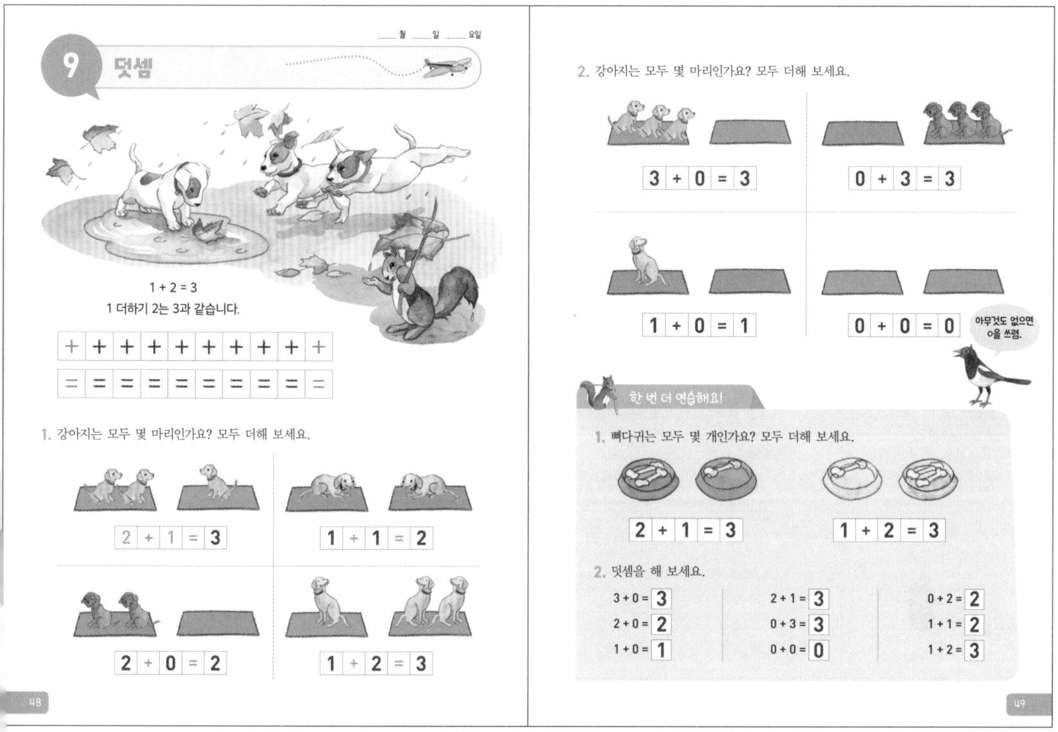
9 덧셈

____월 ____일 ____요일

1 + 2 = 3

1 더하기 2는 3과 같습니다.

1. 강아지는 모두 몇 마리인가요? 모두 더해 보세요.

2 + 1 = 3　　1 + 1 = 2

2 + 0 = 2　　1 + 2 = 3

2. 강아지는 모두 몇 마리인가요? 모두 더해 보세요.

3 + 0 = 3　　0 + 3 = 3

1 + 0 = 1　　0 + 0 = 0

아무것도 없으면 0을 써요.

한 번 더 연습해요!

1. 뼈다귀는 모두 몇 개인가요? 모두 더해 보세요.

2 + 1 = 3　　1 + 2 = 3

2. 덧셈을 해 보세요.

3 + 0 = 3	2 + 1 = 3	0 + 2 = 2
2 + 0 = 2	0 + 3 = 3	1 + 1 = 2
1 + 0 = 1	0 + 0 = 0	1 + 2 = 3

48　49

부모님 가이드 | 48쪽

이야기를 만들며 덧셈 놀이를 해 보세요. 비가 온 뒤 물웅덩이에서 강아지 한 마리가 놀고 있는데, 두 마리가 달려왔어. 물웅덩이에는 강아지가 모두 몇 마리 있을까? 아이와 서로 번갈아 가며 덧셈 문제를 만들어 보세요.

50-51쪽

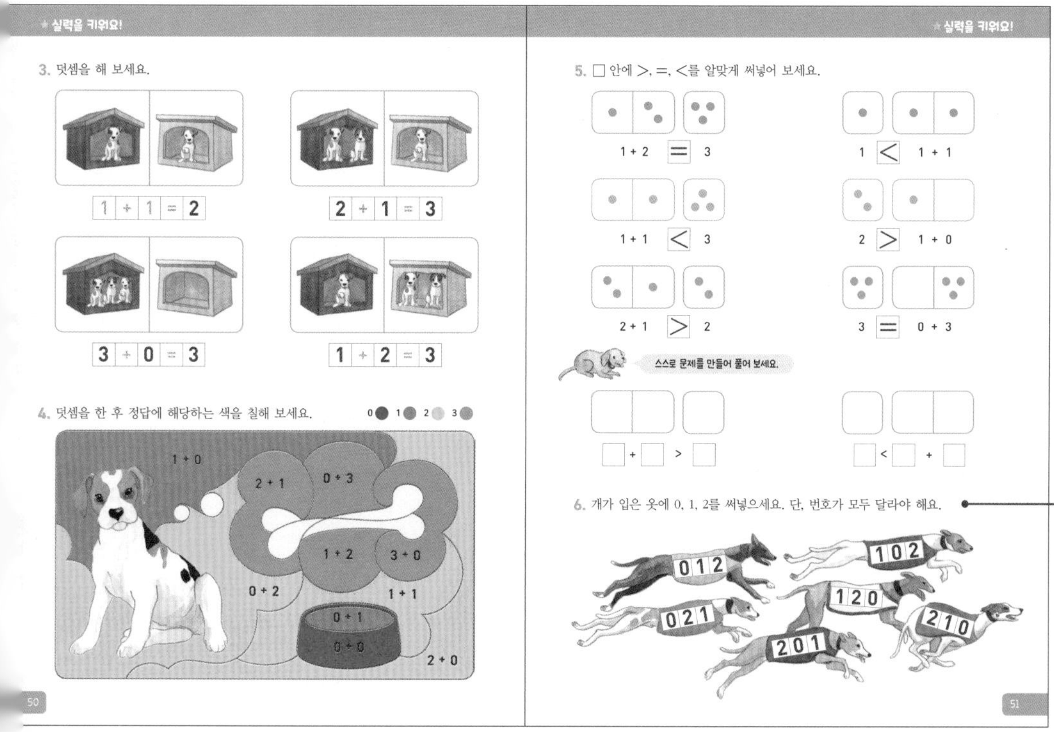
실력을 키워요!

3. 덧셈을 해 보세요.

1 + 1 = 2　　2 + 1 = 3

3 + 0 = 3　　1 + 2 = 3

4. 덧셈을 한 후 정답에 해당하는 색을 칠해 보세요.

5. □ 안에 >, =, <를 알맞게 써넣어 보세요.

1 + 2 = 3	1 < 1 + 1
1 + 1 < 3	2 > 1 + 0
2 + 1 > 2	3 = 0 + 3

스스로 문제를 만들어 풀어 보세요.

□ + □ > □　　□ < □ + □

6. 개가 입은 옷에 0, 1, 2를 써넣으세요. 단, 번호가 모두 달라야 해요.

50　51

첫째 칸에 0부터 쓰고 나머지 수를 번갈아 써요. 1과 2도 같은 방법으로 첫째 칸에 쓴 후 나머지 수를 번갈아 쓰면 빠짐없이 모든 수를 다르게 만들 수 있겠죠?

52-53쪽

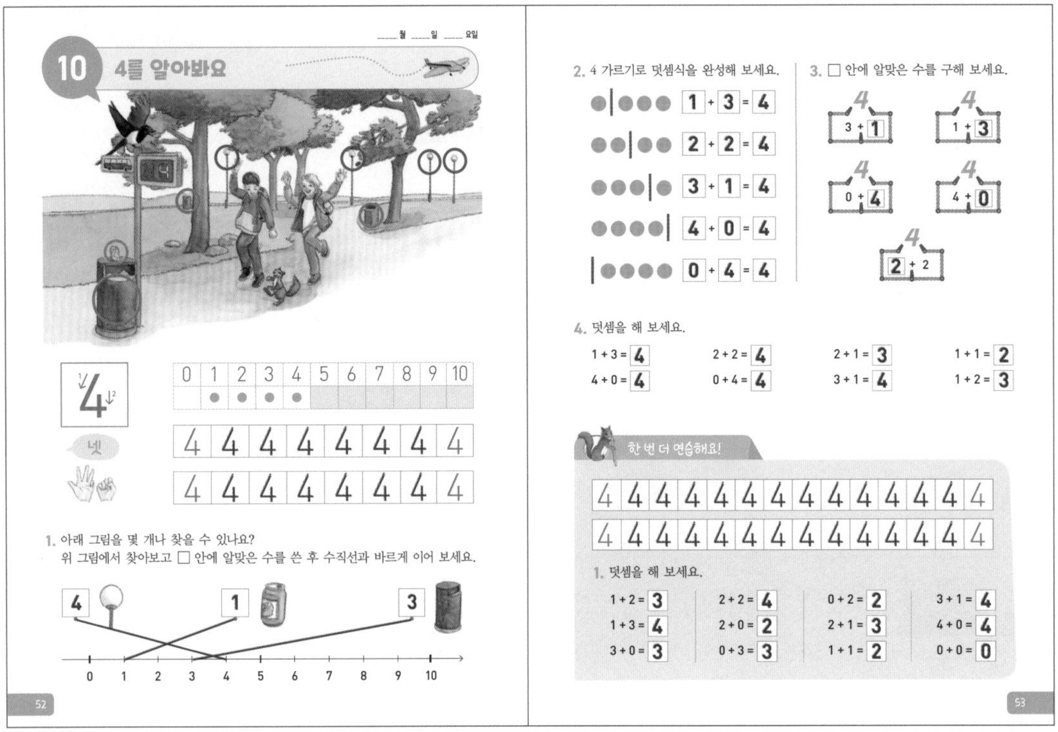

부모님 가이드 | 52쪽

그림을 보며 아이에게 질문해 보세요.

- 3과 관련 있는 건 뭘까? **바위, 쓰레기통, 남자아이가 손가락 세 개를 꼽고 있어요.**
- 4와 관련 있는 건 뭘까? **나무, 가로등**
- 버스 정류장 안내판에 쓰여 있는 숫자는 뭐니? **4**

54-55쪽

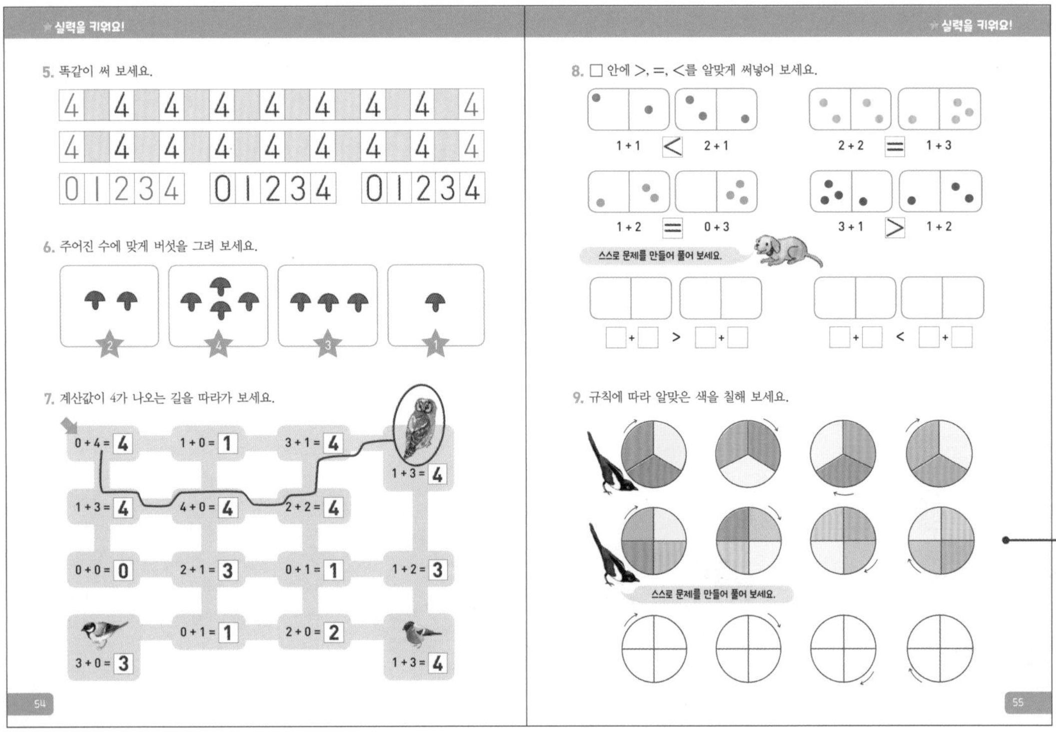

부모님 가이드 | 54쪽

아이와 함께 '4 만들기 놀이'를 해 보세요. 엄마는 프로그래머, 아이는 4만 할 줄 아는 로봇이 돼요. 엄마가 '박수 4번 치기'라고 명령어를 프로그래밍하면 아이는 엄마의 명령대로 박수를 4번 쳐요. 물을 4모금 마시기, 제자리에서 4번 뛰기 등 4와 관련한 다양한 명령어를 만들어 놀이해 보세요.

화살표 방향으로 색깔 원이 움이고 있어요. 원 안의 색깔 칸 숫자를 써넣으면 변화를 더 쉽 발견할 수 있어요.

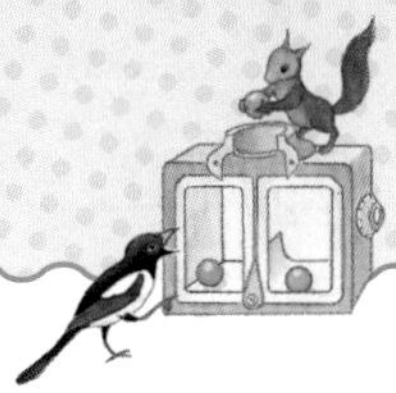

56-57쪽

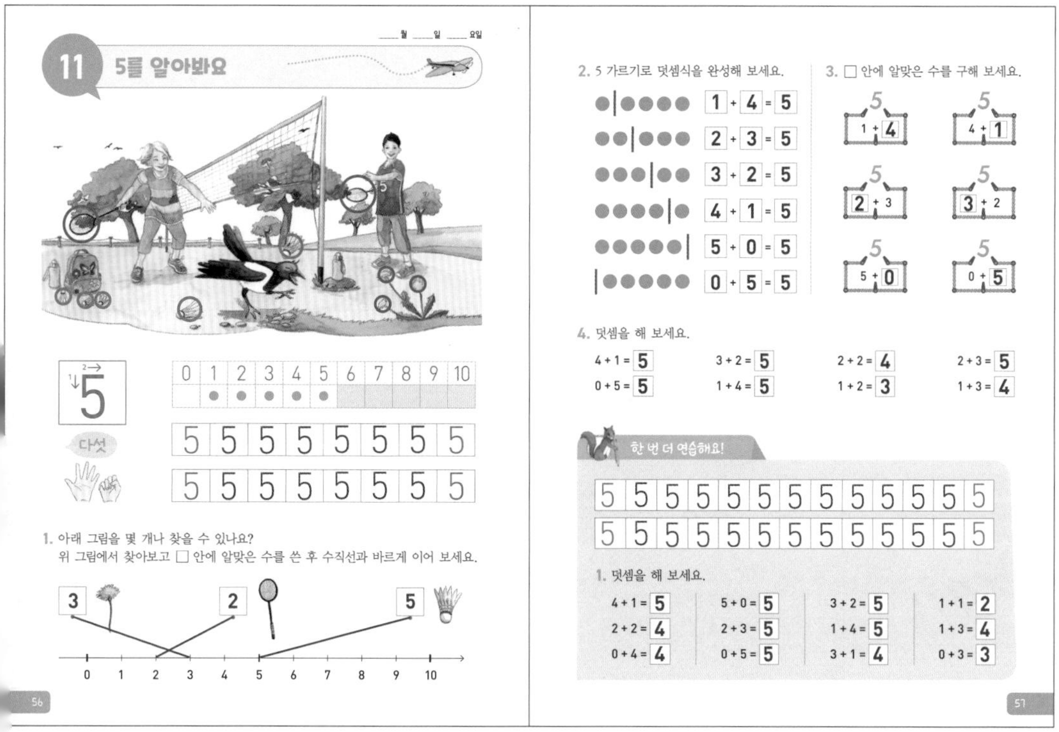
___월 ___일 ___요일

11 5를 알아봐요

5 다섯

0	1	2	3	4	5	6	7	8	9	10
	●	●	●	●	●					

5 5 5 5 5 5 5 5

5 5 5 5 5 5 5 5

1. 아래 그림을 몇 개나 찾을 수 있나요?
위 그림에서 찾아보고 □ 안에 알맞은 수를 쓴 후 수직선과 바르게 이어 보세요.

3 2 5

0 1 2 3 4 5 6 7 8 9 10

56

2. 5 가르기로 덧셈식을 완성해 보세요.

●|●●●● 1 + 4 = 5
●●|●●● 2 + 3 = 5
●●●|●● 3 + 2 = 5
●●●●|● 4 + 1 = 5
●●●●●| 5 + 0 = 5
|●●●●● 0 + 5 = 5

3. □ 안에 알맞은 수를 구해 보세요.

5: 1 + 4, 4 + 1, 2 + 3, 3 + 2, 5 + 0, 0 + 5

4. 덧셈을 해 보세요.

4 + 1 = 5	3 + 2 = 5	2 + 2 = 4	2 + 3 = 5
0 + 5 = 5	1 + 4 = 5	1 + 2 = 3	1 + 3 = 4

한 번 더 연습해요!

5 5 5 5 5 5 5 5 5 5 5 5 5

5 5 5 5 5 5 5 5 5 5 5 5 5

1. 덧셈을 해 보세요.

4 + 1 = 5	5 + 0 = 5	3 + 2 = 5	1 + 1 = 2
2 + 2 = 4	2 + 3 = 5	1 + 4 = 5	1 + 3 = 4
0 + 4 = 4	0 + 5 = 5	3 + 1 = 4	0 + 3 = 3

57

부모님 가이드 | 56쪽

그림을 보며 아이에게 질문해 보세요.
- 2와 관련 있는 건 뭘까? **아이 둘, 배드민턴 라켓, 물통**
- 3과 관련 있는 건 뭘까? **민들레 꽃송이**
- 4와 관련 있는 건 뭘까? **하늘을 나는 새, 민들레 잎사귀**
- 5와 관련 있는 건 뭘까? **배드민턴공, 나무, 남자아이 옷에 적힌 숫자**

58-59쪽

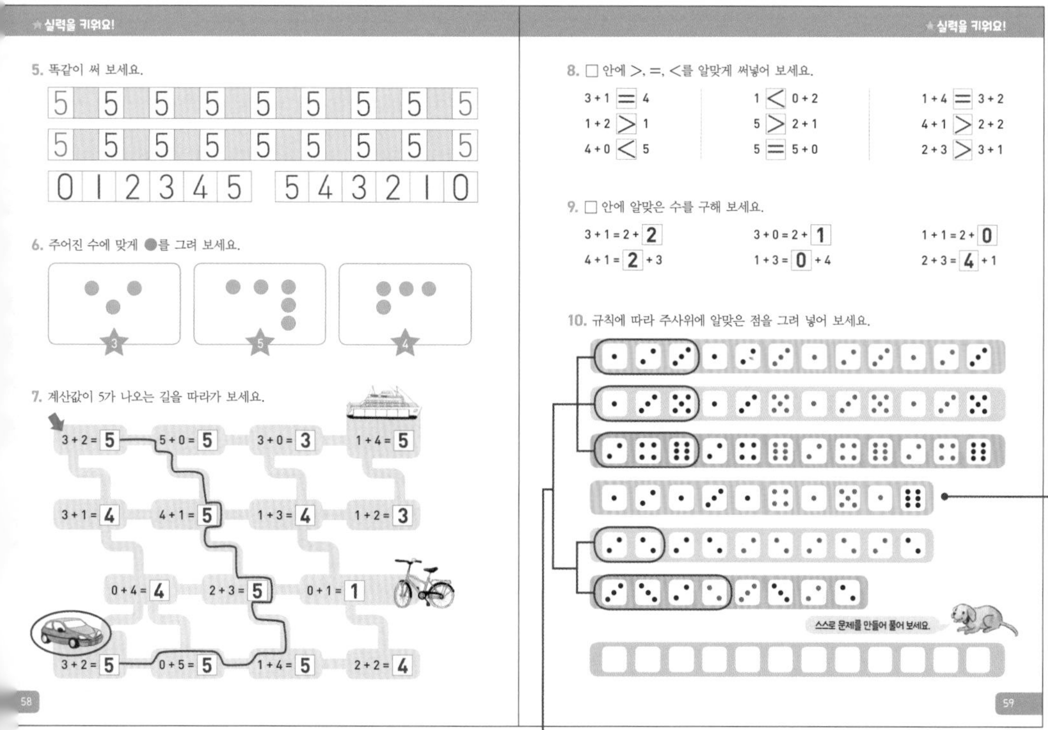
실력을 키워요!

5. 똑같이 써 보세요.

5 5 5 5 5 5 5 5 5

5 5 5 5 5 5 5 5 5

0 1 2 3 4 5　5 4 3 2 1 0

6. 주어진 수에 맞게 ●를 그려 보세요.

3 5 4

7. 계산값이 5가 나오는 길을 따라가 보세요.

3 + 2 = 5	5 + 0 = 5	3 + 0 = 3	1 + 4 = 5
3 + 1 = 4	4 + 1 = 5	1 + 3 = 4	1 + 2 = 3
0 + 4 = 4	2 + 3 = 5	0 + 1 = 1	
3 + 2 = 5	0 + 5 = 5	1 + 4 = 5	2 + 2 = 4

58

실력을 키워요!

8. □ 안에 $>$, $=$, $<$를 알맞게 써넣어 보세요.

$3+1 = 4$	$1 < 0+2$	$1+4 = 3+2$
$1+2 > 1$	$5 > 2+1$	$4+1 > 2+2$
$4+0 < 5$	$5 = 5+0$	$2+3 > 3+1$

9. □ 안에 알맞은 수를 구해 보세요.

3 + 1 = 2 + 2	3 + 0 = 2 + 1	1 + 1 = 2 + 0
4 + 1 = 2 + 3	1 + 3 = 0 + 4	2 + 3 = 4 + 1

10. 규칙에 따라 주사위에 알맞은 점을 그려 넣어 보세요.

스스로 문제를 만들어 풀어 보세요.

59

부모님 가이드 | 58쪽

두 가지 색깔의 다른 블록으로 5 만들기를 하며 탑을 쌓아 보세요.
예를 들어 노란색 2개, 빨간색 3개 또는 노란색 1개, 빨간색 4개, 이런 식으로 쌓기 놀이를 하다 보면 5 가르기를 쉽게 이해할 수 있게 된답니다.

주사위 눈 1개짜리는 그대로이고, 바로 옆의 주사위 눈이 1씩 커지는 규칙이에요.

표시한 부분이 반복되는 규칙이에요.

60-61쪽

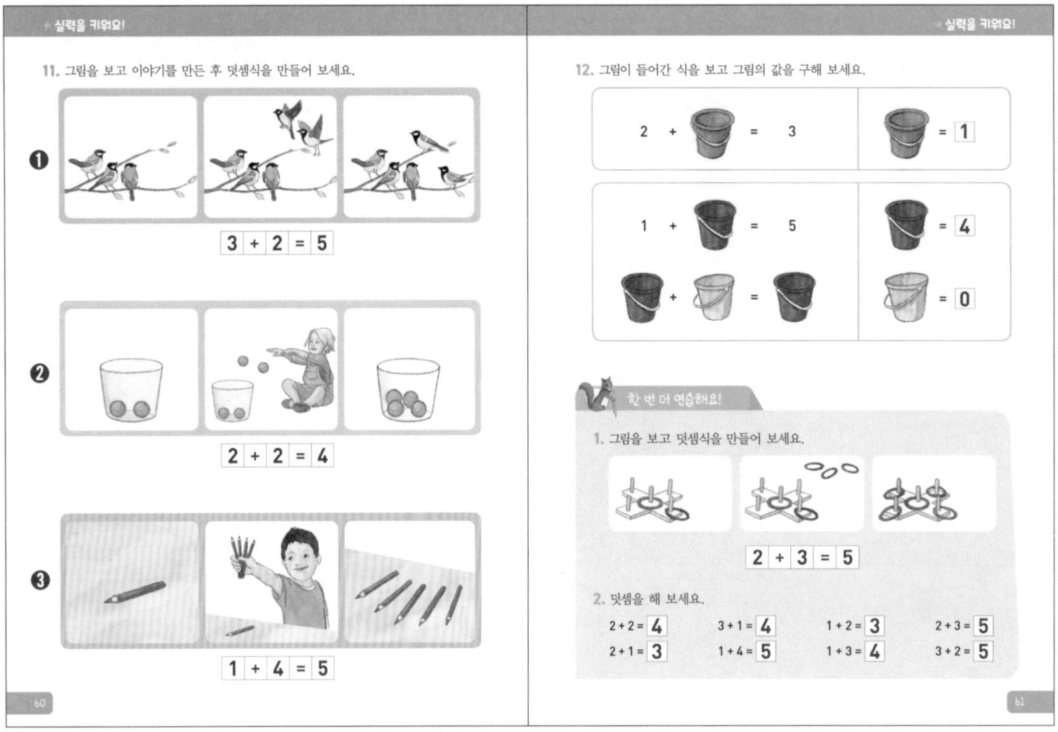
실력을 키워요!

11. 그림을 보고 이야기를 만든 후 덧셈식을 만들어 보세요.

❶ 3 + 2 = 5

❷ 2 + 2 = 4

❸ 1 + 4 = 5

60

실력을 키워요!

12. 그림이 들어간 식을 보고 그림의 값을 구해 보세요.

2 + (bucket) = 3 → (bucket) = 1

1 + (bucket) = 5 → (bucket) = 4

(bucket) + (bucket) = (bucket) → (bucket) = 0

한 번 더 연습해요!

1. 그림을 보고 덧셈식을 만들어 보세요.

2 + 3 = 5

2. 덧셈을 해 보세요.

2+2= 4	3+1= 4	1+2= 3	2+3= 5
2+1= 3	1+4= 5	1+3= 4	3+2= 5

61

부모님 가이드 | 60쪽

아이와 함께 일상에서 자주 이야기를 만들며 덧셈을 해 보세요. 이를 테면, 저녁 식탁을 차리며 식탁에 밥그릇이 3개 있어. 국그릇을 3개 놓으면 그릇은 총 몇 개일까? 아이의 표현력은 물론, 수학 사고력도 함께 키울 수 있습니다.

60쪽 11번

❶ 새 3마리가 나뭇가지에 앉아 쉬고 있어요. 2마리가 더 날아왔어요. 이제 5마리가 함께 나뭇가지에 앉아 쉬고 있네요.

❷ 엠마가 공을 바구니에 던지며 놀고 있어요. 2개를 먼저 넣고, 2개를 더 넣었어요. 바구니에는 공이 4개 있어요.

❸ 연필이 1자루 책상 위에 있어요. 알렉이 4자루를 더 갖고 왔어요. 이제 연필은 모두 5자루예요.

61쪽 12번

핀란드나 덴마크 수학에서는 이런 문제가 자주 나옵니다. 어려울 수도 있으나 창의성을 키우는 데 좋은 문제랍니다. 자꾸 풀다 보면 요령이 생겨 잘 풀게 될 것입니다.

빨간 버킷에 4를 대입하면, 4 +  = 4
어떤 수를 더해 어떤 수 그대로 나오는 수는 0이므로  는 0입니다.

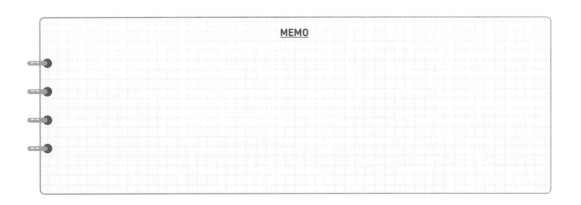

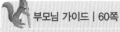

MEMO

62-63쪽

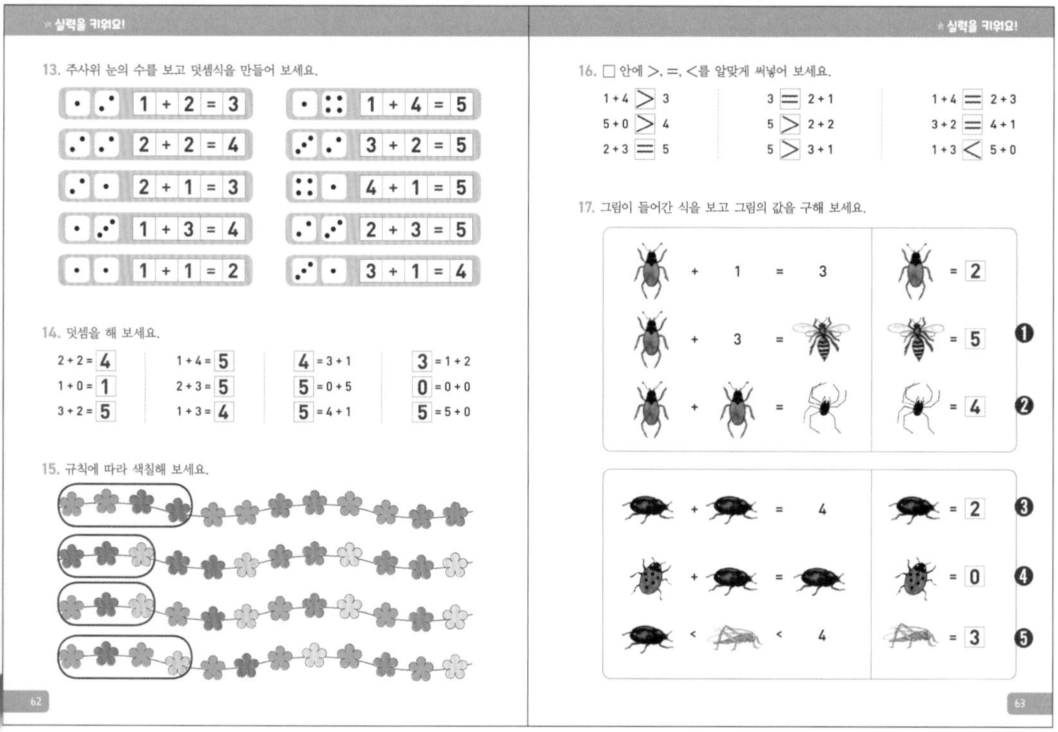
★ 실력을 키워요!

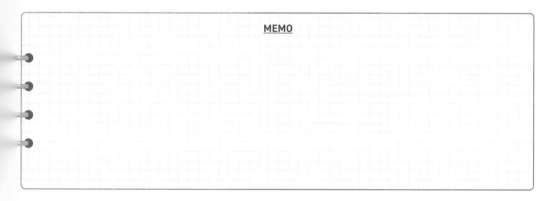

13. 주사위 눈의 수를 보고 덧셈식을 만들어 보세요.

1 + 2 = 3	1 + 4 = 5
2 + 2 = 4	3 + 2 = 5
2 + 1 = 3	4 + 1 = 5
1 + 3 = 4	2 + 3 = 5
1 + 1 = 2	3 + 1 = 4

14. 덧셈을 해 보세요.

2 + 2 = 4	1 + 4 = 5	4 = 3 + 1	3 = 1 + 2
1 + 0 = 1	2 + 3 = 5	5 = 0 + 5	0 = 0 + 0
3 + 2 = 5	1 + 3 = 4	5 = 4 + 1	5 = 5 + 0

15. 규칙에 따라 색칠해 보세요.

62

★ 실력을 키워요!

16. □ 안에 >, =, <를 알맞게 써넣어 보세요.

1 + 4 > 3	3 = 2 + 1	1 + 4 = 2 + 3
5 + 0 > 4	5 > 2 + 2	3 + 2 = 4 + 1
2 + 3 = 5	5 > 3 + 1	1 + 3 < 5 + 0

17. 그림이 들어간 식을 보고 그림의 값을 구해 보세요.

+ 1 = 3, = 2
+ 3 = , = 5 ❶
+ = , = 4 ❷
+ = 4, = 2 ❸
+ = , = 0 ❹
< < 4, = 3 ❺

63

62쪽 15번

표시한 부분이 반복되는 규칙이에요.

63쪽 17번

❶ + 3 = , 2 + 3 = 5, = 5

❷ + = , 2 + 2 = 4, = 4

❸ + = 4, 같은 수를 2번 더해 4가 나오는 수는 2, = 2

❹ + = , 어떤 수를 더해 어떤 수 그대로 나오는 수는 0, = 0

❺ < < 4, 2 < < 4, 2보다 크고 4보다 작은 수는 3, = 3

MEMO

정답

64-65쪽

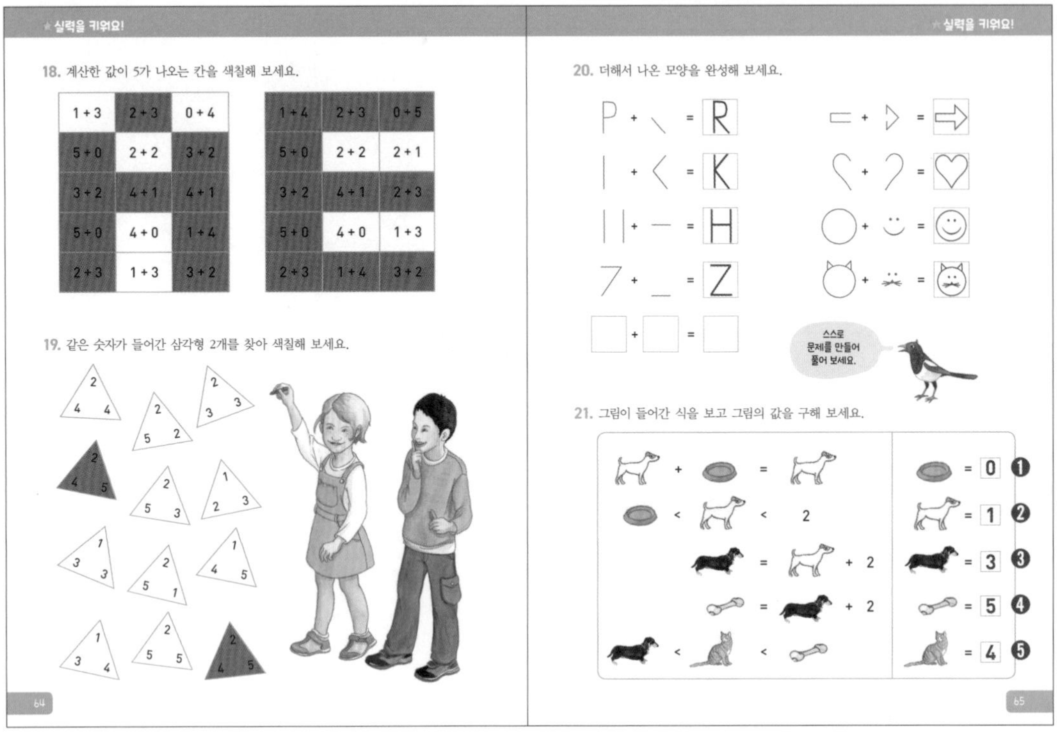

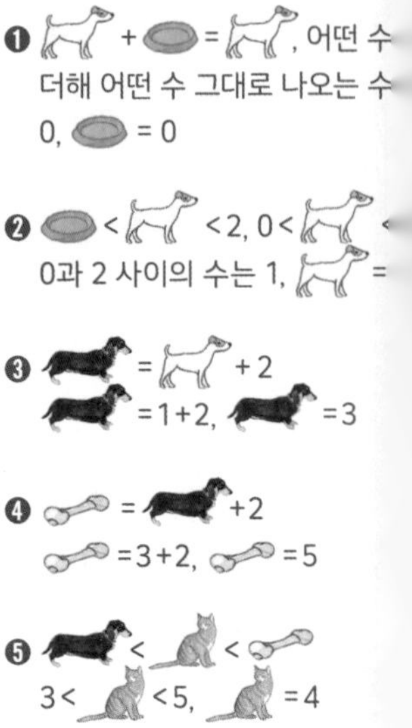

66-67쪽

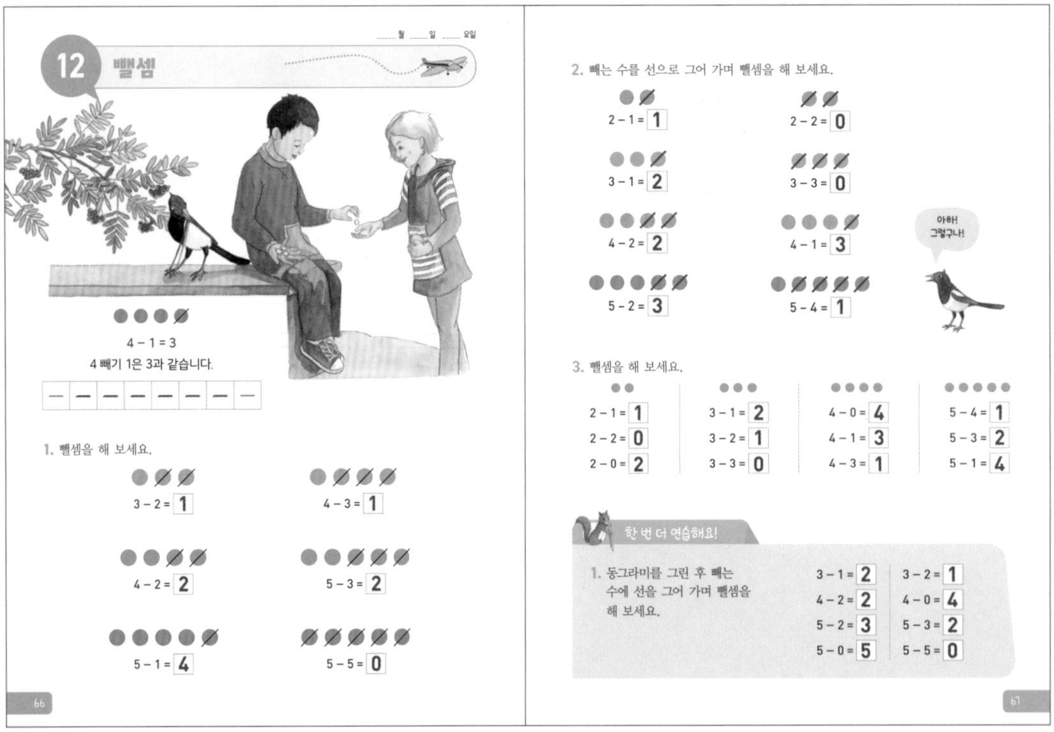

부모님 가이드 | 66쪽

그림을 보며 아이에게 질문해 보세요.

- 돌멩이가 전부 몇 개 있니? **4개**
- 남자아이가 여자아이에게 돌을 몇 개 주었니? **1개**
- 남자아이 손에 돌이 몇 개 남았니? **3개**
- 이걸 뺄셈식으로 나타내 보렴. **4−1=3**

68-69쪽

★ 실력을 키워요!

4. 0부터 5까지 규칙에 따라 수를 써넣어 보세요.

0	1	2	3	4	5
0	1	2	3	4	5
5	4	3	2	1	0
5	4	3	2	1	0

5. 계산값이 3과 같으면 색칠해 보세요.

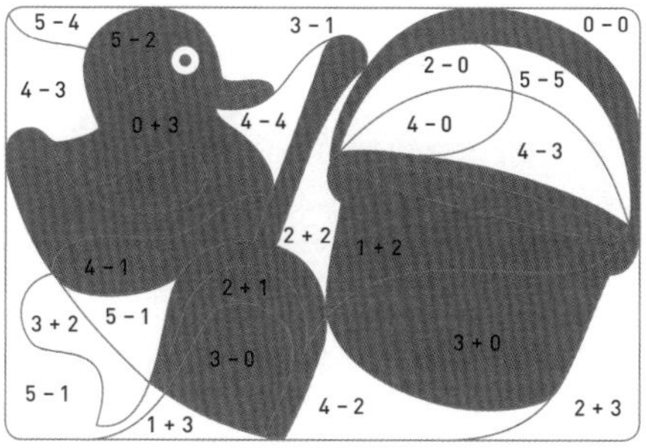

6. □ 안에 >, =, <를 알맞게 써넣어 보세요.

3 - 1 = 2	2 - 1 > 2 - 2	3 - 0 = 4 - 1
5 - 3 < 3	3 - 1 = 5 - 3	5 - 4 < 5 - 3
4 - 2 > 1	4 - 2 < 5 - 2	5 - 1 > 4 - 3

68

★ 실력을 키워요!

7. 빼서 나온 모양을 완성해 보세요.

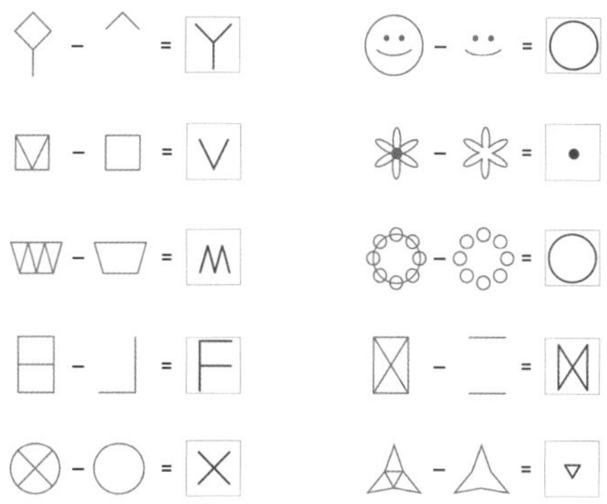

8. 계산한 후 정답에 해당하는 알파벳을 찾아 써 보세요.

1	2	3	4	5
E	L	B	S	F

5 - 2 = 3 B	5 - 2 = 3 B	1 + 2 = 3 B
4 - 3 = 1 E	3 - 2 = 1 E	2 - 1 = 1 E
5 - 4 = 1 E	1 + 0 = 1 E	5 - 3 = 2 L
1 + 3 = 4 S	4 + 1 = 5 F	1 + 1 = 2 L

69

핀란드에서는 알파벳을 수에 대입해서 푸는 문제가 많이 나옵니다. 앞으로 배우게 될 방정식에 큰 도움이 되는 방법이랍니다.

70-71쪽

★ 실력을 키워요!

9. 그림을 보고 뺄셈식을 완성해 보세요.

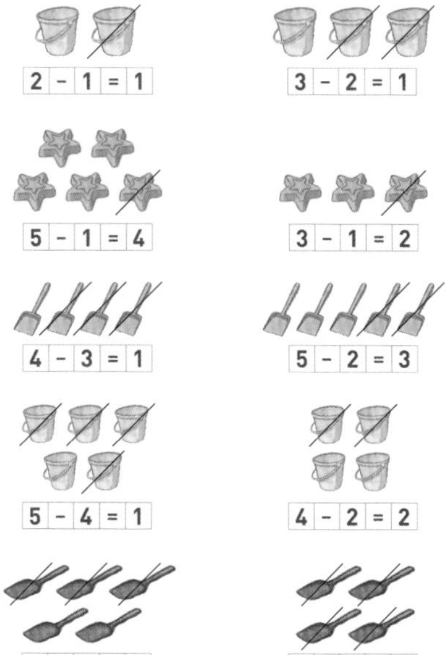

2 - 1 = 1 | 3 - 2 = 1

5 - 1 = 4 | 3 - 1 = 2

4 - 3 = 1 | 5 - 2 = 3

5 - 4 = 1 | 4 - 2 = 2

5 - 3 = 2 | 4 - 4 = 0

70

★ 실력을 키워요!

10. 계산해 보세요.

2 - 1 = 1	5 - 3 = 2	3 - 2 = 1	0 + 1 = 1
3 - 1 = 2	4 - 2 = 2	5 - 4 = 1	1 + 4 = 5

11. 그림이 들어간 식을 보고 그림의 값을 구해 보세요.

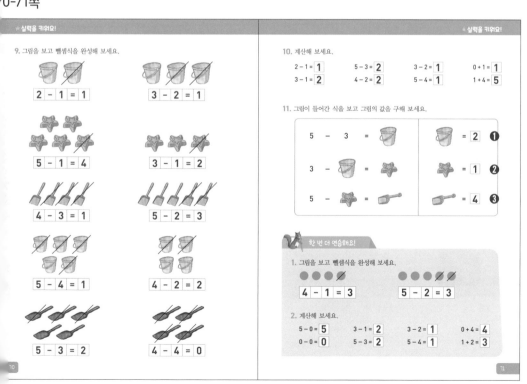

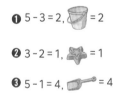

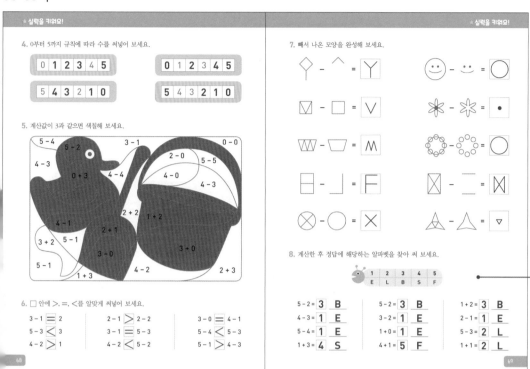

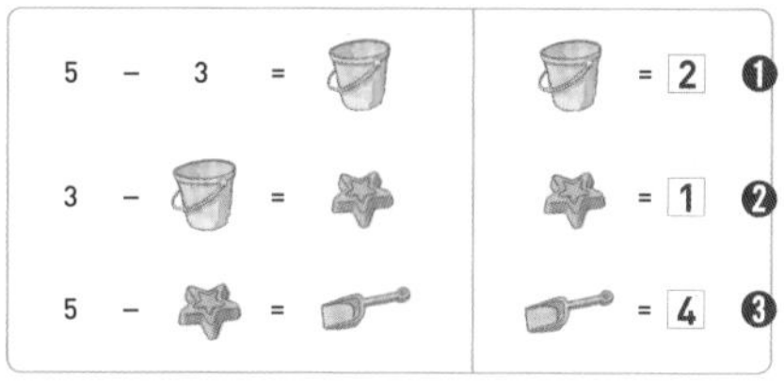

한 번 더 연습해요!

1. 그림을 보고 뺄셈식을 완성해 보세요.

4 - 1 = 3 | 5 - 2 = 3

2. 계산해 보세요.

5 - 0 = 5	3 - 1 = 2	3 - 2 = 1	0 + 4 = 4
0 - 0 = 0	5 - 3 = 2	5 - 4 = 1	1 + 2 = 3

71

❶ 5 - 3 = 2, (양동이) = 2

❷ 3 - 2 = 1, (불가사리) = 1

❸ 5 - 1 = 4, (삽) = 4

72-73쪽

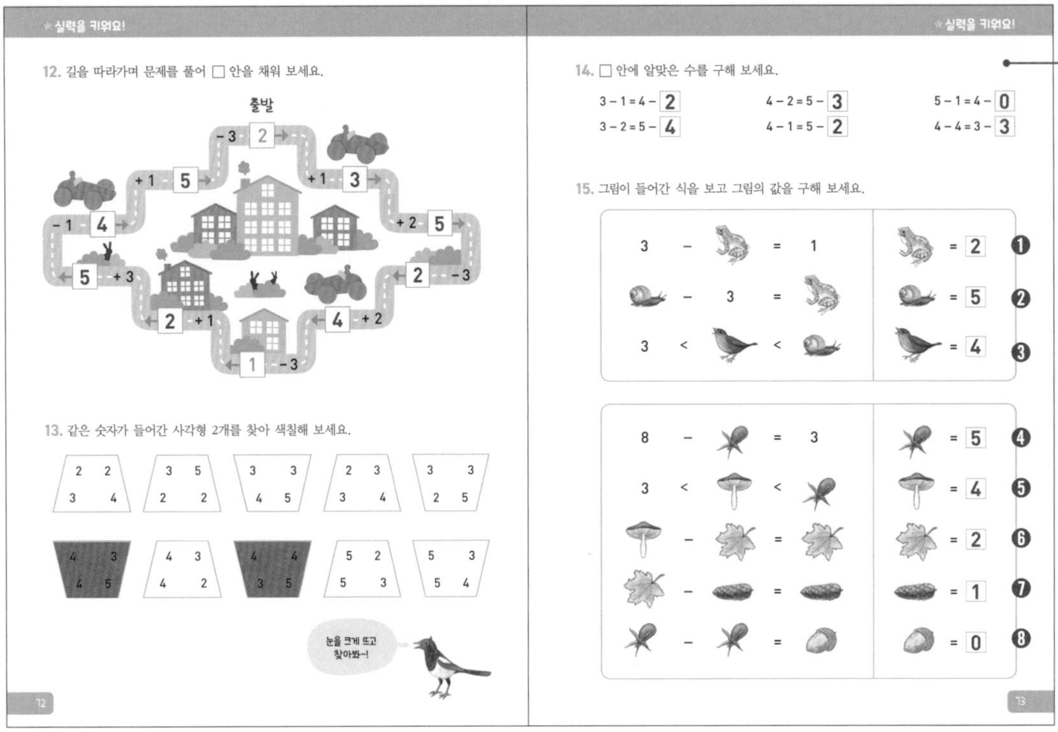
실력을 키워요!
12. 길을 따라가며 문제를 풀어 □ 안을 채워 보세요.
출발
-3 2
+1 5
+1 3
-1 4
+2 5
5 +3
2 -3
2 +1
4 +2
1 -3
13. 같은 숫자가 들어간 사각형 2개를 찾아 색칠해 보세요.
눈을 크게 뜨고 찾아봐~!
12
실력을 키워요!
14. □ 안에 알맞은 수를 구해 보세요.
3 - 1 = 4 - 2
4 - 2 = 5 - 3
5 - 1 = 4 - 0
3 - 2 = 5 - 4
4 - 1 = 5 - 2
4 - 4 = 3 - 3
15. 그림이 들어간 식을 보고 그림의 값을 구해 보세요.
3 - = 1
- 3 =
3 < <
= 2
= 5
= 4
8 - = 3
3 < <
- =
- =
- - =
= 5
= 4
= 2
= 1
= 0
13

앞의 뺄셈식을 풀어 정답을 적은 다음 뒤이어 나오는 뺄셈식의 □값을 구하도록 합니다.

❶ 3-2=1, =2

❷ -3=2, =5

❸ 3< <5, 3과 5 사이의 수는 4, =4

❹ 8-5=3, =5

❺ 3< <5, =4

❻ 4- = , 4를 반으로 가르면 2이므로, 4-2=2, =2

❼ 2- = , 2를 반으로 가르면 1이므로, 2-1=1, =1

❽ 5-5= , =0

74-75쪽

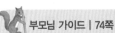

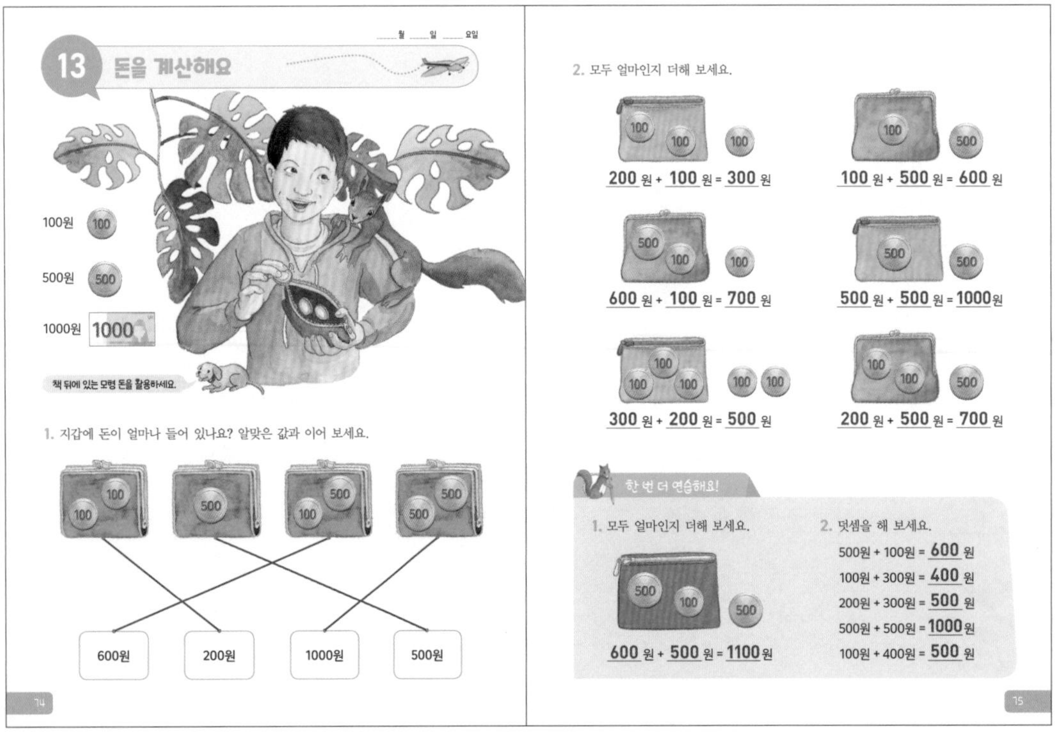
월 일 요일
13 돈을 계산해요
100원
500원
1000원
책 뒤에 있는 모형 돈을 활용하세요.
1. 지갑에 돈이 얼마나 들어 있나요? 알맞은 값과 이어 보세요.
600원
200원
1000원
500원
74
2. 모두 얼마인지 더해 보세요.
200 원 + 100 원 = 300 원
100 원 + 500 원 = 600 원
600 원 + 100 원 = 700 원
500 원 + 500 원 = 1000 원
300 원 + 200 원 = 500 원
200 원 + 500 원 = 700 원
한 번 더 연습해요!
1. 모두 얼마인지 더해 보세요.
600 원 + 500 원 = 1100 원
2. 덧셈을 해 보세요.
500원 + 100원 = 600 원
100원 + 300원 = 400 원
200원 + 300원 = 500 원
500원 + 500원 = 1000 원
100원 + 400원 = 500 원
75

부모님 가이드 | 74쪽

핀란드 수학 교과서에서는 1유로, 2유로, 5유로 등 유럽 연합의 통용 화폐인 유로화를 다룹니다. 그러나 한국에서는 원화를 사용하고, 화폐 단위가 다릅니다. 따라서 한국에서 사용하는 100원, 500원, 1000원으로 덧셈을 배울 수 있도록 했습니다. 1학년 교과 과정에서는 1~50까지의 수를 배우고, 단위도 다르지만 아이들에게 익숙한 돈 단위이기에 무리 없이 학습할 수 있을 것입니다.

76-77쪽

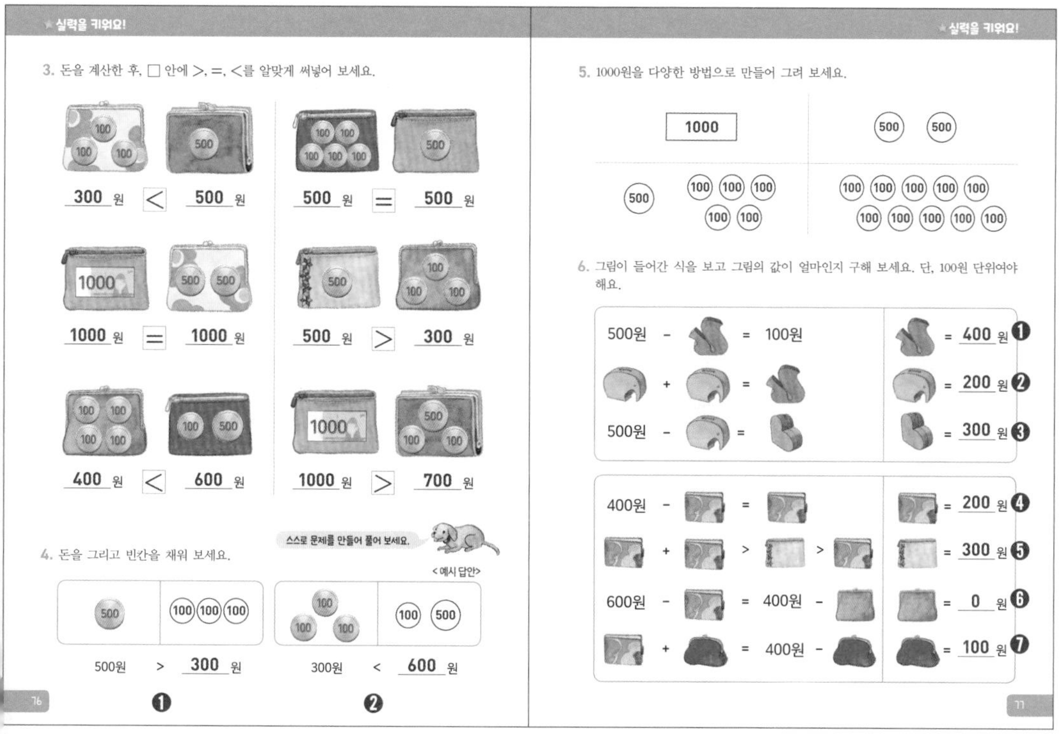
실력을 키워요!

3. 돈을 계산한 후, □ 안에 >, =, <를 알맞게 써넣어 보세요.

300 원 < 500 원 | 500 원 = 500 원

1000 원 = 1000 원 | 500 원 > 300 원

400 원 < 600 원 | 1000 원 > 700 원

4. 돈을 그리고 빈칸을 채워 보세요.

스스로 문제를 만들어 풀어 보세요.

<예시 답안>

500원 > 300 원 ❶ | 300원 < 600 원 ❷

5. 1000원을 다양한 방법으로 만들어 그려 보세요.

6. 그림이 들어간 식을 보고 그림의 값이 얼마인지 구해 보세요. 단, 100원 단위여야 해요.

500원 - □ = 100원 → = 400 원 ❶

□ + □ = □ → = 200 원 ❷

500원 - □ = □ → = 300 원 ❸

400원 - □ = □ → = 200 원 ❹

□ + □ > □ > □ → = 300 원 ❺

600원 - □ = 400원 - □ → = 0 원 ❻

□ + □ = 400원 - □ → = 100 원 ❼

76 | 77

> **부모님 가이드 | 77쪽**
>
> 책 뒤에 있는 100원, 500원, 1000원 모형을 가지고 1000원을 다양한 방법으로 표현해 보세요. 100원이 5개이면 500원, 100원이 10개이면 1000원이 될 수 있음을 보여 주세요. 같은 금액이지만 다르게 표현할 수 있음을 알게 됩니다.

76쪽 4번

❶ 500원보다 작은 금액 400원, 300원, 200원, 100원이 모두 정답이 될 수 있어요.

❷ 300원보다 큰 금액이면 모두 정답이 될 수 있어요.

77쪽 6번

❶ 500원-400원=100원, =400원

❷ 400원을 반으로 가르면 200원, =200원

❸ 500원-200원=300원, =300원

❹ 400원-200원=200원, =200원

❺ 200원+200원>>200원,
400원>300원>200원, =300원

❻ 600원-200원=400원-, 400원=400원-0원,
=0원

❼ 200원+=400원-,
200원+100원=400원-100원, =100원

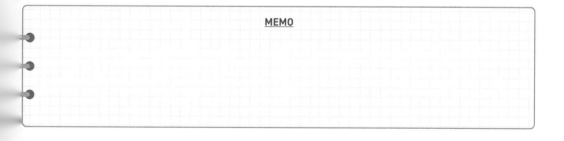

MEMO

78-79쪽

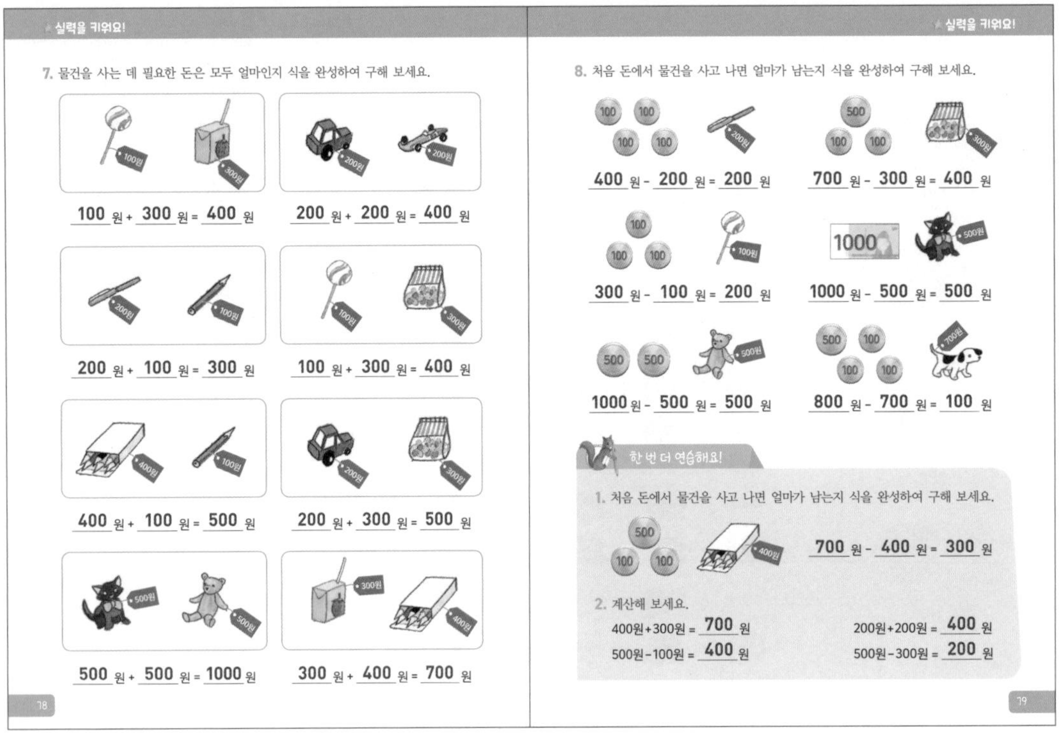
실력을 키워요!

7. 물건을 사는 데 필요한 돈은 모두 얼마인지 식을 완성하여 구해 보세요.

100 원 + 300 원 = 400 원
200 원 + 200 원 = 400 원
200 원 + 100 원 = 300 원
100 원 + 300 원 = 400 원
400 원 + 100 원 = 500 원
200 원 + 300 원 = 500 원
500 원 + 500 원 = 1000 원
300 원 + 400 원 = 700 원

78

실력을 키워요!

8. 처음 돈에서 물건을 사고 나면 얼마가 남는지 식을 완성하여 구해 보세요.

400 원 - 200 원 = 200 원
700 원 - 300 원 = 400 원
300 원 - 100 원 = 200 원
1000 원 - 500 원 = 500 원
1000 원 - 500 원 = 500 원
800 원 - 700 원 = 100 원

한 번 더 연습해요!

1. 처음 돈에서 물건을 사고 나면 얼마가 남는지 식을 완성하여 구해 보세요.

700 원 - 400 원 = 300 원

2. 계산해 보세요.

400원+300원 = 700 원
200원+200원 = 400 원
500원-100원 = 400 원
500원-300원 = 200 원

79

80-81쪽

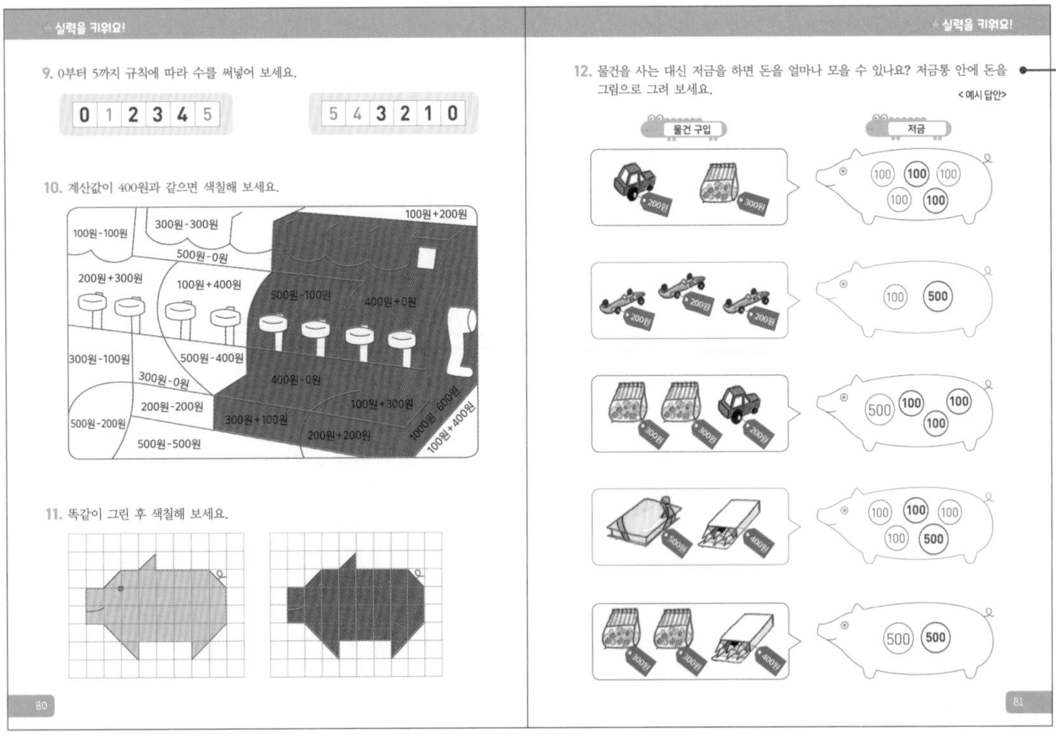
실력을 키워요!

9. 0부터 5까지 규칙에 따라 수를 써넣어 보세요.

0 1 2 3 4 5
5 4 3 2 1 0

10. 계산값이 400원과 같으면 색칠해 보세요.

11. 똑같이 그린 후 색칠해 보세요.

80

실력을 키워요!

12. 물건을 사는 대신 저금을 하면 돈을 얼마나 모을 수 있나요? 저금통 안에 돈을 그림으로 그려 보세요.

<예시 답안>

물건 구입 / 저금

81

500원을 100원짜리 5개로 100원짜리 5개를 500원짜리 1개로 나타낼 수 있어요. 책 뒤에 있는 모형 돈으로 조작하면서 해 보면 더 쉽게 이해할 수 있어요.

82-83쪽

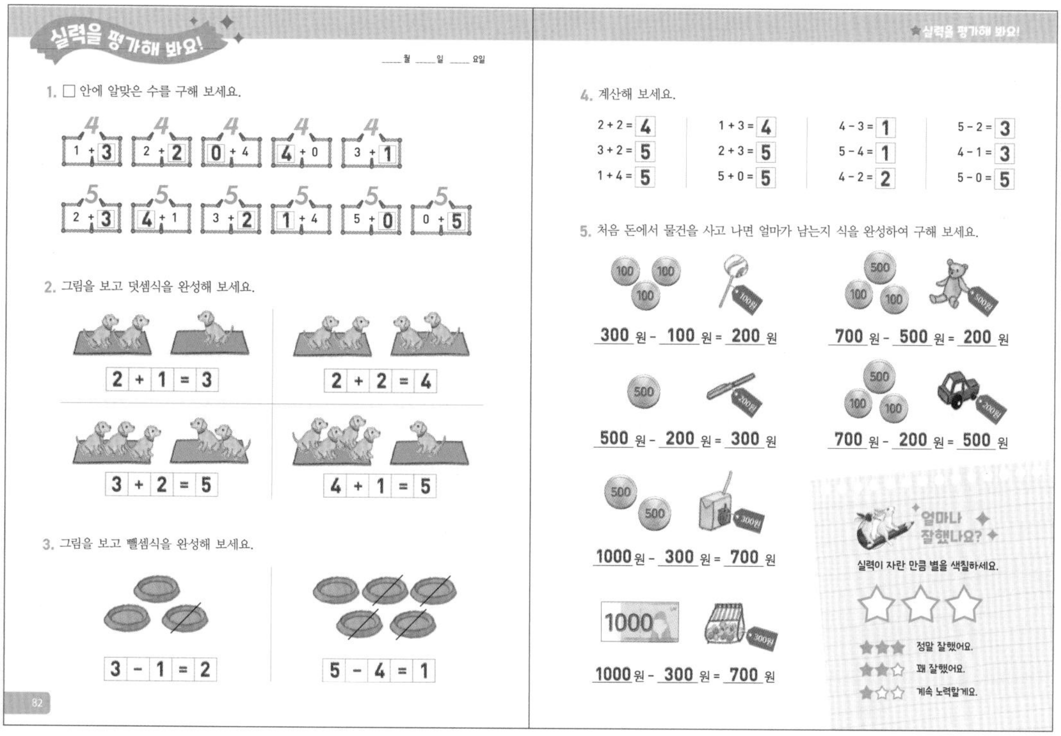
실력을 평가해 봐요!

_____월 _____일 _____요일

1. □ 안에 알맞은 수를 구해 보세요.

4: 1+3, 2+2, 0+4, 4+0, 3+1

5: 2+3, 4+1, 3+2, 1+4, 5+0, 0+5

2. 그림을 보고 덧셈식을 완성해 보세요.

2 + 1 = 3   2 + 2 = 4

3 + 2 = 5   4 + 1 = 5

3. 그림을 보고 뺄셈식을 완성해 보세요.

3 - 1 = 2   5 - 4 = 1

82

★실력을 평가해 봐요!

4. 계산해 보세요.

2+2= 4	1+3= 4	4-3= 1	5-2= 3
3+2= 5	2+3= 5	5-4= 1	4-1= 3
1+4= 5	5+0= 5	4-2= 2	5-0= 5

5. 처음 돈에서 물건을 사고 나면 얼마가 남는지 식을 완성하여 구해 보세요.

300 원 - 100 원 = 200 원   700 원 - 500 원 = 200 원

500 원 - 200 원 = 300 원   700 원 - 200 원 = 500 원

1000 원 - 300 원 = 700 원

1000 원 - 300 원 = 700 원

얼마나 잘했나요?

실력이 자란 만큼 별을 색칠하세요.

★★★ 정말 잘했어요.

★★☆ 꽤 잘했어요.

★☆☆ 계속 노력할게요.

84-85쪽

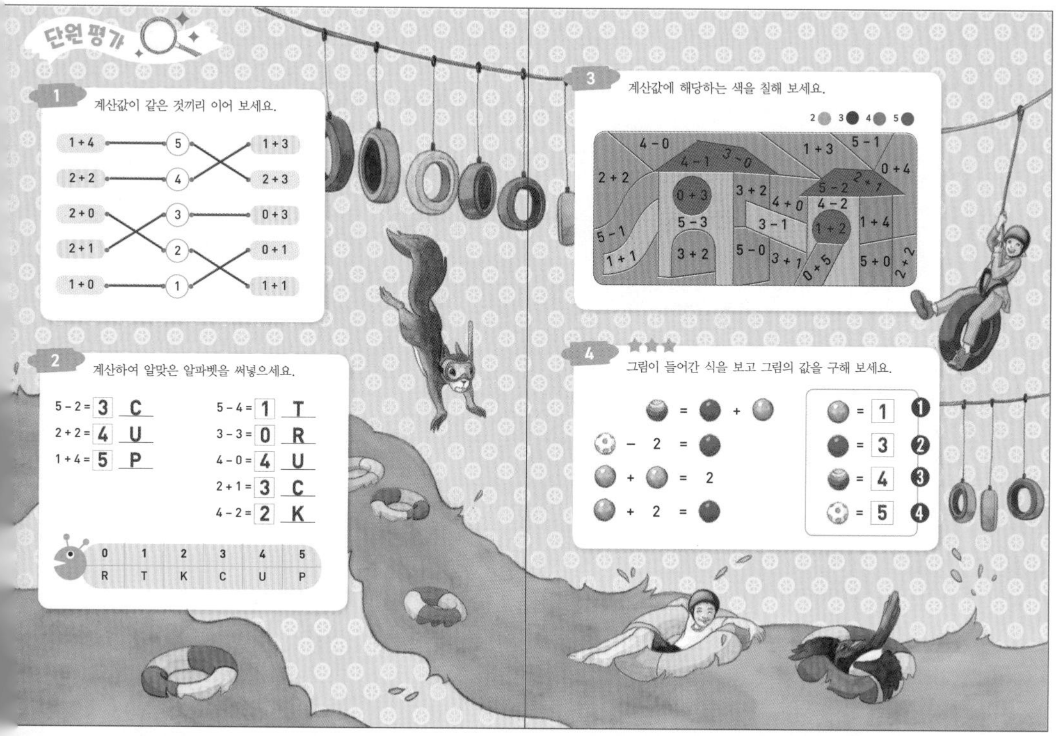
단원 평가

1 계산값이 같은 것끼리 이어 보세요.

1+4 — 5 — 2+3

2+2 — 4 — 1+3

2+0 — 2 — 1+1

2+1 — 3 — 0+3

1+0 — 1 — 0+1

2 계산하여 알맞은 알파벳을 써넣으세요.

5-2= 3 C

2+2= 4 U

1+4= 5 P

5-4= 1 T

3-3= 0 R

4-0= 4 U

2+1= 3 C

4-2= 2 K

0	1	2	3	4	5
R	T	K	C	U	P

3 계산값에 해당하는 색을 칠해 보세요.

2 3 4 5

4-0, 4-1, 3-0, 1+3, 5-1, 0+4, 2+2, 0+3, 3+2, 4+0, 5-2, 2+1, 4-2, 5-3, 3-1, 1+2, 1+4, 5-1, 1+1, 3+2, 5-0, 3+1, 0+5, 5+0, 2+2

4 ★★★ 그림이 들어간 식을 보고 그림의 값을 구해 보세요.

= +

- 2 =

+ = 2

+ 2 =

❶ = 1

❷ = 3

❸ = 4

❹ = 5

❶ + =2, 같은 수를 더해 2가 나오는 건 1, =1

❷ +2= , 1+2=3, =3

❸ = + , =3+1, =4

❹ -2= , -2=3, =5

정답

87쪽

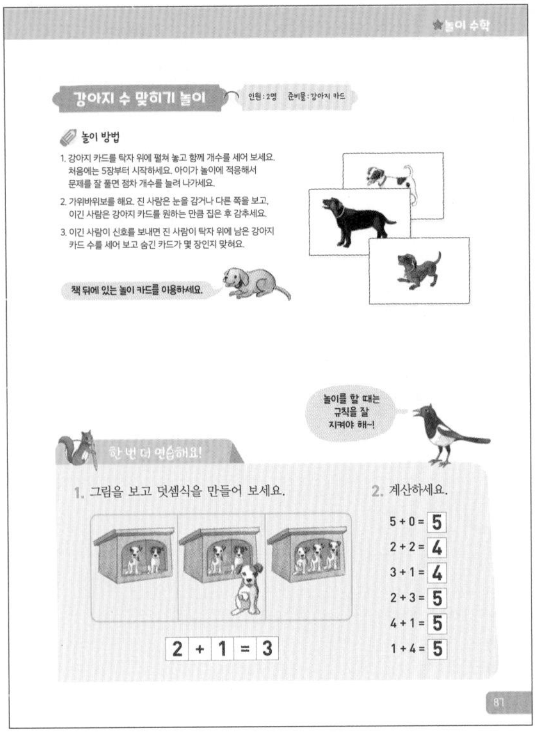

90쪽

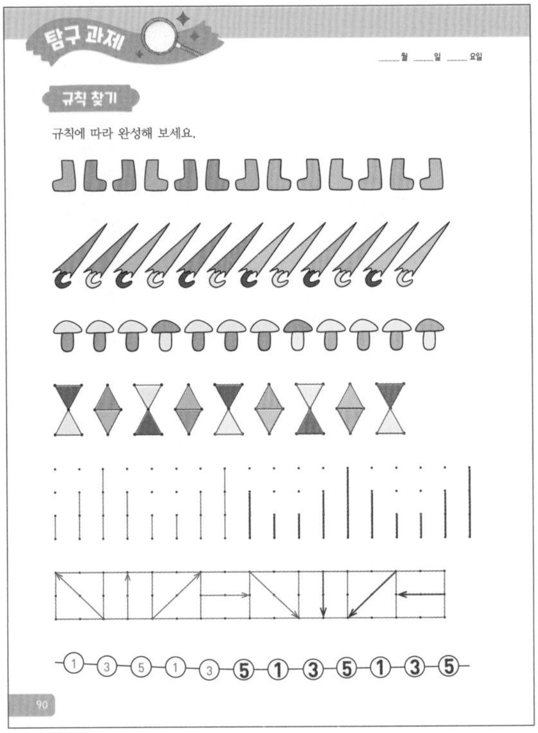

부모님 가이드 | 90쪽

탐구 과제

스스로 탐구하고 조사하며 수학 개념을 내 것으로 만들 수 있습니다. 탐구 과제에 제시된 수학 문제는 정답이 하나가 아니기에 아이들이 풀기를 어려워하거나 때로는 중요하게 생각하지 않고 넘길 수도 있습니다. 아이와 함께 여러 번 풀며 함께 수학 토론의 기회를 만들어 보세요.

94-95쪽

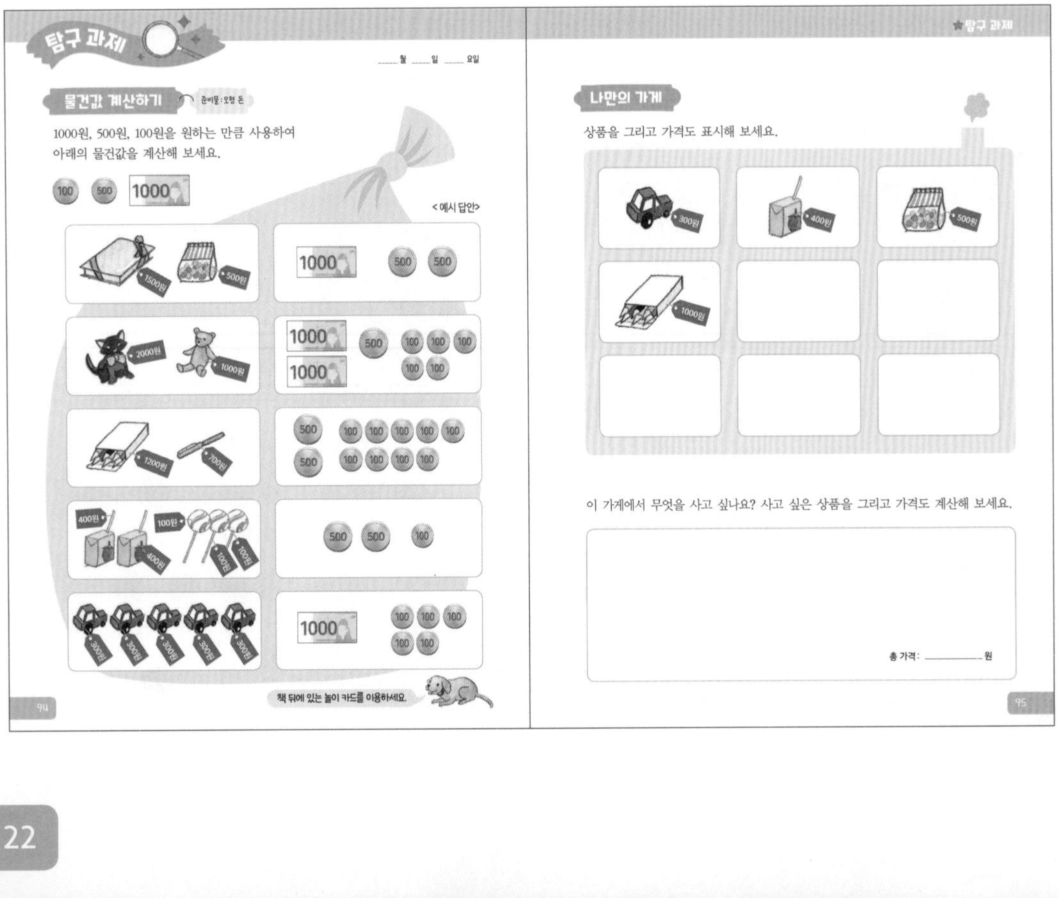

부모님 가이드 | 94쪽

학교에서도 알뜰 시장을 열어 돈 계산을 하기도 하니 가정에서도 알뜰 시장을 열어 상품과 가격을 표시하고 물건값을 계산해 보세요.

핀란드 1학년 수학 교과서 1-1

정답과 해설

2권

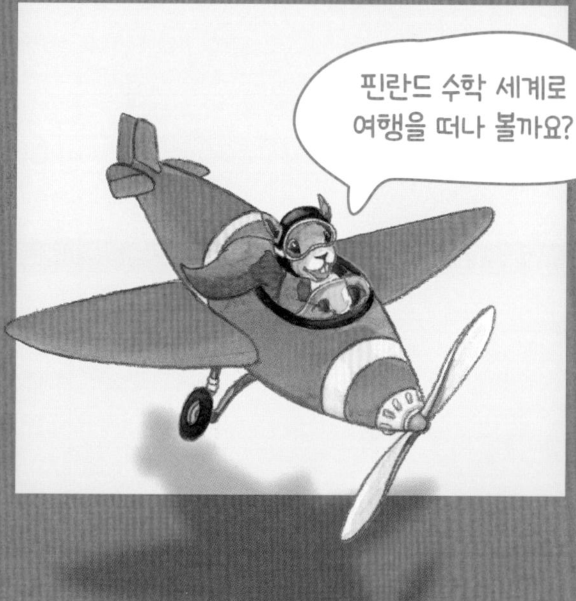
핀란드 수학 세계로
여행을 떠나 볼까요?

정답

12-13쪽

월 일 요일

1 6을 알아봐요

6 여섯

0	1	2	3	4	5	6	7	8	9	10
	●	●	●	●	●	●				

6 6 6 6 6 6 6 6

6 6 6 6 6 6 6 6

1. 아래 그림을 몇 개나 찾을 수 있나요?
위 그림에서 찾아보고 □ 안에 알맞은 수를 쓴 후 수직선과 바르게 이어 보세요.

가로등 2, 사과 6, 자전거 3

0 1 2 3 4 5 6 7 8 9 10

2. 6 가르기로 덧셈식을 완성해 보세요.

- |●●●●●● 0 + 6 = 6
- ●|●●●●● 1 + 5 = 6
- ●●|●●●● 2 + 4 = 6
- ●●●|●●● 3 + 3 = 6
- ●●●●|●● 4 + 2 = 6
- ●●●●●|● 5 + 1 = 6
- ●●●●●●| 6 + 0 = 6

3. □ 안에 알맞은 수를 구해 보세요.

- 6: 0 + 6, 2 + 4
- 6: 3 + 3, 5 + 1
- 6: 6 + 0, 1 + 5
- 6: 4 + 2

4. 계산해 보세요.

2 + 3 = 5　6 = 3 + 3　6 - 2 = 4　6 - 3 = 3
1 + 5 = 6　5 = 4 + 1　5 - 3 = 2　5 - 4 = 1

한 번 더 연습해요!

6 6 6 6 6 6 6 6 6 6 6 6 6

1. 계산해 보세요.

4 + 2 = 6　0 + 6 = 6　6 - 2 = 4　6 - 5 = 1
2 + 2 = 4　1 + 5 = 6　6 - 6 = 0　5 - 3 = 2

부모님 가이드 | 12쪽

그림을 보며 아이에게 질문해 보세요.
- 2개 있는 건 뭘까? **동물(다람쥐, 새), 굴뚝, 가로등**
- 3개 있는 건 뭘까? **자전거, 건물 앞 나무 세 그루**
- 6개 있는 건 뭘까? **건물이 6층, 사과 6개**

14-15쪽

★실력을 키워요!

5. 0부터 6까지 규칙에 따라 수를 써넣어 보세요.

0 1 2 3 4 5 6　　6 5 4 3 2 1 0

6. 수의 순서에 맞게 주어진 수의 앞과 뒤에 오는 수를 바르게 써넣어 보세요.

0 1 2　2 3 4　4 5 6　3 4 5

7. 계산해 보세요.

4 + 2 = 6　4 = 2 + 2　6 - 0 = 6　2 + 3 = 5
3 + 2 = 5　5 = 4 + 1　6 - 5 = 1　6 - 1 = 5

8. 계산값이 6과 같으면 색칠해 보세요.

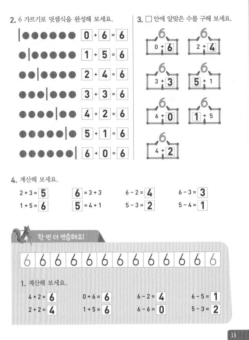

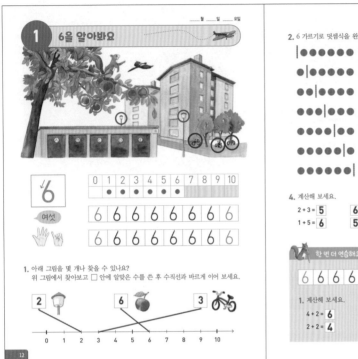

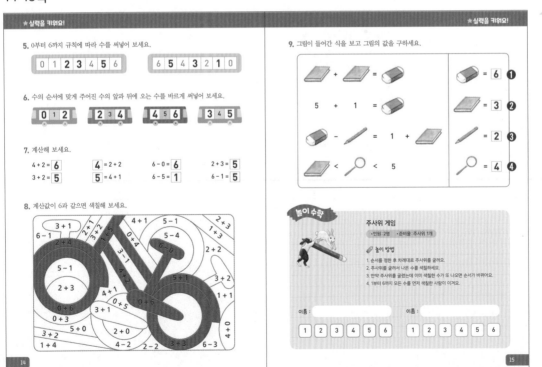

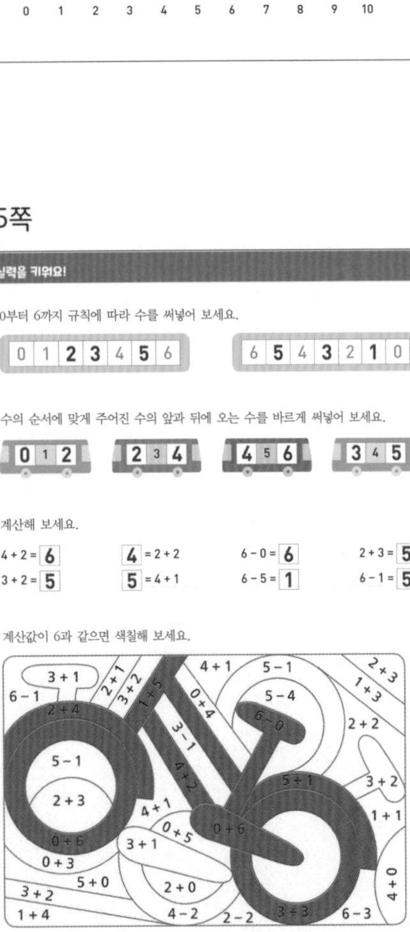

★실력을 키워요!

9. 그림이 들어간 식을 보고 그림의 값을 구하세요.

- 책 + 책 = 지우개
- 5 + 1 = 지우개
- 지우개 - 연필 = 1 + 책
- 책 < 돋보기 < 5

❶ 지우개 = 6
❷ 책 = 3
❸ 연필 = 2
❹ 돋보기 = 4

놀이 수학

주사위 게임

•인원: 2명　•준비물: 주사위 1개

놀이 방법

1. 순서를 정한 후 차례대로 주사위를 굴려요.
2. 주사위를 굴려서 나온 수를 색칠하세요.
3. 만약 주사위를 굴렸는데 이미 색칠한 수가 또 나오면 순서가 바뀌어요.
4. 1부터 6까지 모든 수를 먼저 색칠한 사람이 이겨요.

이름 :　1 2 3 4 5 6
이름 :　1 2 3 4 5 6

부모님 가이드 | 14쪽 6번

놀이를 통해 아이에게 수 배열을 연습시켜 보세요. 이를테면 3보다 1 큰 수는 뭘까? 5보다 1 작은 수는 뭘까? 서로 번갈아 가며 퀴즈를 맞히다 보면 더 큰 수가 나오는 수 배열을 자연스럽게 익힐 수 있어요.

15쪽 9번

❶ 5 + 1 = 지우개, 지우개 = 6

❷ 책 + 책 = 6, 6을 반으로 가르면 3, 책 = 3

❸ 지우개 - 연필 = 1 + 책
6 - 연필 = 1 + 3, 6 - 연필 =
연필 = 2

❹ 책 < 돋보기 < 5, 3 < 돋보기 <
돋보기 = 4

16-17쪽

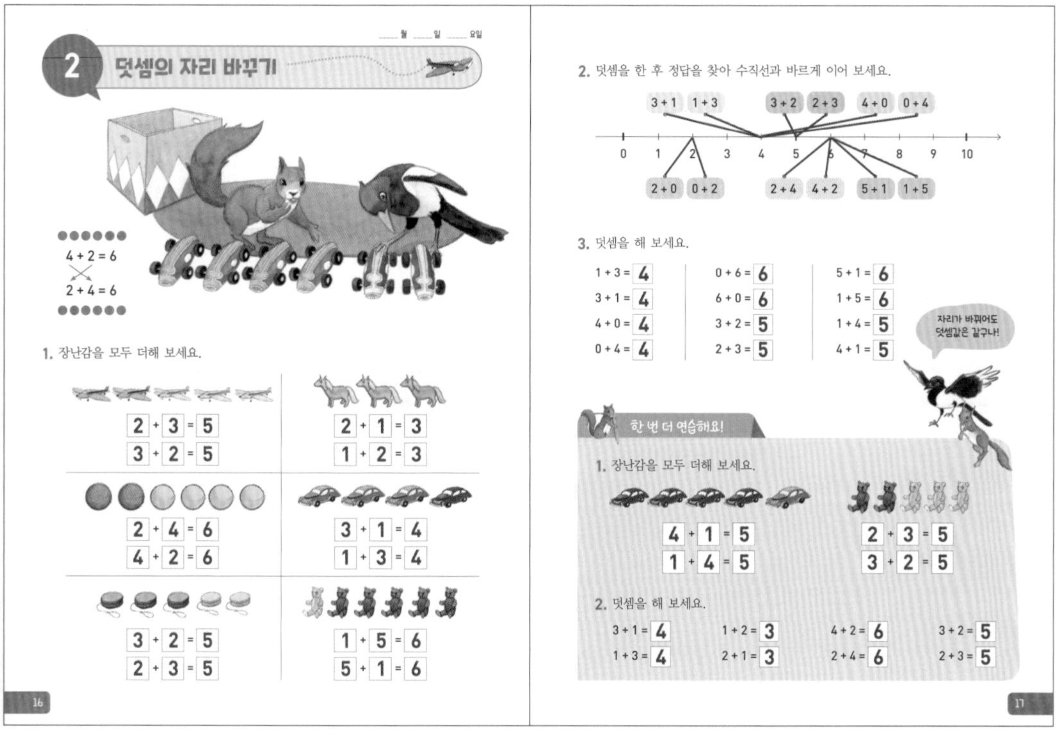
___월 ___일 ___요일

2 덧셈의 자리 바꾸기

4 + 2 = 6
2 + 4 = 6

1. 장난감을 모두 더해 보세요.

2 + 3 = 5 / 3 + 2 = 5
2 + 1 = 3 / 1 + 2 = 3
2 + 4 = 6 / 4 + 2 = 6
3 + 1 = 4 / 1 + 3 = 4
3 + 2 = 5 / 2 + 3 = 5
1 + 5 = 6 / 5 + 1 = 6

2. 덧셈을 한 후 정답을 찾아 수직선과 바르게 이어 보세요.

3 + 1, 1 + 3, 3 + 2, 2 + 3, 4 + 0, 0 + 4

0 1 2 3 4 5 6 7 8 9 10

2 + 0, 0 + 2, 2 + 4, 4 + 2, 5 + 1, 1 + 5

3. 덧셈을 해 보세요.

1 + 3 = 4	0 + 6 = 6	5 + 1 = 6
3 + 1 = 4	6 + 0 = 6	1 + 5 = 6
4 + 0 = 4	3 + 2 = 5	1 + 4 = 5
0 + 4 = 4	2 + 3 = 5	4 + 1 = 5

자리가 바뀌어도 덧셈값은 같구나!

한 번 더 연습해요!

1. 장난감을 모두 더해 보세요.

4 + 1 = 5 / 1 + 4 = 5
2 + 3 = 5 / 3 + 2 = 5

2. 덧셈을 해 보세요.

3 + 1 = 4	1 + 2 = 3	4 + 2 = 6	3 + 2 = 5
1 + 3 = 4	2 + 1 = 3	2 + 4 = 6	2 + 3 = 5

16 17

부모님 가이드 | 16쪽

그림을 보며 아이에게 질문해 보세요.

– 파랑 자동차가 몇 대 있니? **4대**
– 빨강 자동차는 몇 대 있니? **2대**
– 다람쥐는 파랑 자동차를 먼저 세고, 그다음 빨강 자동차를 세었어. 이걸 덧셈식으로 나타내면 어떻게 될까? **4+2=6**
– 까치는 빨강 자동차를 먼저 세고, 그다음 파랑 자동차를 세었어. 이걸 덧셈식으로 나타내면 어떻게 될까? **2+4=6**
– 두 덧셈식의 공통점은 무엇일까? **더해지는 수와 더하는 수가 같아요.**
– 두 덧셈식의 차이점은 무엇일까? **더하는 수의 위치가 서로 바뀌었어요.**

18-19쪽

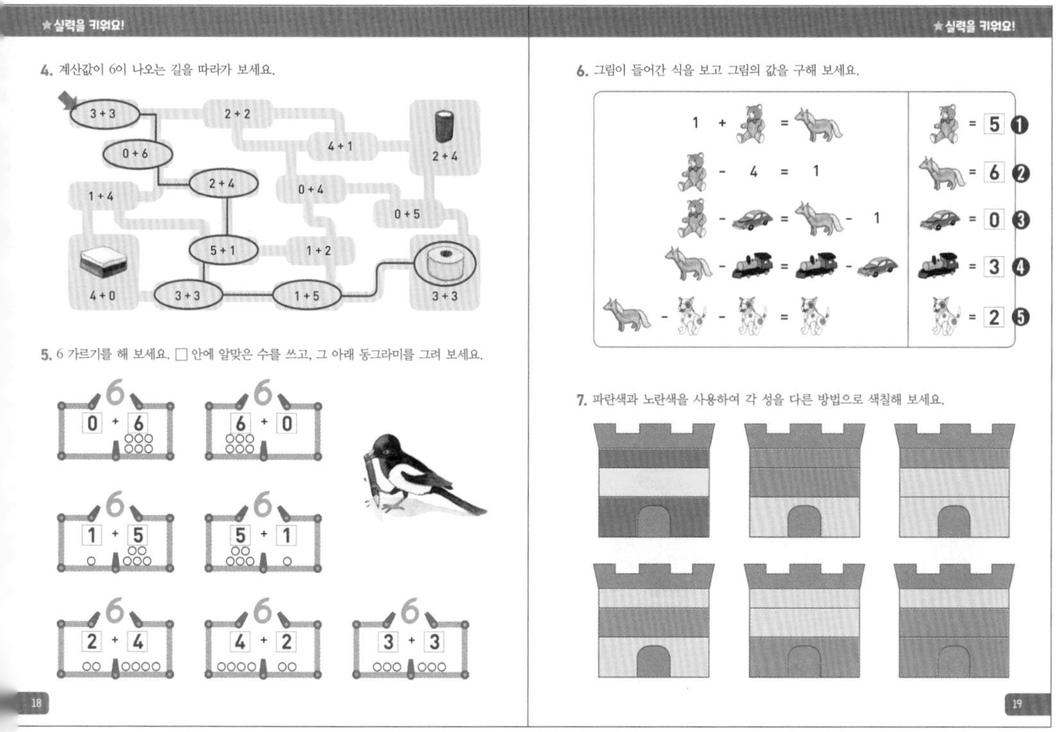
★실력을 키워요!

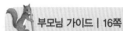

4. 계산값이 6이 나오는 길을 따라가 보세요.

3 + 3, 2 + 2, 0 + 6, 4 + 1, 2 + 4, 1 + 4, 2 + 4, 0 + 4, 0 + 5, 5 + 1, 1 + 2, 4 + 0, 3 + 3, 1 + 5, 3 + 3

5. 6 가르기를 해 보세요. □ 안에 알맞은 수를 쓰고, 그 아래 동그라미를 그려 보세요.

6: 0 + 6, 6 + 0, 1 + 5, 5 + 1, 2 + 4, 4 + 2, 3 + 3

6. 그림이 들어간 식을 보고 그림의 값을 구해 보세요.

= 5 ❶
= 6 ❷
= 0 ❸
= 3 ❹
= 2 ❺

7. 파란색과 노란색을 사용하여 각 성을 다른 방법으로 색칠해 보세요.

18 19

수가 가장 많이 나온 것부터 풀면 쉬워요.

❶ [곰] - 4 = 1, [곰] = 5

❷ 1 + [곰] = [여우], 1 + 5 = 6이므로 [여우] = 6

❸ [곰] - [자동차] = [여우] - 1, 5 - [자동차] = 6 - 1, 5 - [자동차] = 5이므로 [자동차] = 0

❹ [여우] - [기차] = [기차] - [자동차]
6 - [기차] = [기차], 6을 반으로 가르면 나오는 같은 수 2개는 3이므로 [기차] = 3

❺ [여우] - [고양이] - [고양이] = [고양이]
6 - [고양이] - [고양이] = [고양이]
6을 3부분으로 가르면 나오는 같은 수 3개는 2이므로 [고양이] = 2

20-21쪽

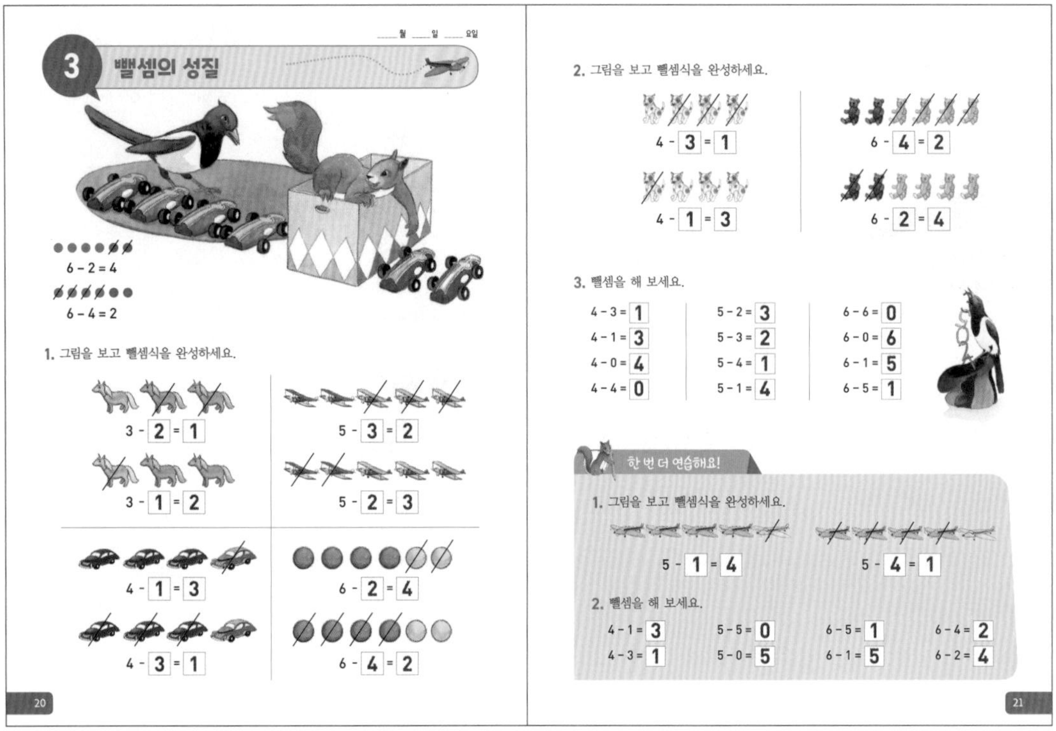
3 뺄셈의 성질

___월 ___일 ___요일

6 - 2 = 4

6 - 4 = 2

1. 그림을 보고 뺄셈식을 완성하세요.

3 - 2 = 1 | 5 - 3 = 2
3 - 1 = 2 | 5 - 2 = 3
4 - 1 = 3 | 6 - 2 = 4
4 - 3 = 1 | 6 - 4 = 2

2. 그림을 보고 뺄셈식을 완성하세요.

4 - 3 = 1 | 6 - 4 = 2
4 - 1 = 3 | 6 - 2 = 4

3. 뺄셈을 해 보세요.

4 - 3 = 1	5 - 2 = 3	6 - 6 = 0
4 - 1 = 3	5 - 3 = 2	6 - 0 = 6
4 - 0 = 4	5 - 4 = 1	6 - 1 = 5
4 - 4 = 0	5 - 1 = 4	6 - 5 = 1

한 번 더 연습해요!

1. 그림을 보고 뺄셈식을 완성하세요.

5 - 1 = 4 | 5 - 4 = 1

2. 뺄셈을 해 보세요.

4 - 1 = 3	5 - 5 = 0	6 - 5 = 1	6 - 4 = 2
4 - 3 = 1	5 - 0 = 5	6 - 1 = 5	6 - 2 = 4

20 21

부모님 가이드 | 20쪽

그림을 보며 아이에게 질문해 보세요.

- 까치와 다람쥐는 장난감 자동차 6대를 가지고 있어. 4대는 파란색, 2대는 빨간색이야. 다람쥐가 그중 2대를 갖고 갔어. 이걸 뺄셈식으로 나타내면 어떻게 될까? **6−2=4**
- 까치와 다람쥐는 장난감 자동차 6대를 가지고 있어. 4대는 파란색, 2대는 빨간색이야. 까치가 그중 4대를 갖고 갔어. 이걸 뺄셈식으로 나타내면 어떻게 될까? **6−4=2**

22-23쪽

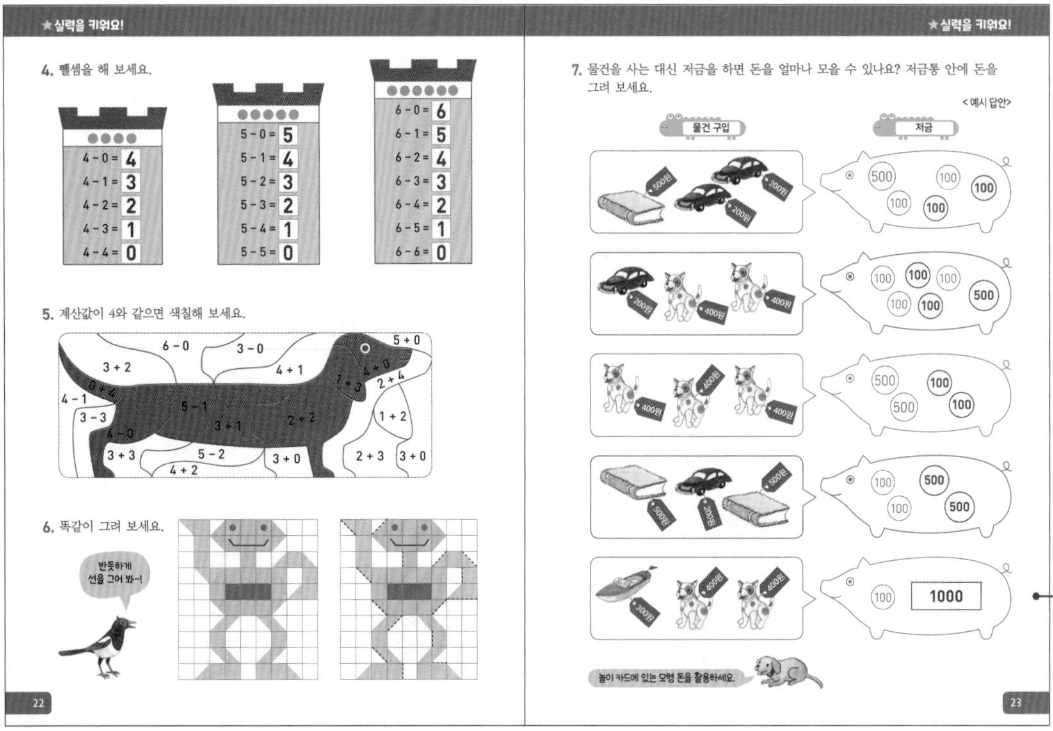
★실력을 키워요!

4. 뺄셈을 해 보세요.

4 - 0 = 4	5 - 0 = 5	6 - 0 = 6
4 - 1 = 3	5 - 1 = 4	6 - 1 = 5
4 - 2 = 2	5 - 2 = 3	6 - 2 = 4
4 - 3 = 1	5 - 3 = 2	6 - 3 = 3
4 - 4 = 0	5 - 4 = 1	6 - 4 = 2
	5 - 5 = 0	6 - 5 = 1
		6 - 6 = 0

5. 계산값이 4와 같으면 색칠해 보세요.

6 - 0, 3 - 0, 5 + 0, 3 + 2, 4 + 1, 4 + 0, 1 + 3, 2 + 4, 0 + 4, 4 - 1, 5 - 1, 3 - 3, 4 - 0, 3 + 1, 2 + 2, 1 + 2, 3 + 3, 5 - 2, 3 + 0, 4 + 2, 2 + 3, 3 + 0

6. 똑같이 그려 보세요.

반듯하게 선을 그어 봐~!

7. 물건을 사는 대신 저금을 하면 돈을 얼마나 모을 수 있나요? 저금통 안에 돈을 그려 보세요.

<예시 답안>

물건 구입 | 저금

500원, 200원, 200원 → 500, 100, 100, 100, 100

200원, 400원, 400원 → 100, 100, 100, 100, 100, 500

400원, 400원, 400원 → 500, 500, 100, 100

500원, 200원, 500원 → 100, 100, 500, 500

300원, 400원, 400원 → 100, 1000

놀이 카드에 있는 모형 돈을 활용하세요.

22 23

부모님 가이드 | 22쪽 4번

그림을 보며 아이에게 질문해 보세요.

- 어떤 성이 가장 높니? **제일 오른쪽에 있는 성이 가장 높아요.**
- 왜 가장 높을까? **빼어지는 수가 가장 커요.(또는 4나 5보다 6이 큰 수라서요.)**
- 3개의 성을 보면 어떤 공통점이 있을까? **빼어지는 수에서 0부터 차례대로 뺄셈을 해요. 그리고 빼어지는 수와 같은 수를 빼면 답이 0이 나와요.**

500원과 1000원을 어떻게 표현하느냐에 따라 답이 두 개 이상 나올 수 있어요. 책 뒤에 있는 모형 돈을 이용하면 더 쉽게 이해할 수 있어요.

24-25쪽

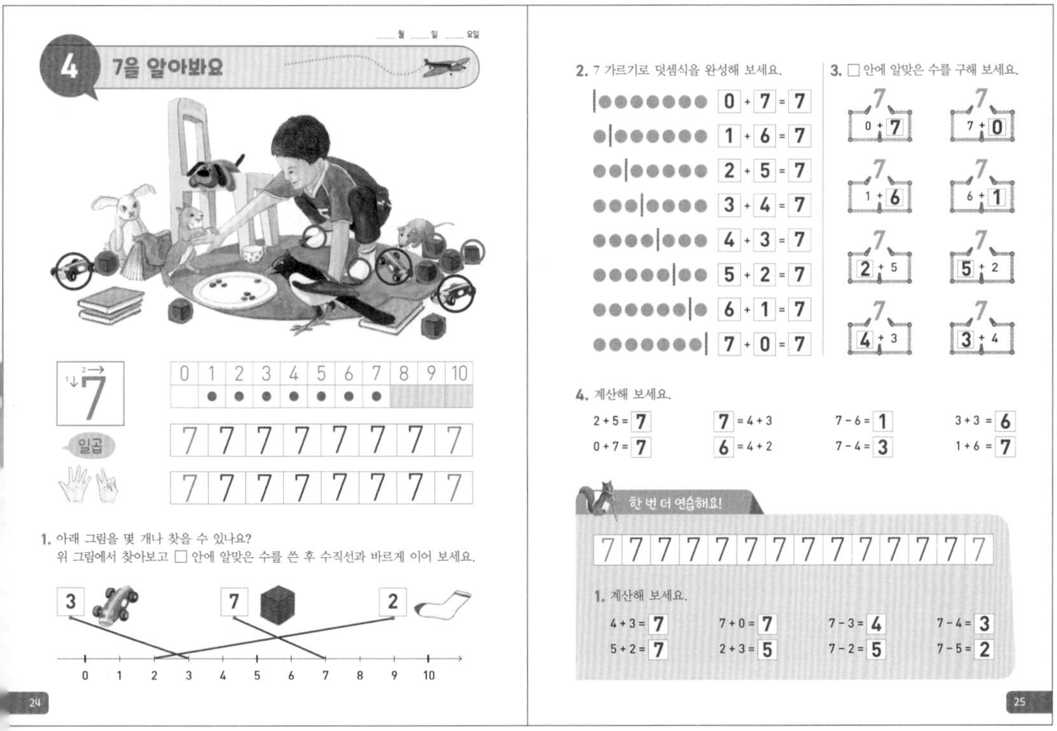
______월 ______일 ______요일

4 7을 알아봐요

7 일곱

0	1	2	3	4	5	6	7	8	9	10

7 7 7 7 7 7 7 7

7 7 7 7 7 7 7 7

1. 아래 그림을 몇 개나 찾을 수 있나요?
위 그림에서 찾아보고 □ 안에 알맞은 수를 쓴 후 수직선과 바르게 이어 보세요.

3　7　2

0 1 2 3 4 5 6 7 8 9 10

24

2. 7 가르기로 덧셈식을 완성해 보세요.

0 + 7 = 7
1 + 6 = 7
2 + 5 = 7
3 + 4 = 7
4 + 3 = 7
5 + 2 = 7
6 + 1 = 7
7 + 0 = 7

3. □ 안에 알맞은 수를 구해 보세요.

7: 0 + 7　7: 7 + 0
7: 1 + 6　7: 6 + 1
7: 2 + 5　7: 5 + 2
7: 4 + 3　7: 3 + 4

4. 계산해 보세요.

2 + 5 = 7　7 = 4 + 3　7 - 6 = 1　3 + 3 = 6
0 + 7 = 7　6 = 4 + 2　7 - 4 = 3　1 + 6 = 7

한 번 더 연습해요!

7 7 7 7 7 7 7 7 7 7 7 7 7 7

1. 계산해 보세요.

4 + 3 = 7　7 + 0 = 7　7 - 3 = 4　7 - 4 = 3
5 + 2 = 7　2 + 3 = 5　7 - 2 = 5　7 - 5 = 2

25

부모님 가이드 | 24쪽

두 개의 주사위로 7 만들기 놀이를 해 보세요. 1과 6, 2와 5, 3과 4 등 주사위를 굴려 7이 나오는 사람이 이기는 거예요.

6-27쪽

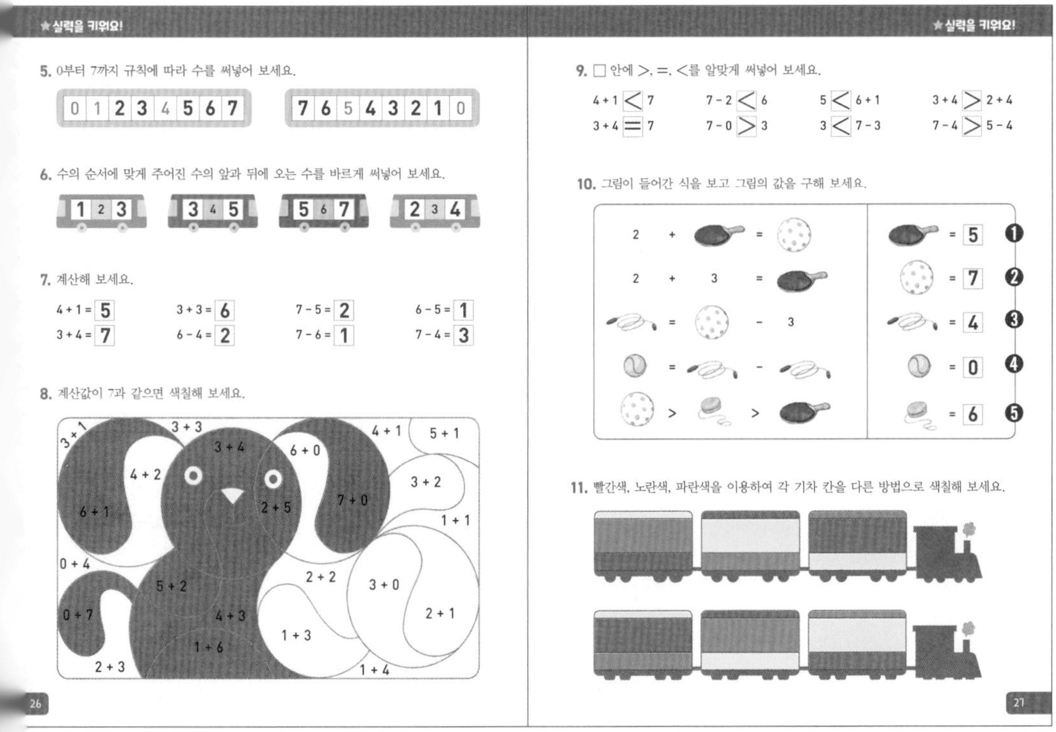
★실력을 키워요!

5. 0부터 7까지 규칙에 따라 수를 써넣어 보세요.

0 1 2 3 4 5 6 7　　7 6 5 4 3 2 1 0

6. 수의 순서에 맞게 주어진 수의 앞과 뒤에 오는 수를 바르게 써넣어 보세요.

1 2 3　3 4 5　5 6 7　2 3 4

7. 계산해 보세요.

4 + 1 = 5　3 + 3 = 6　7 - 5 = 2　6 - 5 = 1
3 + 4 = 7　6 - 4 = 2　7 - 6 = 1　7 - 4 = 3

8. 계산값이 7과 같으면 색칠해 보세요.

3 + 1　3 + 3　3 + 4　6 + 0　4 + 1　5 + 1　4 + 2　3 + 2　6 + 1　2 + 5　7 + 0　1 + 1　0 + 4　5 + 2　2 + 2　3 + 0　0 + 7　4 + 3　2 + 1　1 + 3　1 + 6　2 + 3　1 + 4

26

★실력을 키워요!

9. □ 안에 >, =, <를 알맞게 써넣어 보세요.

4 + 1 < 7　7 - 2 < 6　5 < 6 + 1　3 + 4 > 2 + 4
3 + 4 = 7　7 - 0 > 3　3 < 7 - 3　7 - 4 > 5 - 4

10. 그림이 들어간 식을 보고 그림의 값을 구해 보세요.

2 + 　=
2 + 3 =
 = 　- 3
 = 　-
 > 　>

= 5 ❶
= 7 ❷
= 4 ❸
= 0 ❹
= 6 ❺

11. 빨간색, 노란색, 파란색을 이용하여 각 기차 칸을 다른 방법으로 색칠해 보세요.

27

수가 가장 많이 나온 것부터 풀면 쉬워요.

❶ 2 + 3 = , = 5

❷ 2 + = , 2 + 5 = 7, = 7

❸ = -3, 7 - 3 = 4, = 4

❹ = - , 4 - 4 = 0, = 0
값을 몰라도 같은 수끼리 빼면 0이므로 = 0

❺ > > , 7 > > 5
5보다 크고 7보다 작은 수는 6이므로 = 6

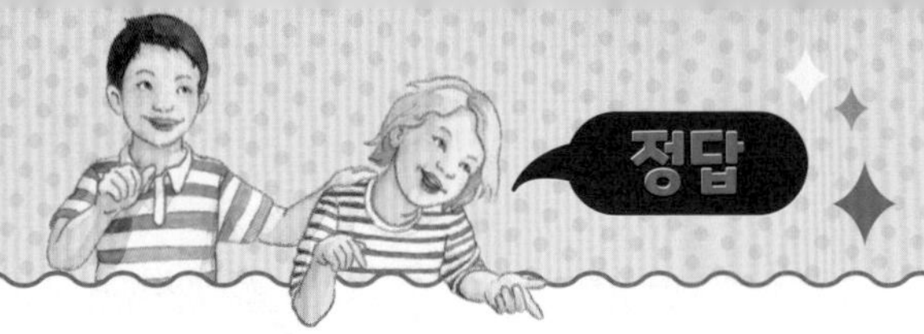

28-29쪽

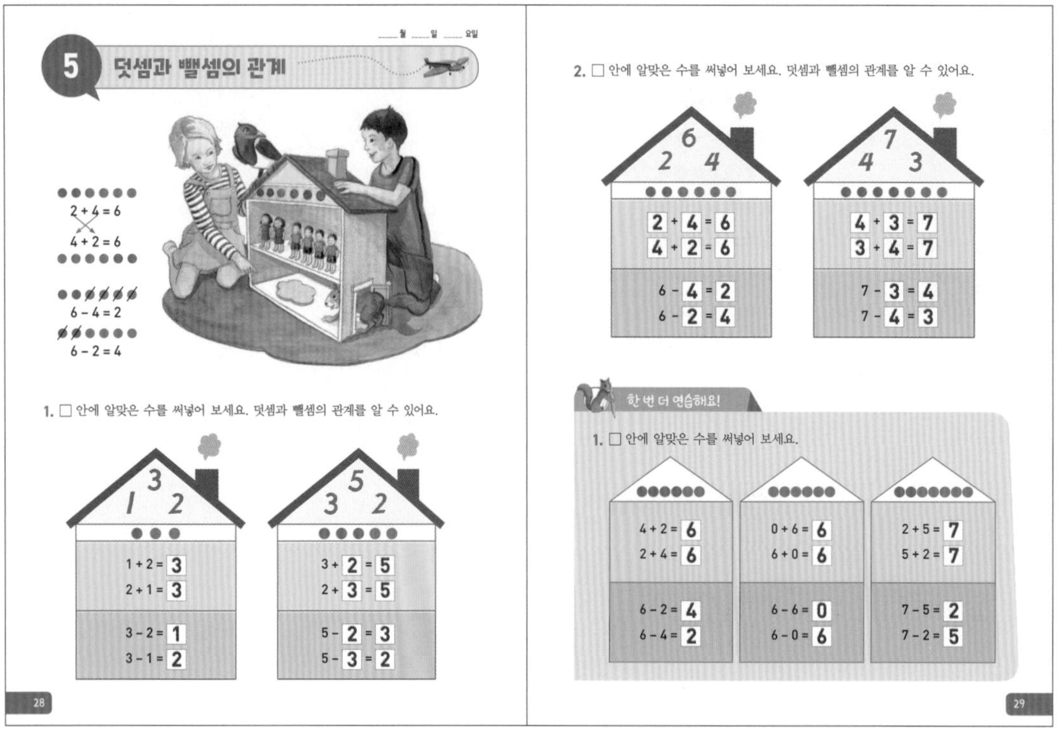
___월 ___일 ___요일

5 덧셈과 뺄셈의 관계

2 + 4 = 6
4 + 2 = 6
6 − 4 = 2
6 − 2 = 4

1. □ 안에 알맞은 수를 써넣어 보세요. 덧셈과 뺄셈의 관계를 알 수 있어요.

3 / 1 2
1 + 2 = 3
2 + 1 = 3
3 − 2 = 1
3 − 1 = 2

5 / 3 2
3 + 2 = 5
2 + 3 = 5
5 − 2 = 3
5 − 3 = 2

28

2. □ 안에 알맞은 수를 써넣어 보세요. 덧셈과 뺄셈의 관계를 알 수 있어요.

6 / 2 4
2 + 4 = 6
4 + 2 = 6
6 − 4 = 2
6 − 2 = 4

7 / 4 3
4 + 3 = 7
3 + 4 = 7
7 − 3 = 4
7 − 4 = 3

한 번 더 연습해요!

1. □ 안에 알맞은 수를 써넣어 보세요.

4 + 2 = 6
2 + 4 = 6
6 − 2 = 4
6 − 4 = 2

0 + 6 = 6
6 + 0 = 6
6 − 6 = 0
6 − 0 = 6

2 + 5 = 7
5 + 2 = 7
7 − 5 = 2
7 − 2 = 5

29

부모님 가이드 | 28쪽

양손과 블록을 이용한 덧셈과 뺄셈 놀이를 해 봐요. 오른손에는 파랑 블록 4개, 왼손에는 빨강 블록 2개를 올려놓아요. 왼손의 블록을 오른손 블록과 합치세요. 이걸 덧셈식으로 나타내 봐요. **4+2=6**

블록을 원위치한 후, 이번에는 오른손 블록을 왼손 블록과 합치세요. 이걸 덧셈식으로 나타내 봐요. **2+4=6**

이번엔 뺄셈 놀이를 해 볼까요? 왼손을 주먹 쥐어 블록을 안 보이게 해요. 이걸 뺄셈식으로 나타내 봐요. **6−2=4**

다시 왼손을 펴고, 이번엔 오른손을 주먹 쥐어 블록을 안 보이게 해요. 이걸 뺄셈식으로 나타내 봐요. **6−4=2**

30-31쪽

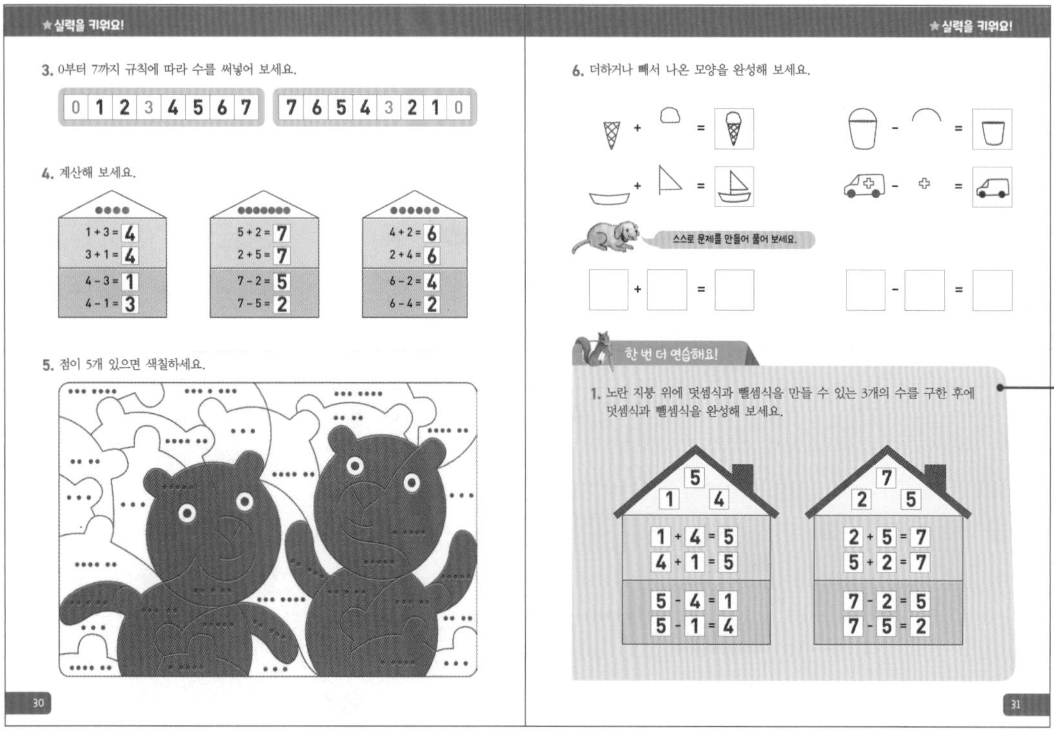
★실력을 키워요!

3. 0부터 7까지 규칙에 따라 수를 써넣어 보세요.

0 1 2 3 4 5 6 7 | 7 6 5 4 3 2 1 0

4. 계산해 보세요.

1 + 3 = 4
3 + 1 = 4
4 − 3 = 1
4 − 1 = 3

5 + 2 = 7
2 + 5 = 7
7 − 2 = 5
7 − 5 = 2

4 + 2 = 6
2 + 4 = 6
6 − 2 = 4
6 − 4 = 2

5. 점이 5개 있으면 색칠하세요.

30

★실력을 키워요!

6. 더하거나 빼서 나온 모양을 완성해 보세요.

스스로 문제를 만들어 풀어 보세요.

□ + □ = □　　□ − □ = □

한 번 더 연습해요!

1. 노란 지붕 위에 덧셈식과 뺄셈식을 만들 수 있는 3개의 수를 구한 후에 덧셈식과 뺄셈식을 완성해 보세요.

5 / 1 4
1 + 4 = 5
4 + 1 = 5
5 − 4 = 1
5 − 1 = 4

7 / 2 5
2 + 5 = 7
5 + 2 = 7
7 − 2 = 5
7 − 5 = 2

31

32-33쪽

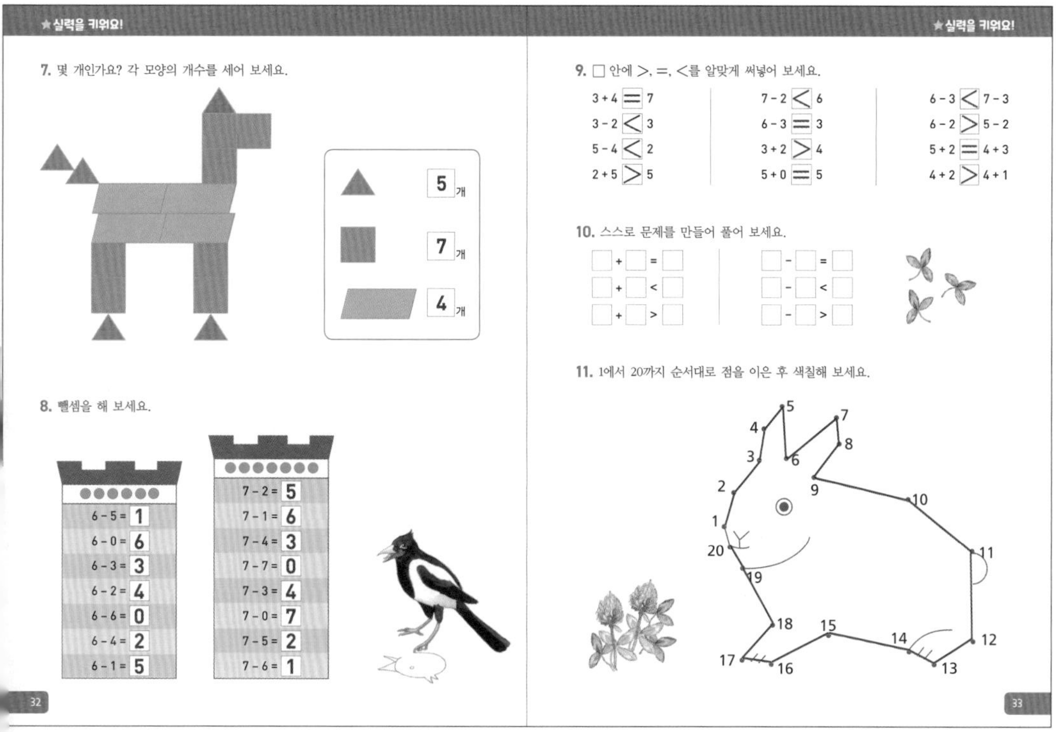
★실력을 키워요!

7. 몇 개인가요? 각 모양의 개수를 세어 보세요.

5개
7개
4개

8. 뺄셈을 해 보세요.

6-5=1
6-0=6
6-3=3
6-2=4
6-6=0
6-4=2
6-1=5

7-2=5
7-1=6
7-4=3
7-7=0
7-3=4
7-0=7
7-5=2
7-6=1

32

★실력을 키워요!

9. □ 안에 >, =, <를 알맞게 써넣어 보세요.

3+4 = 7
3-2 < 3
5-4 < 2
2+5 > 5

7-2 < 6
6-3 = 3
3+2 > 4
5+0 = 5

6-3 < 7-3
6-2 > 5-2
5+2 = 4+3
4+2 > 4+1

10. 스스로 문제를 만들어 풀어 보세요.

□+□=□
□+□<□
□+□>□

□-□=□
□-□<□
□-□>□

11. 1에서 20까지 순서대로 점을 이은 후 색칠해 보세요.

1 2 3 4 5 6 7 8 9 10 11 12 13 14 15 16 17 18 19 20

33

MEMO

또 어떤 수로 만들 수 있을까요? 함께 알아봐요. 덧셈식과 뺄셈식을 만들 수 있는 3개의 수를 찾아야 해요. 1부터 시작해서 찾으면 더 좋아요. 1에서 9까지 수로 찾아봤어요.

1,2,3 1+2=3, 2+1=3 3-2=1, 3-1=2	2,3,5 2+3=5, 3+2=5 5-3=2, 5-2=3	3,4,7 3+4=7, 4+3=7 7-4=3, 7-3=4	4,5,9 4+5=9 5+4=9 9-5=4 9-4=5
1,3,4 1+3=4, 3+1=4 4-3=1, 4-1=3	2,4,6 2+4=6, 4+2=6 6-4=2, 6-2=4	3,5,8 3+5=8, 5+3=8 8-5=3, 8-3=5	
1,4,5 1+4=5, 4+1=5 5-4=1, 5-1=4	2,5,7 2+5=7, 5+2=7 7-5=2, 7-2=5	3,6,9 3+6=9, 6+3=9 9-6=3, 9-3=6	
1,5,6 1+5=6, 5+1=6 6-5=1, 6-1=5	2,6,8 2+6=8, 6+2=8 8-6=2, 8-2=6		
1,6,7 1+6=7, 6+1=7 7-6=1, 7-1=6	2,7,9 2+7=9, 7+2=9 9-7=2, 9-2=7		
1,7,8 1+7=8, 7+1=8 8-7=1, 8-1=7			
1,8,9 1+8=9, 8+1=9 9-8=1, 9-1=8			

34-35쪽

★실력을 키워요!

12. 계산한 값을 찾아 수직선과 바르게 이어 보세요.

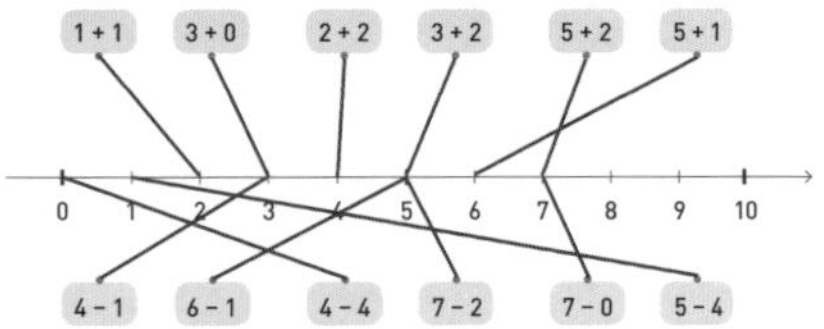

13. □ 안에 알맞은 수를 구해 보세요.

4: 2 + 2	4: 3 + 1	4: 0 + 4
5: 2 + 3	5: 3 + 2	5: 4 + 1
6: 2 + 4	6: 1 + 5	6: 6 + 0
7: 1 + 6	7: 5 + 2	7: 7 + 0

14. 계산해 보세요.

3 + 1 = 4	7 = 4 + 3	6 - 5 = 1	6 - 4 = 2
4 + 2 = 6	2 = 1 + 1	3 - 2 = 1	4 - 1 = 3
5 + 2 = 7	6 = 3 + 3	2 - 2 = 0	7 - 6 = 1

34

★실력을 키워요!

15. 주어진 수 가족을 이용해서 식을 완성해 보세요.

5, 2, 3	7, 5, 2
2 + 3 = 5	5 + 2 = 7
3 + 2 = 5	2 + 5 = 7
5 - 3 = 2	7 - 2 = 5
5 - 2 = 3	7 - 5 = 2

16. 계산값에 해당하는 색을 칠해 보세요.

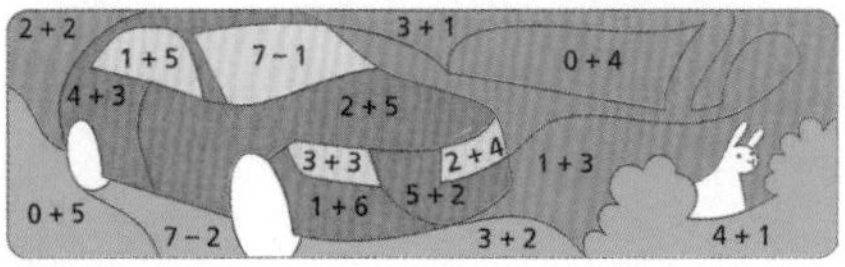

한 번 더 연습해요!

1. 계산해 보세요.

4 + 3 = 7	1 + 6 = 7	5 + 2 = 7
3 + 4 = 7	6 + 1 = 7	2 + 5 = 7
7 - 3 = 4	7 - 6 = 1	7 - 2 = 5
7 - 4 = 3	7 - 1 = 6	7 - 5 = 2

35

부모님 가이드 | 35쪽

구슬, 또는 블록을 가지고 '몇 개가 사라졌을까?' 놀이를 해 봐요. 구슬 7개를 아이에게 보여 준 후 그중 몇 개를 숨겨요. 그리고 남은 구슬을 보여 주고 몇 개를 숨겼는지 맞혀 보도록 해요.

36-37쪽

★실력을 키워요!

17. 똑같이 써 보세요.

6 6 6 6 6 6

7 7 7 7 7 7

18. 0부터 7까지 규칙에 따라 수를 써넣어 보세요.

0 1 2 3 4 5 6 7 | 7 6 5 4 3 2 1 0

19. 1000원을 찾아 미로를 통과해 보세요. 어떤 장난감을 살 수 있나요?

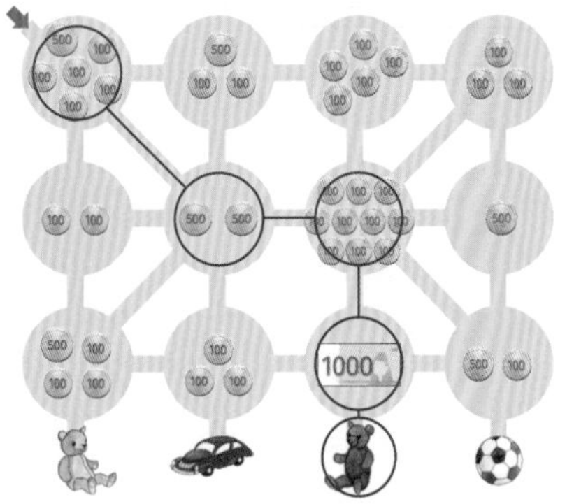

36

★실력을 키워요!

20. □ 안에 >, =, <를 알맞게 써넣어 보세요.

3 + 2 = 5	7 = 6 + 1
7 - 4 < 6	4 = 7 - 3
6 - 5 < 7 - 4	6 - 5 < 7 - 5
5 + 2 > 5 - 2	7 - 2 < 4 + 3
1 + 6 = 3 + 4 + 0	7 - 1 - 2 < 5 + 0
7 - 2 < 7 - 0 - 1	7 - 0 - 2 = 1 + 4

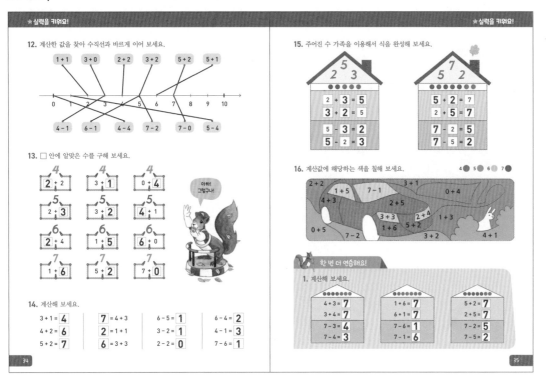

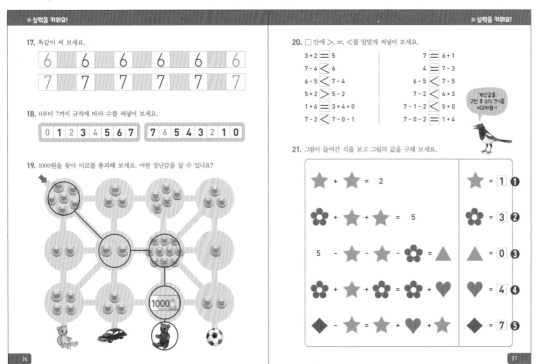

21. 그림이 들어간 식을 보고 그림의 값을 구해 보세요.

★ + ★ = 2	★ = 1 ❶
✿ + ★ + ★ = 5	✿ = 3 ❷
5 - ★ - ★ - ✿ = ▲	▲ = 0 ❸
✿ + ★ + ✿ = ✿ + ♥	♥ = 4 ❹
◆ - ★ = ★ + ♥ + ★	◆ = 7 ❺

37

부모님 가이드 | 37쪽 20번

세 수의 덧셈과 뺄셈을 어려워하면 수직선을 그려 주세요. 덧셈은 0을 기준으로 오른쪽으로 더하는 수만큼 옮겨 가고, 뺄셈은 빼어지는 수를 기준으로 왼쪽으로 빼는 수만큼 옮겨 가면서 셈을 하도록 지도해 주세요.

❶ ★+★=2, ★=1

❷ ✿+★+★=5, ✿+1+1
✿=3

❸ 5-★-★-✿=▲
5-1-1-3=0, ▲=0

❹ ✿+★+✿=✿+♥
3+1+3=3+♥, 7=3+♥

❺ ◆-★=★+♥+★
◆-1=1+4+1, ◆-1=6,

38-39쪽

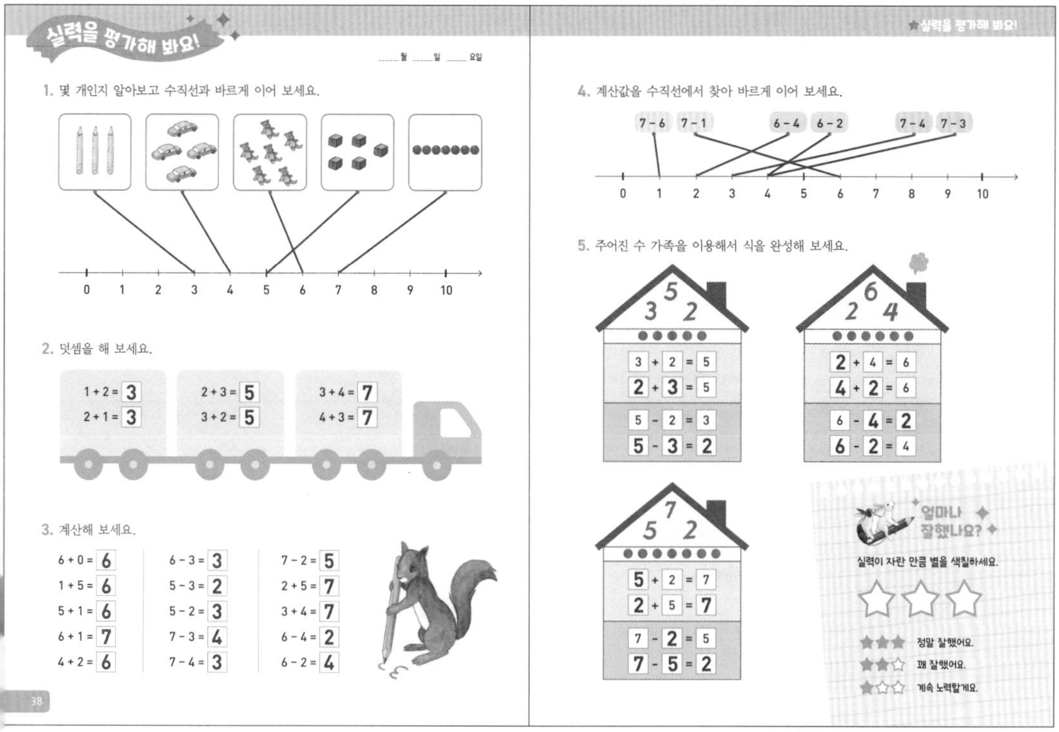

실력을 평가해 봐요!

___월 ___일 ___요일

1. 몇 개인지 알아보고 수직선과 바르게 이어 보세요.

0 1 2 3 4 5 6 7 8 9 10

2. 덧셈을 해 보세요.

1+2=3	2+3=5	3+4=7
2+1=3	3+2=5	4+3=7

3. 계산해 보세요.

6+0=6	6-3=3	7-2=5
1+5=6	5-3=2	2+5=7
5+1=6	5-2=3	3+4=7
6+1=7	7-3=4	6-4=2
4+2=6	7-4=3	6-2=4

38

실력을 평가해 봐요!

4. 계산값을 수직선에서 찾아 바르게 이어 보세요.

7-6 7-1 6-4 6-2 7-4 7-3

0 1 2 3 4 5 6 7 8 9 10

5. 주어진 수 가족을 이용해서 식을 완성해 보세요.

5 / 3 2

3+2=5
2+3=5
5-2=3
5-3=2

6 / 2 4

2+4=6
4+2=6
6-4=2
6-2=4

7 / 5 2

5+2=7
2+5=7
7-2=5
7-5=2

얼마나 잘했나요?

실력이 자란 만큼 별을 색칠하세요.

★★★ 정말 잘했어요.
★★☆ 꽤 잘했어요.
★☆☆ 계속 노력할게요.

40-41쪽

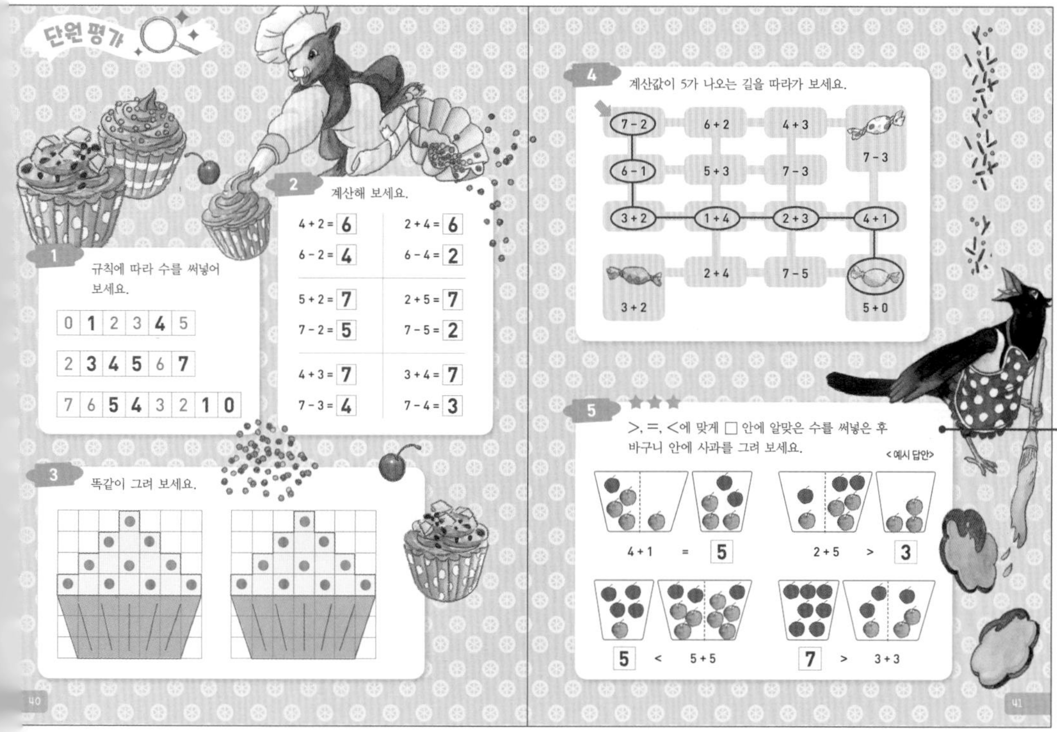

단원 평가

1 규칙에 따라 수를 써넣어 보세요.

0 1 2 3 4 5
2 3 4 5 6 7
7 6 5 4 3 2 1 0

2 계산해 보세요.

4+2=6	2+4=6
6-2=4	6-4=2
5+2=7	2+5=7
7-2=5	7-5=2
4+3=7	3+4=7
7-3=4	7-4=3

3 똑같이 그려 보세요.

40

4 계산값이 5가 나오는 길을 따라가 보세요.

7-2, 6+2, 4+3, 7-3
6-1, 5+3, 7-3
3+2, 1+4, 2+3, 4+1
2+4, 7-5
3+2, 5+0

5 >, =, <에 맞게 □ 안에 알맞은 수를 써넣은 후 바구니 안에 사과를 그려 보세요. <예시 답안>

4+1 = 5
2+5 > 3
5 < 5+5
7 > 3+3

41

여러 가지 답이 나올 수 있어요. 2+5>□의 경우 7보다 작은 6, 5, 4, 3이 답이 될 수 있어요. □<5+5는 1보다 크고 10보다 작은 수가 답이 될 수 있으며, □>3+3은 6보다 큰 수가 답이 될 수 있어요.

42-43쪽

___월 ___일 ___요일

6 8을 알아봐요

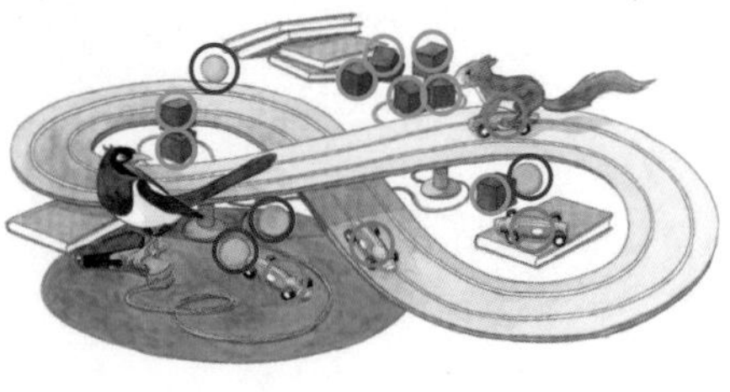

8 여덟

0	1	2	3	4	5	6	7	8	9	10
	●	●	●	●	●	●	●	●		

8 8 8 8 8 8 8 8

8 8 8 8 8 8 8 8

1. 아래 그림을 몇 개나 찾을 수 있나요?
위 그림에서 찾아보고 □ 안에 알맞은 수를 쓴 후 수직선과 바르게 이어 보세요.

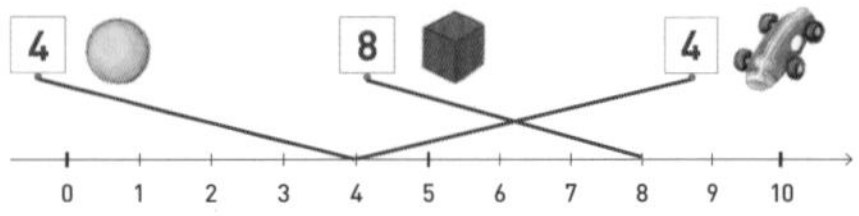

2. 8 가르기로 덧셈식을 완성해 보세요.

0 + 8 = 8
1 + 7 = 8
2 + 6 = 8
3 + 5 = 8
4 + 4 = 8
5 + 3 = 8
6 + 2 = 8
7 + 1 = 8
8 + 0 = 8

3. □ 안에 알맞은 수를 구해 보세요.

8: 3 + 5 | 8: 0 + 8
8: 2 + 6 | 8: 4 + 4
8: 8 + 0 | 8: 6 + 2
8: 1 + 7 | 8: 5 + 3
8: 7 + 1

한 번 더 연습해요!

8 8 8 8 8 8 8 8 8 8 8 8 8 8

1. 계산해 보세요.

2 + 6 = 8	3 + 4 = 7	8 - 1 = 7	8 - 4 = 4
4 + 4 = 8	2 + 3 = 5	8 - 5 = 3	8 - 6 = 2
8 + 0 = 8	7 + 1 = 8	8 - 2 = 6	8 - 8 = 0

부모님 가이드 | 42쪽

그림을 보며 아이에게 질문해 보세요.
- 4개 있는 건 뭘까? **장난감 자동차, 공**
- 6개 있는 건 뭘까? **책**
- 8개 있는 건 뭘까? **블록**

부모님 가이드 | 43쪽

가르기를 잘하면 수를 마음대로 조작해서 원하는 계산 결과를 얻기 쉽답니다.

44-45쪽

★실력을 키워요!

4. 0부터 8까지 규칙에 따라 수를 써넣어 보세요.

0 1 2 3 4 5 6 7 8   8 7 6 5 4 3 2 1 0

5. 수의 순서에 맞게 주어진 수의 앞과 뒤에 오는 수를 바르게 써넣어 보세요.

1 2 3   4 5 6   5 6 7   3 4 5

6. 계산해 보세요.

8 - 2 = 6	8 - 7 = 1	8 - 8 = 0
8 - 3 = 5	8 - 6 = 2	8 - 1 = 7
8 - 4 = 4	8 - 5 = 3	8 - 0 = 8

7. 계산값이 8과 같으면 색칠해 보세요.

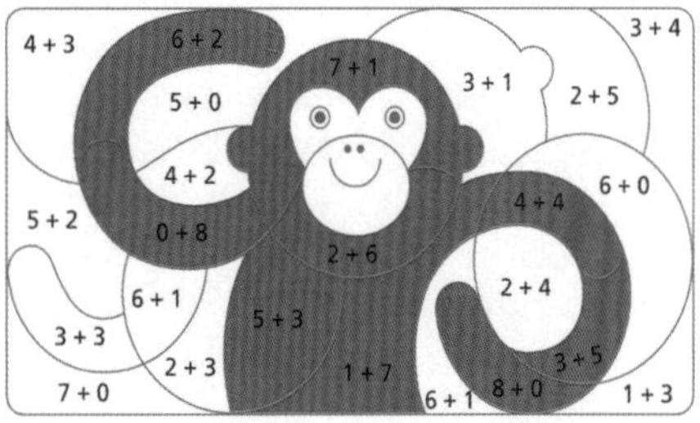

★실력을 키워요!

8. □ 안에 >, =, <를 알맞게 써넣어 보세요.

1 + 7 = 8	6 + 2 > 6	7 > 8 - 2	2 + 5 < 8 - 0
3 + 2 < 8	6 - 4 < 3	8 > 6 + 1	8 - 5 = 7 - 4

9. 그림이 들어간 식을 보고 그림의 값을 구해 보세요.

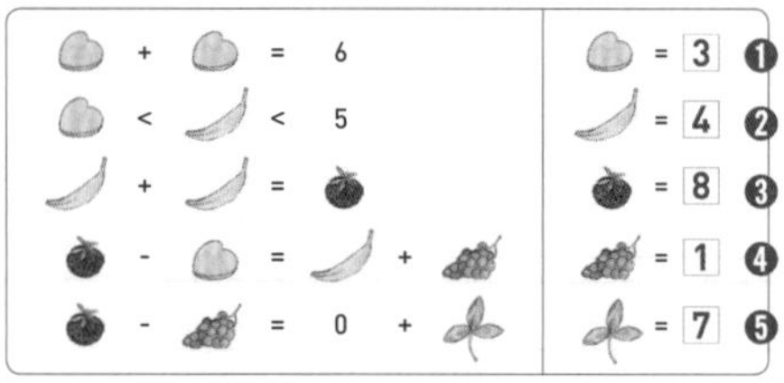

10. 빨간색과 노란색을 사용하여 각 자동차를 다른 방법으로 색칠해 보세요.

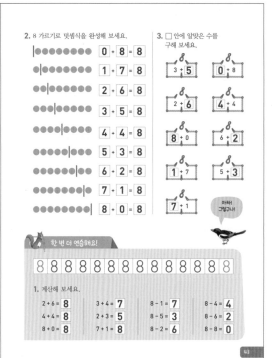

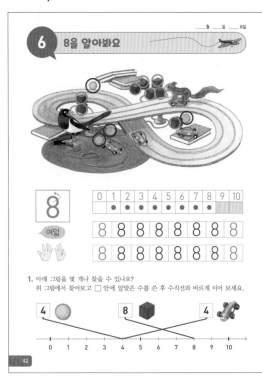

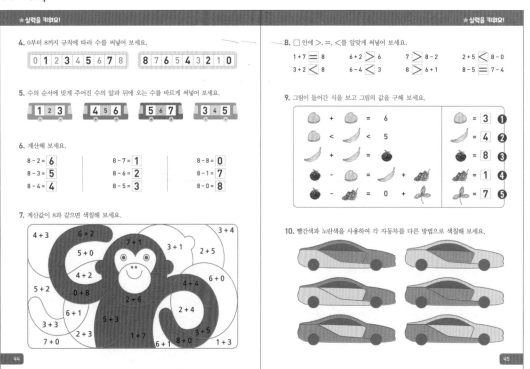

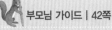

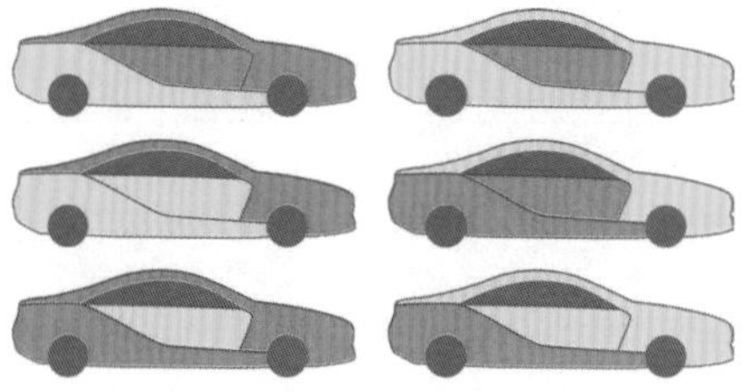

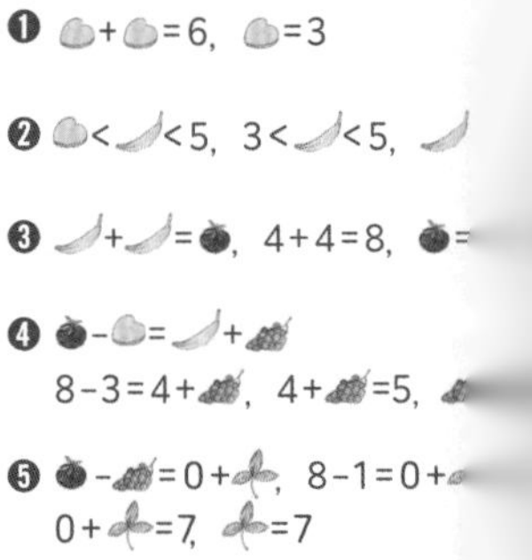

46-47쪽

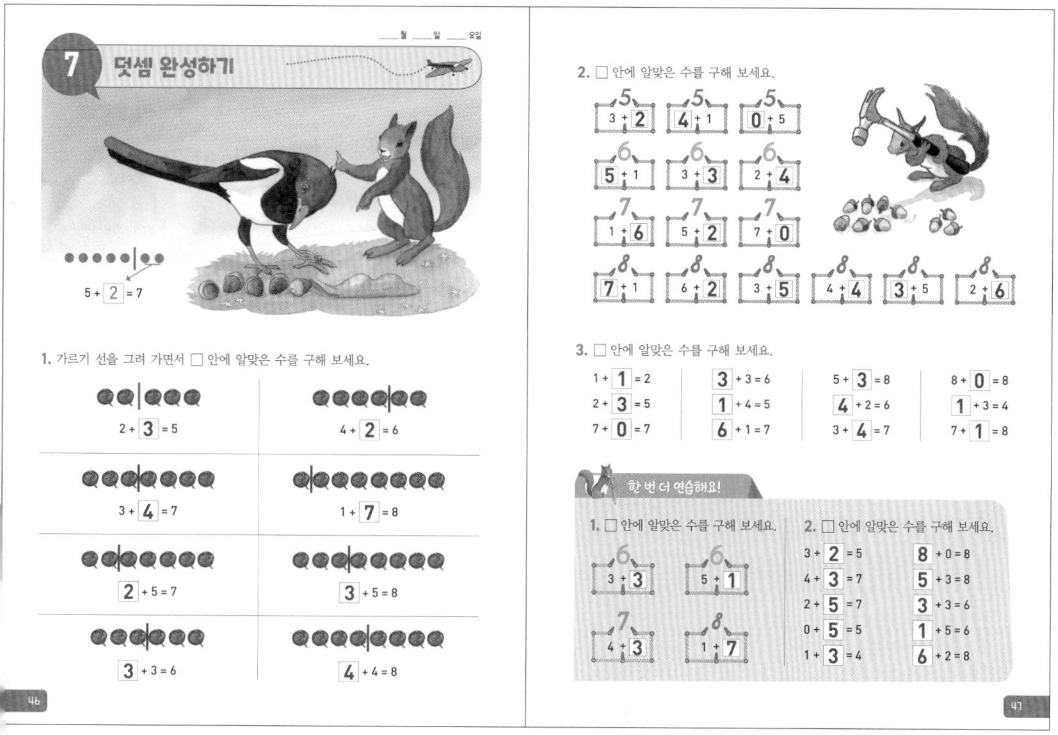
7 덧셈 완성하기

____월 ____일 ____요일

5 + 2 = 7

1. 가르기 선을 그려 가면서 □ 안에 알맞은 수를 구해 보세요.

2 + 3 = 5 / 4 + 2 = 6 / 3 + 4 = 7 / 1 + 7 = 8 / 2 + 5 = 7 / 3 + 5 = 8 / 3 + 3 = 6 / 4 + 4 = 8

2. □ 안에 알맞은 수를 구해 보세요.

5: 3 + 2, 4 + 1, 0 + 5
6: 5 + 1, 3 + 3, 2 + 4
7: 1 + 6, 5 + 2, 7 + 0
8: 7 + 1, 6 + 2, 3 + 5, 4 + 4, 3 + 5, 2 + 6

3. □ 안에 알맞은 수를 구해 보세요.

1 + 1 = 2	3 + 3 = 6	5 + 3 = 8	8 + 0 = 8
2 + 3 = 5	1 + 4 = 5	4 + 2 = 6	1 + 3 = 4
7 + 0 = 7	6 + 1 = 7	3 + 4 = 7	7 + 1 = 8

한 번 더 연습해요!

1. □ 안에 알맞은 수를 구해 보세요.

6: 3 + 3, 5 + 1
7: 4 + 3
8: 1 + 7

2. □ 안에 알맞은 수를 구해 보세요.

3 + 2 = 5	8 + 0 = 8
4 + 3 = 7	5 + 3 = 8
2 + 5 = 7	3 + 3 = 6
0 + 5 = 5	1 + 5 = 6
1 + 3 = 4	6 + 2 = 8

46 47

부모님 가이드 | 46쪽

그림을 보며 아이에게 질문해 보세요.

- 풀밭 위에 도토리가 몇 개 있니? **5개**
- 모두 7개의 도토리가 있어. 주머니에는 몇 개가 있을지 식을 만들어 구해 보렴. **7−5=2**

덧셈 문제이지만 실제로는 뺄셈을 하는 문제랍니다. 덧셈과 뺄셈의 관계를 이런 문제를 통해 파악할 수 있답니다.

48-49쪽

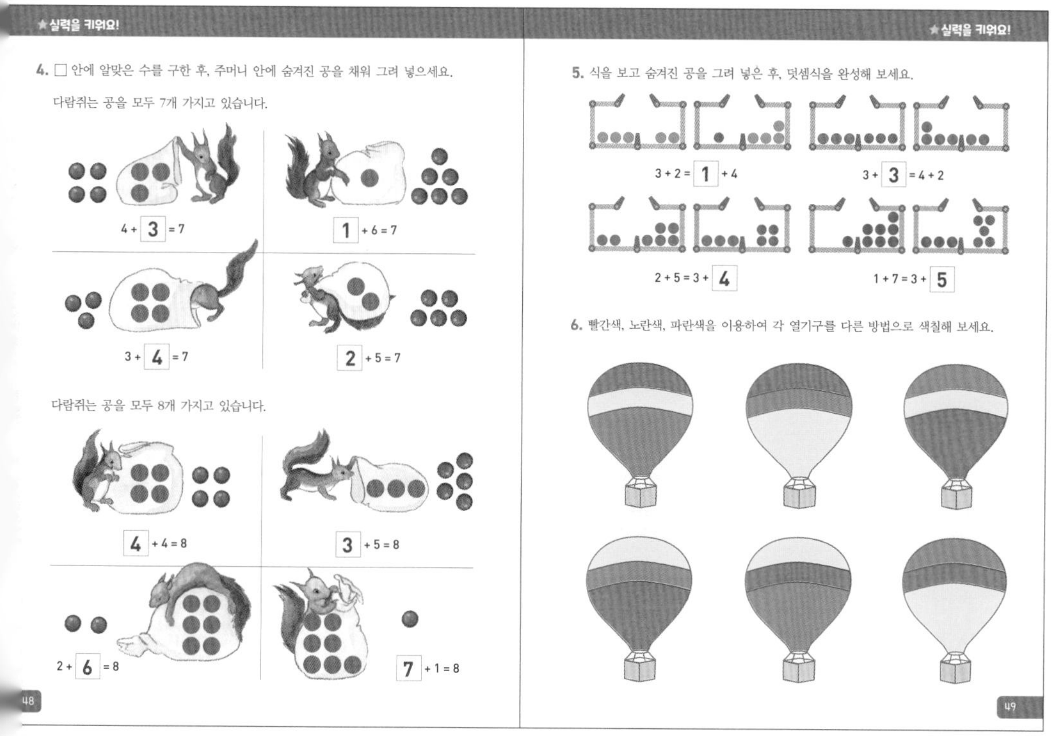
★실력을 키워요!

4. □ 안에 알맞은 수를 구한 후, 주머니 안에 숨겨진 공을 채워 그려 넣으세요.

다람쥐는 공을 모두 7개 가지고 있습니다.

4 + 3 = 7 / 1 + 6 = 7 / 3 + 4 = 7 / 2 + 5 = 7

다람쥐는 공을 모두 8개 가지고 있습니다.

4 + 4 = 8 / 3 + 5 = 8 / 2 + 6 = 8 / 7 + 1 = 8

5. 식을 보고 숨겨진 공을 그려 넣은 후, 덧셈식을 완성해 보세요.

3 + 2 = 1 + 4 / 3 + 3 = 4 + 2 / 2 + 5 = 3 + 4 / 1 + 7 = 3 + 5

6. 빨간색, 노란색, 파란색을 이용하여 각 열기구를 다른 방법으로 색칠해 보세요.

48 49

부모님 가이드 | 48쪽

덧셈식에서 □를 구하는 방법은 여러 가지가 있어요. 예를 들어 5+□=7을 가지고 살펴봐요.

1. 5에서 7이 되려면 몇 개가 필요한지 손가락으로 꼽아봐요. 그러면 6, 7 이렇게 2만큼 필요하지요.
2. 7이 5와 또 어떤 수로 가르기를 할 수 있는지 알아봐요. 7은 5와 2로 가르기 할 수 있으므로 답은 2가 되지요.
3. 덧셈과 뺄셈의 관계를 이해하면 답을 구할 수 있어요. 7−5=2가 되므로 □는 2가 돼요.

정답

50-51쪽

★실력을 키워요!

7. 상자 안에 공이 8개 들어 있어요. 몇 개의 공이 더 필요한지 그림을 그려 넣고 덧셈식을 완성하세요.

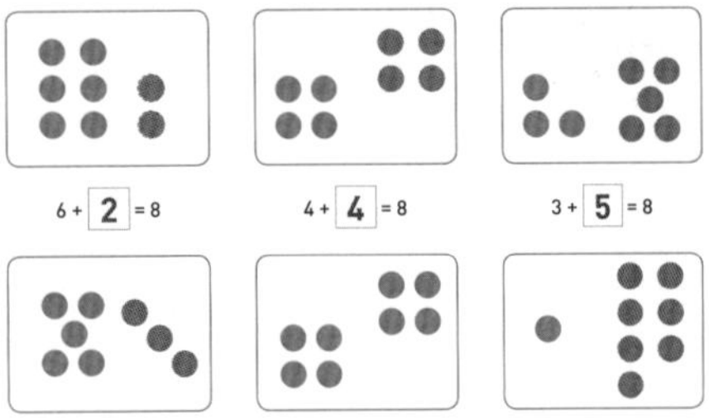

6 + **2** = 8　　4 + **4** = 8　　3 + **5** = 8

5 + **3** = 8　　8 + **0** = 8　　1 + **7** = 8

2 + **6** = 8

8. □ 안에 알맞은 수를 구해 보세요.

2 + **1** = 3	4 + **0** = 4	2 + **6** = 8	**5** + 3 = 8
3 + **4** = 7	2 + **4** = 6	5 + **2** = 7	**6** + 2 = 8
4 + **4** = 8	7 + **1** = 8	1 + **4** = 5	**3** + 3 = 6

★실력을 키워요!

9. 그림을 보고 □ 안에 알맞은 수를 구해 보세요.

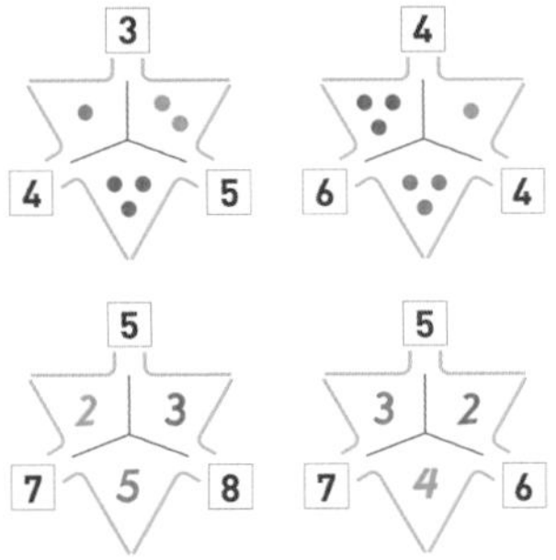

한 번 더 연습해요!

1. □ 안에 알맞은 수를 구해 보세요.

5	6	7	8	8
2 + 3	4 + **2**	**2** + 5	2 + **6**	**1** + 7

2. 계산해 보세요.

1 + **3** = 4	**2** + 3 = 5	3 + **2** = 5	**3** + 4 = 7
4 + **3** = 7	**4** + 4 = 8	**3** + 5 = 8	0 + **8** = 8
2 + **6** = 8	**4** + 1 = 5	6 + **0** = 6	**4** + 2 = 6

52-53쪽

★실력을 키워요!

10. 똑같이 써 보세요.

6	6	6	6	6	6	6
7	7	7	7	7	7	7
8	8	8	8	8	8	8

11. 0부터 8까지 규칙에 따라 수를 써넣어 보세요.

0 1 **2** **3** 4 **5** 6 **7** 8　　**0** **1** **2** 3 **4** **5** **6** 7 **8**

8 **7** 6 **5** **4** **3** **2** **1** 0　　**8** **7** **6** **5** 4 **3** **2** 1 **0**

12. 계산값이 8이 나오는 길을 따라가 보세요.

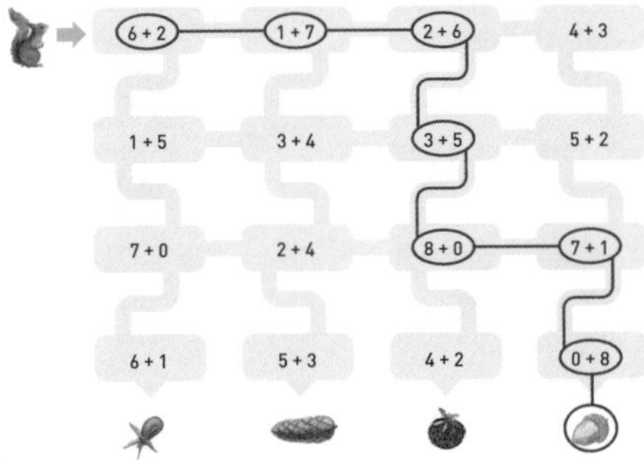

★실력을 키워요!

13. □ 안에 알맞은 수를 구해 보세요.

2 + 4 = 4 + **2**	5 + 2 = **3** + 4	5 + 3 = 2 + **6**
3 + 5 = 1 + **7**	2 + 3 = **4** + 1	1 + **5** = 3 + 3

14. 식에 맞게 □ 안에 알맞은 수를 구해 보세요.

2	+	**3**	=	5
+		+		+
2	+	1	=	**3**
=		=		=
4	+	**4**	=	8

6	-	**0**	=	**6**
-		+		-
5	-	3	=	2
=		=		=
1	+	**3**	=	4

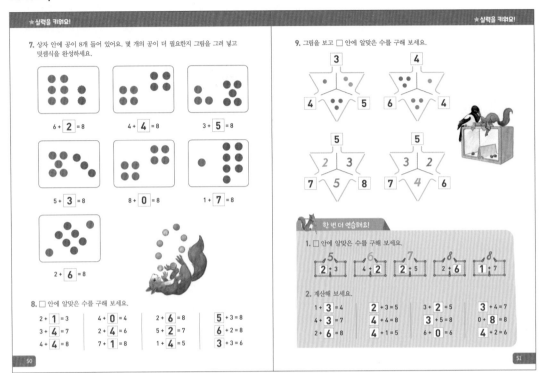

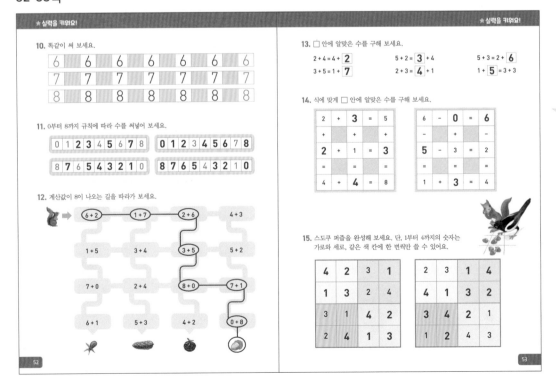

15. 스도쿠 퍼즐을 완성해 보세요. 단, 1부터 4까지의 숫자는 가로와 세로, 같은 색 칸에 한 번씩만 쓸 수 있어요.

4	**2**	3	1
1	**3**	2	**4**
3	**1**	**4**	**2**
2	**4**	**1**	**3**

2	3	**1**	**4**
4	**1**	**3**	**2**
3	**4**	**2**	1
1	**2**	**4**	3

부모님 가이드 | 53쪽 15번

스도쿠 퍼즐을 풀려면 어떤 규칙을 살펴야 하는지 아이에게 알려 주세요.
우선 같은 색깔의 4개 칸에 1부터 4까지 숫자가 빠지거나 같은 수가 반복되어 나오는지 살펴야 해요.
두 번째로 가로로 있는 4개 칸에 1부터 4까지 숫자가 빠지거나 같은 수가 반복되어 나오는지 살펴야 해요.
마지막으로 세로로 있는 4개 칸에 1부터 4까지 숫자가 빠지거나 같은 수가 반복되어 나오는지 살펴야 해요.

54-55쪽

★실력을 키워요!

16. 0부터 8까지 규칙에 따라 수를 써넣어 보세요.

0	1	2	3	4	5	6	7	8
0	1	2	3	4	5	6	7	8
8	7	6	5	4	3	2	1	0
8	7	6	5	4	3	2	1	0

17. 덧셈을 해 보세요.

●●●●●●	●●●●●●●	●●●●●●●●
5 + 1 = 6	6 + 1 = 7	7 + 1 = 8
2 + 4 = 6	5 + 2 = 7	4 + 4 = 8
3 + 3 = 6	4 + 3 = 7	2 + 6 = 8
0 + 6 = 6	0 + 7 = 7	3 + 5 = 8
1 + 5 = 6	2 + 5 = 7	8 + 0 = 8
4 + 2 = 6	1 + 6 = 7	6 + 2 = 8
6 + 0 = 6	3 + 4 = 7	5 + 3 = 8
	7 + 0 = 7	0 + 8 = 8
		1 + 7 = 8

18. 규칙에 따라 색칠해 보세요.

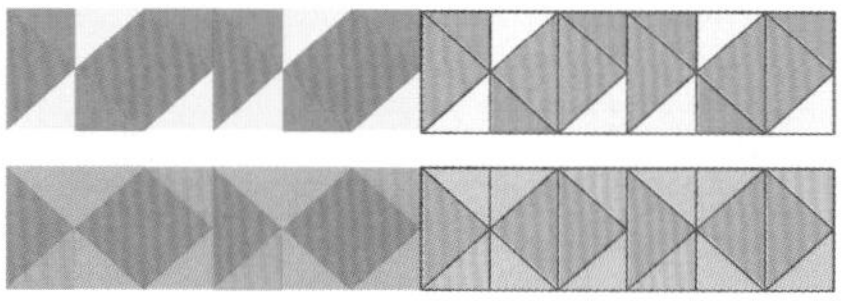

★실력을 키워요!

19. □ 안에 >, =, <를 알맞게 써넣어 보세요.

3 + 4 = 7	7 − 1 = 6	6 < 2 + 5	2 + 6 = 6 + 2
1 + 2 = 3	4 − 3 < 8	5 > 4 − 0	6 − 3 < 7 − 3
3 + 3 = 6	3 − 2 < 4	8 = 6 + 2	3 + 5 > 5 + 2
2 + 5 < 8	5 − 0 = 5	7 > 4 − 1	8 − 3 = 7 − 2

20. 수를 보고 동그라미를 알맞게 그려 넣어 보세요.

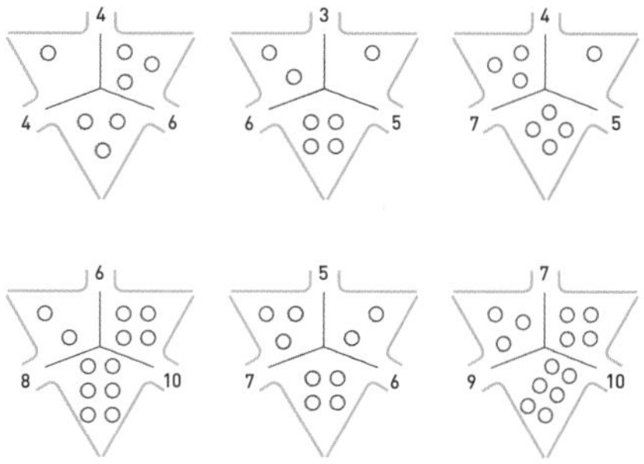

56-57쪽

월 일 요일

8 9를 알아봐요

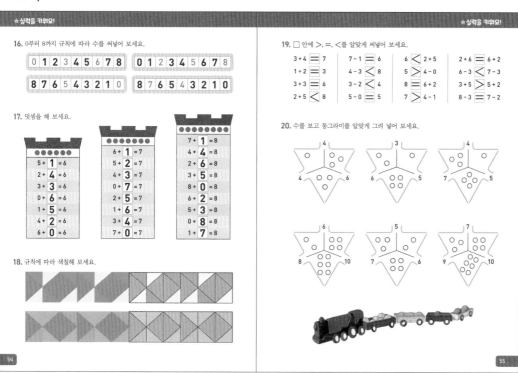

0	1	2	3	4	5	6	7	8	9	10
	●	●	●	●	●	●	●	●	●	

9 아홉

9 9 9 9 9 9 9 9

9 9 9 9 9 9 9 9

1. 아래 그림을 몇 개나 찾을 수 있나요?
위 그림에서 찾아보고 □ 안에 알맞은 수를 쓴 후 수직선과 바르게 이어 보세요.

9 (별) 3 (자) 8 (연필)

0 1 2 3 4 5 6 7 8 9 10

2. 9 가르기로 덧셈식을 완성해 보세요.

|●●●●●●●●●	0 + 9 = 9
●|●●●●●●●●	1 + 8 = 9
●●|●●●●●●●	2 + 7 = 9
●●●|●●●●●●	3 + 6 = 9
●●●●|●●●●●	4 + 5 = 9
●●●●●|●●●●	5 + 4 = 9
●●●●●●|●●●	6 + 3 = 9
●●●●●●●|●●	7 + 2 = 9
●●●●●●●●|●	8 + 1 = 9
●●●●●●●●●|	9 + 0 = 9

3. □ 안에 알맞은 수를 구해 보세요.

9: 3 + 6	9: 1 + 8
9: 7 + 2	9: 5 + 4
9: 8 + 1	9: 0 + 9
9: 6 + 3	9: 2 + 7
9: 9 + 0	9: 4 + 5

한 번 더 연습해요!

9 9 9 9 9 9 9 9 9 9 9 9 9

1. 계산해 보세요.

3 + 6 = 9	4 + 5 = 9	9 − 6 = 3	9 − 2 = 7
2 + 7 = 9	0 + 9 = 9	9 − 8 = 1	9 − 4 = 5

부모님 가이드 | 56쪽

아이에게 다음과 같은 질문을 던져 보세요.
– 그림에서 9를 찾을 수 있니? **기차 제일 마지막 칸의 9, 별이 9개, 아이가 손가락을 9개 세우고 있어요.**

정답

58-59쪽

★실력을 키워요!

4. 0부터 9까지 규칙에 따라 수를 써넣어 보세요.

0 1 2 3 4 5 6 7 8 9 / 0 1 2 3 4 5 6 7 8 9

9 8 7 6 5 4 3 2 1 0 / 9 8 7 6 5 4 3 2 1 0

5. 수의 순서에 맞게 주어진 수의 앞과 뒤에 오는 수를 바르게 써넣어 보세요.

2 3 4 / 5 6 7 / 6 7 8 / 4 5 6

6. 계산값이 9가 나오는 길을 따라가 보세요.

8+1=9	1+5=6	2+7=9	5+4=9
6+3=9	4+5=9	2+6=8	
4+3=7	0+9=9	2+5=7	4+4=8
5+3=8	1+8=9	7+2=9	3+5=8
2+7=9	5+2=7	3+6=9	8+1=9

★실력을 키워요!

7. □ 안에 >, =, <를 알맞게 써넣어 보세요.

6+3 > 8　　9 > 8-1　　3+5 < 9-0

4-4 < 4　　7 = 3+4　　9-4 = 7-2

8. 주어진 수 가족을 이용해서 식을 완성해 보세요.

7, 4, 3: 4+3=7, 3+4=7, 7-3=4, 7-4=3

9, 5, 4: 5+4=9, 4+5=9, 9-4=5, 9-5=4

9. 스도쿠 퍼즐을 완성해 보세요. 단, 1부터 4까지의 숫자는 가로와 세로, 같은 색 칸에 한 번씩만 쓸 수 있어요.

3	2	4	1
4	1	3	2
2	3	1	4
1	4	2	3

2	4	3	1
3	1	2	4
1	2	4	3
4	3	1	2

60-61쪽

월 일 요일

9 뺄셈 완성하기

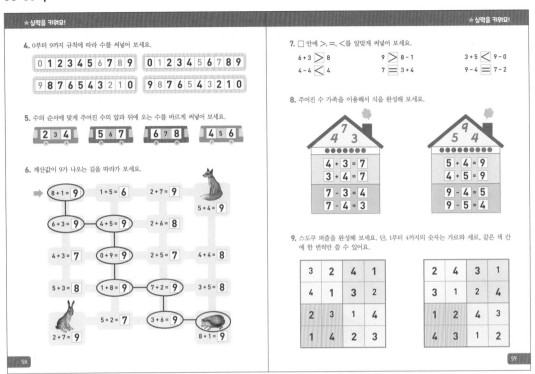

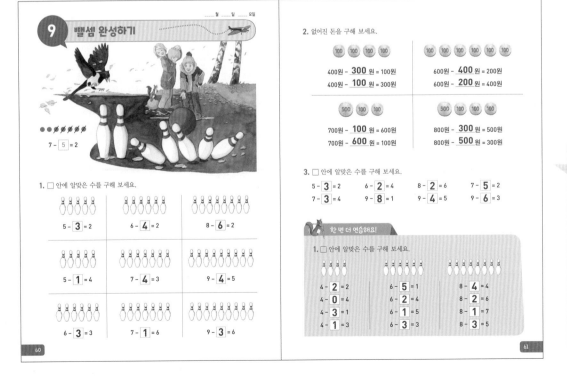

7 - 5 = 2

1. □ 안에 알맞은 수를 구해 보세요.

5-3=2	6-4=2	8-6=2
5-1=4	7-4=3	9-4=5
6-3=3	7-1=6	9-3=6

2. 없어진 돈을 구해 보세요.

400원 - 300 원 = 100원
400원 - 100 원 = 300원

600원 - 400 원 = 200원
600원 - 200 원 = 400원

700원 - 100 원 = 600원
700원 - 600 원 = 100원

800원 - 300 원 = 500원
800원 - 500 원 = 300원

3. □ 안에 알맞은 수를 구해 보세요.

5-3=2　6-2=4　8-2=6　7-5=2

7-3=4　9-8=1　9-4=5　9-6=3

한 번 더 연습해요!

1. □ 안에 알맞은 수를 구해 보세요.

4-2=2	6-5=1	8-4=4
4-0=4	6-2=4	8-2=6
4-3=1	6-1=5	8-1=7
4-1=3	6-3=3	8-3=5

부모님 가이드 | 60쪽

그림을 보며 아이에게 질둔
해 보세요.
- 볼링핀이 몇 개 있니? **7개**
- 몇 개가 쓰러지지 않았니
2개
- 7과 2를 사용하여 쓰러진
볼링핀의 개수를 계산히
보렴. **7-2=5**
- 만약 볼링핀 2개를 쓰러
렸다면 몇 개의 볼링핀C
쓰러지지 않았을까? **5개**

62-63쪽

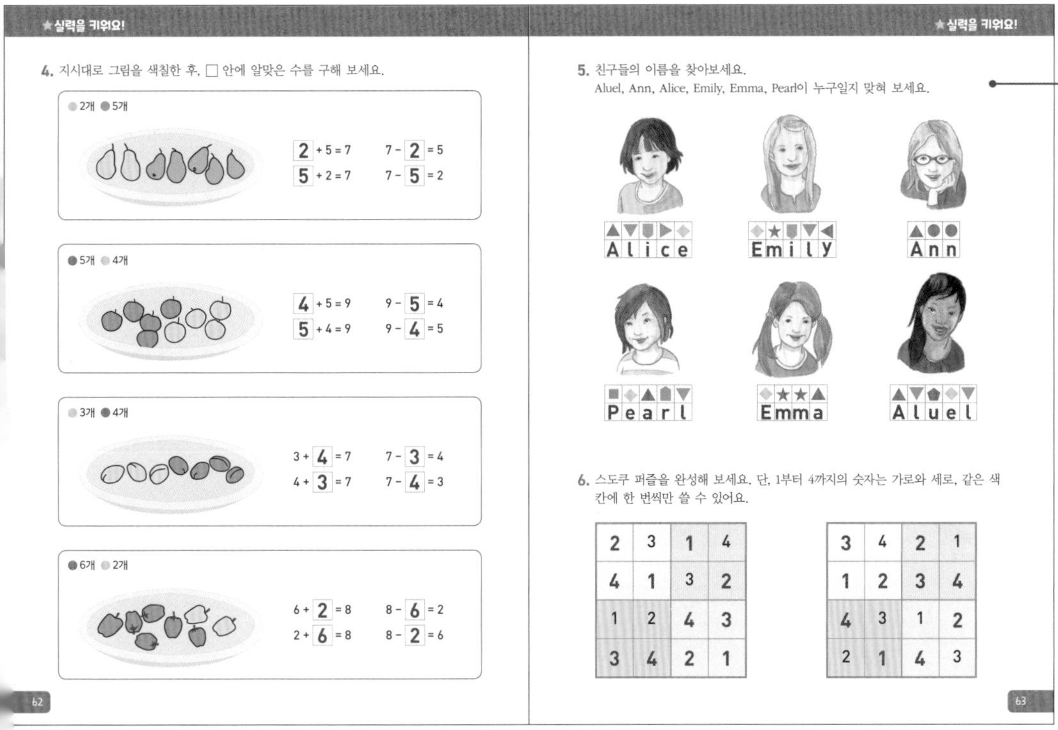

★실력을 키워요!

4. 지시대로 그림을 색칠한 후, □ 안에 알맞은 수를 구해 보세요.

○2개 ●5개	2 + 5 = 7, 5 + 2 = 7	7 - 2 = 5, 7 - 5 = 2
●5개 ○4개	4 + 5 = 9, 5 + 4 = 9	9 - 5 = 4, 9 - 4 = 5
○3개 ●4개	3 + 4 = 7, 4 + 3 = 7	7 - 3 = 4, 7 - 4 = 3
●6개 ○2개	6 + 2 = 8, 2 + 6 = 8	8 - 6 = 2, 8 - 2 = 6

5. 친구들의 이름을 찾아보세요.
Aluel, Ann, Alice, Emily, Emma, Pearl이 누구일지 맞혀 보세요.

Alice, Emily, Ann, Pearl, Emma, Aluel

6. 스도쿠 퍼즐을 완성해 보세요. 단, 1부터 4까지의 숫자는 가로와 세로, 같은 색 칸에 한 번씩만 쓸 수 있어요.

2	3	1	4
4	1	3	2
1	2	4	3
3	4	2	1

3	4	2	1
1	2	3	4
4	3	1	2
2	1	4	3

62 63

더 자세히 알아볼까요?

MEMO

도형	이름
▲▼⛊▶◆	Aluel
◆★⛊▼◀	Ann
▲●●	Alice
■◆▲⌂▼	Emily
◆★★▲	Emma
▲▼⬟◆▼	Pearl

1. 칸 수가 가장 적고, 같은 모양이 2개 겹쳐 나오므로 ▲●● (A n n)
2. A로 끝나는 4글자 이름은 ◆★★▲ (E m m a)
3. ◆=e, ▲=a이므로 ea가 연달아 나오는 이름은 ■◆▲⌂▼ (P e a r l)
4. 1, 2, 3번을 통해 ▲▼⛊▶◆ (A l _ _ e)를 알아내서 ▲▼⛊▶◆ (A l i c e)를 찾음.
5. 4번과 비슷한 도형이 많이 들어간 마지막 도형에 찾은 문자를 넣으면 ▲▼⬟◆▼ (A l _ e l)이므로 ▲▼⬟◆▼ (A l u e l)임.
6. 남은 이름은 Emily. ◆★⛊▼◀ (E m i l y)
7. 지금까지 찾은 도형을 대입하면 ◀는 y임.

정답

64-65쪽

★실력을 키워요!

7. 상자 안에 공이 9개 들어 있어요. 몇 개의 공이 더 필요한지 그림을 그려 넣고 덧셈식을 완성하세요.

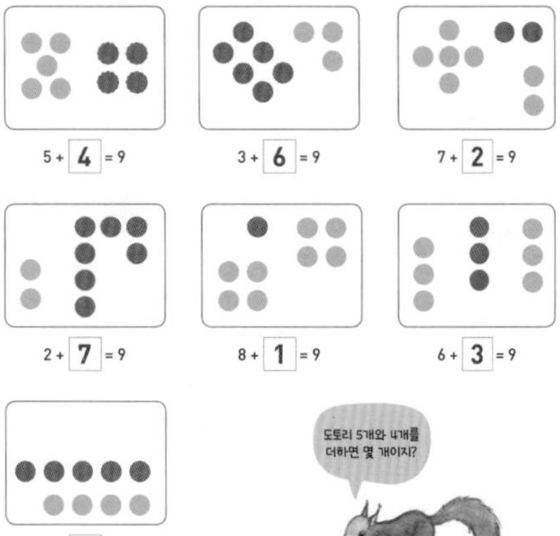

5 + [4] = 9　　3 + [6] = 9　　7 + [2] = 9

2 + [7] = 9　　8 + [1] = 9　　6 + [3] = 9

4 + [5] = 9

8. □ 안에 알맞은 수를 구해 보세요.

4 - [1] = 3	6 - [4] = 2	6 - [1] = 5	8 - [4] = 4
7 - [2] = 5	9 - [1] = 8	9 - [4] = 5	7 - [7] = 0
9 - [3] = 6	8 - [5] = 3	7 - [3] = 4	9 - [7] = 2

64

★실력을 키워요!

9. □ 안에 알맞은 수를 구해 보세요.

6	[4] + 2	5 + [1]	[0] + 6	3 + [3]
7	4 + [3]	1 + [6]	5 + [2]	7 + [0]
8	[3] + 5	[5] + 3	6 + [2]	4 + [4]
9	4 + [5]	[1] + 8	[3] + 6	2 + [7]

한 번 더 연습해요!

1. □ 안에 알맞은 수를 구해 보세요.

5	6	7	8	9
2 + [3]	[2] + 4	[3] + 4	2 + [6]	[2] + 7

2. □ 안에 알맞은 수를 구해 보세요.

7 + [1] = 8	[5] + 2 = 7	8 - [2] = 6	7 - [3] = 4
4 + [5] = 9	[5] + 3 = 8	6 - [4] = 2	9 - [0] = 9
0 + [5] = 5	[4] + 5 = 9	9 - [2] = 7	8 - [5] = 3

65

66-67쪽

★실력을 키워요!

10. 똑같이 써 보세요.

8 8 8 8 8 8 8

9 9 9 9 9 9 9

11. 0부터 9까지 규칙에 따라 수를 써넣어 보세요.

0 1 2 3 4 5 6 7 8 9　　9 8 7 6 5 4 3 2 1 0

12. 계산값에 해당하는 색을 칠해 보세요.　6 7 8 9

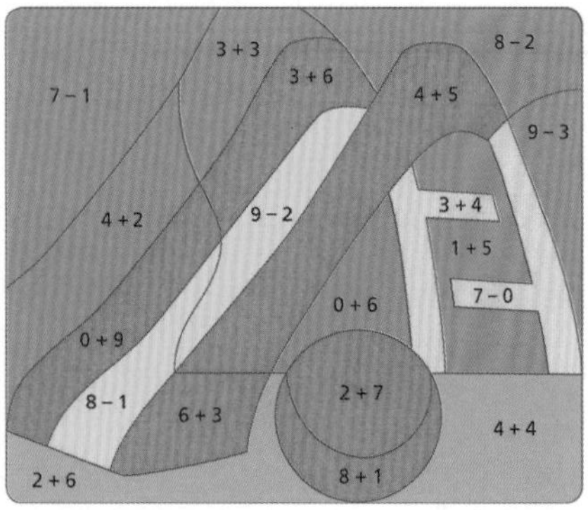

66

★실력을 키워요!

13. 더해서 나온 모양을 완성해 보세요.

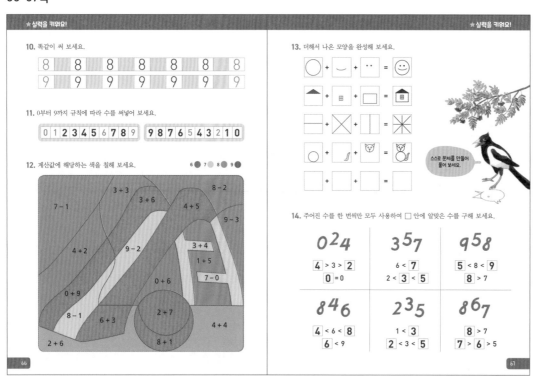

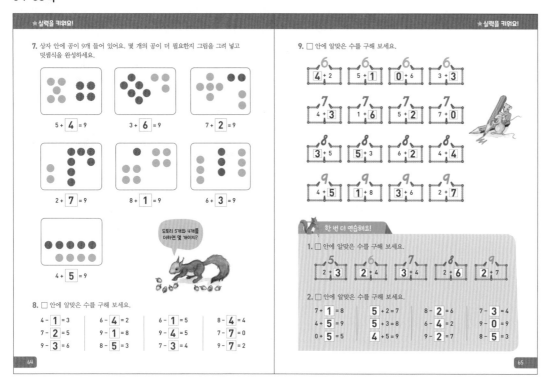

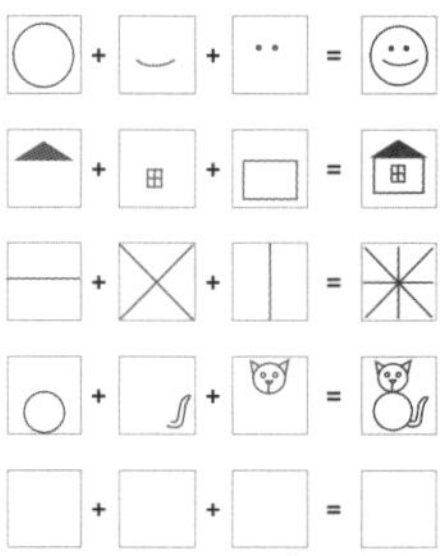

14. 주어진 수를 한 번씩만 모두 사용하여 □ 안에 알맞은 수를 구해 보세요.

0 2 4	3 5 7	9 5 8
[4] > 3 > [2] [0] = 0	6 < [7] 2 < [3] < [5]	[5] < 8 < [9] [8] > 7
8 4 6	**2 3 5**	**8 6 7**
[4] < 6 < [8] [6] < 9	1 < [3] [2] < 3 < [5]	[8] > 7 [7] > [6] > 5

67

68-69쪽

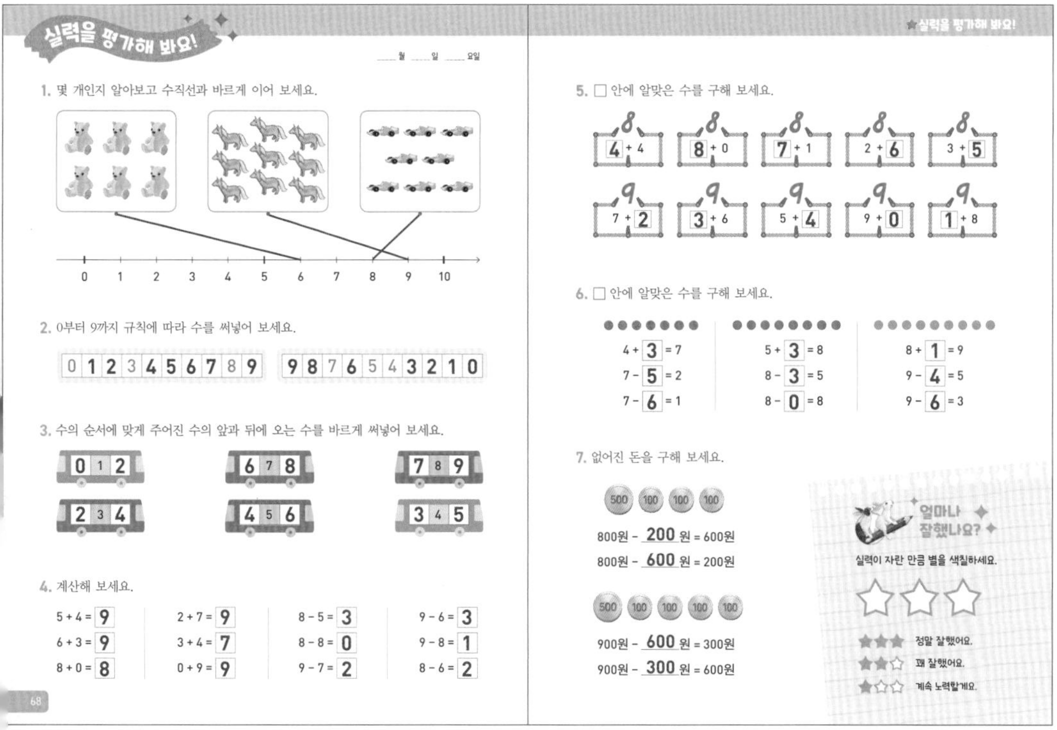
실력을 평가해 봐요!

___월 ___일 ___요일

1. 몇 개인지 알아보고 수직선과 바르게 이어 보세요.

0 1 2 3 4 5 6 7 8 9 10

2. 0부터 9까지 규칙에 따라 수를 써넣어 보세요.

0 1 2 3 4 5 6 7 8 9 / 9 8 7 6 5 4 3 2 1 0

3. 수의 순서에 맞게 주어진 수의 앞과 뒤에 오는 수를 바르게 써넣어 보세요.

0 1 2 / 6 7 8 / 7 8 9

2 3 4 / 4 5 6 / 3 4 5

4. 계산해 보세요.

5 + 4 = 9	2 + 7 = 9	8 - 5 = 3	9 - 6 = 3
6 + 3 = 9	3 + 4 = 7	8 - 8 = 0	9 - 8 = 1
8 + 0 = 8	0 + 9 = 9	9 - 7 = 2	8 - 6 = 2

68

실력을 평가해 봐요!

5. □ 안에 알맞은 수를 구해 보세요.

8: 4 + 4, 8 + 0, 7 + 1, 2 + 6, 3 + 5

9: 7 + 2, 3 + 6, 5 + 4, 9 + 0, 1 + 8

6. □ 안에 알맞은 수를 구해 보세요.

4 + 3 = 7	5 + 3 = 8	8 + 1 = 9
7 - 5 = 2	8 - 3 = 5	9 - 4 = 5
7 - 6 = 1	8 - 0 = 8	9 - 6 = 3

7. 없어진 돈을 구해 보세요.

500 100 100 100

800원 - 200 원 = 600원

800원 - 600 원 = 200원

500 100 100 100 100

900원 - 600 원 = 300원

900원 - 300 원 = 600원

얼마나 잘했나요?

실력이 자란 만큼 별을 색칠하세요.

★★★ 정말 잘했어요.

★★☆ 꽤 잘했어요.

★☆☆ 계속 노력할게요.

70-71쪽

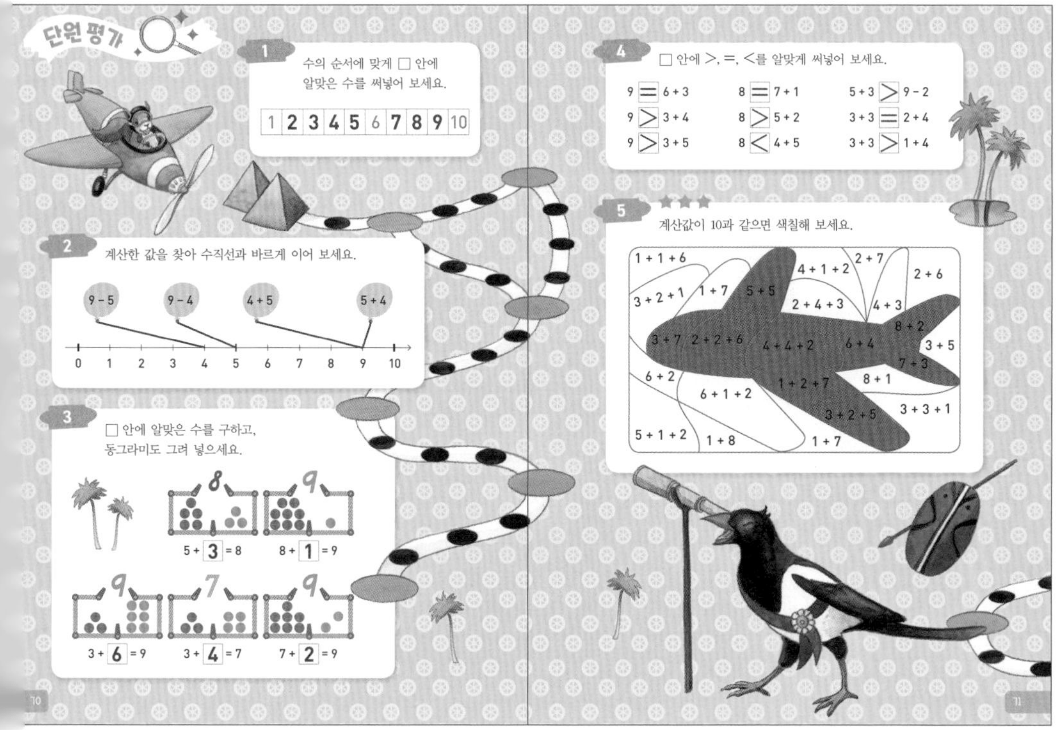
단원 평가

1 수의 순서에 맞게 □ 안에 알맞은 수를 써넣어 보세요.

1 2 3 4 5 6 7 8 9 10

2 계산한 값을 찾아 수직선과 바르게 이어 보세요.

9 - 5, 9 - 4, 4 + 5, 5 + 4

0 1 2 3 4 5 6 7 8 9 10

3 □ 안에 알맞은 수를 구하고, 동그라미도 그려 넣으세요.

5 + 3 = 8 / 8 + 1 = 9

3 + 6 = 9 / 3 + 4 = 7 / 7 + 2 = 9

70

4 □ 안에 >, =, <를 알맞게 써넣어 보세요.

9 = 6 + 3	8 = 7 + 1	5 + 3 > 9 - 2
9 > 3 + 4	8 > 5 + 2	3 + 3 = 2 + 4
9 > 3 + 5	8 < 4 + 5	3 + 3 > 1 + 4

5 계산값이 10과 같으면 색칠해 보세요.

71

72-73쪽

___월 ___일 ___요일

10 10을 알아봐요

10 — 열

0	1	2	3	4	5	6	7	8	9	10
	●	●	●	●	●	●	●	●	●	●

10 10 10

10 10 10

1. 아래 그림을 몇 개나 찾을 수 있나요?
위 그림에서 찾아보고 □ 안에 알맞은 수를 쓴 후 수직선과 바르게 이어 보세요.

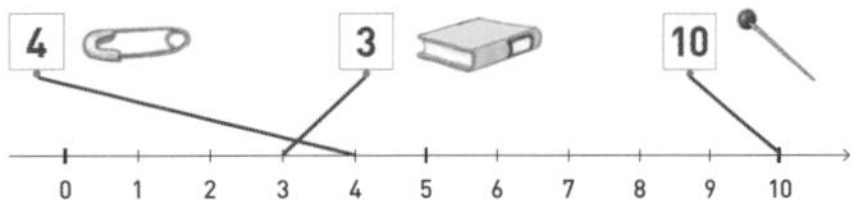

72

2. 10 가르기로 덧셈식을 완성해 보세요.

0 + 10 = 10　　4 + 6 = 10　　8 + 2 = 10
1 + 9 = 10　　5 + 5 = 10　　9 + 1 = 10
2 + 8 = 10　　6 + 4 = 10　　10 + 0 = 10
3 + 7 = 10　　7 + 3 = 10

3. 빈칸을 채워 10을 만들어 보세요.

5 + 5　　10 + 0　　9 + 1　　1 + 9　　6 + 4　　7 + 3
2 + 8　　4 + 6　　8 + 2　　0 + 10　　3 + 7

한 번 더 연습해요!

1. 계산해 보세요.

9 + 1 = 10　　5 + 5 = 10　　10 - 8 = 2　　10 - 3 = 7
4 + 6 = 10　　3 + 7 = 10　　10 - 6 = 4　　10 - 4 = 6

73

부모님 가이드 | 72쪽

그림을 보며 아이에게 질문해 보세요.
- 그림에서 4와 관련 있는 것을 찾아봐. **옷핀 4개**
- 엄마가 실에 꿴 구슬은 몇 개이니? **6개**
- 10개 있는 물건은 어떤 거니? **시침바늘**

부모님 가이드 | 73쪽

10 만들기는 덧셈과 뺄셈에서 가장 중요하며 받아올림과 받아내림의 기초가 되기 때문에 반복해서 익히는 것이 필요합니다.

74-75쪽

★실력을 키워요!

4. 0부터 10까지 규칙에 따라 수를 써넣어 보세요.

0	1	2	3	4	5	6	7	8	9	10
10	9	8	7	6	5	4	3	2	1	0

5. □ 안에 알맞은 수를 구해 보세요.

9 + 1 = 10　　3 + 7 = 10　　4 + 6 = 10
1 + 9 = 10　　7 + 3 = 10　　6 + 4 = 10
10 - 1 = 9　　10 - 7 = 3　　10 - 6 = 4
10 - 9 = 1　　10 - 3 = 7　　10 - 4 = 6

6. 계산값이 10이 나오는 길을 따라가 보세요.

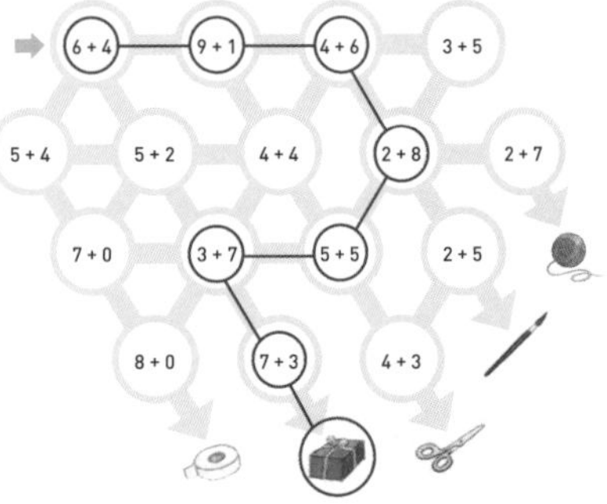

74

★실력을 키워요!

7. 수를 보고 동그라미를 알맞게 그려 넣어 보세요.

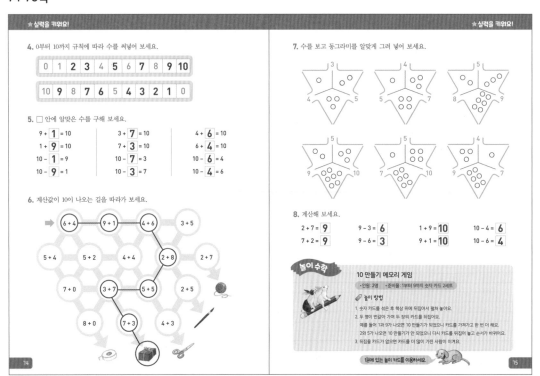

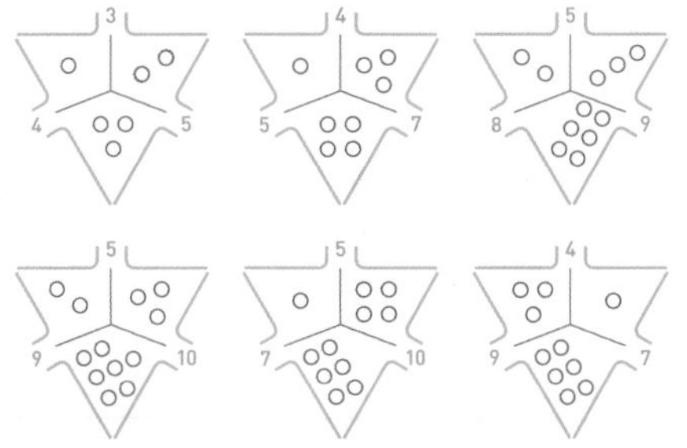

8. 계산해 보세요.

2 + 7 = 9　　9 - 3 = 6　　1 + 9 = 10　　10 - 4 = 6
7 + 2 = 9　　9 - 6 = 3　　9 + 1 = 10　　10 - 6 = 4

놀이 수학

10 만들기 메모리 게임

• 인원 : 2명　• 준비물 : 1부터 9까지 숫자 카드 2세트

놀이 방법

1. 숫자 카드를 섞은 후 책상 위에 뒤집어서 펼쳐 놓아요.
2. 두 명이 번갈아 가며 두 장의 카드를 뒤집어요.
   예를 들어 1과 9가 나오면 10 만들기가 되었으니 카드를 가져가고 한 번 더 해요.
   2와 5가 나오면 10 만들기가 안 되었으니 다시 카드를 뒤집어 놓고 순서가 바뀌어요.
3. 뒤집을 카드가 없으면 카드를 더 많이 가진 사람이 이겨요.

1권에 있는 놀이 카드를 이용하세요.

75

76-77쪽

★실력을 키워요!

9. 주어진 수 가족을 이용해서 식을 완성해 보세요.

10 (1, 9)

1 + 9 = 10
9 + 1 = 10
10 - 9 = 1
10 - 1 = 9

10 (4, 6)

4 + 6 = 10
6 + 4 = 10
10 - 6 = 4
10 - 4 = 6

10 (2, 8)

2 + 8 = 10
8 + 2 = 10
10 - 8 = 2
10 - 2 = 8

10 (7, 3)

7 + 3 = 10
3 + 7 = 10
10 - 7 = 3
10 - 3 = 7

76

★실력을 키워요!

10. □ 안에 알맞은 수를 구해 보세요.

9: 2 + 7, 6 + 3, 4 + 5, 8 + 1, 0 + 9

9: 7 + 2, 3 + 6, 5 + 4, 9 + 0, 1 + 8

10: 5 + 5, 3 + 7, 7 + 3, 1 + 9, 4 + 6

10: 9 + 1, 6 + 4, 8 + 2, 2 + 8, 5 + 5

한 번 더 연습해요!

1. 주어진 수 가족을 이용해서 식을 완성해 보세요.

9 (6, 3)

6 + 3 = 9
3 + 6 = 9
9 - 3 = 6
9 - 6 = 3

9 (5, 4)

5 + 4 = 9
4 + 5 = 9
9 - 4 = 5
9 - 5 = 4

77

MEMO

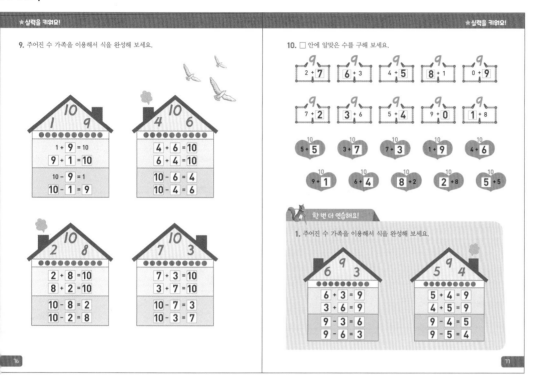

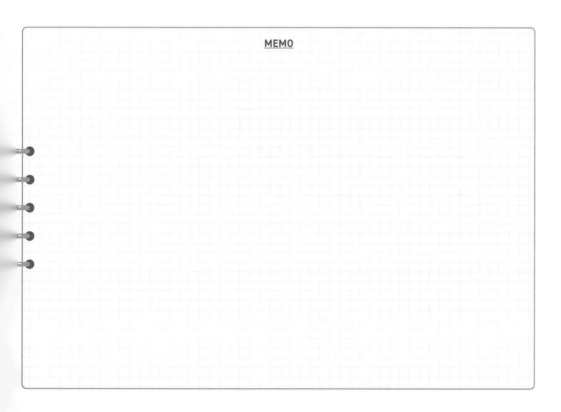

78-79쪽

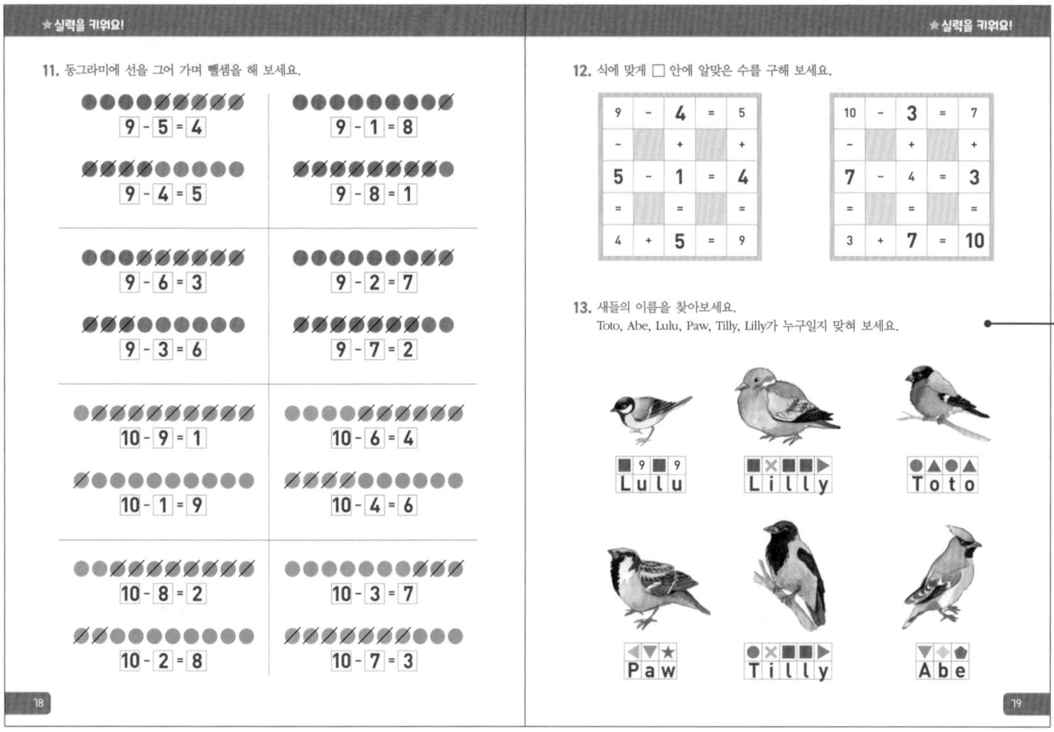

★실력을 키워요!

11. 동그라미에 선을 그어 가며 뺄셈을 해 보세요.

9 - 5 = 4 | 9 - 1 = 8
9 - 4 = 5 | 9 - 8 = 1
9 - 6 = 3 | 9 - 2 = 7
9 - 3 = 6 | 9 - 7 = 2
10 - 9 = 1 | 10 - 6 = 4
10 - 1 = 9 | 10 - 4 = 6
10 - 8 = 2 | 10 - 3 = 7
10 - 2 = 8 | 10 - 7 = 3

78

★실력을 키워요!

12. 식에 맞게 □ 안에 알맞은 수를 구해 보세요.

9	-	4	=	5
-		+		+
5	-	1	=	4
=		=		=
4	+	5	=	9

10	-	3	=	7
-		+		+
7	-	4	=	3
=		=		=
3	+	7	=	10

13. 새들의 이름을 찾아보세요.
Toto, Abe, Lulu, Paw, Tilly, Lilly가 누구일지 맞혀 보세요.

■9■9 Lulu | ■×■■▶ Lilly | ●▲●▲ Toto
◀▼★ Paw | ●×■■▶ Tilly | ▼◆⬟ Abe

79

MEMO

■ 9 ■ 9 / _ u _ _	Toto	1. 9 = u라고 알려 준 것 중 조건에 맞는 이름은 ■ 9 ■ 9 / L u l u
■ × ■ ■ ▶	Abe	2. ■ = L이므로 L이 3개 들어간 이름은 ■ × ■ ■ ▶ / L i l l y
● ▲ ● ▲	Lulu	3. ■ = L이므로 L이 2개 들어간 이름은 ● × ■ ■ ▶ / T i l l y
◀ ▼ ★	Paw	4. ● = T이므로 T가 2개 들어간 이름은 ● ▲ ● ▲ / T o t o
● × ■ ■ ▶	Tilly	5. 남은 이름 Abe, Paw에서 A가 두 이름 다 들어가므로 ▼는 A임. A가 맨 앞에 들어가는 이름은 ▼ ◆ ⬟ / A b e
▼ ◆ ⬟	Lilly	A가 중간에 들어가는 이름은 ◀ ▼ ★ / P a w

80-81쪽

★실력을 키워요!

14. 0부터 10까지 규칙에 따라 수를 써넣어 보세요.

0	1	2	3	4	5	6	7	8	9	10
10	9	8	7	6	5	4	3	2	1	0

15. 계산해 보세요.

6 + 3 = 9	2 + 4 = 6	6 − 4 = 2	10 − 8 = 2
2 + 7 = 9	0 + 9 = 9	8 − 7 = 1	10 − 5 = 5
4 + 3 = 7	7 + 2 = 9	9 − 6 = 3	10 − 9 = 1
6 + 1 = 7	8 + 1 = 9	8 − 4 = 4	10 − 7 = 3

16. 계산값이 10이 나오는 길을 따라가 보세요.

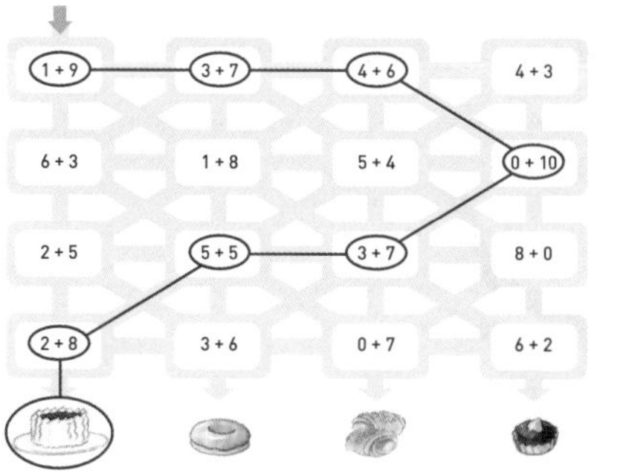

80

★실력을 키워요!

17. 주어진 수를 한 번씩만 모두 사용하여 □ 안에 알맞은 수를 구해 보세요.

547	624	697
5 < 6 < 7 5 > 4	6 > 5 > 4 2 < 3	6 < 8 < 9 7 > 6
967	**531**	**346**
7 > 5 9 > 7 > 6	0 < 3 1 < 3 < 5	2 < 3 3 < 4 < 6

18. 작은 수에서 큰 수의 순서대로 점을 선으로 이어 보세요.

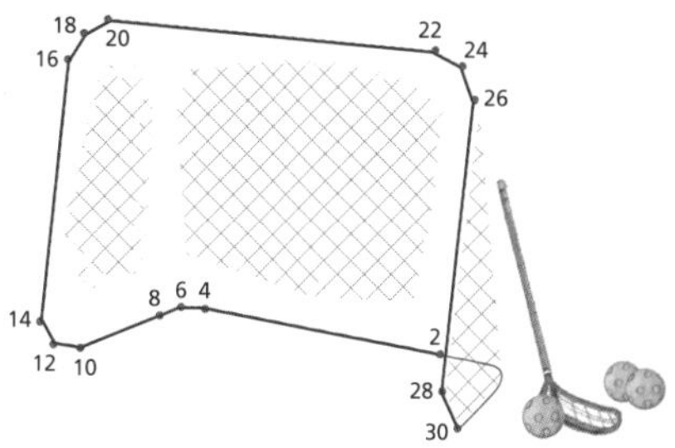

81

82-83쪽

____월 ____일 ____요일

11 세 수의 덧셈

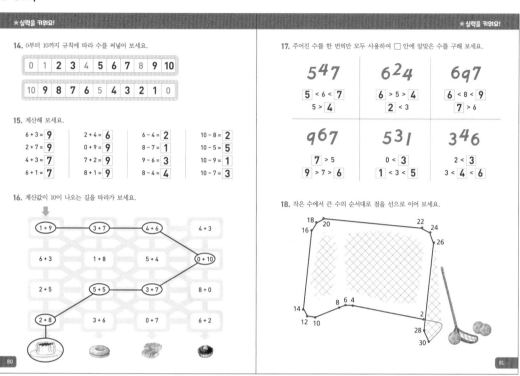

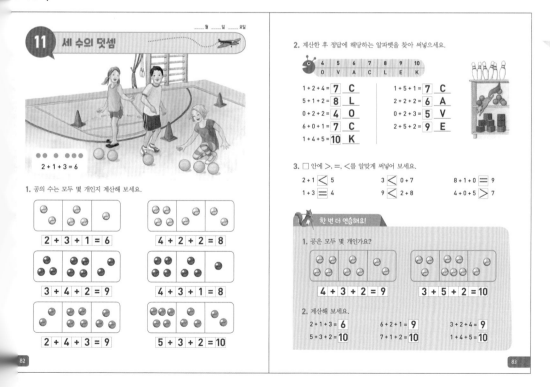

1. 공의 수는 모두 몇 개인지 계산해 보세요.

2 + 3 + 1 = 6   4 + 2 + 2 = 8

3 + 4 + 2 = 9   4 + 3 + 1 = 8

2 + 4 + 3 = 9   5 + 3 + 2 = 10

82

2. 계산한 후 정답에 해당하는 알파벳을 찾아 써넣으세요.

4	5	6	7	8	9	10
O	V	A	C	L	E	K

1 + 2 + 4 = 7 C	1 + 5 + 1 = 7 C
5 + 1 + 2 = 8 L	2 + 2 + 2 = 6 A
0 + 2 + 2 = 4 O	0 + 2 + 3 = 5 V
6 + 0 + 1 = 7 C	2 + 5 + 2 = 9 E
1 + 4 + 5 = 10 K	

3. □ 안에 >, =, <를 알맞게 써넣어 보세요.

2 + 1 < 5	3 < 0 + 7	8 + 1 + 0 = 9
1 + 3 = 4	9 < 2 + 8	4 + 0 + 5 > 7

한 번 더 연습해요!

1. 공은 모두 몇 개인가요?

4 + 3 + 2 = 9   3 + 5 + 2 = 10

2. 계산해 보세요.

2 + 1 + 3 = 6	6 + 2 + 1 = 9	3 + 2 + 4 = 9
5 + 3 + 2 = 10	7 + 1 + 2 = 10	1 + 4 + 5 = 10

83

부모님 가이드 | 82쪽

그림을 보며 아이에게 질문해 보세요.

- 제일 왼쪽 아이 앞에 공이 몇 개 있니? **2개**
- 가운데 아이 앞에 공이 몇 개 있니? **1개**
- 가장 오른쪽 아이 앞에 공이 몇 개 있니? **3개**
- 세 아이가 가진 공을 모두 합하면 몇 개인지 식으로 나타내 보렴. **2+1+3=6**

정답

84-85쪽

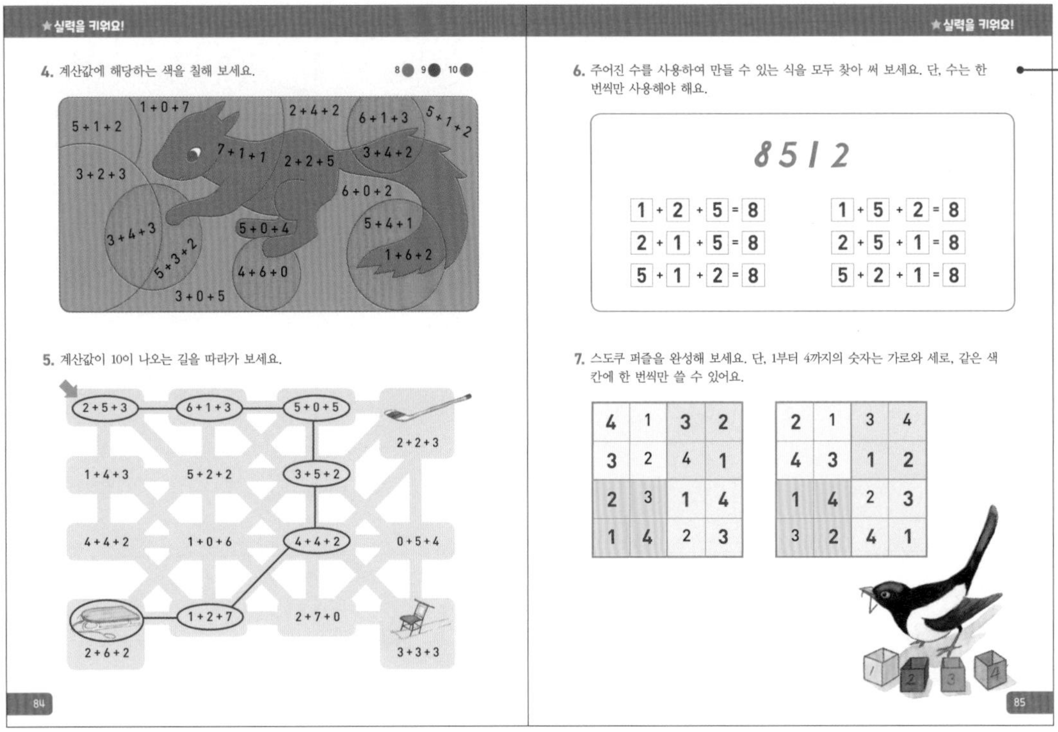
★실력을 키워요!

4. 계산값에 해당하는 색을 칠해 보세요. 8 9 10

5. 계산값이 10이 나오는 길을 따라가 보세요.

84

★실력을 키워요!

6. 주어진 수를 사용하여 만들 수 있는 식을 모두 찾아 써 보세요. 단, 수는 한 번씩만 사용해야 해요.

8 5 1 2

1+2+5=8	1+5+2=8
2+1+5=8	2+5+1=8
5+1+2=8	5+2+1=8

7. 스도쿠 퍼즐을 완성해 보세요. 단, 1부터 4까지의 숫자는 가로와 세로, 같은 색 칸에 한 번씩만 쓸 수 있어요.

4	1	3	2
3	2	4	1
2	3	1	4
1	4	2	3

2	1	3	4
4	3	1	2
1	4	2	3
3	2	4	1

85

더한 값 중 가장 큰 수는 8이 되므로 세 수의 더한 값은 모두 8이 됩니다.

86-87쪽

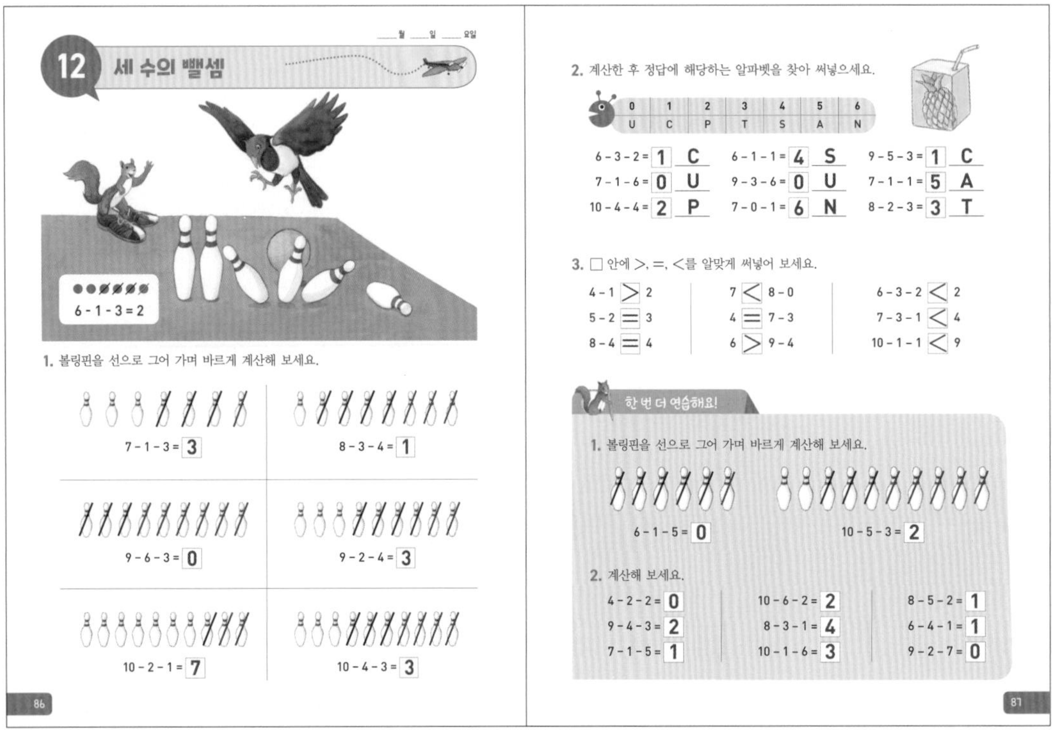
월 일 요일

12 세 수의 뺄셈

6-1-3=2

1. 볼링핀을 선으로 그어 가며 바르게 계산해 보세요.

7-1-3=3	8-3-4=1
9-6-3=0	9-2-4=3
10-2-1=7	10-4-3=3

86

2. 계산한 후 정답에 해당하는 알파벳을 찾아 써넣으세요.

0	1	2	3	4	5	6
U	C	P	T	S	A	N

6-3-2=1 C	6-1-1=4 S	9-5-3=1 C
7-1-6=0 U	9-3-6=0 U	7-1-1=5 A
10-4-4=2 P	7-0-1=6 N	8-2-3=3 T

3. □ 안에 >, =, <를 알맞게 써넣어 보세요.

4-1 > 2	7 < 8-0	6-3-2 < 2
5-2 = 3	4 = 7-3	7-3-1 < 4
8-4 = 4	6 > 9-4	10-1-1 < 9

한 번 더 연습해요!

1. 볼링핀을 선으로 그어 가며 바르게 계산해 보세요.

6-1-5=0　　10-5-3=2

2. 계산해 보세요.

4-2-2=0	10-6-2=2	8-5-2=1
9-4-3=2	8-3-1=4	6-4-1=1
7-1-5=1	10-1-6=3	9-2-7=0

87

부모님 가이드 | 86쪽

그림을 보며 아이에게 질문해 보세요.

- 그림에 몇 개의 볼링핀이 있니? **6개**
- 처음 공을 굴렸을 때 볼링핀을 몇 개 쓰러뜨렸니? **1개**
- 두 번째 공을 굴렸을 때 볼링핀을 몇 개 쓰러뜨렸니? **3개**
- 이걸 뺄셈식으로 나타내 보렴. **6-1-3=2**

88-89쪽

★실력을 키워요!

4. 계산값에 해당하는 색을 칠해 보세요. 4 5 6

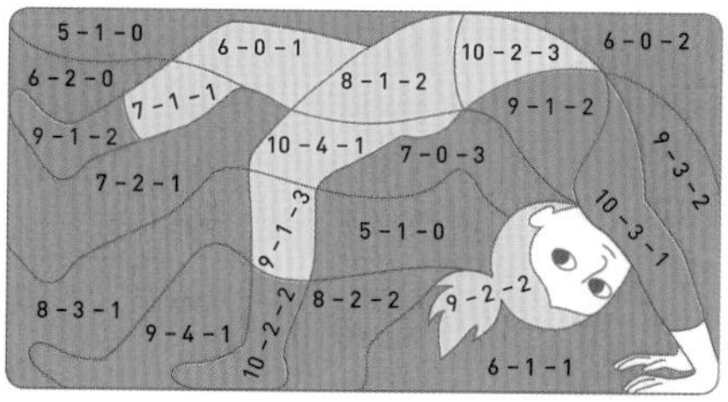

5. 계산값이 3이 나오는 길을 따라가 보세요.

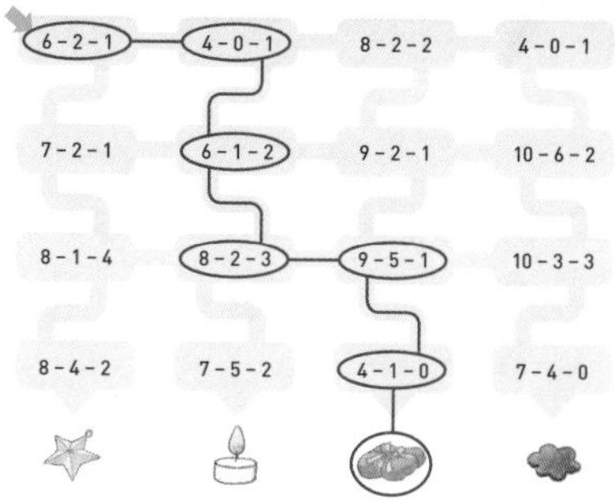

88

6. 주어진 수를 사용하여 만들 수 있는 식을 모두 찾아 써 보세요. 단, 수는 한 번씩만 사용해야 해요.

3 1 6 2

1 + 2 + 3 = 6　　1 + 3 + 2 = 6

2 + 1 + 3 = 6　　2 + 3 + 1 = 6

3 + 1 + 2 = 6　　3 + 2 + 1 = 6

더한 값 중 가장 큰 수는 6이 되므로 세 수의 더한 값은 모두 6이 됩니다.

7. 그림이 들어간 식을 보고 그림의 값을 구해 보세요.

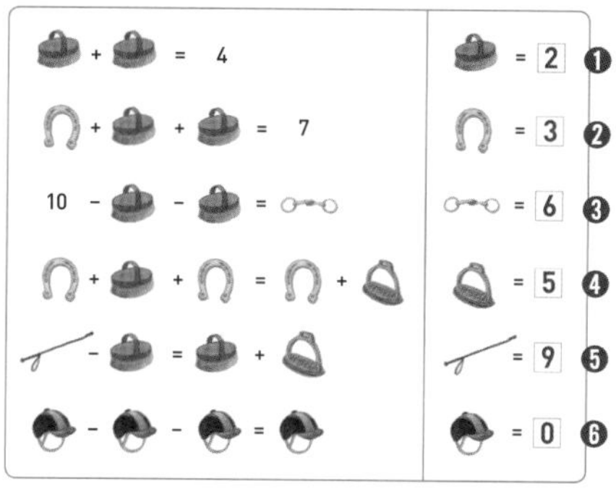

89

❶ ● + ● = 4, ● = 2

❷ ∩ + ● + ● = 7
∩ + 2 + 2 = 7, ∩ = 3

❸ 10 - ● - ● = ○-○
10 - 2 - 2 = 6, ○-○ = 6

❹ ∩ + ● + ∩ = ∩ + △
3 + 2 + 3 = 3 + △, 8 = 3 + △, △ = 5

❺ ／ - ● = ● + △, ／ - 2 = 2 + 5,
／ - 2 = 7, ／ = 9

❻ ◐ - ◐ - ◐ = ◐
0에서 0을 몇 번 빼도 0이 나옴.
◐ = 0

90-91쪽

____월 ____일 ____요일

13 그래프를 알아봐요

1. 아래 그림을 몇 개나 찾을 수 있나요? 위 그림에서 찾아보고 개수만큼 색칠하세요.

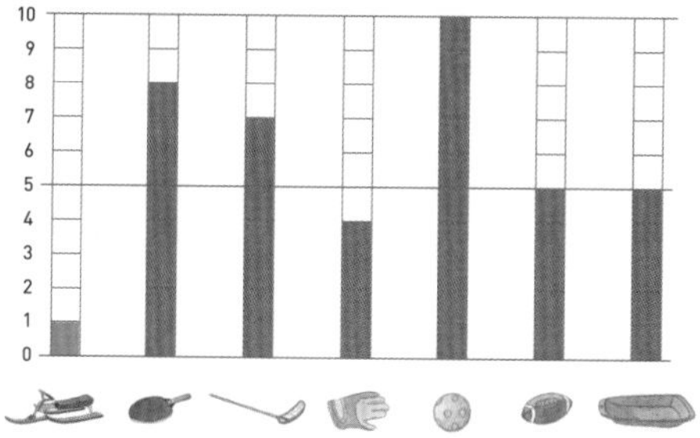

90

2. 몇 개인지 □ 안에 알맞은 수를 써 보세요.

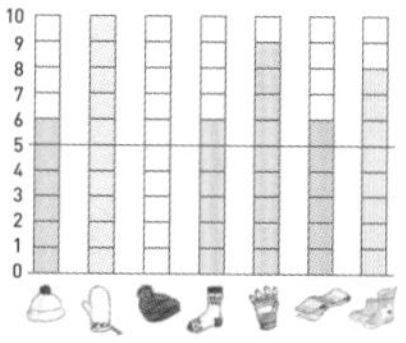

3. 계산해 보세요.

3 + 7 = 10	1 + 6 + 1 = 8	10 - 2 - 3 = 5
1 + 5 = 6	3 + 4 + 2 = 9	10 - 1 - 3 = 6
6 + 3 = 9	0 + 9 + 1 = 10	10 - 4 - 6 = 0

한 번 더 연습해요!

1. 몇 개인지 □ 안에 알맞은 수를 써 보세요.

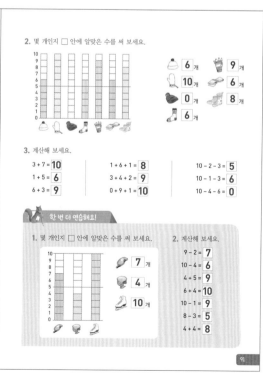

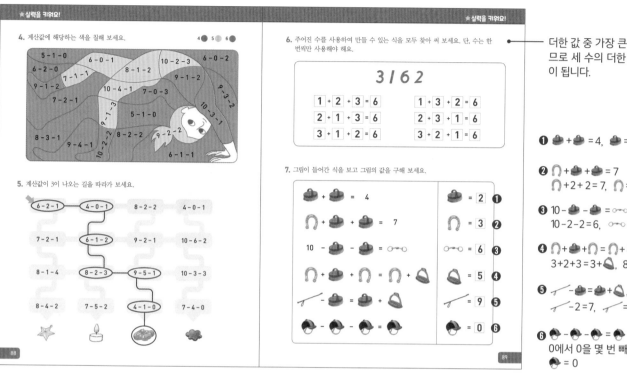

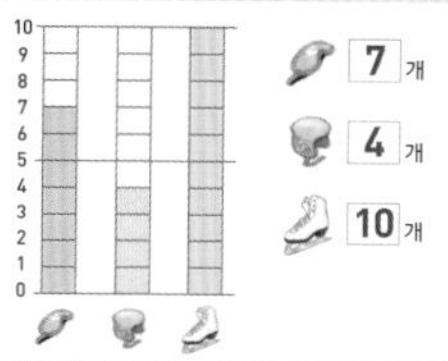

2. 계산해 보세요.

9 - 2 = 7
10 - 4 = 6
4 + 5 = 9
6 + 4 = 10
10 - 1 = 9
8 - 3 = 5
4 + 4 = 8

91

부모님 가이드 | 90쪽

그림을 보며 아이에게 질문해 보세요.

- 아이가 있는 장소가 어디니? **스포츠 용품점**
- 플로어볼은 몇 개 있니? **10개**
- 플로어볼 스틱이 몇 개 있니? **7개**
- 탁구채는 몇 개 있니? **8개**
- 장갑은 몇 켤레 있니? **2켤레**
- 플로어볼은 스틱보다 몇 개 더 많니? **3개**

92-93쪽

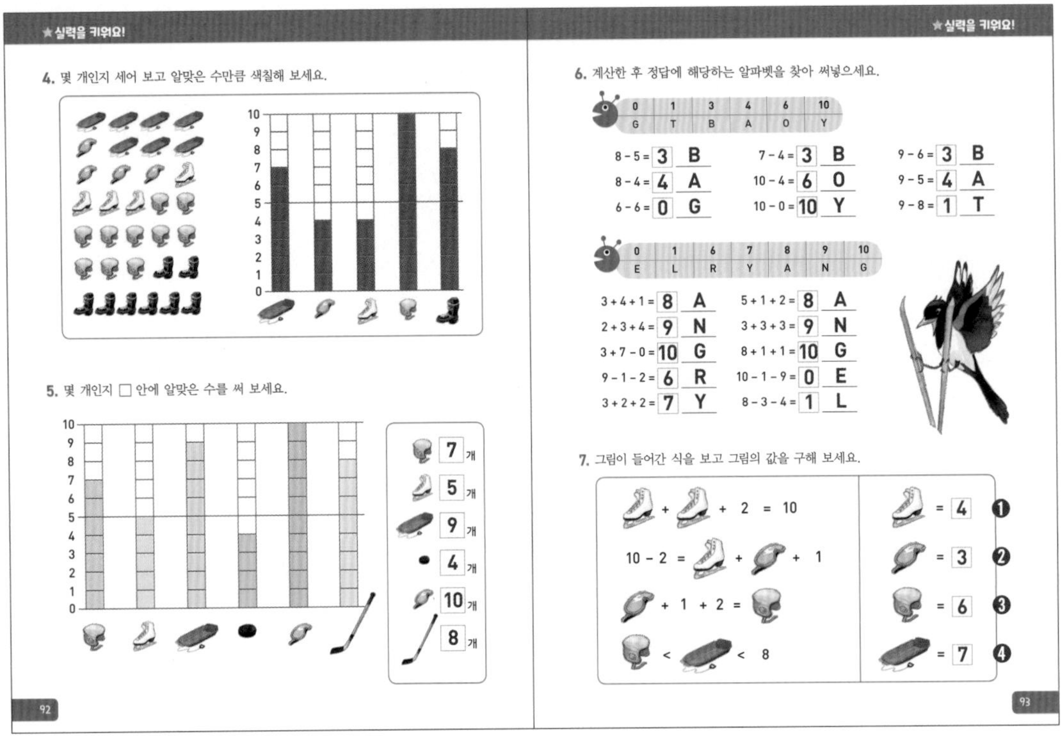

★실력을 키워요!

4. 몇 개인지 세어 보고 알맞은 수만큼 색칠해 보세요.

5. 몇 개인지 □ 안에 알맞은 수를 써 보세요.

7 개
5 개
9 개
4 개
10 개
8 개

★실력을 키워요!

6. 계산한 후 정답에 해당하는 알파벳을 찾아 써넣으세요.

| 0 | 2 | 3 | 4 | 6 | 10 |
| G | T | B | A | O | Y |

8 - 5 = 3 B   7 - 4 = 3 B   9 - 6 = 3 B
8 - 4 = 4 A   10 - 4 = 6 O   9 - 5 = 4 A
6 - 6 = 0 G   10 - 0 = 10 Y   9 - 8 = 1 T

| 0 | 1 | 6 | 7 | 8 | 9 | 10 |
| E | L | R | Y | A | N | G |

3 + 4 + 1 = 8 A   5 + 1 + 2 = 8 A
2 + 3 + 4 = 9 N   3 + 3 + 3 = 9 N
3 + 7 - 0 = 10 G   8 + 1 + 1 = 10 G
9 - 1 - 2 = 6 R   10 - 1 - 9 = 0 E
3 + 2 + 2 = 7 Y   8 - 3 - 4 = 1 L

7. 그림이 들어간 식을 보고 그림의 값을 구해 보세요.

🛼 + 🥾 + 2 = 10   🛼 = 4 ❶
10 - 2 = 🛼 + 🥾 + 1   🥾 = 3 ❷
🥾 + 1 + 2 = 🧢   🧢 = 6 ❸
🧢 < 🛹 < 8   🛹 = 7 ❹

❶ 🛼 + 🛼 + 2 = 10, 🛼 + 🛼 = 8
8을 반으로 가르면 4, 🛼 = 4

❷ 10 - 2 = 🛼 + 🥾 + 1
4 + 🥾 + 1 = 8, 🥾 = 3

❸ 🥾 + 1 + 2 = 🧢, 3 + 1 + 2 = 6
🧢 = 6

❹ 🧢 < 🛹 < 8, 6 < 🛹 < 8
🛹 = 7

94-95쪽

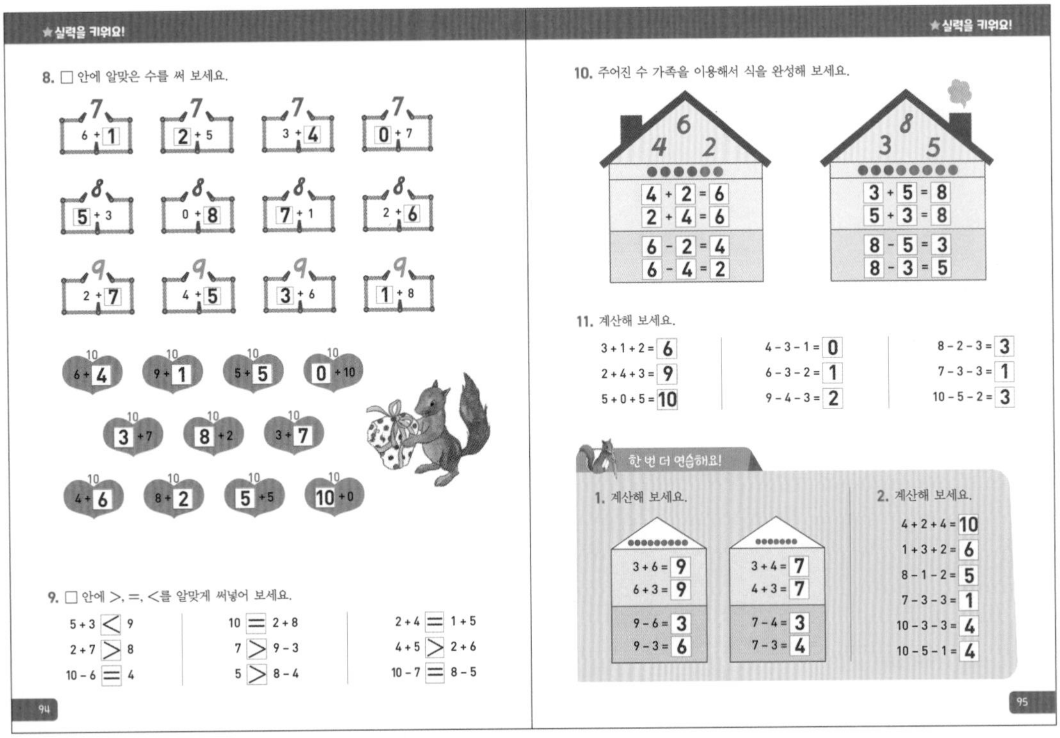

★실력을 키워요!

8. □ 안에 알맞은 수를 써 보세요.

7   7   7   7
6 + 1   2 + 5   3 + 4   0 + 7

8   8   8   8
5 + 3   0 + 8   7 + 1   2 + 6

9   9   9   9
2 + 7   4 + 5   3 + 6   1 + 8

10   10   10   10
6 + 4   9 + 1   5 + 5   0 + 10

10   10   10
3 + 7   8 + 2   3 + 7

10   10   10   10
4 + 6   8 + 2   5 + 5   10 + 0

9. □ 안에 >, =, <를 알맞게 써넣어 보세요.

5 + 3 < 9   10 = 2 + 8   2 + 4 = 1 + 5
2 + 7 > 8   7 > 9 - 3   4 + 5 > 2 + 6
10 - 6 > 4   5 > 8 - 4   10 - 7 = 8 - 5

★실력을 키워요!

10. 주어진 수 가족을 이용해서 식을 완성해 보세요.

6
4 2
4 + 2 = 6
2 + 4 = 6
6 - 2 = 4
6 - 4 = 2

8
3 5
3 + 5 = 8
5 + 3 = 8
8 - 5 = 3
8 - 3 = 5

11. 계산해 보세요.

3 + 1 + 2 = 6   4 - 3 - 1 = 0   8 - 2 - 3 = 3
2 + 4 + 3 = 9   6 - 3 - 2 = 1   7 - 3 - 3 = 1
5 + 0 + 5 = 10   9 - 4 - 3 = 2   10 - 5 - 2 = 3

한 번 더 연습해요!

1. 계산해 보세요.

3 + 6 = 9   3 + 4 = 7
6 + 3 = 9   4 + 3 = 7

9 - 6 = 3   7 - 4 = 3
9 - 3 = 6   7 - 3 = 4

2. 계산해 보세요.

4 + 2 + 4 = 10
1 + 3 + 2 = 6
8 - 1 - 2 = 5
7 - 3 - 3 = 1
10 - 3 - 3 = 4
10 - 5 - 1 = 4

🐿️ **부모님 가이드 | 94쪽 8번**

10개의 손가락을 이용해서 풀어도 좋아요. 반복하다 보면 손가락 없이 바로 답을 찾을 수 있어요.

96-97쪽

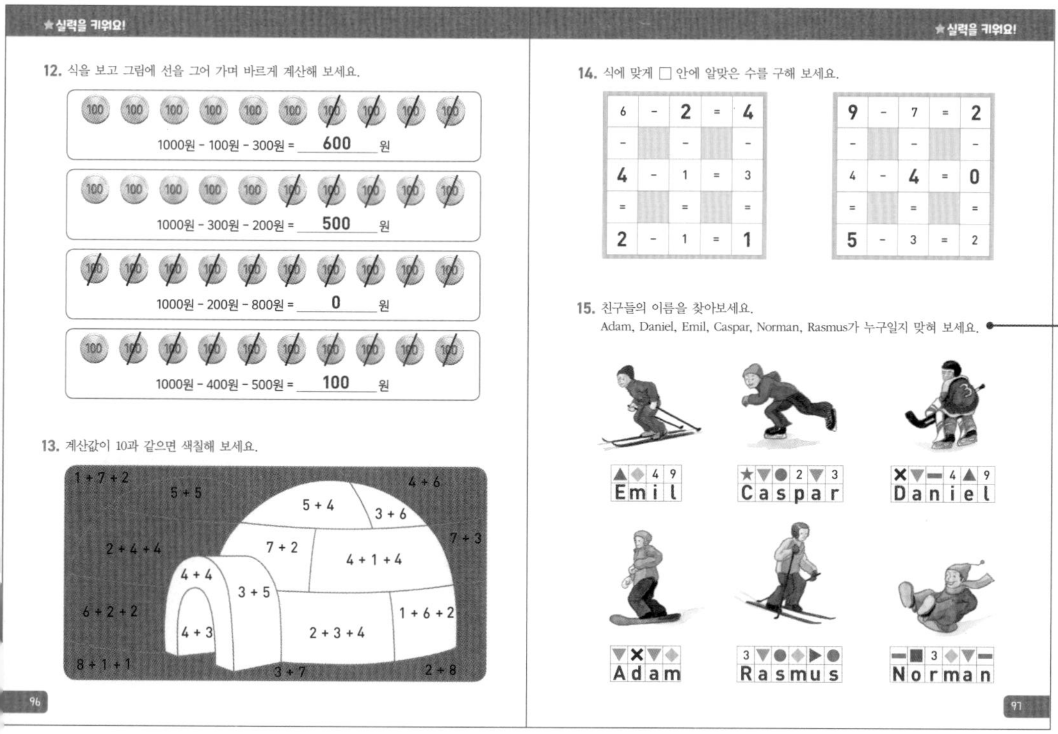

★실력을 키워요!

12. 식을 보고 그림에 선을 그어 가며 바르게 계산해 보세요.

1000원 - 100원 - 300원 = 600 원

1000원 - 300원 - 200원 = 500 원

1000원 - 200원 - 800원 = 0 원

1000원 - 400원 - 500원 = 100 원

13. 계산값이 10과 같으면 색칠해 보세요.

1 + 7 + 2, 5 + 5, 4 + 6, 5 + 4, 3 + 6, 7 + 3, 2 + 4 + 4, 7 + 2, 4 + 1 + 4, 4 + 4, 3 + 5, 6 + 2 + 2, 1 + 6 + 2, 4 + 3, 2 + 3 + 4, 8 + 1 + 1, 3 + 7, 2 + 8

96

★실력을 키워요!

14. 식에 맞게 □ 안에 알맞은 수를 구해 보세요.

6	-	2	=	4
-		-		-
4	-	1	=	3
=		=		=
2	-	1	=	1

9	-	7	=	2
-		-		-
4	-	4	=	0
=		=		=
5	-	3	=	2

15. 친구들의 이름을 찾아보세요.
Adam, Daniel, Emil, Caspar, Norman, Rasmus가 누구일지 맞혀 보세요.

▲◆49 Emil　★▼●2▼3 Caspar　✕▼▬4▲9 Daniel

▼✕▼◆ Adam　3▼●◆▶● Rasmus　▬■3◆▼▬ Norman

97

MEMO

▲◆49	Adam	1. 4칸 이름 중 같은 알파벳이 2개 들어가는 것은 ▼✕▼◆ Adam
★▼●2▼3	Daniel	2. 나머지 4칸 이름은 ▲◆49 Emil
✕▼▬4▲9	Emil	3. 9 = L, L이 마지막에 들어가는 6칸 이름은 ✕▼▬4▲9 Daniel
▼✕▼◆	Caspar	4. 처음과 마지막이 같은 이름은 ▬■3◆▼▬ Norman
3▼●◆▶●	Norman	5. ◆ = m, 남은 이름 중 m이 들어간 이름은 3▼●◆▶● Rasmus
▬■3◆▼▬	Rasmus	6. 남은 이름은 a가 2개 들어간 ★▼●2▼3 Caspar

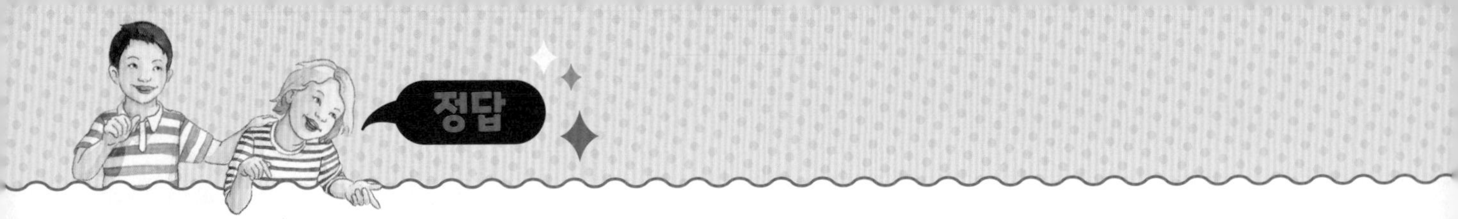

98-99쪽

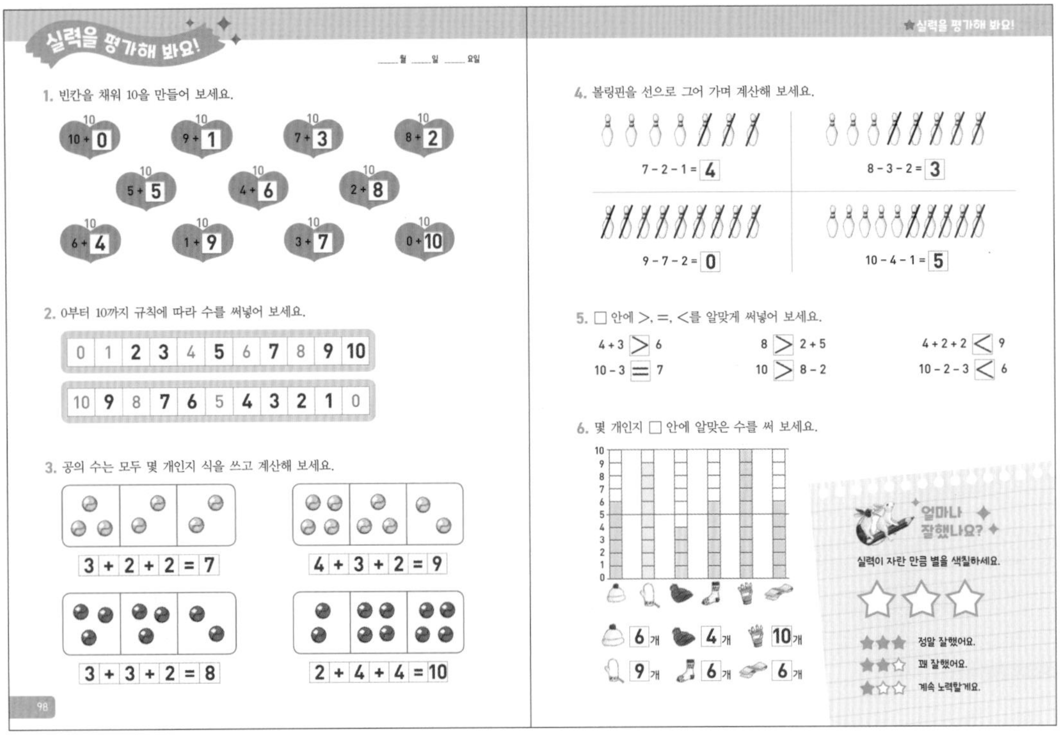

실력을 평가해 봐요!

____월 ____일 ____요일

1. 빈칸을 채워 10을 만들어 보세요.

10+0, 9+1, 7+3, 8+2, 5+5, 4+6, 2+8, 6+4, 1+9, 3+7, 0+10

2. 0부터 10까지 규칙에 따라 수를 써넣어 보세요.

0 1 2 3 4 5 6 7 8 9 10

10 9 8 7 6 5 4 3 2 1 0

3. 공의 수는 모두 몇 개인지 식을 쓰고 계산해 보세요.

3 + 2 + 2 = 7　　4 + 3 + 2 = 9

3 + 3 + 2 = 8　　2 + 4 + 4 = 10

98

실력을 평가해 봐요!

4. 볼링핀을 선으로 그어 가며 계산해 보세요.

7 - 2 - 1 = 4　　8 - 3 - 2 = 3

9 - 7 - 2 = 0　　10 - 4 - 1 = 5

5. □ 안에 >, =, <를 알맞게 써넣어 보세요.

4 + 3 > 6　　8 > 2 + 5　　4 + 2 + 2 < 9

10 - 3 = 7　　10 > 8 - 2　　10 - 2 - 3 < 6

6. 몇 개인지 □ 안에 알맞은 수를 써 보세요.

6개　4개　10개

9개　6개　6개

얼마나 잘했나요?

실력이 자란 만큼 별을 색칠하세요.

★★★ 정말 잘했어요.

★★☆ 꽤 잘했어요.

★☆☆ 계속 노력할게요.

100-101쪽

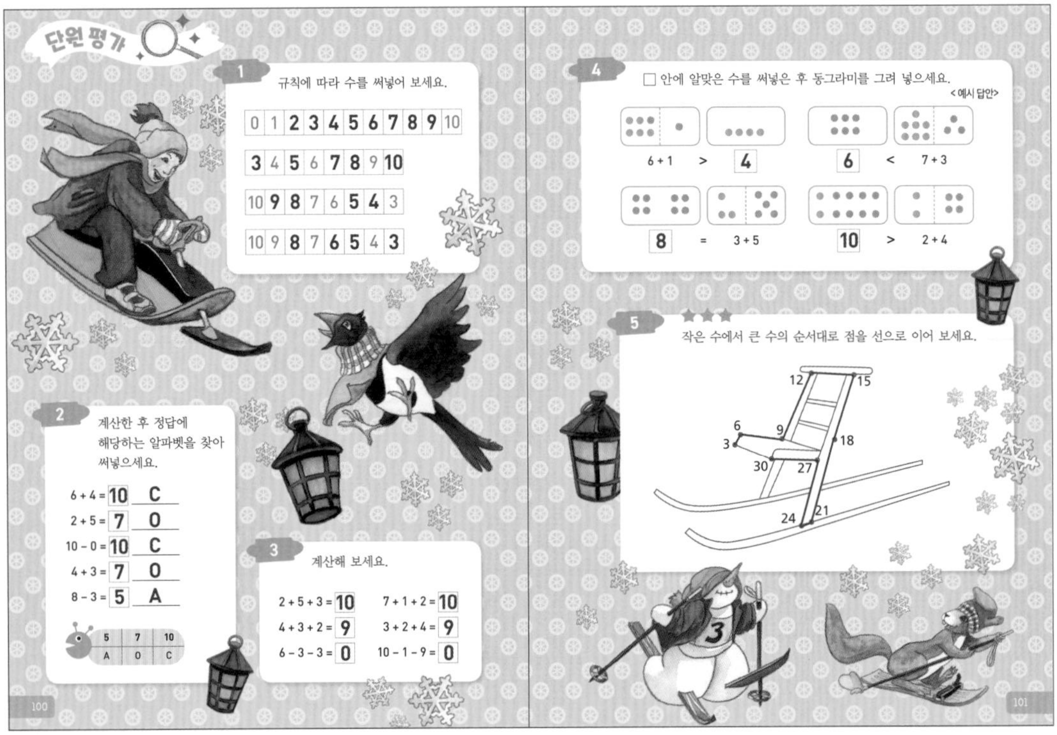

단원 평가

1 규칙에 따라 수를 써넣어 보세요.

0 1 2 3 4 5 6 7 8 9 10

3 4 5 6 7 8 9 10

10 9 8 7 6 5 4 3

10 9 8 7 6 5 4 3

2 계산한 후 정답에 해당하는 알파벳을 찾아 써넣으세요.

6 + 4 = 10 C

2 + 5 = 7 O

10 - 0 = 10 C

4 + 3 = 7 O

8 - 3 = 5 A

5	7	10
A	O	C

3 계산해 보세요.

2 + 5 + 3 = 10　　7 + 1 + 2 = 10

4 + 3 + 2 = 9　　3 + 2 + 4 = 9

6 - 3 - 3 = 0　　10 - 1 - 9 = 0

100

4 □ 안에 알맞은 수를 써넣은 후 동그라미를 그려 넣으세요.

<예시 답안>

6 + 1 > 4　　6 < 7 + 3

8 = 3 + 5　　10 > 2 + 4

5 ★★★ 작은 수에서 큰 수의 순서대로 점을 선으로 이어 보세요.

101

부모님 가이드 | 101쪽 4번

6+1>□의 경우, 6+1=7이므로 6, 5, 4까지 답이 될 수 있어요.

□<7+3의 경우, 7+3=10이므로 10보다 작은 수인 9부터 0까지 모두 답이 될 수 있어요.

□>2+4의 경우, 2+4=6이므로 6보다 큰 7부터 모든 수가 답이 될 수 있어요.

102-103쪽

놀이 수학

탱그램 놀이

준비물 : 탱그램 조각

탱그램 조각으로 아래 모양을 만들어 보세요.

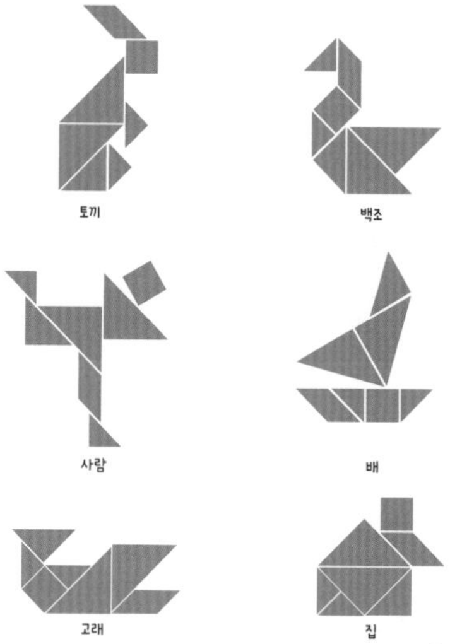

1권에 있는 놀이 카드를 이용하세요.

수 카드 놀이

인원 : 2명
준비물 : 0부터 5까지 숫자 카드 2세트

놀이 방법

1. 숫자 카드를 뒤집어서 책상 위에 펼쳐 놓으세요.
2. 두 명이 번갈아 가며 두 장의 카드를 골라요.
3. 카드에 쓰인 수를 □ 안에 차례대로 써요.
4. 2개의 수를 더한 값도 구해서 써요.
5. 더한 값이 더 큰 사람이 이겨요.

놀이를 할 때는 규칙을 잘 지켜야 해~!

이름 :		이름 :	
놀이 1	□ + □ = □	놀이 1	□ + □ = □
놀이 2	□ + □ = □	놀이 2	□ + □ = □
놀이 3	□ + □ = □	놀이 3	□ + □ = □

1권에 있는 놀이 카드를 이용하세요.

한 번 더 연습해요!

8 8 8 8 8 8 8 8 8 8 8 8 8

1. □ 안에 알맞은 수를 구해 보세요.

2 + 4 = 6	7 + 1 = 8	3 + 4 = 7	2 + 6 = 8
5 + 0 = 5	4 + 4 = 8	1 + 5 = 6	4 + 1 = 5
3 + 3 = 6	2 + 5 = 7	5 + 3 = 8	4 + 3 = 7

부모님 가이드 | 102쪽

가장 큰 조각부터 만들면 쉽게 만들 수 있어요.

104-105쪽

놀이 수학

짝수와 홀수

놀이 방법

1. 1부터 10까지 수에 맞게 동그라미를 그려요.
2. 5의 예시처럼 2개씩 짝을 지어 묶어 주세요.
3. 가장 마지막의 동그라미에서 왼쪽 끝으로 쭉 따라가면 짝수인지 홀수인지 알 수 있어요.

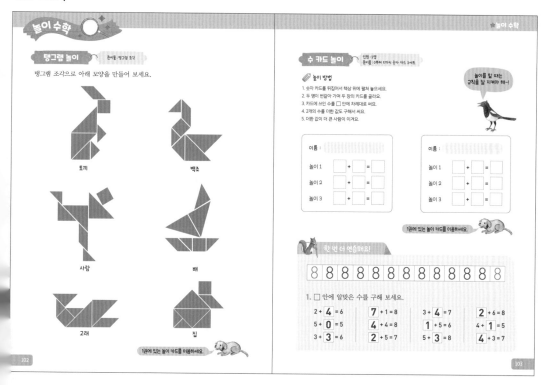

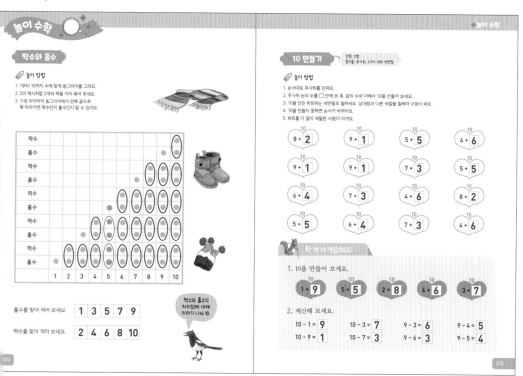

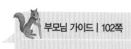

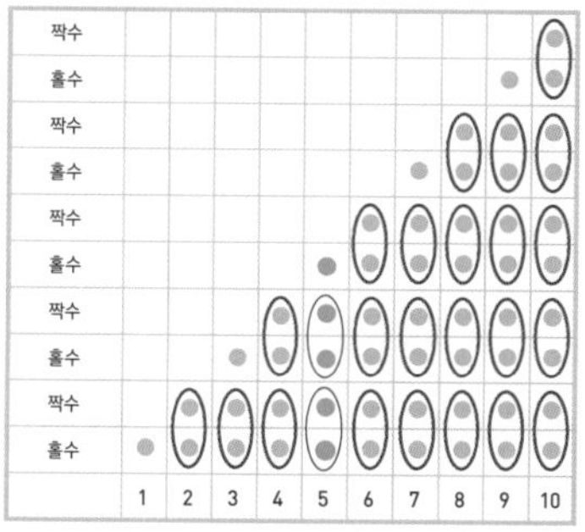

홀수를 찾아 적어 보세요. 1 3 5 7 9

짝수를 찾아 적어 보세요. 2 4 6 8 10

짝수와 홀수의 차이점에 대해 이야기 나눠 봐.

10 만들기

인원 : 2명
준비물 : 주사위, 2가지 색의 색연필

놀이 방법

1. 순서대로 주사위를 던져요.
2. 주사위 눈의 수를 □ 안에 쓴 후, 앞의 수와 더해서 10을 만들어 보세요.
3. 10을 만든 하트에는 색연필로 칠하세요. 상대방과 다른 색깔을 칠해야 구분이 돼요.
4. 10을 만들지 못하면 순서가 바뀌어요.
5. 하트를 더 많이 색칠한 사람이 이겨요.

8 + 2	9 + 1	5 + 5	4 + 6
9 + 1	9 + 1	7 + 3	5 + 5
6 + 4	7 + 3	4 + 6	8 + 2
5 + 5	6 + 4	7 + 3	4 + 6

한 번 더 연습해요!

1. 10을 만들어 보세요.

1 + 9　5 + 5　2 + 8　4 + 6　3 + 7

2. 계산해 보세요.

10 - 1 = 9	10 - 3 = 7	9 - 3 = 6	9 - 4 = 5
10 - 9 = 1	10 - 7 = 3	9 - 6 = 3	9 - 5 = 4

정답

106-107쪽

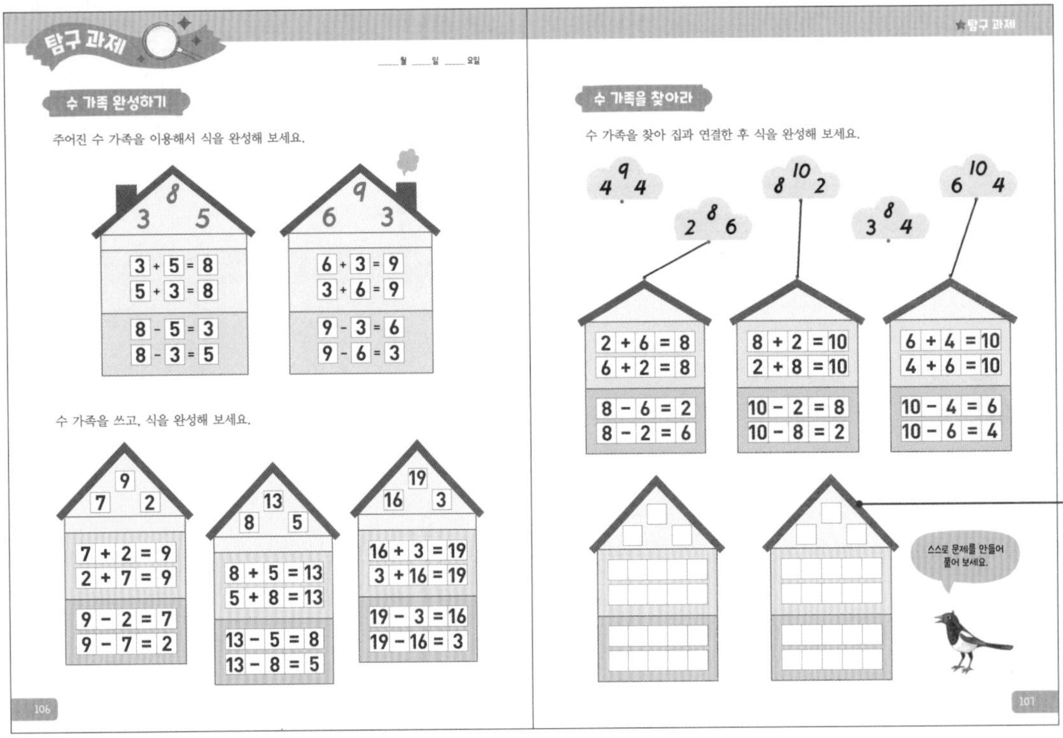

탐구 과제

____월 ____일 ____요일

수 가족 완성하기

주어진 수 가족을 이용해서 식을 완성해 보세요.

(8 / 3, 5)
3 + 5 = 8
5 + 3 = 8
8 - 5 = 3
8 - 3 = 5

(9 / 6, 3)
6 + 3 = 9
3 + 6 = 9
9 - 3 = 6
9 - 6 = 3

수 가족을 쓰고, 식을 완성해 보세요.

(9 / 7, 2)
7 + 2 = 9
2 + 7 = 9
9 - 2 = 7
9 - 7 = 2

(13 / 8, 5)
8 + 5 = 13
5 + 8 = 13
13 - 5 = 8
13 - 8 = 5

(19 / 16, 3)
16 + 3 = 19
3 + 16 = 19
19 - 3 = 16
19 - 16 = 3

106

탐구 과제

수 가족을 찾아라

수 가족을 찾아 집과 연결한 후 식을 완성해 보세요.

(9 / 4, 4) (8 / 2, 6) (10 / 8, 2) (8 / 3, 4) (10 / 6, 4)

2 + 6 = 8
6 + 2 = 8
8 - 6 = 2
8 - 2 = 6

8 + 2 = 10
2 + 8 = 10
10 - 2 = 8
10 - 8 = 2

6 + 4 = 10
4 + 6 = 10
10 - 4 = 6
10 - 6 = 4

스스로 문제를 만들어 풀어 보세요.

107

수 가족을 먼저 생각해 보세요. 1, 2, 3부터 다양한 수를 생각해서 4개의 식도 만들어 보세요.

108쪽

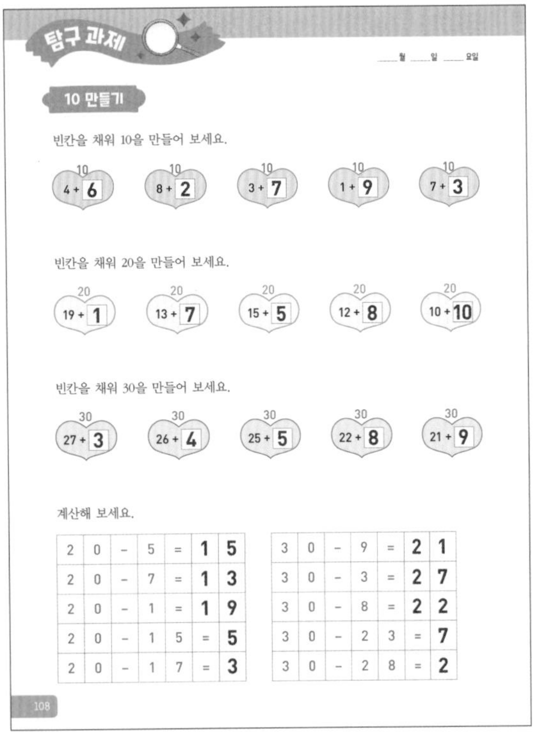

탐구 과제

____월 ____일 ____요일

10 만들기

빈칸을 채워 10을 만들어 보세요.

4 + 6, 8 + 2, 3 + 7, 1 + 9, 7 + 3

빈칸을 채워 20을 만들어 보세요.

19 + 1, 13 + 7, 15 + 5, 12 + 8, 10 + 10

빈칸을 채워 30을 만들어 보세요.

27 + 3, 26 + 4, 25 + 5, 22 + 8, 21 + 9

계산해 보세요.

20 - 5 = 15	30 - 9 = 21
20 - 7 = 13	30 - 3 = 27
20 - 1 = 19	30 - 8 = 22
20 - 15 = 5	30 - 23 = 7
20 - 17 = 3	30 - 28 = 2

108

MEMO

MEMO